U0228148

喷墨打印基础

喷墨与墨滴中的科学

Fundamentals of Inkjet Printing
The Science of Inkjet and Droplets

〔英〕斯蒂芬·霍思(Stephen D. Hoath)　著

李 辉 译

科学出版社

北 京

图字：01-2019-3052 号

内 容 简 介

　　喷墨打印是以墨滴为基础，集喷射工艺、扩散沉积过程分析及计算机辅助设计于一体的先进微加工制造技术。本书立足于墨滴产生、滴落和碰撞的科学机理，系统地介绍了喷墨打印复杂过程、材料工艺等影响因素和喷墨各阶段表征方法。全书共 16 章，详细讨论了墨水从喷墨打印头内喷出，穿过空气然后撞击衬底并扩散，最后形成沉积物的过程；介绍了喷墨打印过程各阶段的数值仿真方法，并阐述了射流与墨滴的可视化与测量以及流体与表面表征的实验技术；最后给出了喷墨打印的一些应用和对未来喷墨打印技术的展望。

　　本书面向喷墨打印技术相关科研人员和学习喷射流体理论的学生。

图书在版编目(CIP)数据

喷墨打印基础：喷墨与墨滴中的科学 / (英)斯蒂芬·霍思(Stephen D. Hoath)著；李辉译. -- 北京：科学出版社, 2024. 11. -- ISBN 978-7-03-078902-0

Ⅰ. TP334.8

中国国家版本馆CIP数据核字第20249VB031号

责任编辑：裴　育　朱英彪　纪四稳 / 责任校对：任苗苗
责任印制：肖　兴 / 封面设计：蓝正设计

科 学 出 版 社 出版
北京东黄城根北街 16 号
邮政编码：100717
http://www.sciencep.com
北京中科印刷有限公司印刷
科学出版社发行　各地新华书店经销
*
2024 年 11 月第　一　版　开本：720×1000 1/16
2024 年 11 月第一次印刷　印张：26
字数：524 000
定价：268.00 元
(如有印装质量问题，我社负责调换)

译 者 前 言

喷墨打印(inkjet printing)是一种通过将墨滴喷射到基材上来实现虚拟设计实体化的技术，自 20 世纪中叶以来广泛应用于全球消费市场，在商品条码、家用办公等领域开创了新型印刷模式，助力人类社会步入信息化时代。进入 21 世纪后，随着半导体加工技术的突飞猛进，在微机电系统高精度喷头的赋能下，喷墨打印技术不再局限于传统数字印刷，开始在生物结构打印、有机太阳能电池加工、柔性微纳电子制造等新兴产业拓展应用并体现其潜在高价值。尤其是在当前研究热点可穿戴人体健康监测领域，喷墨打印技术以其非接触加工、高精度增材制造、原材料高利用率等技术优势，成为众多科学家青睐的技术手段，国内外学者开展了一系列的柔性电子皮肤、生物传感器等科学研究。

然而，喷墨打印系统结构复杂，涉及硬件、软件等多层面和流体力学、机械设计等多学科，由供墨通路、机械进给、数据信号、软件控制等多个子系统组成，其中最为核心的喷墨打印头依赖半导体精密加工制造，其关键技术及发明专利基本掌握在惠普、精工爱普生、富士 Dimatix 等国际知名企业手中。经过数十年的投入和积累，头部企业已经形成了从基础家用黑白打印机到商用高速宽幅彩色打印机、从文字图像印刷到有机材料沉积的全产业链覆盖。面对喷墨打印领域千亿美元规模的市场，国内逐步开始重视相关研究与产业化，得力、小米、华为等中国公司都相继推出了自有品牌的家用喷墨打印机，但是其产品的核心部件仍多采购自国外厂商。另外，中国企业和科研机构也缺乏喷墨打印的基础研究。

目前，国内缺少系统性阐明喷墨打印过程中理论与方法的资料。为此，我们在开展喷墨打印科研工作的同时，着重留意了国际知名喷墨打印研究团队已有的相关学术文献，在经过大量的筛选、分析和讨论后，认为英国剑桥大学斯蒂芬·霍思教授出版的 *Fundamentals of Inkjet Printing: The Science of Inkjet and Droplets* 一书具有极高的学习价值，其内容涵盖了喷墨打印的基础理论与分析方法，定量分析了墨水从喷墨打印头内喷出，穿过空气然后撞击衬底并扩散，最后形成沉积物的不同阶段过程，既能够使初学者清晰理解喷墨打印的内在机理，又能启发领域内从业者的工艺创新。然而原著为英文写作，且每个章节由不同作者撰写，其行文风格迥异，叙述逻辑跳跃，对大多数中国读者而言不够通俗易懂。为了充实国内该领域的学术资料，同时也为了使国内学者能轻松地理解专业内容，我们组织完成了本书的翻译工作。在此过程中，进行了大量的方法逻辑梳理、专业词汇勘定以及语法语序调整等工作，尽可能地为读者全面地展现出喷墨打印丰富的科学世界。

本书由武汉大学李辉教授翻译，研究生张云帆、王加跃、侯玉庆、明瑞鉴、宋云飞、唐舞阳、刘林晖、王点、吕纯池、廖盈皓、邓圳深、李瑞、李静雯、程宇、占柳、薛子凡、吴佳泽、王颖杰、王敏劼、郑雨婷等参与了相关翻译工作。本书得到了中央高校基本科研业务费专项资金(2042024kf0015)的资助，在此表示感谢。

由于水平有限，书中难免存在疏漏或不足之处，恳请广大读者批评指正。读者可通过电子邮箱 li_hui@whu.edu.cn 与我们进一步交流。

李　辉

2024 年 5 月于武汉大学

前　言

本书的用途是什么？读者对象是谁？在什么场景使用？要解释上述疑惑，首先需要介绍与本书相关的核心基础知识。

从实用角度看，喷墨打印可以实现打印衬底区域的材料分布，最终可用于通信技术或数字制造。喷墨打印的一个主要特点是它以液滴的形式传输材料，不需要在产生液滴的打印头和接收液滴的衬底之间进行任何机械接触。这种分离方式允许包含数百个多喷嘴喷墨打印头的设备，以每个喷嘴喷射直径小于人类头发宽度的液滴的形式每年输送大约 1kg 材料。设备的工程设计和制造、软件控制，以及衬底系统对实现可靠、重复和快速地生成墨滴图案是至关重要的。

喷墨和液滴科学更多地关注流体如何形成射流和液滴，关注它们喷射到衬底并与衬底相互作用，然后扩散和凝固，而不是关注制造喷墨打印头和打印机。本书早期拟定的书名为《如何修理喷墨打印机》，尽管可能很畅销，但遭到编辑和合作作者的坚决反对。本书的重点是基于近年来理论、数值和实验研究中整理得到的科学知识，定量地解释在打印过程中流体喷射、自由飞行、冲击、扩散、聚结和凝固的机理。书中相关的理论知识非常广泛，许多章节的作者目前仍然在探索相关的前沿科技，研究新的打印头设计、应用、表征方法以及数值工具。

因此，本书不太可能直接帮助某人修复喷墨打印机，而是面向学术界或工业界的学生和研究人员，他们希望对喷墨打印有更深入的定量了解而不是仅仅了解相关概要，如《用于数字制造的喷墨技术》(Inkjet Technology for Digital Fabrication)。本书内容也不同于那些特定工业领域的书籍，如《基于喷墨的微制造》(Inkjet-based Micro-manufacturing)，或更具体的用于处理连续液滴和喷雾的相关书籍，如《液滴动力学》(Dynamics of Droplets)。

本书没有重复上述书籍或学术论文中出现的相似内容，而是侧重于简单的定量解释，旨在展示流体喷射和沉积的系列过程。部分章节将一些热门的理论工具用于理解上述过程，最后几章分别介绍喷墨打印可视化和测量方法、流体特征和表面表征、喷墨打印应用，以及喷墨打印技术的发展方向。

非常感谢为本书作出贡献的 Wiley-VCH 出版社的编辑。希望本书能有助于扩展读者对喷墨打印技术的基本理解，并为未来从事或进入该领域的人们提供有用的参考。本书得到了英国工程和物理科学研究委员会"工业喷墨技术创新"(I4T)

项目（EP/H018913/1）以及相关企业的支持。感谢来自学术界和工业界的各位合作作者在本书撰写过程中给予的建议和支持，书中若有错误由本人负责。最后，要特别感谢我的妻子和家人在我工作中给予的关心和支持。

斯蒂芬·霍思
2015 年 5 月于剑桥大学

目　　录

译者前言

前言

第1章　绪论 ·· 1

1.1　引言 ·· 1

1.2　墨滴的形成 ··· 3

1.3　表面张力和黏度 ·· 4

1.4　喷墨打印相关的无量纲组 ·· 6

1.5　喷墨打印中的长度尺度和时间尺度 ································· 7

1.6　本书结构 ··· 9

参考文献 ··· 9

第2章　喷墨打印中的流体力学 ·· 11

2.1　引言 ·· 11

2.2　流体力学 ··· 11

2.3　量纲和单位 ··· 12

2.4　流体特性 ··· 13

2.4.1　密度 ··· 13

2.4.2　黏度 ··· 13

2.4.3　表面张力 ·· 15

2.5　力、压力、速度 ·· 16

2.6　流体动力学 ··· 17

2.6.1　流体动力学方程 ··· 17

2.6.2　求解流体动力学方程 ·· 22

2.7　计算流体动力学 ·· 23

2.7.1　前处理器 ·· 24

2.7.2　求解器 ·· 25

2.7.3　后处理器 ·· 25

2.8　喷墨打印系统 ·· 26

2.8.1　喷墨建模所面临的挑战 ······································ 28

2.8.2　喷墨工艺 ·· 33

2.9　本章小结 ·· 46

　　参考文献 ··· 47

第3章　喷墨打印头 ·· 52

　3.1　热发泡式与压电式喷墨打印机 ··· 52

　3.2　热发泡式喷墨 ·· 53

　　3.2.1　沸腾机制 ·· 53

　　3.2.2　打印头结构 ·· 57

　　3.2.3　热发泡式喷墨的喷射特性 ··· 58

　　3.2.4　热发泡式喷墨中压力和热量的相关问题 ·································· 60

　　3.2.5　水性墨水中水的蒸发 ·· 62

　3.3　喷墨打印的未来展望 ·· 65

　　3.3.1　根据喷墨特性估测打印速度限制 ··· 65

　　3.3.2　控制高速干燥过程引起的渗色 ·· 66

　3.4　连续喷墨 ·· 68

　3.5　案例及问题(热发泡式喷墨) ··· 69

　3.6　压电式喷墨打印头 ··· 71

　　3.6.1　引言 ·· 71

　　3.6.2　驱动原理 ·· 72

　　3.6.3　墨水流道性能 ··· 74

　　3.6.4　喷墨打印头的控制 ·· 76

　　3.6.5　工业应用 ·· 80

　　参考文献 ·· 81

第4章　喷墨打印中墨滴的形成 ··· 86

　4.1　引言 ··· 86

　　4.1.1　连续喷墨打印 ··· 86

　　4.1.2　按需喷墨打印 ··· 87

　4.2　连续喷墨打印中墨滴形成过程 ·· 88

　　4.2.1　瑞利-普拉托不稳定性 ··· 88

　　4.2.2　卫星墨滴形成机理 ·· 91

　　4.2.3　墨滴最终速度 ··· 92

　4.3　按需喷墨打印中墨滴成形分析 ·· 94

　4.4　样例 ··· 102

　　4.4.1　纯惯性情况下拖尾形成 ·· 102

　　4.4.2　瑞利-普拉托不稳定性的色散关系 ·· 103

　　致谢 ··· 105

参考文献···105

第5章　喷墨打印中的聚合物···107

5.1　引言··107

5.2　聚合物的定义···107

5.3　基于来源和架构的聚合物分类··107

5.4　分子量和大小···109

5.5　聚合物溶液··111

5.6　聚合物的结构和物理形态对喷墨配方性能的影响·······················113

5.7　高剪切环境中聚合物的齐姆解释···115

5.8　含聚合物喷墨流体的可打印性··116

5.9　高分子量聚合物喷墨打印的仿真模拟·······································118

5.10　按需喷墨打印中聚合物分子量的稳定性·································120

5.11　连续喷墨打印中聚合物分子量的稳定性·································121

5.12　按需喷墨打印中缔合聚合物分子量的稳定性··························123

5.13　喷墨配方中使用聚合物的案例研究·······································124

　　5.13.1　聚合物结构的作用···124

　　5.13.2　聚(3,4-二氧乙基噻吩):聚(苯乙烯磺酸)的喷墨打印·········124

　　5.13.3　石墨烯和碳纳米管复合材料的喷墨打印·······················125

参考文献···125

第6章　墨水配方中的胶体粒子···130

6.1　引言··130

6.2　染料墨水和颜料墨水··130

6.3　胶体稳定性··132

　　6.3.1　DLVO理论···132

　　6.3.2　范德瓦耳斯力···133

　　6.3.3　静电斥力···133

　　6.3.4　胶体分散系的稳定性···135

6.4　粒子-聚合物相互作用··136

　　6.4.1　空间位阻稳定作用··137

　　6.4.2　桥连絮凝···138

　　6.4.3　空缺絮凝···138

6.5　其他墨水成分对胶体相互作用的影响·······································139

　　6.5.1　表面活性剂··139

　　6.5.2　黏度调节剂··140

　　6.5.3　保湿剂···140

　　　　6.5.4　乙二醇醚 ··· 141

　　　　6.5.5　贮存液、缓冲剂和杀菌剂 ······································ 141

　　　　6.5.6　其他添加剂 ·· 141

　　6.6　胶状分散体的特征 ·· 142

　　　　6.6.1　动态光散射 ·· 142

　　　　6.6.2　电泳迁移率（ZETA 电位） ···································· 142

　　　　6.6.3　流变 ··· 143

　　　　6.6.4　大体积胶状分散体 ·· 143

　　　　6.6.5　喷射 ··· 146

　　6.7　沉淀/沉降 ··· 147

　　6.8　本章小结 ··· 151

　　参考文献 ··· 152

第 7 章　喷墨仿真方法 ··· 156

　　7.1　引言 ·· 156

　　7.2　建模的关键考虑因素 ·· 158

　　7.3　一维模拟 ··· 162

　　　　7.3.1　长波近似 ·· 162

　　　　7.3.2　简单连续喷墨模型 ·· 163

　　　　7.3.3　简单连续喷墨模型的误差分析 ·································· 164

　　　　7.3.4　瑞利理论对模型的验证 ·· 166

　　　　7.3.5　探索参数空间 ·· 167

　　　　7.3.6　数值实验 ·· 168

　　7.4　轴对称模拟 ··· 169

　　　　7.4.1　连续喷墨 ·· 170

　　　　7.4.2　按需喷墨 ·· 172

　　7.5　三维模拟 ··· 176

　　参考文献 ··· 178

第 8 章　衬底上的墨滴 ··· 181

　　8.1　引言 ·· 181

　　8.2　牛顿液滴撞击可润湿表面的实验观测 ······························· 183

　　　　8.2.1　初始速度对墨滴撞击和扩散的影响 ··························· 185

　　　　8.2.2　表面润湿性对墨滴撞击和扩散的影响 ······················· 187

　　　　8.2.3　流体特性对墨滴撞击和扩散的影响 ··························· 189

　　8.3　量纲分析：白金汉 π 定理 ··· 190

　　8.4　墨滴撞击动力学：最大扩散直径 ······································· 192

　　　8.4.1　黏性耗散主导表面张力 ····················· 194

　　　8.4.2　扁平煎饼模型 ····························· 194

　　　8.4.3　动能完全转化为表面能 ····················· 195

　　参考文献 ····································· 198

第9章　墨滴聚结和线条的形成 ························ 200

　9.1　墨滴聚结对打印图像成形的影响 ················· 200

　9.2　墨滴聚结对功能材料和 3D 打印的影响 ············ 201

　9.3　喷墨打印墨滴的聚结 ······················· 202

　　　9.3.1　表面上液滴的聚结 ······················· 202

　　　9.3.2　墨滴碰撞后聚结 ························· 206

　　　9.3.3　喷墨打印墨滴的聚结 ····················· 210

　9.4　打印二维特征和线条 ······················· 215

　　　9.4.1　墨滴-液珠聚结模型 ······················ 216

　　　9.4.2　实验和观察 ··························· 217

　　　9.4.3　稳定体系和讨论 ························· 223

　　　9.4.4　结论 ······························· 226

　9.5　本章小结 ····························· 227

　9.6　思考题 ······························· 228

　　参考文献 ····································· 228

第 10 章　液滴在衬底表面的干燥过程 ··················· 231

　10.1　引言 ································· 231

　10.2　单一溶剂的蒸发 ························· 232

　10.3　混合溶剂的蒸发 ························· 238

　　　10.3.1　二元溶剂混合物的蒸发与拉乌尔定律 ·········· 238

　　　10.3.2　马兰戈尼流 ························· 239

　10.4　液滴干燥过程中的颗粒输运 ·················· 242

　　　10.4.1　咖啡环效应 ························· 242

　　　10.4.2　颗粒迁移 ··························· 246

　10.5　复杂流体的干燥 ························· 246

　　　10.5.1　接触线的运动 ························ 246

　　　10.5.2　颗粒特征 ·························· 248

　　　10.5.3　固体的分离 ························· 249

　　　10.5.4　局部环境 ·························· 250

　　　10.5.5　衬底图案化 ························· 251

　　　10.5.6　干燥过程中胶体的不稳定性 ··············· 251

　10.6　思考题 ······························· 252

　　参考文献 ·· 252

第 11 章　衬底表面墨滴的模拟 ·· 259
11.1　引言 ··· 259
11.2　基于连续体的液滴动力学建模 ·· 259
　　11.2.1　有限元分析 ·· 260
　　11.2.2　自由表面的有限元边界条件 ·· 261
　　11.2.3　移动接触线问题 ·· 261
　　11.2.4　流体体积法 ·· 264
11.3　接触角现象 ·· 265
　　11.3.1　表观接触角 ·· 265
　　11.3.2　接触角滞后 ·· 266
　　11.3.3　动态接触角 ·· 267
　　11.3.4　数值模拟中的动态接触角 ·· 269
　　11.3.5　弛豫时间效应 ·· 270
11.4　扩散界面模型 ··· 270
11.5　液滴动力学的格子玻尔兹曼模拟 ·· 272
　　11.5.1　方法的背景和优点 ·· 272
　　11.5.2　多相流和润湿 ·· 275
　　11.5.3　捕获接触角滞后 ·· 277
　　11.5.4　粗糙表面 ··· 280
　　11.5.5　化学性质不均匀表面 ·· 281
11.6　本章小结 ··· 282
致谢 ·· 283
参考文献 ·· 283

第 12 章　可视化与测量 ··· 288
12.1　引言 ··· 288
12.2　墨滴和射流的基本成像 ·· 289
12.3　频闪照明 ··· 291
12.4　全息技术 ··· 294
12.5　共聚焦显微镜 ··· 298
12.6　图像分析 ··· 303
参考文献 ·· 308

第 13 章　喷墨流体特征 ··· 311
13.1　引言 ··· 311
13.2　油墨性能对打印头和喷射效果的影响 ··· 312

13.3　喷墨流体的流变学特性 312

13.3.1　基础黏度 313

13.3.2　黏弹性 316

13.4　喷墨流体线性黏弹性的测量 318

13.5　喷墨流体拉伸性能的测量 321

13.6　喷墨流变学特性与打印头性能的关系 325

13.7　本章小结 329

致谢 330

参考文献 330

第 14 章　衬底表面表征 333

14.1　引言 333

14.2　确定表征需求的流程图 334

14.2.1　预喷表面质量 334

14.2.2　液滴撞击行为 340

14.2.3　功能传递 343

14.2.4　最终功能化表面 345

14.2.5　长期表现 346

14.3　表面表征技术 346

14.3.1　表面化学分析 347

14.3.2　表面机械测试 352

14.3.3　表面电学分析 354

14.3.4　光学分析 355

14.3.5　生物分析 357

14.4　本章小结 358

14.5　思考题 358

参考文献 358

第 15 章　喷墨打印的应用 361

15.1　引言 361

15.2　二维图文打印 361

15.3　3D 打印 363

15.4　无机材料打印 366

15.4.1　金属墨水 366

15.4.2　陶瓷墨水 367

15.4.3　量子点 368

15.5　有机材料打印 369

15.6　生物材料打印 ··· 372

　　15.6.1　用于分析和传感的生物大分子 ······································· 372

　　15.6.2　用于组织工程的生物大分子 ·· 373

参考文献 ·· 375

第 16 章　喷墨技术的发展方向 ··· 381

16.1　引言 ··· 381

16.2　作为输送装置的喷墨打印头 ·· 381

16.3　喷墨打印技术的局限性 ··· 382

16.4　当前的主流技术和局限性 ··· 386

　　16.4.1　热发泡式按需喷墨打印 ·· 386

　　16.4.2　压电式按需喷墨打印 ··· 388

16.5　当前其他技术 ··· 388

　　16.5.1　连续喷墨打印 ··· 389

　　16.5.2　静电式按需喷墨打印 ··· 389

　　16.5.3　声波喷墨技术 ··· 389

16.6　喷墨打印的新兴科学与技术 ·· 391

　　16.6.1　Stream 喷墨技术 ··· 391

　　16.6.2　打印头制造技术 ·· 392

　　16.6.3　弯张式喷墨打印装置 ··· 394

　　16.6.4　Tonejet 技术 ··· 395

　　16.6.5　墨水再循环 ·· 395

　　16.6.6　间接喷墨打印 ··· 396

　　16.6.7　宽幅面印刷 ·· 397

　　16.6.8　故障检测 ·· 397

16.7　打印头制造的未来发展趋势 ·· 398

16.8　未来对喷墨打印的要求和方向 ··· 399

　　16.8.1　用于非图文的打印头定制 ··· 399

　　16.8.2　降低对墨水性质的要求 ·· 399

　　16.8.3　更高的墨水黏度 ·· 400

　　16.8.4　更高的稳定性和可靠性 ·· 400

　　16.8.5　对墨滴体积的要求 ··· 400

　　16.8.6　更低的成本 ·· 401

16.9　本章小结 ·· 401

参考文献 ·· 402

第1章 绪 论

Ian M. Hutchings、Graham D. Martin 和 Stephen D. Hoath

1.1 引 言

从报纸到食品包装，从杂志到邮寄宣传品再到路边广告，我们生活在印刷材料的世界里。印刷是一个在衬底上复制图案的过程，其目的是展现文字和图片。传统的印刷方法如平版印刷、柔版印刷、凹版印刷、丝网印刷，经过若干世纪的发展，现在可以用非常低的成本实现相当高的印刷质量。这些印刷方法具有同一个特征：待印刷的图案都会以实体形式呈现(如在卷轴、平版或在丝网上)，并且纸张等载体通过直接或间接地接触衬底，实现母版上图案的转移。因此，在印刷机启动前，便已经设计好了衬底上目标文本或图片的油墨图案。如果要改动打印产品，只能通过改变母版图案的方式，对印刷机内的母版进行实体修改。

相比之下，喷墨打印从根本上采用了不同的原理。喷墨打印并非转移预制母版图案的油墨来生成打印图案，而是逐步将大量单个小墨滴直接沉积到衬底上。每个使用数控方法生成和沉积的小墨滴直径通常为 $10\sim100\mu m$，因此同一台打印机相继打印出的图案也不尽相同。

当下的印刷业代表着经济活动的主要领域，全球每年有 9000 亿美元的市场总额。在过去的 20 年里，基于喷墨技术的印刷业正在日益扩展，预计其市场份额将会显著增长。其主要原因是喷墨打印技术中的图案是数字化定义的，它们由数字文件表示而不用依赖实体母版，从而可以很便捷地进行修改，因此喷墨打印的筹备成本和时间成本很低。作为一种数字化印刷工艺，喷墨打印非常适合利润率较高的小批量印刷，并且随着该工艺可靠性和鲁棒性的提升，喷墨打印的印量在成本上比传统印刷工艺更具竞争力。高分辨率的图像质量曾经是传统印刷的专长领域，而现在喷墨打印方法可以更轻易地实现这些优点。喷墨打印技术非常适用于打印制造业产品上的可变信息，如使用日期和批次代码，并且随着喷墨打印质量的提高，这项技术将方便地应用于个性化产品定制中。表 1.1 总结了喷墨打印技术的应用领域和程度，显示出喷墨打印技术正逐步进军其他工业部门。喷墨打印已经应用于小型办公室和家庭等场景，在商业印刷市场中也占据越来越重要的份额，并被广泛应用于装饰产品、包装、一般工业用途和纺织品印刷中[1]。

表 1.1　喷墨打印技术的应用领域和程度

应用程度	小型办公室和家庭	商业印刷	装饰产品	包装	一般工业用途	纺织品印刷
已广泛应用	家用/办公室打印机、复印机	计费和票务、图文显示、售货处	标牌、横幅、贴纸、瓷砖	—	编码和标记	T恤
开始应用	—	书籍、手册、传单、报纸、杂志	墙纸	不干胶标签、收缩膜标签等	显示器、仪表板、塑料卡片、3D打印	小批量定制化面料、领带、围巾
中期目标	—	—	地板、装饰（蜜胺树脂）	瓦楞纸板、纸箱、易拉罐、玻璃瓶	印刷电路板、电子设备	室内软装、其他服装
非当前目标	—	纸币、防伪印刷	—	软包装、模塑桶、瓶子	玩具、其他耐用品	地毯、小挂毯

　　在 20 世纪 70～80 年代，喷墨打印在商业中发展起来，最早实际应用于标记产品的日期、编码和邮件地址。如图 1.1 所示，这些商业用途所需的打印技术现已完全成熟，能在实现高打印速度的同时打印低分辨率文本。使用连续喷墨 (continuous inkjet, CIJ) 技术的打印机被广泛用作全球工厂的标准化设备。从 90 年代开始，按需喷墨 (drop-on-demand, DOD) 打印逐渐发展起来，它能够实现比早期打印机高得多的分辨率，并可以在家庭和小型办公环境中以较低的成本实现文字和图像的数字化复制。现在，喷墨打印在商业领域的应用以及在表 1.1 中列出的其他应用已经在飞速发展，而且这些应用也主要采用按需喷墨打印技术。1.2 节将介绍连续喷墨和按需喷墨两种方法下墨滴形成及操控的原理。

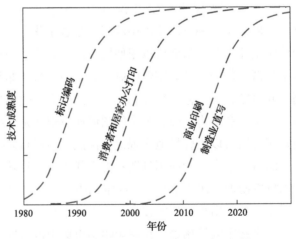

图 1.1　喷墨技术应用的三次发展浪潮[2]

1.2 墨滴的形成

在连续喷墨和按需喷墨两种方法中,液体墨水都会流经一个小孔(通常称为喷嘴)。两种方法的本质区别在于流经喷嘴的墨水流动特性。对于连续喷墨,顾名思义,墨水流动是连续式的;而对于按需喷墨,墨水流动是脉冲式的。连续喷墨系统产生连续墨滴流,选择性地将墨滴打印在衬底上;而在按需喷墨打印中,只有在需要墨滴时,墨水才通过喷嘴发射从而形成短促射流,随后聚集为墨滴。

如图1.2(a)所示,喷嘴喷出的连续墨流具有内在不稳定性,最终会在表面张力的作用下分解成墨滴流[3]。早在 1833 年,Savart 就首次研究了该过程[4],1879 年 Rayleigh 进行了定量分析。Rayleigh 证明了喷射流中增长速度最快的扰动波长(决定了墨滴中心的间距)大约为喷射流直径的 4.5 倍(详见第 7 章)。这种现象通常称为 Rayleigh 断裂。20 世纪 60 年代初,斯坦福大学的 Sweet 首次将 Rayleigh 断裂用作连续喷墨打印机(用来记录示波器轨迹)的技术基础。Sweet 的设计引入了一种关键概念,即通过调节合适的频率并利用静电力作用使得液滴偏转,进而促使喷射流断裂[5]。在图 1.2(a)中,作用于喷嘴上游流体的振动促使射流断裂,而未受振动激发的射流也会以类似方式断裂,但需要经过更长的距离。

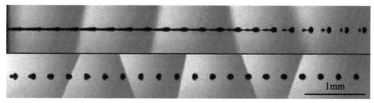

(a) 连续射流的断裂形成墨滴(下方的图像是上方图像的延续)

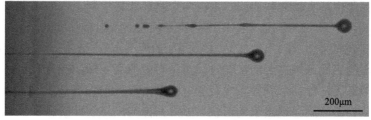

(b) 按需喷墨方法下从边框左侧三个喷嘴形成的射流和墨滴

图 1.2 两种方法下从左向右的射流[3]

在现代连续喷墨打印中,墨滴通常由静电引导打印在衬底上。墨滴从射流末端分离时会产生感应电荷,所以墨滴经过给定电场时,它会偏移适当的距离,落在衬底正确的位置上;相反,不带电荷的墨滴会落在沟槽中,多余的墨水可从中回收并循环回喷嘴。通过这种方式,单个喷嘴的墨滴流与可移动的衬底相结合,可用于打印文字或图像。连续喷墨也应用于多喷嘴结构，每个喷口对应一个打印区域的像素位。如上所述，利用电场的偏转作用或其他方式，将各个喷嘴的墨滴分流至沟槽或衬底上，从而产生印刷图案。

图 1.2(b) 显示了在按需喷墨方法下三个喷嘴向右喷射出墨水的图像。构成射流头部的主液滴之后是一条液体长系带，系带最终脱离喷嘴(图片的左边缘)并被拉向射流头部，同时，系带会变得更薄，在这种情况下，形成一系列卫星墨滴。喷射流的最终形态可能是单个球形液滴(理想状态)，或更常见是主液滴后跟着一个或多个更小的卫星墨滴。在按需喷墨打印中墨滴不会被"引导"，许多喷嘴(成百上千个)排列在一个打印头阵列中，墨滴落在衬底上的位置取决于三点：墨滴与衬底间的相对运动、墨滴喷射的时间和阵列中喷嘴的选择。

现在大多数按需喷墨打印机使用下列两种不同方法中的一种来产生喷射墨滴所需的压力脉冲：压电式喷墨打印头利用压电陶瓷元件的变形特性来实现墨滴喷射；热发泡式喷墨(thermal inkjet, TIJ)打印头，有时称为气泡喷射打印头，利用小型电加热元件引起小蒸气泡的扩张，从而生成喷射墨滴的压力脉冲。这两种驱动方式各有利弊。压电式打印头能处理比热发泡式打印头(受限于理想蒸发的油墨)更多种类的墨水，而后者的制造难度和成本都更低。压电式按需喷墨打印头于 20 世纪 70 年代被设计出来，而热发泡式按需喷墨打印头的出现就相对晚了一些[3,5]。

喷墨打印中用到的墨滴直径通常为 $10\sim100\mu m$，对应于 $0.5\sim500pL$ 的墨滴体积。墨滴撞击衬底时，按需喷墨打印中墨滴速度通常为 $5\sim8m/s$，而连续喷墨打印中墨滴速度一般为 $10\sim30m/s$。

1.3　表面张力和黏度

喷墨打印中墨水喷射和墨滴行为由两个物理参数控制：表面张力和黏度。本节将根据 Martin 和 Hutchings[3]的论述简要回顾表面张力和黏度的定义。

液体的表面张力反映出组成自由表面的原子或分子比它们本身具有更高的能量。产生新的表面区域需要消耗能量。对于自由液滴，球体是具有最小表面积并因此拥有最低表面能的形状，在没有静电、重力或气动力等其他因素影响的情况下，这就是自由液滴呈现出来的形状。如果液体与固体表面接触，如被打印到衬底上，那么不仅要考虑其自由表面(通常与空气或溶剂蒸气接触)的能量，还要考虑液体和固体衬底之间的界面能量。在这种情况下(喷墨打印中重力的影响可以忽略不计)，墨滴的平衡形状变成了球冠状，详见第 8 章和第 9 章。

液体的表面张力会产生一个作用在自由表面上的反作用力，并且此力垂直于该表面中的自由边缘，这可以通过各种实验直接测量。这个力与边缘的长度成正比，因此表面张力γ可以定义为单位长度上的力。由于沿该力的方向移动边界会增大表面积，并且会对系统做功以抵抗表面张力，也可以把单位长度上的力视为表面能，即生成单位新表面所做的功。这两种定义是等价的，如同国际单位制中的牛每米 (N/m) 和焦耳每平方米 (J/m^2)。大多数适用于喷墨打印的液体都具有几十毫牛每米 (或毫焦耳每平方米) 量级的表面张力 γ。对于 20℃的纯水，$\gamma = 72.5mN/m$，而对于许多有机物液体 (其分子间能量比水更小)，γ 值为 20～40mN/m。

液体趋向于形成总能量最低的形状，这导致自由液滴变成球体，从而解释了连续喷墨打印中墨流的断裂和按需喷墨打印中主液滴和卫星墨滴的形成。

射流由于表面张力作用而收缩，其阻力有两个来源：液体的惯性和黏度。惯性力与物体动量的改变有关：对于运动的液体，惯性力与液体密度和速度变化率成正比。黏性力源于液体分子间的相互作用，并作用于相对流动的液体区域。图 1.3(a)给出了一个简单的剪切流例子，这构成了黏度定义的基础。

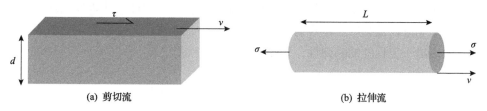

(a) 剪切流　　　　　　　　　　　(b) 拉伸流

图 1.3　用于黏度定义的几何模型

相距 d 的两个平行表面定义了液体区域。其下表面是静止的，上表面相对于下表面以恒定速度 v 运动。假设这会产生贯穿液体的线性速度梯度，它垂直于上下表面。剪切应变率 $\dot{\gamma}$ 可表示为

$$\dot{\gamma} = v / d$$

对于许多液体，作用在上下表面的剪切力 τ 与 $\dot{\gamma}$ 成正比：

$$\tau = \eta\dot{\gamma}$$

式中，常数 η 代表液体的动力黏度，如果 $\dot{\gamma}$ 与 η 相互独立，那么这个特性就称为线性或牛顿态。"黏度"这一术语如果没有做进一步的限定，通常是指为剪切流定义的动力黏度。动力黏度的国际单位是帕斯卡·秒 (Pa·s)。早期基于厘米-克-秒单位制 (centimeter-gram-second system of units, CGS) 使用的黏度单位为泊 (符号 P)，或者更常使用的厘泊 (cP)，仍在大范围使用并且单位间换算也很简单：1mPa·s = 1cP。水在 20℃时的黏度值约等于 1mPa·s，在喷墨打印中使用的流体黏度通常为 20～50mPa·s。大多数液体的黏度随温度升高而迅速下降，这在喷墨打印中经常被利用，如通过改变打印头的温度，可以优化墨水黏度以生成墨滴。

图1.3(a)所示的剪切流呈现了一种特定的液体流动模式，但在射流形成或坍塌时，它不能很好地展现液体的流动。我们可能还需要考虑拉伸流动，其理想状态如图1.3(b)所示。如果长度为 L 的圆柱液体以速度 v 沿轴线拉伸，则单轴应变率 $\dot{\varepsilon}$ 如下所示：

$$\dot{\varepsilon} = v / L$$

轴向应力 σ 与应变率呈线性关系：

$$\sigma = \eta_{\mathrm{T}} \dot{\varepsilon}$$

式中，比例常数 η_{T} 称为拉伸黏度，对于牛顿液体，η_{T} 为剪切黏度 η_{S} 的 3 倍。比值 $\eta_{\mathrm{T}} / \eta_{\mathrm{S}}$ 称为特鲁顿比率(Trouton ratio)，对于具有黏弹性的非牛顿液体，这个值会远大于 3。例如，由于溶液中聚合物分子的存在，黏弹性液体表现出随时间变化的弹性响应以及黏度。水和有机溶剂通常是牛顿流体，但实际使用的喷墨墨水通常表现出一定程度的黏弹性，详见第 5、6、13 章。

1.4 喷墨打印相关的无量纲组

在喷射流和液滴的形成和行为中，表面张力、惯性和黏度发挥着关键作用。两个无量纲数可以用来描述这些物理量的相对重要性：雷诺(Reynolds)数和韦伯(Weber)数。雷诺数 Re 表示运动流体中惯性力和黏性力的比值，定义如下：

$$Re = \rho \frac{vd}{\eta} \tag{1.1}$$

式中，ρ 为流体密度；v 为流体速度；η 为流体黏度；d 为特征长度，通常是喷射流、喷嘴或液滴的直径。

韦伯数 We 取决于惯性力与表面张力之比：

$$We = \frac{\rho v^2 d}{\gamma} \tag{1.2}$$

式中，γ 为表面张力。对于以速度 v 运动的球形液滴，其动能与表面自由能之比为 $We/6$。

通过形成另一个量纲组，可以消除上述两个无量纲组中速度的影响。奥内佐格数(Ohnesorge number) Oh 定义为

$$Oh = \frac{\sqrt{We}}{Re} = \frac{\eta}{\sqrt{\gamma \rho d}} \tag{1.3}$$

奥内佐格数只反映液体的物理特性以及射流与液滴的尺寸,奥内佐格数与驱动条件(控制速度)无关,但它与喷嘴处射流的行为十分相关,因此该数值与按需喷墨打印的工艺条件密切相关。如果奥内佐格数太大(Oh 约大于 1),黏性力就会阻碍液滴的分离;但如果奥内佐格数太小(Oh 约小于 0.1),射流就会产生大量卫星墨滴。因此,在按需喷墨打印中,为了获得优异的流体性能,需要适当地组合各种物理参数,也需要调节墨滴的尺寸和速度(通过调节雷诺数或者韦伯数),如图 1.4 所示[6]。一些研究者使用 Z 来表示奥内佐格数的倒数($Z = 1/Oh$)。液体可以打印的范围通常表示为 $1 < Z < 10$[7],尽管其他研究表明 $4 < Z < 14$ 可能更合适[8]。

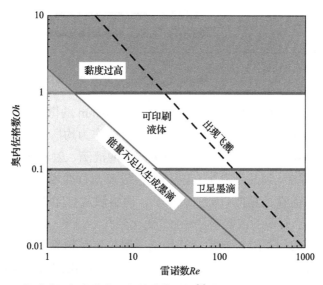

图 1.4 按需喷墨打印稳定运行的参数区间[6](版权归属美国物理研究所)

奥内佐格数的上述范围对液体可印刷性施加了一些限制,但也必须考虑其他因素:射流从喷嘴中喷射出时必须具有足够的动能(图 1.4 中实斜线对应于 $Re = 2/Oh$),并且需要避免墨滴与衬底碰撞时产生飞溅现象[9](对应于图 1.4 中 $Oh \cdot Re^{5/4} = 50$ 的虚斜线)。

1.5 喷墨打印中的长度尺度和时间尺度

回顾喷墨打印涉及的各种长度尺度和时间尺度是非常有用的,因为它们对喷墨打印的科学研究与工艺优化提出了挑战。图 1.5 展示了从纳米级到米级相关的尺度范围。

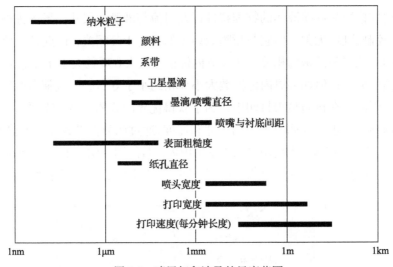

图 1.5　喷墨打印涉及的尺度范围

墨水通常含有胶状颜料或其他直径为 10～100nm 的微小颗粒,在这种极小的尺度上,原子和分子尺寸的限制导致流体不能作为均质连续介质进行处理,因此墨水研究存在着很大挑战。由打印头产生的液滴、射流和系带尺寸范围从远低于 1μm(薄系带)到几十微米(主墨滴直径)及几百微米(系带长度)。主液滴的尺寸通常和喷嘴直径相似(10～100μm),而墨滴从打印头到衬底的间距可能从小于 1mm(对于典型的按需喷墨系统)变化到几十毫米(对于连续喷墨打印)。打印头和基底间的间距越短通常会让墨滴下落位置越精确,但需要更严苛的衬底运动精度以及更光滑、更平坦的表面。许多实际运用的衬底表面粗糙度低于100nm,但多孔介质(如纸张)由于其固有的纤维结构而具有明显的不均匀性,使得液体和颜料颗粒能够渗透进其表面孔隙中。以印刷电子产品为例,印刷线宽的下限约为10μm。相比之下,印刷衬底的宽度可以扩展到几米,可用于广告横幅和车辆装饰。

图 1.6 展示了类似宽泛的时间尺度范围。一些特征时间是流体固有的,与射流或墨滴的直径和速度无关;而其他特征时间虽然与流体属性无关,但与其飞行距离和速度相关。墨滴撞击衬底是喷墨打印的基础,毛细扩展和固化/干燥的时间尺度从根本上控制着衬底上墨水沉积的程度。为了保证喷墨应用的功能性,可使用表面活性剂和其他添加剂,但需要了解它们通常对喷射过程而非沉积过程的迟滞作用。

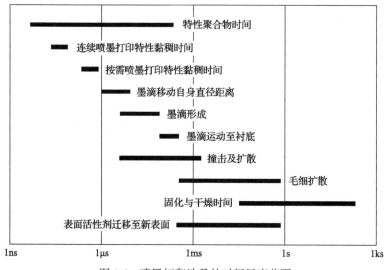

图 1.6 喷墨打印涉及的时间尺度范围

1.6 本书结构

本书共 16 章,详细讨论墨水从喷墨打印头内喷出,穿过空气然后撞击衬底并扩散,最后形成沉积物的过程;介绍喷墨打印相关的流体力学和打印头喷射过程的原理,研究表明在喷墨打印中复杂流体的性质显著影响着流体行为;用数值模拟探索液体的喷射、自由飞行和扩散行为,并认真讨论和验证每个阶段计算结果和观测行为之间的一致性;阐述射流与墨滴的可视化与测量以及流体与表面表征的实验技术;最后给出喷墨打印的一些应用以及对未来喷墨打印技术的展望。

毫无疑问,通过对本书的学习和应用,读者一定会获得许多新的发现和理解。本书是一份标准的参考资料,并简要涉及了一些特定领域,但书中也难免会存在一些遗漏。

本书由多位作者共同撰写,并引用了较多参考文献,因此每一章中的变量符号可能是独立定义的,以反映它们在特定科学领域中的应用,请读者结合上下文理解它们。这也意味着其中的一些关键参数的定义在全书中会以略有不同的形式重复出现。

参 考 文 献

[1] Castrejón-Pita J R, Baxter W R S, Morgan J, et al. Future, opportunities and challenges of inkjet technologies[J]. Atomization and Sprays, 2013, 23: 571-595.

[2] Martin G D, Hutchings I M. Fundamentals of Inkjet Technology[M]. Cambridge: Inkjet Research Centre, 2013: 1-20.

[3] Martin G D, Hutchings I M. Fundamentals of Inkjet Technology[M]. Cambridge: Inkjet Research Centre, 2013: 21-44.

[4] Eggers J. Non-smooth Mechanics and Analysis[M]. Berlin: Springer, 2006: 163-172.

[5] Le H P. Progress and trends in ink-jet printing technology[J]. Journal of Imaging Science and Technology, 1998, 42: 49-62.

[6] McKinley G R, Renardy M. Wolfgang von Ohnesorge[J]. Physics of Fluids, 2011, 23: 127101.

[7] Reis N, Derby B. Ink jet deposition of ceramic suspensions: Modelling and experiments of droplet formation[J]. Materials Research Society Symposium Proceedings, 2000, 625: 117-122.

[8] Jang D, Kim D, Moon J. Influence of fluid properties on ink-jet printability[J]. Langmuir, 2009, 25: 2629-2635.

[9] Derby B. Inkjet printing of functional and structural materials: Fluid property requirements, feature stability and resolution[J]. Annual Review of Materials Research, 2010, 40: 395-414.

第2章 喷墨打印中的流体力学

Edward P. Furlani

2.1 引　言

本章概述流体力学原理及其在喷墨技术领域中的应用，关于这部分内容更详细、深入的讨论将在后续章节中给出。本章涵盖的主题包括流体的基本属性、控制流体运动的基本原理与方程、模拟流体行为的计算方法、喷墨技术的简要概述、喷墨打印系统建模中面临的各种挑战。

2.2 流 体 力 学

流体力学是物理学的一个分支，主要研究流体的静止和运动[1-4]。广义上讲，流体是一种在受到剪切（切向）力时会产生连续变形的材料，如图 2.1 所示。流体与固体本质的不同是固体内相邻的原子紧密结合且呈现刚性，而流体分子可以自由地移动。因此，只要对流体施加相应的剪切力，流体就会发生变形并流动。固体在剪切力作用下也会发生变形，但当内力与施加在固体表面的力达到平衡时，固体形态很快就会重新稳定。流体在剪切力作用下的流动速率取决于作用力的大小和流体黏度，黏度是一种衡量流体抗剪切变形和流动的属性。流体具有流动特性，因此流体本身没有固定的形状，而是呈现其容器的形状。液体和气体都是流体，但两者在性质上有显著的差异。液体、气体、固体、等离子体一起构成物质的四种相。液体中的分子密度很大，因此液体具有相对较高的黏度，液体的高黏度是由液体分子间的相互吸引力造成的。

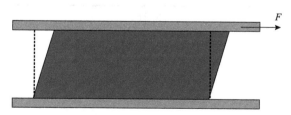

图 2.1　剪切力作用下的流体（原始形状用虚线表示）

液体本质上是不可压缩的，即液体的体积保持相对恒定，基本上不受压力和温度的影响。与液体分子相反，气体分子的间距很大，因此气体的密度和黏度较低，可以被高度压缩。当液体和气体接触时，气液间会形成交界面(表面)，交界面上分子力不平衡会引起界面表面张力，于是该交界面会表现出类似膜的行为。具体来说，由于液体分子之间排列密集，液体内部存在很强的吸引力，而液体外部气体分子的吸引力相对较弱(基本上可以忽略不计)。表面张力在液体射流和液滴的形成过程中起着至关重要的作用，液体射流和液滴的形成是喷墨打印技术的基础。此外，流体还具有许多其他特性，这些特性共同描述了流体的运动学、传输和热力学行为。在开发和设计喷墨打印系统过程中，需要透彻理解流体的诸多特性并能模拟流体的多种行为。

2.3 量纲和单位

在分析各种流体现象时使用统一的量纲和单位非常重要。基于质量(M)、长度(L)、时间(t)和温度(T)四个基本(独立)的量纲，可以得到其他所有的次要(相关的)量纲。变量的量纲用括号内的符号来表示，例如，力 F 的量纲表示为$[F]$，即

$$[F] = [质量×加速度] = \left[M \times \frac{L}{T^2} \right] = \left[\frac{ML}{T^2} \right] \tag{2.1}$$

许多不同的单位可以用来描述同一个量纲。在流体力学中，常用三种不同的单位系统：国际单位制(SI)、英国重力单位制(英制)和英国工程单位制[2]。国际单位制中的质量、力、长度、时间和温度表示如下：

国际单位制(kg, N, m, s, K)

其中，kg 表示千克，N 表示牛顿，m 表示米，s 表示秒，K 表示开尔文。国际单位制应用最为广泛，若无特殊说明，本章使用的单位都是国际单位制。表 2.1 列出了一些关键物理量及其国际单位制。

表 2.1 关键物理量及其国际单位制

物理量	单位(符号)	关系式
质量	千克(kg)	—
长度	米(m)	—
时间	秒(s)	—
力	牛顿(N)	$1N = 1kg \cdot m/s^2$
压强	帕斯卡(Pa)	$1Pa = 1N/m^2 = 1kg/(m \cdot s^2)$
能量	焦耳(J)	$1J = 1N \cdot m = 1kg \cdot m^2/s^2$
功率	瓦特(W)	$1W = 1J/s = 1N \cdot m/s = 1kg \cdot m^2/s^3$

如表 2.1 所述，温度的单位是 K，它被称为开尔文。除此之外，还可用摄氏度作为温度的单位：

$$T_C = T_K - 273.15 \tag{2.2}$$

式中，T_C 为摄氏温度（℃）；T_K 为热力学温度（K）。

在英国工程单位制中，温度的单位是兰氏温度（°R），另外还有华氏温度（℉）。它们与热力学温度的关系如下：

$$T_R = 1.8T_K = T_F + 459.67$$
$$T_F = 1.8T_C + 32 \tag{2.3}$$

式中，T_R 为兰氏温度（°R）；T_F 为华氏温度（℉）。

2.4　流　体　特　性

流体有许多不同的特性，这些特性共同描述了流体的运动学、传输和热力学行为。流体的诸多特性取决于其流体分子的特性以及施加在流体上的边界条件。本节简要回顾流体的三个关键特性：密度、黏度和表面张力。

2.4.1　密度

流体的密度 ρ 定义为单位体积的质量。在国际单位制中，密度 ρ 的单位是 kg/m^3。流体密度取决于流体分子的组成质量以及单位体积内的分子数[1-3]。单位体积内的分子数取决于温度、压力等影响分子间距的因素。例如，随着温度升高，流体分子变得更活跃、分子间距更大，这导致单位体积内的分子数量减少，流体密度降低。液体的密度主要取决于它的分子含量，温度对液体密度的影响较小，这和气体略有不同。对于理想气体，$pV = nRT$，其中 p 是压强，V 是气体的体积，n 是物质的量，R 是气体常数，T 是热力学温度。气体密度由公式 $\rho = M_w p / (RT)$ 给出，其中 M_w 是相对分子质量。因此，理想气体的密度与相对分子质量、压强和温度密切相关。流体的相对密度 s 是流体密度 ρ 与某一标准条件下参考流体的密度 ρ_{sc} 之比。对于液体，ρ_{sc} 通常被认为是 4℃时水的密度，约等于 $1000kg/m^3$；对于气体，ρ_{sc} 有时被认为是在 60℉下 14.7psi（14.7psi = 1bar = 0.1MPa）时的空气密度；在其他情况下，ρ_{sc} 被认为是在 0℃下 1 个绝对大气压时的空气密度。由于对气体的相对密度没有唯一的定义标准，在查阅文献时必须注意其前提条件。

2.4.2　黏度

黏度定义了流体抗剪切变形或流动的能力[3]。这种抗力是由分子间的内聚力引起的，当相邻的流体层相对运动时，分子间的内聚力在相邻流体层之间产生摩擦。黏度取决于液体分子间的吸引力和相邻流体层中分子相对运动时的动量交换。黏度受温度影响，但温度对液体黏度和气体黏度的影响是相反的。在液体中，分子内聚力决定黏度大小。随着温度升高，液体中的分子变得更活跃、分子间距更大，因此当分子内聚力减小时，液体黏度也随之降低。在气体中，黏度是由相对运动的相邻层之间的分子相互作用所决定的。随着温度升高，气体分子间的碰撞频率和分子间作用力增加，气体黏度也增加。

　　液体的黏度可以使用如图 2.2 所示的方法来确定。图中有两个间隔很近的平行板，两块板之间有流体。两块板的面积都是 A，在外部力 F 的作用下，上端板以速度 U 向右横向移动，下端板保持静止。流体分子黏附在板壁上，因此每个界面处的流体速度 u 与壁面速度相匹配，这就是无滑移边界条件。因此，上边界的流体速度 $u = U$，下边界的流体速度 $u = 0$，速度 $u(y)$ 随着两块板间距离的变化而变化。如果两块板的间距较近，上端板的速度 U 较小，且两块板间无净流量，则两块板之间的速度分布呈线性。

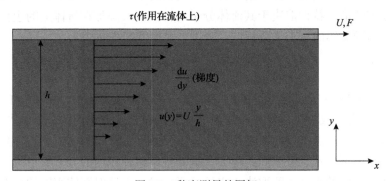

图 2.2　黏度测量的图解

1. 牛顿流体

实验表明，对于大量的流体，施加的剪切力 $\tau = F/A$ 与速度梯度成正比：

$$\tau = \mu \frac{\mathrm{d}u}{\mathrm{d}y} \tag{2.4}$$

式中，μ 为黏度系数，也称为绝对黏度、动力黏度或简单黏度[2]。运动黏度是动力黏度 μ 与密度 ρ 的比值，通常用 $\nu = \mu/\rho$ 表示。式(2.4)称为牛顿黏度定律。比值 U/h 称为剪切变形速率或剪切速率，且梯度 $\mathrm{d}u/\mathrm{d}y$ 称为局部剪切速率或应变速率，其单位是"s^{-1}"，通常表示为 $\dot{\gamma}$。遵循牛顿黏度定律的流体称为牛顿流体，其 μ 是一个与剪切速率无关的常数。

2. 非牛顿流体

黏度 μ 随剪切速率变化的流体称为非牛顿流体[5]。非牛顿流体可分为三大类：时间无关性流体、时间依赖性流体以及黏弹性流体。在时间无关性流体中，某一点处的剪切速率仅由该点处的瞬间剪切力决定，这些流体称为纯黏性牛顿流体、非弹性牛顿流体或广义牛顿流体。在时间依赖性流体中，剪切力与剪切速率的关系取决于剪切作用的持续时间和流体的运动过程。黏弹性流体既具有理想流体的特性，又具有弹性固体的特性，并且在变形后表现出部分弹性恢复的特性。图 2.3 列出了不同的非牛顿流体。

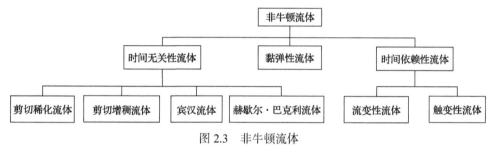

图 2.3 非牛顿流体

非牛顿流体的一些分类表述如下。

塑性流体：剪切力必须在流动开始前达到最小阈值。

宾汉流体：与塑性流体类似，必须在流动开始前达到最小剪切力。

假塑性流体：不需要最小剪切力，黏度随剪切速率的增大而减小。

膨胀流体：黏度随剪切速率的增大而增加，如流沙。

触变性流体：黏度随剪切力作用时间的延长而减小。

流变性流体：黏度随剪切力作用时间的延长而增加。

黏弹性流体：类似于牛顿流体，当施加的剪切力突然发生大的改变时，它们的行为类似于塑性流体。

2.4.3 表面张力

如前文所述，液体中的分子具有内聚性，即液体分子之间存在相互吸引力。在液体和气体(或在两种不相溶液体之间)的交界面上，由于分子间存在一种不对称的吸引力，在该表面上产生张力，即如图 2.4 所示的表面张力。液体表面张力的数值范围较广，大多数液体的表面张力随温度升高而略有下降[4]。液体分子之间既有黏附力又有内聚力。液体分子间的黏附力，即不同分子之间的吸引力，使得液体能够黏附到另一个物体上。当液体被放置在衬底上时，液体的形状取决于其内部黏附力、内聚力的相对大小。若黏附力大于内聚力，则液体将浸湿衬底(浸润)；若内聚力大于黏附力，则液体在衬底上不发生浸润。

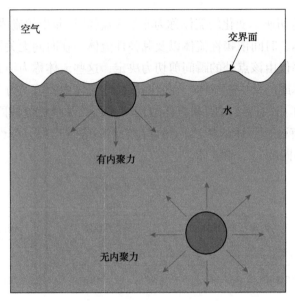

图 2.4 分子间的作用力产生表面张力的机理

毛细现象是细管或多孔介质对流体施加作用力的而产生的。当液体内分子间的内聚力大于液体对固体的黏附力时，液体表面会形成向下的凹形从而减少与固体的接触；相反，当液体内分子间的内聚力小于液体对固体的黏附力时，液体对固体的吸引力远远大于对液体内部的吸引力，液体表面将会形成向上的凹形。这种液体与固体接触时的弯曲表面称为弯月面。

2.5 力、压力、速度

力以某种方式驱动流体的运动。流体力学中有两种不同类型的力：与面积大小成正比的表面力以及与体积大小成正比的体积力。表面力通常用应力 σ 来表示（即单位面积上的力），主要由压力 p 和黏性剪切力 σ_{ij} 组成，压力总是垂直于作用表面，黏性剪切力由流体中分子间的相对运动产生。压力是一种大小等于 F_n/A 的垂直作用力，其中 F_n 是垂直作用于面积为 A 的表面上的力。压力对流体起拉伸或压缩作用，取决于压力是否倾向于拉伸或压缩流体。标准大气压是 1atm，即 1atm = 101325Pa，相当于 760mm 或 29.92in（1in = 2.54cm）的汞柱压强或 14.696psi。超出环境大气压的压力值称为表压力，许多压力表显示的就是表压力，而不是绝对压力，绝对压力等于表压力加上大气压力。

流体的流动可以由速度场 $\vec{v}$ 来描述，即空间与时间的向量函数。通常情况下，流体内点与点之间的速度场在大小和方向上各不相同：

$$\vec{v}(x,y,z,t) = u(x,y,z,t)\hat{x} + v(x,y,z,t)\hat{y} + w(x,y,z,t)\hat{z} \quad (2.5)$$

实际应用中的流体速度场 $\vec{v}$ 往往是非常复杂的，通常需要用数值分析进行模拟。通过具有单位法线 $\hat{n}$ 的区域 A 的体积流量 Q 为

$$Q = \int \vec{v} \cdot \hat{n} \mathrm{d}A \quad (2.6)$$

如果 U_{ave} 是垂直于平面区域 A 的平均速度，那么 $Q = U_{\mathrm{ave}}A$ (m^3/s) 相对应的质量流量为

$$\dot{m} = \rho U_{\mathrm{ave}} A \quad (\mathrm{kg/s}) \quad (2.7)$$

式中，ρ 为流体密度。动量流率 $\dot{M}$ 通过 $\dot{m}$ 乘以流体速度得到，即 $\dot{M} = \rho U_{\mathrm{ave}}^2 A$。在一些相对简单的应用，这些公式对于估计质量和动量传输也适用。更详细的分析过程将在 2.6 节讨论。

2.6　流体动力学

控制流体运动的基本物理量和相关方程可以通过在分子层面或连续体层面分析流体来理解。当系统的尺度小于或与流体分子的平均自由程相当时，需要在分子层面进行描述，对于液体分子，尺度是纳米量级的。喷墨打印等大多数传统流体应用领域的尺度要比纳米大几个数量级。对于这些应用，可以忽略液体分子的离散性，进而采用连续体近似的方法，其中密度、压力和速度等特性在无限小的体积内得到明确定义，并在点与点之间连续变化。控制流体运动的连续性方程可以根据流体质量、线性动量和能量的基本守恒律，并结合流体应力与应变之间的本构关系推导得出[6-8]。虽然基本守恒定律广泛适用于所有流体，但本构关系会因流体性质的不同而存在差异。

2.6.1　流体动力学方程

本节介绍控制流体运动的相关方程，这些方程可以通过拉格朗日方法或欧拉方法推导得到。在拉格朗日方法中，流体被视为大量有限大小的流体粒子(图2.5(a))。流体粒子的质量、动量和内能遵循相关物理定律。这些大量粒子被用来描述连续范围内流体的流动，然而追踪大量独立粒子的运动是很困难的，因此很少使用拉格朗日方法来分析流体流动。欧拉方法通过定义控制体积(control volume, CV)，将压力、速度等流动特性描述为控制体积内的场。控制体积和流体

流线如图 2.5(b)所示，流体流线与流动速度矢量瞬时相切，通过对流经控制体积的流体应用质量守恒、动量守恒和能量守恒定律，就可以推导出流动动力学的相关方程。图 2.5(b)展示了一个带有控制表面(control surface, CS)的封闭、固定以及不可变形的控制体积，假设该控制体积在空间中固定，并且允许流体通过，且质量守恒、动量守恒和能量守恒定律适用于控制体积内的流体。这样便得到了守恒方程的积分形式，然后将它们转换为更常用的微分形式[6,7,9]。

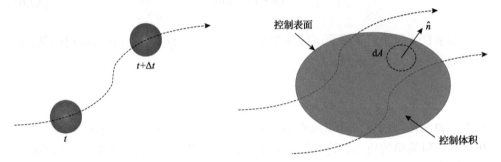

(a) 拉格朗日方法显示单个流体粒子的运动　　　　　(b) 欧拉方法显示通过控制体积流体的流动

图 2.5　流体流动分析方法

1. 质量守恒

控制体积中的质量变化率等于通过控制表面的质量净流入，用以下形式的积分表示：

$$\underbrace{\frac{\mathrm{d}}{\mathrm{d}t}\int_{\mathrm{CV}}\rho\mathrm{d}V}_{\text{控制体积内的质量变化率}} = \underbrace{-\int_{\mathrm{CS}}\rho\vec{v}\cdot\hat{n}\mathrm{d}A}_{\text{通过控制表面的质量净流入}} \tag{2.8}$$

式中，$\vec{v}$ 为流体速度场；$\hat{n}$ 为控制表面上的单位法线(图 2.5)。这个积分方程可以通过高斯散度定理转换为微分形式：

$$\frac{\partial\rho}{\partial t}+\nabla\cdot(\rho\vec{v})=0 \quad \text{(质量守恒定律)} \tag{2.9}$$

上述方程可扩展为

$$\frac{\partial\rho}{\partial t}+(\vec{v}\cdot\nabla)\rho+\rho\nabla\cdot(\vec{v})=0 \tag{2.10}$$

如果流体不可压缩，即

$$\frac{\partial\rho}{\partial t}+(\vec{v}\cdot\nabla)\rho=0 \quad \text{(不可压缩流体)} \tag{2.11}$$

那么连续性方程可简化为

$$\nabla \cdot \vec{v} = 0 \quad (\text{不可压缩流体}) \tag{2.12}$$

式(2.12)中关于不可压缩流体的假设能够简化动量和能量方程，介绍如下。

2. 动量守恒

动量守恒遵循牛顿第二定律。液体中作用于控制体积内质量上的合力等于控制体积内动量的变化率，体现这一原理的积分方程为

$$\underbrace{\sum \vec{F}}_{\text{合力}} = \underbrace{\frac{\mathrm{d}}{\mathrm{d}t}\int_{\mathrm{CV}} \rho\vec{v}\mathrm{d}V}_{\text{动量变化率}} = \underbrace{\int_{\mathrm{CS}} \vec{\vec{S}} \cdot \hat{n}\mathrm{d}A}_{\text{表面力}} + \underbrace{\int_{\mathrm{CV}} \vec{f}\mathrm{d}V}_{\text{体积力}} \tag{2.13}$$

式中，$\rho\vec{v}$ 为单位体积的流体动量；$\vec{f}$ 为作用于控制体积上的外部体积力(如重力)；$\vec{\vec{S}}$ 是用于计算表面力的(二阶)张量，由一个各向同性的压力分量 $p\vec{\vec{I}}$ 以及一个由黏性应力引起的分量组成：

$$\vec{\vec{S}} = -p\vec{\vec{I}} + \vec{\vec{\tau}} \tag{2.14}$$

其中，$\vec{\vec{I}}$ 为单位张量；$\vec{\vec{\tau}}$ 为黏性应力张量。受流体类型影响，黏性应力张量的函数形式对于牛顿流体和非牛顿流体是不同的。例如，对于牛顿流体：

$$\vec{\vec{\tau}} = \mu(\nabla\vec{v} + \nabla\vec{v}^{\mathrm{T}}) + \zeta(\nabla \cdot \vec{v})\vec{\vec{I}} \tag{2.15}$$

式中，μ 和 ζ 分别为第一(绝对)和第二(体积)黏度系数。将式(2.15)代入式(2.13)，借助高斯散度定理将得到的积分方程转换为等价的微分方程，即

$$\rho\left(\frac{\partial\vec{v}}{\partial t} + \vec{v} \cdot \nabla\vec{v}\right) = -\nabla p + \nabla \cdot \vec{\vec{\tau}} + \vec{f} \tag{2.16}$$

式(2.16)为可压缩牛顿流体的纳维-斯托克斯方程。如果流体是不可压缩的，那么借助式(2.12)可以得到下列简化方程：

$$\rho\left(\frac{\partial\vec{v}}{\partial t} + \vec{v} \cdot \nabla\vec{v}\right) = -\nabla p + \mu\nabla^2\vec{v} + \vec{f} \tag{2.17}$$

式(2.17)中左边第一项是流体的时间加速度，第二项是非线性的对流加速度。式(2.17)右边的项分别考虑了压力、黏度和体积力的影响。

3. 能量守恒

能量守恒遵循热力学第一定律，流体质量在任意(静止)控制体积中的能量变化 E 等价于流体的热能 Q 与流体做功 W 之间的差，即 $\mathrm{d}E = \mathrm{d}Q - \mathrm{d}W$。能量的时间变化率 $\dot{E}$（点表示时间导数）可用积分形式表示，方法是将控制体积内单位质量的内能变化量 e 与通过控制表面的内能通量相加[6]：

$$\dot{E} = \frac{\mathrm{d}}{\mathrm{d}t}\int_{\mathrm{CV}}\rho e\mathrm{d}V + \int_{\mathrm{CS}}\rho e(\vec{v}\cdot\hat{n})\mathrm{d}A \tag{2.18}$$

式中，控制体积内单位质量的内能变化量 e 为

$$e = \tilde{u} + \frac{1}{2}|\vec{v}|^2 + g_z \tag{2.19}$$

其中，变量 $\tilde{u}$ 是单位质量的分子内能；$\frac{1}{2}|\vec{v}|^2$ 是单位质量的动能；g_z 是单位质量的重力势能。控制体积的能量平衡关系可以写为

$$\frac{\mathrm{d}}{\mathrm{d}t}\int_{\mathrm{CV}}\rho e\mathrm{d}V + \int_{\mathrm{CS}}\rho e(\vec{v}\cdot\hat{n})\mathrm{d}A = \dot{Q} - \dot{W} \tag{2.20}$$

流体的热能变化率 $\dot{Q}$ 是由通过控制表面的热量传递引起的，$\dot{W}$ 表示流体所做的不同形式的功。热能变化率 $\dot{Q}$ 受热传导、热辐射和对流传热的影响。

在此，简化分析且仅考虑热传导。由傅里叶热传导定律可知 $\dot{Q} = \int k(\nabla T\cdot\hat{n})\mathrm{d}A$，$k$ 和 T 分别为流体的热导率与温度。类似地，$\dot{W}$ 可能受到机械操纵、压力驱动和黏性阻力等因素的影响：

$$\dot{W} = \dot{W}_{\mathrm{mech}} + \dot{W}_{\mathrm{p}} + \dot{W}_{\mathrm{viscous}} + \cdots \tag{2.21}$$

式中，$\dot{W}_{\mathrm{mech}}$ 为流体在控制体积内通过机械方式(如叶轮)做功的速率；$\dot{W}_{\mathrm{p}} = \int_{\mathrm{CS}}p(\vec{v}\cdot\hat{n})\mathrm{d}A$ 为压力 p 做功的速率；$\dot{W}_{\mathrm{viscous}} = -\int_{\mathrm{CS}}(\vec{v}\cdot\vec{\tau})\cdot\hat{n}\mathrm{d}A$ 为黏性阻力做功的速率。注意，以上两项只涉及曲面积分，因为在控制体积内，流体元素之间力的作用都是自相抵消的(即相等和相反的力)。将这些公式代入式(2.20)，得到能量守恒的积分方程：

$$\begin{aligned}\frac{\mathrm{d}}{\mathrm{d}t}\int_{\mathrm{CV}}\rho e\mathrm{d}V = &-\int_{\mathrm{CS}}\rho e(\vec{v}\cdot\hat{n})\mathrm{d}A + \int_{\mathrm{CS}}k(\nabla T\cdot\hat{n})\mathrm{d}A\\ &-\int_{\mathrm{CS}}p(\vec{v}\cdot\hat{n})\mathrm{d}A + \int_{\mathrm{CS}}(\vec{v}\cdot\vec{\tau})\cdot\hat{n}\mathrm{d}A + \int_{\mathrm{CV}}\rho(\vec{f}\cdot\vec{v})\mathrm{d}V\end{aligned} \tag{2.22}$$

右边的第三项和第四项分别对应压力 p、黏性应力 $\bar{\tau}$ 做功的速率；右边的最后一项表示合力 $\vec{f}$ 对流体所做的功。假设 $\vec{f}=0$，将高斯散度定理应用于式 (2.22) 中的曲面积分，可以得到控制体积上的体积积分：

$$\int \left(\frac{\partial}{\partial t}(\rho e) + \nabla \cdot (\rho e \vec{v}) - \nabla \cdot (k\nabla T) + \nabla \cdot (p\vec{v}) - \nabla \cdot (\vec{v} \cdot \bar{\tau}) \right) \mathrm{d}V = 0 \qquad (2.23)$$

由于控制体积是任意的，式 (2.23) 中的被积函数必须为零，即

$$\frac{\partial}{\partial t}(\rho e) + \nabla \cdot (\rho e \vec{v}) - \nabla \cdot (k\nabla T) + \nabla \cdot (p\vec{v}) - \nabla \cdot (\vec{v} \cdot \bar{\tau}) = 0 \qquad (2.24)$$

式 (2.24) 可以改写为

$$\rho \left(\frac{\partial e}{\partial t} + \nabla \cdot (e\vec{v}) \right) - \nabla \cdot (k\nabla T) + \nabla \cdot (p\vec{v}) - \nabla \cdot (\vec{v} \cdot \bar{\tau}) = 0 \qquad (2.25)$$

需要注意的是，将式 (2.9) 与式 (2.24) 合并可以得到式 (2.25)。

接下来，引入黏性耗散函数 $\phi = \bar{\tau} \cdot (\nabla \cdot \vec{v})$ 并借助该函数来简化式 (2.25)：

$$\rho \frac{\mathrm{D}e}{\mathrm{D}t} + p(\nabla \cdot \vec{v}) = \nabla \cdot (k\nabla T) - \vec{v} \cdot \nabla p + \vec{v}(\nabla \cdot \bar{\tau}) + \phi \qquad (2.26)$$

式中，$\dfrac{\mathrm{D}}{\mathrm{D}t} = \dfrac{\partial}{\partial t} + \vec{v} \cdot \nabla$ 为对流导数；ϕ 为黏性耗散函数。从式 (2.19) 中可得

$$\rho \frac{\mathrm{D}e}{\mathrm{D}t} = \rho \left(\frac{\mathrm{D}\tilde{u}}{\mathrm{D}t} + \vec{v} \cdot \frac{\mathrm{D}\vec{v}}{\mathrm{D}t} + \frac{\mathrm{D}(gz)}{\mathrm{D}t} \right) \qquad (2.27)$$

式 (2.27) 右边的第二项可以改写为 $\rho\vec{v} \cdot \dfrac{\mathrm{D}\vec{v}}{\mathrm{D}t} = \vec{v} \cdot (\rho\vec{g} - \nabla p + \nabla \cdot \bar{\tau})$ [6]。将式 (2.26) 与式 (2.27) 做适当变换，得到可压缩流体能量守恒的微分方程：

$$\rho \frac{\mathrm{D}\tilde{u}}{\mathrm{D}t} + p(\nabla \cdot \vec{v}) = \nabla \cdot (k\nabla T) + \phi \quad \text{(能量守恒)} \qquad (2.28)$$

式 (2.28) 改写后可以用来解释热传递。为此，注意分子内能 $\tilde{u}$ 与温度有关，即 $\left(\dfrac{\mathrm{d}\tilde{u}}{\mathrm{d}T} \right)_{\mathrm{V}} = C_{\mathrm{V}}$，其中 C_{V} 是恒定体积下流体的比热容（即比定容热容），因此从式 (2.28) 中消掉 $\tilde{u}$，即可得到可压缩流体中的传热方程：

$$\rho C_{\mathrm{V}} \left(\frac{\partial T}{\partial t} + \vec{v} \cdot \nabla T \right) + p(\nabla \cdot \vec{v}) = \nabla \cdot (k\nabla T) + \phi \quad \text{(热传递)} \qquad (2.29)$$

式中，T 是以 K 为单位的流体温度。若流体是不可压缩的，则式(2.29)可以简化为

$$\rho C_V \left(\frac{\partial T}{\partial t} + \vec{v} \cdot \nabla T \right) = \nabla \cdot (k \nabla T) + \phi \quad (\text{不可压缩流体}) \tag{2.30}$$

需要注意的是，因为与热传导相比黏性损失可以忽略不计，所以黏性损失项 ϕ 在传热分析中经常被忽略。

2.6.2　求解流体动力学方程

流体流动的控制方程都遵循质量守恒、动量守恒和能量守恒等基本守恒定律。基本守恒定律及其相应的微分形式如下所示。

质量守恒定律：

$$\frac{\partial \rho}{\partial t} + \nabla \cdot (\rho \vec{v}) = 0 \tag{2.31}$$

动量守恒定律(纳维-斯托克斯方程)：

$$\rho \left(\frac{\partial \vec{v}}{\partial t} + \vec{v} \cdot \nabla \vec{v} \right) = -\nabla p + \mu \nabla^2 \vec{v} + \vec{f} \tag{2.32}$$

能量守恒定律：

$$\rho \frac{\mathrm{D} \tilde{u}}{\mathrm{D} t} = \nabla \cdot (k \nabla T) + \phi \tag{2.33}$$

式中，ϕ 为黏性耗散函数，其大小取决于 $\vec{v}$。需要注意的是，式(2.32)仅适用于牛顿流体，且式(2.32)与式(2.33)仅适用于不可压缩流体(参考式(2.12))，其中：

$$\nabla \cdot \vec{v} = 0 \tag{2.34}$$

守恒定律式(2.31)～式(2.33)共表示五个方程(一个质量方程、三个动量方程以及一个能量方程)。然而这些公式中包含 7 个未知变量，分别为压强 p、密度 ρ、分子内能 $\tilde{u}$、温度 T，以及 3 个速度分量 v_i。因此，未知变量的数目要比独立方程多，此外还需要两个独立方程来构成一个可求解的完整(封闭)方程组。这两个独立方程由热力学性质的状态关系提供，如 $\rho = \rho(p, T)$ 和 $\tilde{u} = \tilde{u}(p, T)$。如上所述，分子内能 $\tilde{u}$ 与温度有关，因此可以将 $\tilde{u}$ 从式(2.33)中消去，随后得到式(2.29)，从而将未知变量从 7 个减少到 6 个。

最后，为了求解这些方程，需要了解未知变量 p、ρ、$\tilde{u}$、T 以及 v_i 的初始值，如 $p = p(x,y,z)$ 的初始空间分布等。同时，必须指定适当的边界条件。需要格外注

意的是，这些方程在实际应用中往往难以解析求解，因此通常需要借助如 2.7 节
所述的数值方法来求解方程。

2.7 计算流体动力学

在大多数实际应用中，流体流动的控制方程无法用解析法求解。通常，人们
使用某种形式的数值方法来求解方程。计算流体动力学(computational fluid
dynamics, CFD)是一门通过数值方法求解基本控制方程，进而模拟流体流动行为
和相关传输现象的学科。CFD 求解方法的开发是一项复杂的工程，需要多学科的
专业知识，包括流体力学、多相和相变现象以及数值方法等。这些专业技能超出
了许多从事流体工作的科学家和工程师的专业知识范围。幸运的是，商业 CFD 软
件已被开发出来，从业者可以使用商业 CFD 软件分析广泛的流体应用。一些流行
的商业 CFD 软件包括 PHOENICS、Fluent、Flow3D、STAR-CD、CFX、FlowTherm
和 Smartfire 等。这些软件在降低成本的同时显著提高了软件计算性能，对流体力
学应用发展产生了变革性影响。CFD 仿真在新型流体基础技术的发展中发挥着越
来越重要的作用，使人们能够在制造之前对工艺和器件进行基本的理解和合理的
设计，CFD 软件的使用可以大大促进新技术的发展。

许多商业 CFD 软件采用友好的图形用户界面(graphical user interface, GUI)来
简化应用程序的设置、求解和分析过程。CFD 分析的工作流程如图 2.6 所示。大
多数 CFD 软件使用三个不同的子程序来实现这个工作流程：前处理器、求解器和
后处理器。这些子程序的功能将在后面的章节中描述。

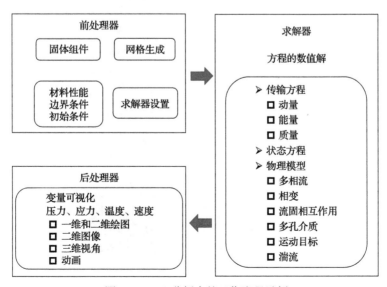

图 2.6 CFD 分析中的工作流程示例

2.7.1　前处理器

前处理器是一个 GUI 驱动的子程序，用以设置和初始化应用程序。通常设置：
①计算域，即求解区域的大小和形状；②所有材料和流体的几何形状、尺寸及特性；
③初始条件，即整个计算域中因变量的初始值(如压力、速度、温度)；④边界条件，
如计算域边界处因变量的值。CFD 中最常用的边界条件是：边界处流体速度等于边
界本身速度的无滑移速度条件、反映系统轴对称边界条件、入口和出口(如压力、速
度、温度)边界条件、用于研究周期结构单元胞的周期性边界条件、利用系统对称性
来减小计算域和求解复杂性的各种对称边界条件。

计算网格也在分析的前处理阶段中定义。网格将计算域划分为更小的非重叠
子域。图 2.7 显示了活塞式墨滴喷射器 CFD 模型的前处理过程。器件的几何结构
如图 2.7(a)所示，计算网格如图 2.7(b)所示。网格为运动方程的离散化提供了一
个几何框架，即将偏微分方程转换为矩阵方程，进而求解得到各个网格单元中因
变量(如压力、速度、温度)的离散值。一般来说，更精细的离散化可以得到更精
确的解。网格可以基于笛卡儿坐标或极坐标，正交或非正交。在常规笛卡儿网格
中，单元格在每个方向上的长度是一定的；在正交网格中，不同方向上的网格线
相互垂直；在曲线网格中，网格线可以是空间中的任意曲线。CFD 仿真中常用的
网格类型有三种，即结构化网格、非结构化网格以及混合网格，其中计算域的

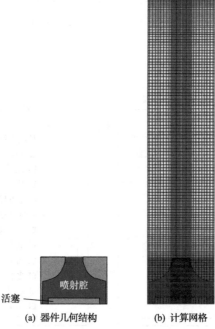

（a）器件几何结构　　　　（b）计算网格

图 2.7　活塞式墨滴喷射器的 CFD 模型前处理过程

某些网格是结构化的，而其他部分是非结构化的。

在结构化网格中，所有节点具有相同数量的相邻单元。结构化网格适用于相对简单的计算域。对于相对复杂的计算域，建议使用非结构化网格。但非结构化网格具有一定的缺点，即由于数据结构的不规则性，系统变量的存储变得更为困难。混合网格是结构化网格和非结构化网格的折中。在这种情况下，计算域被切分成若干块，并在不同的块中使用结构化网格或非结构化网格。最优网格通常是不均匀的，其中较细的网格用于变量变化较大的区域，而较粗的网格用于变量变化相对较小的区域。

2.7.2　求解器

CFD 仿真的前处理阶段完成后，将调用求解器子程序。该子程序使用数值方法求解因变量（如压力、速度、温度）的控制方程。在该方法中，基本微分方程被转换为可以直接求解或通过迭代过程求解的代数方程组。大多数软件允许用户通过选择恰当的数值技术及控制数值分析的参数来控制求解，如最大时间步长和收敛误差。商业 CFD 软件中最常用的数值方法是有限体积法（finite volume method, FVM）（约 80%）和有限元法（finite element method, FEM）（约 15%）。其他求解方法包括有限差分法、波谱法、边界元法以及格子玻尔兹曼法等。这些求解方法的细节不在本章讨论范围内，详见文献[10]和文献[11]。

2.7.3　后处理器

求解过程结束后，后处理器子程序被用于检查和可视化结果变量。图 2.8 显示了活塞式墨滴喷射器 CFD 模型的后处理过程，即流体喷射和墨滴形成，图像与

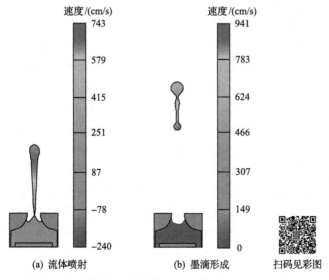

(a) 流体喷射　　　(b) 墨滴形成　　　扫码见彩图

图 2.8　活塞式墨滴喷射器 CFD 模型的后处理过程

垂直流体速度颜色条一起展示。大多数后处理器允许用户在所需视图中显示器件的全部或部分几何图形。系统的视图可以被平移、旋转以及放大。类似地，网格可以单独显示，也可以根据需要在几何体上叠加显示。压力、速度和温度等被求解的变量可以在指定的体积、曲面以及沿指定的线上显示，如速度的矢量场可以通过二维和三维图进行可视化，二维或三维图显示单位体积或面积内规定数量的向量，并根据向量的大小缩放长度。已求解变量的二维、三维曲面图以及直线和阴影等高线图也可以显示出来。大多数后处理器支持输出动画，进而能使得动态计算结果可视化。

2.8　喷墨打印系统

本节简要讨论喷墨打印系统的关键部件和工艺，以及计算建模在喷墨打印系统合理性设计中的应用，后续章节将对这些主题进行更详细的讨论。喷墨打印系统基本上由三个基础部件组成，即墨水、打印引擎(打印头)和成像介质(如纸张)[13-15]，其中墨水通过选择性地吸收和散射光线来产生颜色。墨水根据其着色剂可大致分为三类，即有机染料墨水、聚合染料墨水和颜料墨水。有机染料由有机染料分子组成，聚合染料由染料聚合物组成，颜料墨水是含有无机颜料颗粒的分散体。打印头在数字化控制下工作，它将直径 10~100μm 的墨滴投射到成像介质上形成图像。现代喷墨打印系统使用的是含有数百到数千个集成微喷嘴的微型打印头，每个打印头每秒可以喷出数百万滴墨水，其体积和速度都非常均匀。墨滴被精确投射到成像介质上，进而能呈现高质量的图像。虽然传统打印技术已经成为推动喷墨打印系统发展的主要动力，但该技术正迅速向新兴领域发展，如功能性材料打印、生物材料沉积、制药生产和 3D 快速成型技术[15-18](详见第 15 章)。

喷墨打印系统大致分为连续喷墨打印系统和按需喷墨打印系统两类，如图 2.9 所示[13,14,18,19]。在连续喷墨打印系统中，通过在一个普通的墨槽中对墨水施加压力，使得在每个喷嘴处产生连续的墨流。射流本质上是不稳定的(瑞利不稳定性)，可以用周期性刺激来调制射流，进而使其分解成均匀间隔的墨滴流。当对射流进行适当调制时，墨滴具有明确定义的体积和速度(10~20m/s)，并且在喷嘴下游的恒定距离处成形[18-21]。最常用的射流调制方法是机械振动，通常由如图 2.9(a)所示的压电换能器来实现。下面描述一种相对较新的连续喷墨技术，该技术基于对喷嘴处流体施加周期性热调制实现[22]。连续喷墨打印头的每个喷嘴每秒内产生数十万个墨滴，然而，仅允许被选取的墨滴到达成像介质并形成图像，未使用的墨滴在喷射中发生偏转并且再次回收到供给打印头的墨水容器中。在基于静电的连续喷墨中喷嘴保持在一个电位，每个墨滴形成时都带有少量电荷，使用电压驱动的偏转板对墨流中的各个墨滴进行引导(偏转)，如图 2.9(a)所示。

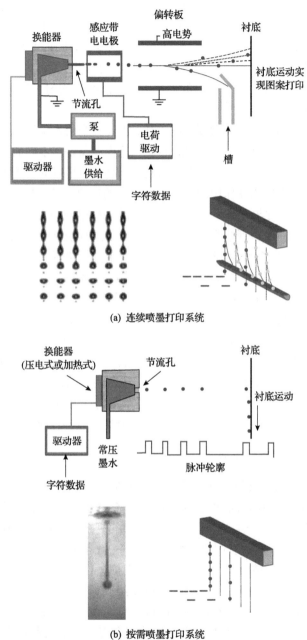

(a) 连续喷墨打印系统

(b) 按需喷墨打印系统

图 2.9 喷墨打印系统

　　在按需喷墨打印系统中，墨滴根据需要(按需)产生进而形成图像[13-15,18,19]。如图 2.9(b)所示，通过在喷射腔内施加一个升高的压力脉冲，使得墨滴生成并从喷射室供给到喷嘴。通过调节与时间相关的压力曲线可以喷射出所需体积和速度的墨滴，墨滴直径通常为 15～55μm，速度为 3～15m/s[23]。根据墨滴喷射的机理对按需喷墨打印头进行分类。绝大多数商业按需喷墨打印机使用压电或热基墨滴。压电式按需喷墨打印头使用压电换能器产生的电压诱导喷射腔变形，以产生喷射墨滴所需的压力脉冲[13-15,19,24]。在热发泡式喷墨打印机(也称为气泡喷射打印机)中，使用电阻加热元件使喷射腔内的墨水过热，以产生均匀、迅速膨胀的蒸气泡，并提供液滴喷射所需的压力[25]。

　　喷墨打印系统的开发是一项复杂的工作，需要一个由科学家和工程师组成的跨学科团队来解决广泛的技术问题。它的商业化过程涉及许多不同而又相互关联的环节，包括准备定制墨水、打印头的设计与制造、高定位精度的墨滴沉积控制装置的开发，以及墨水与介质相互作用的优化，即墨滴的扩散、吸收和聚结，以打印出理想质量的图像。计算建模在整个开发过程中被越来越多地使用，以推进对这些过程的基本理解，它有助于在制造之前进行概念验证、过程设计和系统组件优化，并且常用于指导相关实验。需要多尺度和多学科建模来分析跨越多个长度尺度和时间尺度、多个学科的耦合现象，如流体动力学、传热、胶体科学、结构分析、空气动力学和微加工技术等。CFD 仿真是进行以上分析的首要选择，并且各种商用 CFD 软件都能够进行喷墨打印开发所需的多物理场分析。然而，尽管近年来 CFD 建模在计算能力方面取得了进展，但在喷墨打印系统建模方面仍存在许多挑战，包括工艺和部件。其中一些挑战是特定类型喷墨打印所特有的(如压电式按需喷墨中流-固耦合的建模)，而其他挑战则是所有喷墨打印系统所共有的，如模拟墨滴形成以及墨水-介质间的相互作用。连续喷墨打印和按需喷墨打印及其工艺在本书中有详细描述，本节将简要讨论使用 CFD 建模来开发喷墨打印系统所面临的挑战。

2.8.1　喷墨建模所面临的挑战

　　近年来，由于数值计算方法的快速发展和低成本计算能力的显著提高，CFD得到了广泛应用。然而尽管取得了这些进展，将 CFD 建模应用于喷墨打印系统方面仍存在诸多挑战。一个主要原因是喷墨技术的复杂性，特别是基本工艺的多尺度和多物理性质。以喷墨打印机的核心部件——打印头为例，现有的打印头包含数百至数千个集成的微喷嘴，每个喷嘴可以根据操作模式每秒产生数万到数十万个墨滴。打印头涉及的长度尺度从喷嘴的微米级到整个打印头的毫米级或厘米级；类似地，控制墨滴产生、成形和传输的时间尺度可以从亚微秒级到数百微秒不等。此外，墨滴的生成过程可能涉及多个学科的耦合现象，如流体力学、结构动力学、多相分析和热传递等。目前，仅使用 CFD 来模拟打印头的工作过程是不可行的，更不用说模拟整个喷墨打印系统。相反，将多种建模技术组合使用，其应用范围可以从用于微观分析的多物理场 CFD 模拟到用于介观到宏观(如系统级)分析的集总参数建模，这些通常以分层的方式进行，其中从小尺度模型获得的结果用作大尺度模型的输入。

将 CFD 软件应用于喷墨打印系统中包含了多种应用性挑战，更相关的建模挑战可分为以下几类：

（1）自由表面分析（free-surface analysis, FSA），包括墨滴生成、墨水-空气界面的动力学；

（2）流-固耦合（fluid-structure interaction, FSI），包括压电式按需喷墨流体-结构动力学；

（3）相变分析（phase change analysis, PCA），包括热发泡式喷墨打印机的气泡生成；

（4）墨-介耦合（ink-media interaction, IMI），包括多孔介质上图像的形成；

（5）非牛顿流体，包括打印功能性材料。

这些方面都是 CFD 中较为活跃的研究领域。本节概括性地描述这些内容，2.8.2 节将对特定喷墨工艺的建模过程进行细化讨论。

1. 自由表面分析

自由表面通常用于描述液体和任何气体之间的交界面。从技术层面讲，自由表面定义了液体和第二介质之间的交界面，若第二介质无法承受施加的压力梯度或剪切力时，则界面不再受到第二介质的约束。这是液-气交界面的情况，因为两相物质之间的密度差异很大（如水和空气的密度比为 1000:1）。气体的惯性可以忽略不计，并且液体的运动与气体无关，即液-气交界面不受气体的约束。自由表面是喷墨打印系统中的基本概念，因为它描述了墨水和空气之间的界面，如射流表面、墨滴表面和墨水的弯月面。自由表面分析属于更广泛的多相分析范畴，它适用于包含不同物质状态的材料（如墨水和空气）或处于相同物质状态但具有不同化学性质的材料（如水中的油滴）。数值方法跟踪自由表面演变的能力对于模拟喷墨打印系统中墨滴的产生至关重要，然而由于界面随时间变化，自由表面的运动状态难以建模，这会带来许多困难，如界面边界条件的动态确定和应用[26,27]。业界已经开发出追踪界面的一些技术，一些比较流行的技术有流体体积（volume of fluid, VOF）法、水平集（level set）法、拉格朗日网格法（Lagrangian grid method）、表面高度法（surface height method）、标记质点法（marker-and-cell method, MAC）。

许多界面追踪技术可以归类为欧拉方法或拉格朗日方法。在欧拉方法中流体通过固定网格移动，而在拉格朗日方法中网格随流体移动。流体体积法以欧拉方法为基础，是目前最流行的界面追踪技术之一。流体体积法由流体体积分数的概念发展而来，流体的自由表面随流体流动而平动（移动）[28]。在每个时间步长内，计算每个网格单元中的流体体积分数，其取值范围从 0（空单元）到 1（满单元），如图 2.10 所示。部分填充的单元格定义了流体表面的位置，但不定义流体表面的形状。自由表面的形状(曲率)需要在整个计算域内利用体积分数的局部值进行重构。

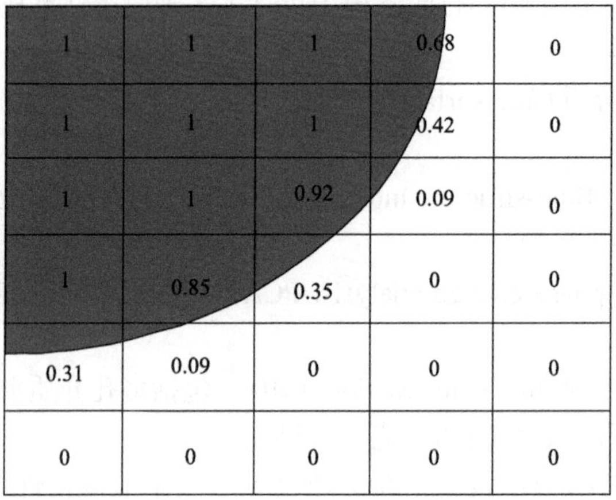

1	1	1	0.68	0
1	1	1	0.42	0
1	1	0.92	0.09	0
1	0.85	0.35	0	0
0.31	0.09	0	0	0
0	0	0	0	0

图 2.10　流体体积法计算每个单元格中的流体体积分数

　　图 2.11 显示了在无重力情况下，基于流体体积法的独立振荡墨滴通过固定欧拉网格的 CFD 模拟结果，图 2.11(a)~(j) 即墨滴演化为球形过程中的时序仿真图像。墨滴的初始形状为扁球体，随后不断振荡直至变为球形，此时墨滴的表面能达到最低，此外，振荡受到黏性阻力的抑制。使用流体体积法进行界面重建可能会存在问题，进而导致表面曲率产生误差，表面曲率的误差反过来又会导致模拟的流体压力和速度存在误差，这些数值误差可以在仿真中传播并产生数值不稳定性。

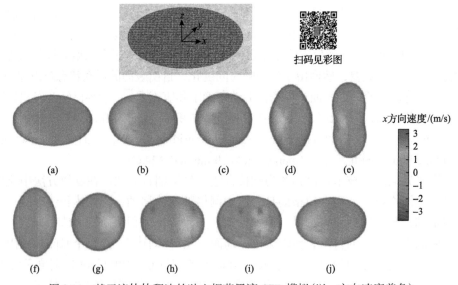

图 2.11　基于流体体积法的独立振荡墨滴 CFD 模拟(以 x 方向速度着色)

在拉格朗日方法中，计算网格随着流体移动。由于网格和流体一起移动，网格自动追踪自由表面，图 2.12 显示了一个独立振荡墨滴的拉格朗日网格界面追踪示例。这种方法的主要问题是在没有重构网格时无法跟踪分裂或相交的表面，这种网格操作复杂且网格畸变会导致数值不稳定。

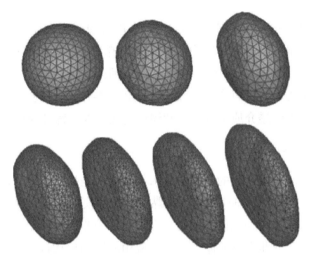

图 2.12　独立振荡墨滴的拉格朗日网格界面追踪

将 CFD 界面追踪法应用于喷墨打印系统的主要困难在于：墨滴掐断和卫星墨滴的形成等关键过程涉及小体积流体的破碎和合并，这些过程可能在亚微秒时间内发生。尽管商业 CFD 软件可以模拟与实验结果一致的墨滴体积和速度，但在小尺度情形下对流体行为进行精确模拟存在问题，仍有待验证。

2. 流-固耦合

当结构代替流体时，就会发生流-固耦合现象[29]。该结构可以部分或完全浸没在流体中，或仅仅与流体接触。结构的移动会改变流体内部流动，而这反过来又在流-固界面上产生压力负载。对流-固耦合的精准分析涉及流体和结构动力学方程的耦合求解。流-固耦合建模对于压电式或静电式按需喷墨打印系统的设计尤其重要，这些系统利用传感器的运动在喷射腔内产生压力，以实现墨滴的喷射和再填充。流-固耦合仿真的困难在于难以追踪流-固交界面，尤其在数值模拟的每个时间步长期间结构位移是增量时[29]。界面追踪时的误差导致流体内压力和速度产生相应误差，进而影响对设备性能的预测。

3. 相变分析

相变分析涉及预测材料从一种物质状态到另一种物质状态的转换，以及追踪两相共存时的交界面[30,31]。相变分析非常具有挑战性，因为它需要考虑材料的相图、相位变化的动力学特征、相位演化时的交界面，以及交界面上的质量和能量转移。相变分析与热发泡式喷墨尤其相关，它用于研究过热引起的均匀气泡成核和膨胀，气泡成核和膨胀会产生墨滴喷射[25,32]。

4. 墨-介耦合

当墨水与衬底相互作用时就会发生墨-介耦合现象。在喷墨打印系统中，墨-介耦合与图像质量特别相关，图像质量取决于墨滴在多孔介质上的冲击、聚结、吸收和干燥[33]。影响墨-介耦合的参数包括表面张力、黏性阻力、纸张的孔隙率和渗透性、墨水和纸张之间的前进和后退接触角。墨-介耦合仿真中遇到的主要挑战包括预测墨水在可渗透介质中的流入和渗透情况，即追踪介质中的流体界面。

5. 非牛顿流体

商用喷墨打印机中使用的大多数墨水本质上都是牛顿流体，即墨水的黏度与应变速率无关[5]。CFD 仿真中关于牛顿黏度的数值模拟已经实现，因此商用 CFD 软件通常被用来模拟牛顿流体。然而，许多新兴的非传统喷墨打印系统都使用了具有复杂流变特性的非牛顿流体[17]，此类应用的实例包括打印用途广泛的聚合物基功能材料以及沉积组织工程中的生物介质。使用 CFD 模拟非牛顿流体的挑战在于复杂流变学的数值实现[5]。目前，只有有限数量的非牛顿流体本构关系应用于商用 CFD 软件中。同时，考虑温度和应变速率依赖关系的表达式如下：

$$\mu = \mu_\infty + \frac{\mu_0 E_T(T) - \mu_\infty}{\lambda_{00} + \left[\lambda_0 + (\lambda E_T(T) e_{ij} e_{ij})^2\right]^{(1-n)/2}} + \frac{\lambda_2}{\sqrt{2e_{ij}e_{ij}}} \tag{2.35}$$

式中

$$e_{ij} = \frac{1}{2}\left(\frac{\partial u_i}{\partial x_j} + \frac{\partial u_j}{\partial x_i}\right) \tag{2.36}$$

$$E_T(T) = \exp\left(a\left(\frac{T^*}{T-b} - c\right)\right) \tag{2.37}$$

T 是温度(K)；μ_0 和 μ_∞ 分别是分子黏度和无限剪切黏度。其他参数在供应商文档 (www.flow3d.com) 中描述。最后应该注意的是，尽管已有模拟各种非牛顿流体的专业 CFD 软件，但这些软件的应用范围通常是有限的，不太适合分析和设计商用喷墨打印系统。

2.8.2 喷墨工艺

本节讨论特定喷墨工艺建模所面临的挑战。这些工艺以及所需的 CFD 建模功能(括号内)如下：按需喷墨过程中的墨滴生成，包括压电式按需喷墨、热发泡式按需喷墨、再填充，连续喷墨过程中的墨滴生成，串扰，气动效应，墨-介耦合。

1. 按需喷墨过程中的墨滴生成

如前所述，现有的按需喷墨打印头可包含数百至数千个集成微喷嘴，可根据需要单独驱动进而产生墨滴。每个喷嘴都由喷射腔供给墨水，并使用各种方法在腔室内产生压力脉冲以实现墨滴喷射[13-15,19,23,24,34-36]。通过调制压力脉冲可以生成所需体积和速度的墨滴。尽管开发了静电式和声学式按需喷墨打印机，但压电式按需喷墨打印机和热发泡式按需喷墨打印机仍是目前最流行的。在按需喷墨打印系统中，墨滴的生成周期可以看成三个不同的阶段：①墨滴喷射，在喷射室内产生升高的压力脉冲进而通过喷嘴喷射大量墨水；②墨滴成形，喷射而出的墨水柱通过挤压变形而形成墨滴[24,34,35]；③再填充，墨水从储存器再次流入喷射室以进行下一次墨滴喷射。通过 CFD 仿真可以模拟上述墨滴的整个生成周期。自由表面分析带来的建模挑战存在于整个周期中的各个阶段，其他建模挑战对应于某些特定的喷射机理。以下分别讨论压电式按需喷墨和热发泡式按需喷墨的建模过程。

1)压电式按需喷墨

在压电式按需喷墨中，电压驱动的压电换能器使喷射腔的壁面产生机械变形进而喷射墨滴[13-15,19,24]。每个喷嘴都由一个独立的压电换能器驱动，当对压电换能器施加电压时，压电材料层上会产生电场，进而导致压电换能器变形。该变形导致喷射腔的体积随所施加电压的变化发生收缩或膨胀。腔室收缩时压力较高，腔室膨胀时压力较低，便实现了喷射腔内的压力控制。利用自定义电压波形来提供腔室变形所需与时间相关的压力，以优化腔室内的墨滴喷射和再填充[35-39]。压电式按需喷墨的仿真过程涉及流-固耦合，即压电换能器与墨水的耦合运动，同时还涉及在整个喷射周期中对墨水的自由表面分析。具体来说，需要通过自由表面分析来追踪喷嘴中墨水弯月面在喷射初期的运动、喷射出的大量墨水演变为墨滴时的表面运动，以及再填充过程中墨水在喷射腔中的弯月面运动。

压电式按需喷墨仿真过程中的主要难点在于如何准确模拟流-固耦合，即压电换能器变形对流体影响，以及墨水流场变化对压电换能器影响的双向耦合。当压电换能器变形时，它会占据墨水的部分空间，流动的墨水会在压电换能器上产生压力，进而影响压电换能器的形变。该过程的精准仿真分析需要同时进行墨水和结构动力学的自洽计算，然而大多数压电式按需喷墨模型没有考虑完整的流-固耦合。相反，喷射过程常常被简化，通常可假设一个有限的单向耦合，即压电换能器发生变形将墨水喷射而出，但忽略墨水对压电换能器的反作用，要么完全忽略机械驱动，要么用喷射腔内随时间变化的压力条件来替代变形。在后一种方法中，施加的压力完全消除了流-固耦合的必要性。具体而言，考虑所施加的与时间相关压力的同时，利用计算流体动力学/自由表面分析法模拟喷射墨水质量、墨滴成形以及喷射腔内的毛细再填充。这些仿真使得人们对喷射过程更加了解，且预测的墨滴速度和墨滴体积通常与实验观察到的结果一致[36-39]。但是，对喷射器的进一步设计和优化需要更为精准的计算流体动力学/流-固耦合模型。

精准的流-固耦合分析给压电式按需喷墨的建模带来了重大挑战。由于仿真过程中每个时间步长都会发生结构位移增量，在喷射和再填充过程中难以追踪流-固界面以及与之相关的流体流动和压力。目前已开发出各种各样的数值方法用来解决这个困难，其中一种是使用 CFD 中的流体体积法来模拟流-固界面处的非定常流体流动和相关压力，使用另一种不同的数值技术——有限元分析来计算结构变形。随着界面变形，有限元法为 CFD 定义了新的边界，从而产生新的压力载荷。这种复杂耦合建模方法的细节超出了本节的内容范围，然而应该指出的是，全耦合的流-固耦合分析是目前 CFD 研究的一个活跃领域。

2）热发泡式按需喷墨

一个热发泡式按需喷墨打印头能够包含数百到数千个集成微喷嘴，每个微喷嘴都有自己的喷射腔。将薄膜电阻加热器集成到喷射腔的壁中，当需要墨滴时才会使用短（微秒）持续电压脉冲将加热器激活。电压足以使与壁面接触的一层薄墨水（加热器上方）的温度升高至过热温度，标准大气压下水的过热温度约为300℃[25]。一旦达到过热温度，墨水就会以很高的初始压力（>100bar）爆炸蒸发并形成均匀气泡[25]。在该压力下，气泡在墨水腔内迅速膨胀，并在喷嘴处生成足够动量的墨水射流，进而形成具有所需体积和速度的墨滴[32,40-43]（详见第 3 章）。由于表面张力产生毛细管压力，墨水腔内的气泡会随之破裂并且喷射腔会被储存器内的墨水再次填充。

对热发泡式按需喷墨过程中墨滴喷射的精准仿真较为复杂，该过程包括电阻加热器中电压驱动激励的模拟、加热器到墨水的传热、过热墨水到蒸气的相变、气泡动力学行为、墨滴喷射、喷射腔充注和喷射滴形成（掐断）等[25,32]。学术界和工业界的研究小组已经开发了各种模型来模拟这一过程[25,32,42-45]，然而其中的大多数模型具有一定局限性，并且没有考虑上述所有影响。在某些模型中，通过施加一个与时间相关的压力边界条件来简化仿真，该压力边界条件模拟了气泡膨胀时所施加的压力[25]。在给定的压力条件下，利用 CFD 中的自由表面分析法模拟通过喷嘴喷射墨水的质量以及随后的墨滴成形过程。一些 CFD 软件可以模拟热发泡式按需喷墨完整的工作周期，并已用于商用打印机的开发。其中 Flow3D 软件能够模拟过热温度下气泡的加热诱导成核,并能追踪整个喷射循环过程中的气泡界面。利用理想气体定律计算气泡内部的压力和温度,利用 Clapeyron 方程的饱和曲线模拟气泡界面处的蒸发和冷凝。包含墨水喷射、墨滴形成和再填充等过程在内的完整喷射周期可以在一个仿真中完成模拟,在现有工作站上几个小时便可实现,具体取决于喷射腔的复杂程度。图 2.13 给出了这样的分析实例,图中显示了伊士曼柯达公司开发的一种典型热发泡式按需喷墨墨滴喷射的实验成像与相应的 CFD 仿真对比。由图可知,喷射腔本质上是轴对称的,环形加热器嵌在喷嘴内,与喷嘴同心并靠近喷嘴的流体界面。当加热器达到足够的温度时,喷嘴板的底面上形成均匀气泡并迅速向下膨胀至喷射腔,进而将大量墨水从喷嘴喷出。图2.13(a)给出了单个喷嘴产生墨滴时的频闪图像,图 2.13(b) 显示了对应的 CFD 仿真结果。

扫码见彩图

(a) 单个喷嘴产生的墨滴生成频闪图像

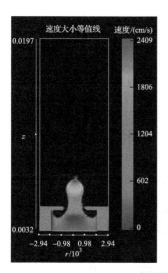
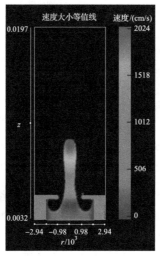
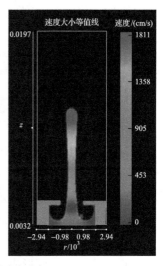

(b) 气泡增长和墨滴生成的CFD模拟(最大速度从左向右减小)

图 2.13 在喷嘴板内嵌入加热器的热发泡式按需喷墨式喷射腔实验成像与 CDF 仿真对比

仿真图像与相应的实验图像按照时间进行匹配，可发现实测结果与CFD仿真得到的墨滴体积和速度结果基本一致。

热发泡式按需喷墨中墨滴成形过程在基于流体体积法的 CFD 仿真中得到了进一步说明。图2.14为喷射过程的剖面图，加热器嵌入喷嘴下方的喷射腔壁中。如图2.14(b)所示，当墨水被加热至过热温度时，墨水中产生均匀蒸气泡并迅速膨胀至喷射腔中，喷射腔通过喷嘴喷射出大量墨水，喷射出的墨水形成一个前缘为圆形(半球形)的液体柱，从而获得较低的表面能。气泡的膨胀率随着气泡增大而减小，进而导致喷射墨水的流量降低，因此喷射墨柱快速移动的前缘与较慢移动的后缘之间存在速度差，这将导致柱体伸展并呈现出一个圆形半球的外观，且拖着一个锥形的尾巴，如图2.14(c)和(d)所示。

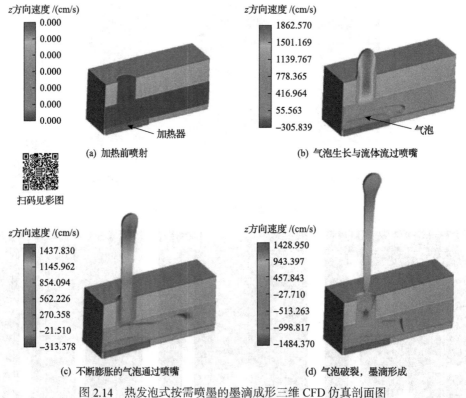

图2.14　热发泡式按需喷墨的墨滴成形三维CFD仿真剖面图

随着墨水流量不断减少，喷嘴处的尾部会向下颈缩。在某些情况下，由于墨水腔室内产生的负压，一些喷射出来的墨水会被吸回喷嘴。第二个颈缩点通常出现在墨柱圆形头的后面，墨柱圆形头向下并产生球根状头部。墨柱尾部最终在喷嘴附近被掐断，从而形成一个锥形、带有球头的墨丝，如图2.14(d)所示。

墨柱尾部被掐断后，独立式墨丝的体积保持不变，但由于其头尾之间的速度存在差异，墨丝体积将继续延展。随着墨丝表面生长，流体动能转化为表面能，墨柱的延展速率减小。当表面收缩以减少表面能时，墨丝伸展最终停止然后反向伸展，尾部朝向头部反冲。在收缩期间，第二个颈部经常出现在球根状头部的后面，该颈部被掐断。当发生这种情况时，会形成主要的次级墨滴和较小的次级分离墨丝，这些墨丝可以收缩成一个或多个更小的墨滴（卫星墨滴）或破碎成更小的墨丝。在某些情况下卫星墨滴形成，并与初级墨滴重新结合，形成较大的墨滴。当这种情况发生时，多余的表面能将转化为墨滴的振荡动能，且由于墨滴的黏性，振荡动能会随时间衰减。

CFD 仿真可用于模拟按需喷墨过程中墨滴的形成，然而该仿真过程中的主要困难是在墨滴成形时能否准确模拟喷射流体的自由表面。当微小墨丝的分离、融合过程发生在亚微米及亚微秒的尺度时，在掐断过程中进行自由表面分析会产生问题。按需喷墨的墨滴生成是一个跨尺度问题，因为计算域需要足够大（数百微米）才能模拟三维喷射器的几何形状，而计算网格（亚微米）和时间步长又必须足够细密才能准确模拟掐断、断裂、振荡以及微小墨丝和卫星墨滴的融合等细节。在这些过程中，预测自由表面曲率的误差导致流体单元中产生相应压力和速度误差。虽然许多研究小组已经使用 CFD 对按需喷墨过程中墨滴的体积和速度进行了合理模拟，但常常缺乏对墨滴形成细节的有效模拟[18,25,32,41-45]。为了优化按需喷墨工艺进而获得较好的图像质量，需要了解墨滴形成过程中的小尺度效应，例如，如果产生了卫星墨滴，卫星墨滴可以随机地沉积在成像介质上并显著降低图像质量。目前只有专门的数值仿真才能模拟墨滴形成的细节[46]，然而这些程序通常适用于特定几何形状的喷射器（如轴对称），或者它们施加与时间相关的压力边界，用以替代对压电式按需喷墨过程中流-固耦合或热发泡式按需喷墨气泡产生机理的分析。对于商用喷墨打印系统的开发，需要使用参数化实验设计（design of experiment, DOE）分析来设计和优化喷射器的三维几何形状，因此需要更加综合的 CFD 建模能力。

3）再填充

墨滴喷射后，喷射腔内重新注入墨水以便于下一次墨滴喷射。再填充开始时，腔室仅被部分填满且其中的墨水会形成弯月形表面，该弯月形表面产生毛细管力，将墨水从储存器中吸入腔室。表面张力驱动再填充过程，而黏性阻力抵抗该过程。墨水需要时间来重新填充腔室并达到适当的平衡状态，以便能够产生下一个墨滴。

图 2.15 为三维 CFD 仿真热发泡式按需喷墨喷射腔的剖面图，显示了热发泡式按需喷墨喷射腔的再填充过程，打印头的吞吐率（喷嘴点火频率）受到再填充时间的限制。图 2.15（a）～（f）显示了在不同阶段喷射腔的一系列模拟图像，墨水根据速度大小来着色。表面张力必须足够高并且黏度足够低，进而确保在合理的时间（几十微秒）内完成墨水再填充，许多商用 CFD 软件可以精确模拟喷射腔的再填充过程。

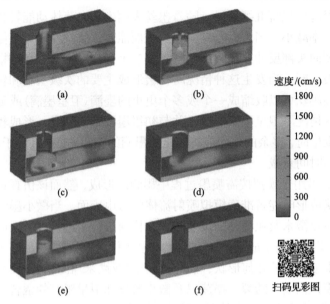

速度/(cm/s)
1800
1500
1200
900
600
300
0

扫码见彩图

图 2.15　三维 CFD 模拟的剖面图显示了热发泡式按需喷墨喷射腔的再填充过程

　　然而，再填充过程仿真分析的主要难点在于需要模拟多个相邻喷射器同时或交错喷射，以及再填充过程中产生的耦合流体效应。具体来说，当一个墨滴从给定喷嘴中喷射出来时会产生一种压力波，且由于多个喷嘴中的墨水由一个共同储存器提供，喷嘴之间由流体相连接，所以这种压力波会在邻近的喷射器中引起不必要的压力扰动。这些干扰非常重要，因为它们会导致从被扰动喷嘴喷射出的墨滴体积和速度发生变化，继而降低图像质量。对于这些耦合效应的精确仿真分析需要一个包含多个喷嘴以及喷射周期的计算模型，但是这样的模拟需要非常久的运行时间。这种大规模的数值分析不适用于商用打印头的优化，可能需要大量的参数化实验设计分析。详见后文串扰部分。

　　2. 连续喷墨过程中的墨滴生成

　　在连续喷墨打印头中，墨水从一个普通的加压储存器中流出，流经一组微型喷嘴并形成一个连续的微射流阵列，如图 2.9(a)所示。在没有外力的情况下这些射流的能量是不稳定的，射流会在随机时间和地点从打印头断裂成不同大小和速度的墨滴[18-21,47]。在喷墨打印系统中，射流断裂借助周期性刺激实现，在理想条件下，所有墨滴都在距离喷嘴相同的距离、以相同的体积和速度成形，速度通常为 10～20m/s[13,18-23,35,48]。一个连续喷墨打印头能以高达每秒数十万个墨滴的速度产生连续墨滴流，但是并非所有墨滴都用于打印。实际上，如果所有墨滴都被打印出来，那么得到的图像将由平行直线组成。为了打印图像，只有某些特定墨滴被打印出来而其他墨滴被回收到喷头储存器中。根据墨滴产生和选择的方式对连续喷墨打印系统进行分类。大多数商用连续喷墨打印系统使用振动压电换能器来产生墨滴以及激发带电墨滴的静电偏转，从而实现墨滴偏转，如图 2.9(a)所示[13,14,18,19,48]。在这种系统中，墨滴由电极充电，然后在高压电极板的作用下向下游偏转。打印墨滴或非打印墨滴都可以被偏转，对于打印墨滴，墨滴被偏转到成像介质(纸)上，而对于非打印墨滴，被偏转的墨滴被再次回收。例如，伊士曼柯达公司开发了一种完全不同的连续喷墨打印技术，该技术称为 Stream 技术，并且已经在柯达的 Prosper 印模系统中实现商业化应用。在 Stream 连续喷墨中，一个加压储存器供给一组微制造的打印头，该组打印头包含数百至数千个喷嘴(直径10~20μm)，每个喷嘴产生连续的墨水微喷射。射流本质上是不稳定的，在喷嘴处使用热脉冲单独调制可诱导其在下游形成具有特定体积和速度的均匀墨滴，如图 2.16 所示。

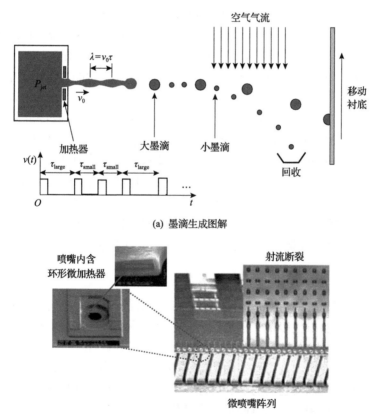

(a) 墨滴生成图解

(b) 微加工的原型打印头

图 2.16　Stream 连续喷墨技术

Stream 技术利用互补金属氧化物半导体(complementary metal-oxide-semiconductor, CMOS)与微机电系统(micro electro mechanical system, MEMS)技术，将环形微加热器

元件集成到每个喷嘴中，并通过在加热器上施加周期性脉冲电压信号对射流进行调制。其间，加热器所产生的部分热能会随着喷嘴处的射流墨滴向下游传递，但主要热能依旧保留在器件的射流表面内[22,46,49-51]。在孔口处调控墨水温度，从而调制与温度相关的表面张力、黏度和密度等水属性。对表面张力 σ 施加调制会使得射流产生不稳定性进而促使墨滴成形，表面张力与温度有关，即 $\sigma(T) = \sigma_0 + \beta(T - T_0)$，其中 β 为常数，$\sigma(T)$ 与 σ_0 分别是温度为 T 与 T_0 时射流的表面张力。脉冲加热按照波长 $\lambda = v_0\tau$ 调制表面张力 σ，其中 v_0 为射流速度，τ 为热脉冲周期。下游平流的热能效应会导致沿射流产生具有一定空间梯度的表面张力，它在自由表面产生剪切力，并由墨水中的惯性力平衡，从而引起马兰戈尼流从较低的表面张力区域流向较高的表面张力区域(从较暖的区域流向较冷的区域)，这将导致自由表面发生变形(较温暖区域中轻微颈缩，较冷区域中膨胀)并最终导致不稳定性和墨滴形成[18,22,46,49-51]。通过改变电压脉冲宽度 τ，可以根据需要调节墨滴体积，即 $V_{drop}=\pi r_0^2 v_0 \tau$。因此，较长的脉冲产生较大的墨滴，较短的脉冲产生较小的墨滴，并且可以根据需要从每个喷嘴中产生不同尺寸的墨滴。对于印刷应用，每个喷嘴通常产生两种不同大小的墨滴，在如图 2.16 所示的操作模式中，较大的墨滴被投射到衬底上形成图像，而较小尺寸的墨滴则通过气流偏转并循环使用。利用气流使墨滴偏转，消除了对复杂且烦琐的静电充电和偏转机制的需要。

研究人员使用 CFD 仿真对 Stream 连续喷墨过程进行了建模[22,46,49-51]。具体而言，通过考虑喷头材料、喷嘴室几何形状、墨水特性和外加电压脉冲特性，研究了原型喷头的墨滴产生。CFD 模拟追踪了在掐断过程中和掐断后墨滴的形成过程，典型仿真结果如图 2.17 所示，并将预测得到的墨滴成形过程与相应的频闪图像进行了对比。需要注意的是，CFD 仿真能够准确模拟掐断和墨滴形成的细节，此过程的 CFD 仿真通常需要几个小时才能在工作站上计算完成。

3. 串扰

在喷墨打印系统中，当一个或多个喷嘴内的墨滴喷射无意间影响其他喷嘴内的墨滴喷射，就会发生串扰，这是连续喷墨打印系统和按需喷墨打印系统中常见且重要的问题。串扰需要加以控制，因为它会导致墨滴速度和体积发生不利变化，从而导致打印图像中出现可感知的伪像。串扰的形式多种多样，有结构的、水声的、热的、电的，以及它们的耦合组合[52]。由于喷嘴彼此间机械连接，即它们集成在打印头的结构中，所以可能会发生结构串扰，相邻喷嘴可以察觉到给定喷嘴处的机械致动或干扰。此外在某些情况下，墨滴串扰可能会激发共振振动模式并在喷嘴内传播，进而影响几个喷嘴的喷射[53-54]。类似地，水声串扰也会发生在共用一个储存器的多个喷嘴上，当一个压力脉冲被施加在一个给定的喷嘴进而喷射墨滴时，它会在邻近的喷嘴上引起不必要的压力扰动。声波共振可能也会被激发，

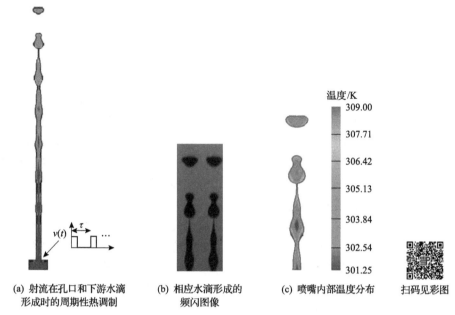

(a) 射流在孔口和下游水滴　　　　(b) 相应水滴形成的　　　(c) 喷嘴内部温度分布　　　扫码见彩图
　　形成时的周期性热调制　　　　　频闪图像

图 2.17　Stream 连续喷墨过程中墨滴形成的 CFD 模拟及其与实验图像对比

从而在喷嘴上产生持续和长期的压力扰动[55]。由于热能的扩散，喷嘴间可能也会发生热串扰，在热发泡式按需喷墨打印系统中，源自激活喷嘴的热能可以通过喷嘴结构扩散到相邻喷嘴中[56]，这会导致墨水温度意外升高，从而改变墨水黏度和表面张力，进而影响墨滴喷射和再填充过程。最后，当一组喷嘴由共同的电源或者控制器驱动时，可能会发生电串扰。对于密集填充的喷嘴，馈电电路中的寄生电耦合会导致喷嘴的激活信号发生不期望的变化。在压电式按需喷墨打印系统中，传感器在给定喷嘴处喷射墨滴时产生的电场可能会与相邻传感器产生耦合，进而导致墨滴喷射产生不必要扰动。

　　由于串扰问题具有多尺度性质和相对较小振幅的非期望扰动，模拟串扰非常具有挑战性。如上所述，串扰可以由单个喷嘴产生，并且可以在喷头面积相对较大的部分产生持续一段时间的影响。此外，它是一个需要多物理场求解的耦合现象，如结构振动引起压力变化的流-固耦合。对这些影响的精准分析需要一个完全耦合的多物理场计算模型，该模型尽可能涵盖整个喷头结构以便考虑长期的影响，且还具有足够精细的空间和时间离散度以准确模拟局部产生的串扰，如在单个喷嘴上的串扰。然而这些影响在长度尺度和时间尺度上存在几个数量级的差异，如喷嘴是微米级，而打印头是毫米级。因此，在考虑短期和长期影响的同时，精准模拟串扰的诸多方面并不可行。相反，可以采用层次分析，即将小尺度模型的输出用作大尺度设备级模型的输入，如一个小尺度模型可以用来模拟在单个喷嘴上产生的压力脉冲振幅，而这些结果可以作为打印头等大尺度声学模型中的输入参数。

4. 气动效应

喷墨打印机将密集排列的墨滴投射到介质上，以产生高通量的高分辨率图像。直径为数十微米的墨滴以几米每秒的速度通过空气从打印头传输至成像介质，其传输距离为毫米级。对于按需喷墨，传输速度通常为 3～15m/s；对于连续喷墨，传输速度通常为 10～20m/s[19,23]。由于墨滴相对于周围空气存在相对运动，墨滴会受到黏性阻力，并且它们的运动又导致空气循环。因此，墨滴-空气运动的耦合产生了许多复杂而有趣的效果，如由于前导墨滴的气动屏蔽，尾随共线墨滴受到的阻力减小，进而可能产生气动牵引力。相邻喷嘴的墨滴之间还存在空气传播的串扰，其中一个喷嘴喷射的墨滴引起的循环气流改变相邻喷嘴产生的墨滴速度和轨迹，反之亦然[57]。移动成像介质附近的气流也会影响墨滴滴落[58]，由于它们会引起墨滴速度和轨迹的变化，这种空气动力学效应是不利的，因而可能导致打印图像中出现可感知的伪影。气动效应可以用多种方法建模，最简单的方法是考虑单向耦合，其中墨滴被视为孤立的实体球，墨滴轨迹用牛顿动力学和简单的斯托克斯阻力项(计算空气阻力)进行模拟。

然而，虽然这种分析水平提供了对墨滴运动的一些理解，但它不适用于商用打印系统的设计，可以借助 CFD 仿真进行完全耦合的空气动力学分析。为简化这个过程，将墨滴视为实体球，每个墨滴的移动表面定义了周围气流的动态边界条件。计算墨滴的流动诱导力，并且在每个时间步长内利用空气的压力和速度分布自洽地计算墨滴的运动，此种分析的案例如图 2.18 所示。本节利用 CFD 对四种直径为 30μm、初始运动速度为 10m/s 的墨滴的气动相互作用进行模拟，这些墨滴最初是等间距的，但在打印头下游，由于气动阻力作用的存在，前导墨滴和后导

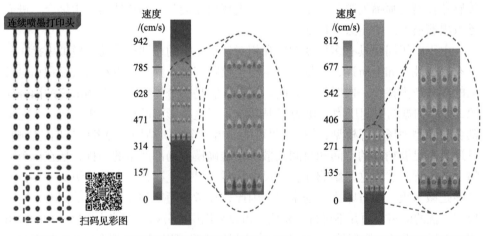

(a) 墨滴生成　　　(b) 等间距墨滴周围空气速度场初始分布(10m/s)　　　(c) 下游的墨滴分布及空气速度场

图 2.18　CFD 模拟显示墨滴流的空气动力学相互作用

墨滴之间的间距会减小。

5. 墨-介耦合

在喷墨打印中，墨水与介质间的相互作用对图像形成起着至关重要的作用。墨滴以几米每秒的速度投射到成像介质（通常是某种形式的纸）上，在受到冲击后扩散、聚结、吸收并最终干燥以呈现图像[33]。纸张是一种由随机纤维网格组成的复杂材料，见图 2.19[59,60]。纤维通常比纸的厚度长得多，因此纤维网格在纸平面中基本上是二维的。纸张通常有 5～20 层纤维，这些纤维定义了一种复杂的多孔介质，且这种介质具有三维的孔隙网络，墨水可以被吸收进去。

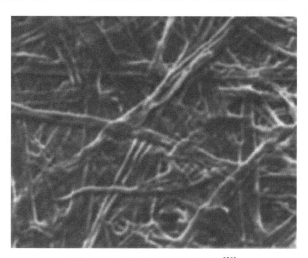

图 2.19 纸张表面的显微图像[59]

孔隙率 ϕ 定义为孔隙体积与纸张总体积 V 的比值：

$$\phi = \frac{V - V_{\text{fib}}}{V} \tag{2.38}$$

式中，V_{fib} 是纤维占据的体积。孔隙率对墨水渗透纸张有很大影响，进而影响图像质量。流体进入多孔介质中的流动可以用流动方程来估计，其中多孔结构的摩擦流动阻力用 Darcy-type 交互项来描述：

$$u = -k\frac{\Delta p}{\mu h} \tag{2.39}$$

式中，u 是流体速度；Δp 是材料厚度 h 上的流体压力差；μ 是流体的动力黏度；k 是材料的渗透系数。

墨水及其成分的吸收受毛细作用力、墨水与纸张之间的热力学相互作用以及化学扩散梯度的影响。毛细管压力可由杨氏（Young）方程表示：

$$p_c = \frac{4\sigma\cos\theta}{d} \tag{2.40}$$

式中，σ 是表面张力；d 是毛细管的直径；θ 是墨水和毛细管壁之间的接触角。墨水渗透到多孔介质中的时间依赖性可以使用 Washburn 表达式估算[61]：

$$z^2(t) = \frac{r\sigma\cos\theta}{2\mu}t \tag{2.41}$$

式中，z 是墨水的渗透深度。

从式(2.41)中可以发现墨水的渗透深度与毛细管半径 r 的平方根成正比，但与墨水黏度的平方根成反比。

虽然先前进行的分析对于墨水吸收的一阶估计具有积极作用，但是仍然需要更精确的模型来优化墨水与介质的相互作用，进而得到更好的图像质量。影响这些相互作用的一些关键因素有入射墨滴的速度、墨滴的表面张力和黏度，以及成像介质的孔隙率和渗透率等。CFD 仿真可以用于模拟墨水与介质之间的相互作用，且可以考虑使用各种方法来研究不同长度尺度与时间尺度下的控制现象[62-66]。在这种方法中，介质被视为具有有效整体特性的连续体，特别是孔隙率和渗透率，将此称为多孔介质模型。在另一种方法中，使用一个微观模型，其中介质的微观区域由其组成材料表示，如超细纤维。由于介质结构是确定的，无须估计孔隙率和渗透率的整体值。借助 CFD 仿真可以理解相对少量的墨滴与介质间的基本相互作用。

1) 多孔介质模型

各种 CFD 软件都具有多孔介质建模功能，可用于模拟墨水与介质间的相互作用。在该方法中，流体动力学方程适用于介质内的流动。

例如，在 Flow3D 软件中，将纳维-斯托克斯方程修改为考虑介质内部的分布式流动阻力(图 2.20)，即

$$\frac{\delta\vec{v}}{\delta t} + \frac{1}{V_f}\left\{\vec{A}_f \times \vec{v}\cdot\nabla\vec{v}\right\} = -\frac{1}{\rho}\nabla p + \frac{1}{\rho V_f}\nabla\cdot(\vec{A}_f\cdot\vec{v}) + \vec{G} - K\vec{v} \tag{2.42}$$

式中，$\vec{v}$ 和 p 分别是流体的速度和压力；V_f 是计算单元的体积分数(孔隙率)；$\vec{A}_f$ 是单元格面积分数的对角张量；K 是一种计算介质中流动阻力的阻力系数，即

$$K = \frac{\mu V_f}{\rho k} \tag{2.43}$$

k 是介质的渗透率，该分析示例如图 2.21 所示。图中，一个直径为 30μm 的墨滴以 10m/s 的速度落到多孔介质上，墨滴在撞击衬底时首先扩散，随后吸收到介质中。图 2.21(b)～(d)为冲击后和吸收过程中的压力分布。

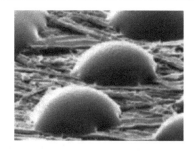
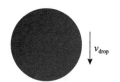

(a) 墨水在纸表面

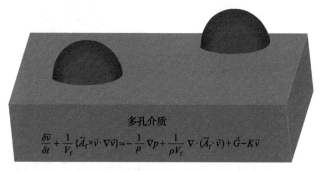

(b) 预测多孔介质中墨水吸收的CFD模型

图 2.20　墨水与介质相互作用

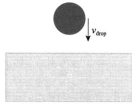

(a) 墨滴以速度 v_{drop} 入射

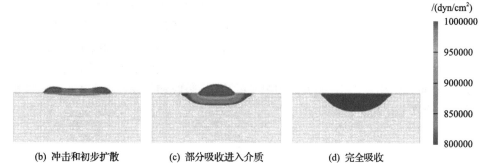

(b) 冲击和初步扩散　　(c) 部分吸收进入介质　　(d) 完全吸收

图 2.21　墨水在多孔介质中冲击和吸收的 CFD 仿真（1dyn=10^{-5}N）

2）墨-介耦合微观模型

　　墨水与介质的相互作用也可以用微尺度分析来研究，其中介质的微观区域由其组成的微量元素表示，这样的一个模型如图 2.22 所示。图 2.19 所示的是一个随机的微纤维网格，它模仿了纸张中存在的三维光纤网络。一旦确定了组成元素的几何形状和性质（如接触角），便可以进行 CFD 仿真来研究墨水与介质之间的相互作用。

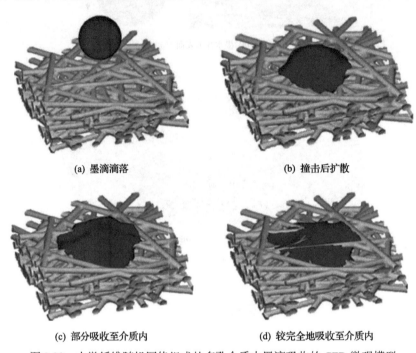

(a) 墨滴滴落　　　　　　　　　　　　　　　(b) 撞击后扩散

(c) 部分吸收至介质内　　　　　　　　　(d) 较完全地吸收至介质内

图 2.22　由微纤维随机网络组成的多孔介质中墨滴吸收的 CFD 微观模型

　　图 2.22 给出了一个直径为 50μm 的墨滴以 10m/s 的速度撞击介质的 CFD 微观模型仿真图像，墨滴在撞击时扩散，随后吸收到介质中。这种方法与多孔介质模型之间的关键区别在于孔隙率和渗透率由组成元素的相对取向和性质决定，而不是根据体积有效特性来定义。微观模型可用于研究任意微量元素随机或有序组合而成的墨水与介质间相互作用，每个元素具有其自身特性（如接触角）。原则上讲，可以从这种分析中提取有效的块状材料特性。然而，使用微观模型来研究大范围墨水与介质间的相互作用（如大面积墨水的聚结、吸收和干燥或在介质上形成扩展图像）在计算上是昂贵的。

2.9　本 章 小 结

　　喷墨打印是迄今为止微流控技术中最成功的商业应用。虽然传统印刷市场已经成熟，但新兴的应用正在激增，从功能材料和器件的高产量制造，到生物介质的图案化沉积，再到电子微芯片的喷雾冷却。喷墨沉积技术的这些新应用，无论是在基本认识方面，还是在商业产品的开发方面，都有可能在广泛的技术领域中取得革命性的进展。然而正如前文所述，基于喷墨打印的技术开发是一项复杂的工作，且通常涉及大量昂贵且耗时的反复实验。通过在制造之前建立概念验证，并实现墨水、接收介质和打印组件的合理设计，计算建模可以大大加快开发工作，并缩短研发时间和降低相关成本。CFD 是喷墨应用建模的首选方法，对于许多新兴应用，CFD 研究的一个关键领域是将功能性墨水的复杂流变特性应用到数值 CFD 求解器中。本章讨论了使用 CFD 模拟各种喷墨过程的用途和挑战，将快速增强的 CFD 技术与较低成本的计算能力相结合，无疑能够极大促进未来喷墨技术的发展。

参 考 文 献

[1] Munson B R, Young D F, Okiishi T H. Fundamentals of Fluid Mechanics[M]. New York: John Wiley & Sons, 1990.

[2] Crowe C T, Elger D F, Roberson J A. Engineering Fluid Mechanics[M]. Hoboken: John Wiley & Sons, 2005: 9.

[3] White F M, Corfield I. Viscous Fluid Flow (vol. 3)[M]. New York: McGraw-Hill, 1991.

[4] Blevins R D. Applied Fluid Dynamics Handbook[M]. New York: Van Nostrand Reinhold Co., 1984.

[5] Astarita G, Marrucci G. Principles of Non-Newtonian Fluid Mechanics[M]. New York: McGraw-Hill, 1974: 28.

[6] White F. Fluid Mechanics[M]. 7th ed. New York: McGraw-Hill, 2011.

[7] Batchelor G K. An Introduction to Fluid Dynamics[M]. Cambridge: Cambridge University Press, 2000.

[8] Pozrikidis C. Introduction to Theoretical and Computational Fluid Dynamics[M]. Oxford: Oxford University Press, 2011.

[9] Blazek J. Computational Fluid Dynamics: Principles and Applications[M]. 3rd ed. Oxford: Butterworth-Heinemann, 2015.

[10] Chung T J. Computational Fluid Dynamics[M]. Cambridge: Cambridge University Press, 2010.

[11] Ferziger J H, Perić M. Computational Methods for Fluid Dynamics[M]. Berlin: Springer, 2002: 3.

[12] Peyret R. Handbook of Computational Fluid Mechanics[M]. London: Academic Press, 1996.

[13] Hutchings I M, Martin G D. Inkjet Technology for Digital Fabrication[M]. New York: John Wiley & Sons, 2012.

[14] Le H P. Progress and trends in ink-jet printing technology[J]. Journal of Imaging Science and Technology, 1998, 42(1): 49-62.

[15] Doring M. Ink-jet printing[J]. Philips Technical Review, 1982, 40: 192-198.

[16] Singh M, Haverinen H M, Dhagat P, et al. Inkjet printing—Process and its applications[J]. Advanced Materials, 2010, 22: 673-685.

[17] Derby B. Inkjet printing of functional and structural materials: Fluid property requirements, feature stability, and resolution[J]. Annual Review of Materials Research, 2010, 40: 395-414.

[18] Basaran O A, Gao H, Bhat P P. Nonstandard inkjets[J]. Annual Review of Fluid Mechanics, 2013, 45: 85-113.

[19] Martin G D, Hoath S D, Hutchings I M. Inkjet printing the physics of manipulating liquid jets and drops[J]. Journal of Physics: Conference Series, 2008, 105: 012001.

[20] Rayleigh L. On the instability of jets[J]. Proceedings of the London Mathematical Society, 1879, s1-10(1): 4-13.

[21] Eggers J. Non-linear dynamics and breakup of free-surface flows[J]. Reviews of Modern Physics, 1997, 69(3): 865-929.

[22] Furlani E P, Price B G, Hawkins G, et al. Thermally induced Marangoni instability of liquid micro-jets with application to continuous inkjet printing[C]. Proceedings of NSTI-Nanotechnology Conference, Boston, 2006: 534-537.

[23] Castrejon-Pita J R, Baxter W R S, Morgan J, et al. Future, opportunities and challenges of inkjet technologies[J]. Atomization Sprays, 2013, 23(6): 541-565.

[24] Wijshoff H. The dynamics of the piezo inkjet print-head operation[J]. Physics Reports, 2010, 491(4-5): 77-177.

[25] Asai A. Three-dimensional calculation of bubble growth and drop ejection in a bubble jet printer[J]. Journal of Fluids Engineering, 1992, 114(4): 638-641.

[26] Hervouet J M. Hydrodynamics of Free Surface Flows: Modelling with the Finite Element Method[M]. Chichester: John Wiley & Sons, 2007.

[27] Yeung R W. Numerical methods in free-surface flows[J]. Annual Review of Fluid Mechanics, 1982, 14: 395-442.

[28] Hirt C W, Nichols B D. Volume of fluid(VOF)method for the dynamics of free boundaries[J]. Journal of Computational Physics, 1981, 39(1): 201-225.

[29] Bazilevs Y, Takizawa K, Tezduyar T E. Computational Fluid-Structure Interaction: Methods and Applications[M]. Chichester: John Wiley & Sons, 2012.

[30] Carey V P. Liquid Vapor Phase Change Phenomena: An Introduction to the Thermophysics of Vaporization and Condensation Processes in Heat Transfer Equipment[M]. London: Taylor & Francis, 2007.

[31] Kandlikar S G. Handbook of Phase Change: Boiling and Condensation[M]. Boca Raton: CRC Press, 1999.

[32] Lindemann T, Sassano D, Bellone A, et al. Three-dimensional CFD-simulation of a thermal bubble jet print-head[C]. Proceedings of the NSTI Nanotechnology Conference, Boston, 2004: 227-230.

[33] Yang L. Ink-paper interaction: A study in ink-jet color reproduction[D]. Linkoping: Linkoping University, 2003.

[34] Dong H. Drop-on-demand inkjet drop formation and deposition[D]. Georgia: Georgia Institute of Technology, 2006.

[35] Basaran O A. Small-scale free surface flows with breakup: Drop formation and emerging applications[J]. American Institute of Chemical Engineers Journal, 2002, 48(9): 1842-1848.

[36] Wu H C, Hwang W S, Lin H J. Development of a three-dimensional simulation system for micro-inkjet and its experimental verification[J]. Materials Science & Engineering A, 2004, 373(1-2): 268-278.

[37] Shield T W, Bogy D B, Talke F E. Drop formation by DOD ink-jet nozzles: A comparison of experiment and numerical simulation[J]. IBM Journal of Research and Development, 1987, 31(1): 96-110.

[38] Chen P H, Peng H Y, Liu H Y, et al. Pressure response and droplet ejection of a piezoelectric inkjet printhead[J]. International Journal of Mechanical Sciences, 1999, 41(2): 235-248.

[39] Min S. Analysis and computational modelling of drop formation for piezo-actuated DOD micro-dispenser[D]. Singapore: National University of Singapore, 2008.

[40] Asai A. Bubble dynamics in boiling under high heat flux pulse heating[J]. Journal of Heat Transfer, 1991, 113(4): 973-979.

[41] Asai A, Hara T, Endo I. One-dimensional model of bubble growth and liquid flow in bubble jet printers[J]. Japanese Journal of Applied Physics, 1987, 26(10R): 1794.

[42] Chen P H, Chen W C, Chang S H. Bubble growth and ink ejection process of a thermal ink jet printhead[J]. International Journal of Mechanical Sciences, 1997, 39(6): 683-695.

[43] Tseng F G, Kim C J, Ho C M. A high-resolution high-frequency monolithic top-shooting microinjector free of satellite drops—Part I: Concept, design, and model[J]. Journal of Microelectromechanical Systems, 2002, 11(5): 427-436.

[44] Dong H, Carr W W, Morris J F. Visualization of drop-on-demand inkjet: Drop formation and deposition[J]. Review of Scientific Instruments, 2006, 77(8): 85-101.

[45] Xu Q, Basaran O A. Computational analysis of DOD drop formation[J]. Journal of Physical Chemistry B, 2007, 19(10): 102-111.

[46] Furlani E P, Ng K C. Numerical analysis of nonlinear deformation and breakup of slender

microjets with application to continuous inkjet printing[C]. Proceedings of the NSTI Nanotechnology Conference, Santa Clara, 2007: 444-446.

[47] Eggers J. Theory of drop formation[J]. Physics of Fluids, 1995, 7(5): 941-953.

[48] Heinzl J, Hertz C H. Ink-jet printing[J]. Advances in Electronics and Electron Physics, 1985, 65: 91-171.

[49] Furlani E P. Temporal instability of viscous liquid microjets with spatially varying surface tension[J]. Journal of Physics A: Mathematical and General, 2004, 38(1): 263-276.

[50] Furlani E P. Thermal modulation and instability of Newtonian liquid micro-jets[C]. Proceedings of the Nanotechnology Conference, Anaheim, 2005: 668-671.

[51] Furlani E P, Hanchak M S. Nonlinear analysis of the deformation and breakup of viscous microjets using the method of lines[J]. International Journal for Numerical Methods in Fluids, 2011, 65(5): 563-577.

[52] Brand O, Fedder G K, Hierold C, et al. Inkjet-based Micromanufacturing[M]. Weinheim: Wiley-VCH Verlag & Co. KGaA, 2012: 73-84.

[53] McDonald M, Zhou Y. Conference paper[C]. NIP and Digital Fabrication Conference Proceedings, Society for Imaging Science and Technology, Hanover, 1999, 1: 40-43.

[54] Seitz H. Conference paper[C]. NIP and Digital Fabrication Conference Proceedings, Society for Imaging Science and Technology, 2003, 1: 343-347.

[55] Dijksman J F. Hydro-acoustics of piezoelectrically driven ink-jet print heads[J]. Flow, Turbulence and Combustion, 1998, 61: 211-237.

[56] Lee Y S, Kim M S, Shin S J, et al. Lumped modeling of crosstalk behavior of thermal inkjet print heads[C]. International Mechanical Engineering Congress and Exposition, Anaheim, 2004: 391-398.

[57] Ikegawa M, Ishii E, Harada N, et al. Ink-particle simulation for continuous inkjet type printer[C]. NIP and Digital Fabrication Conference Proceedings, Philadelphia, 2014: 176-180.

[58] Hsiao W K, Hoath S D, Martin G D, et al. Aerodynamic effects in ink-jet printing on a moving web[C]. NIP and Digital Fabrication Conference Proceedings, Quebec City, 2012: 412-415.

[59] Nilsson L, Stenstrom S. A study of the permeability of pulp and paper[J]. International Journal of Multiphase Flow, 1997, 23(1): 131-153.

[60] Niskanen K, Kajanto I, Pakarinen P. Paper Physics[M]. Helsinki: Fapet Oy, 1998.

[61] de Gennes P, Brochard-Wyart F, Quere D. Capillarity and Wetting Phenomena: Drops, Bubbles, Pearls, Waves[M]. New York: Springer Publications, 2004.

[62] Rioux R W. The rate of fluid absorption in porous media[D]. Augusta: The University of Maine, 2003.

[63] Daniel R C, Berg J C. Spreading on and penetration into thin, permeable print media:

Application to ink-jet printing[J]. Advances in Colloid and Interface Science, 2006, 123: 439-469.

[64] Alam P, Toivakka M, Backfolk K, et al. Impact spreading and absorption of Newtonian droplets on topographically irregular porous materials[J]. Chemical Engineering Science, 2007, 62(12): 3142-3158.

[65] Yang L, Kruse B, Pauler N. Modelling ink penetration for ink-jet printing[C]. Proceedings of IS&T's NIP17 Conference, Fort Lauderdale, 2001: 731-734.

[66] Reis N C, Griffiths R F, Santos J M. Numerical simulation of the impact of liquid droplets on porous surfaces[J]. Journal of Computational Physics, 2004, 198(2): 747-770.

第3章 喷墨打印头

Naoki Morita、Amol A. Khalate、Arend M. van Buul 和 Hermon Wijshoff

3.1 热发泡式与压电式喷墨打印机

20 世纪末兴起的计算机与互联网革命使人类的生活和生产习惯发生了重大变革，同计算机配套使用的喷墨打印机也越来越受欢迎。当今，许多家庭计算机都配置有一台喷墨打印机，其中大约 3/4 是热发泡式喷墨打印机，这使得热发泡式喷墨打印机在商业上优于其竞争对手——压电式喷墨(piezoelectric inkjet, PIJ)打印机[1]。佳能公司(Canon)和惠普公司(HP)是热发泡式喷墨打印机的创始者，它们也因热发泡式喷墨打印机的商业成功而蓬勃发展。据说，在 20 世纪 70 年代末，佳能公司和惠普公司分别从注射器、焊铁与咖啡渗滤器中获得了热发泡式喷墨打印机的设计灵感。到了 20 世纪 80 年代中期，两家公司均成功将热发泡式喷墨打印机商业化。随后，两家公司成功地满足了摄影、小型办公室、家庭办公和宽幅面等印刷领域的市场需求。喷墨打印机作为一种高速连续进纸打印机也在出版市场中得到广泛应用，例如，惠普 HP InkJet Web Press 实现了 224m/min 的印刷速度，并支持 42in 宽的纸张[2]。

大约从 2000 年开始，喷墨打印技术在微纳制造领域的应用成为研究热点，应用领域也从印刷业拓展到了制造业[1]。通过将墨水替换为一种适用于特定用途的液体材料，再对墨水进行喷射和沉积，可以获得喷墨打印技术的一种全新应用场景，如电路和液晶的制造。在这些应用中，替代墨水的液体种类十分关键。然而由于必须加热墨水，热发泡式喷墨打印机很少在制造业中使用，因此压电式喷墨打印机主导了喷墨打印在微纳制造领域的应用。

近年来 3D 打印颇受人们关注，这项技术能够低成本加工出独特、复杂的三维物体，如人体立体模型。特别是惠普公司在 2014 年 10 月推出的工业级"多喷射融合"技术，引起了 3D 打印市场的巨大关注，这项技术在确保 3D 打印物件强度和打印速度的同时，具备高自由度的塑形和高准确度的着色。多喷射融合技术采用了热发泡式喷墨技术而非压电式喷墨技术，这项技术或将极大地促进喷墨打印制造技术的发展。

3.2 热发泡式喷墨

3.2.1 沸腾机制

在标准大气压下，水的沸点为 100℃。如果发生快速加热，水的沸点则会升高至接近 300℃。水在该温度下沸腾时生成的气泡可以作为热发泡式喷墨打印机中喷墨的驱动力。其中，快速加热并沸腾是指加热速率超过 10^7K/s，即水从 0℃升温至 100℃的总耗时小于 10μs。

1985 年，惠普公司的 Allen 等[3]首次描述了热发泡式喷墨打印中的气泡，并提出"热发泡式喷墨打印中蒸气泡的产生不属于常规沸腾的范畴"。1991 年，佳能公司的 Asai[4]首次明确阐述了热发泡式喷墨打印机从沸腾开始到结束过程中聚结气泡形成的机理，以下是这篇文章的摘录。

1. 理论模型

1）成核概率

在极高热通量脉冲加热下的沸腾过程中，由于液体温度上升过快，那些可能被困在液体中的蒸气或气泡核在自发成核发生前不会变大，因此气泡的主要生成机制是液体分子热运动引起的自发成核[5]。

2）早期气泡生长

当热通量很大时，许多小气泡核会立即覆盖加热器表面，并且在变大之前会结合为一层蒸气薄膜。气泡生长过程可理想化为极薄蒸气膜的生长：

$$\sigma_1 / d_h \ll P_v - P_{amb} \tag{3.1}$$

式中，σ_1 为液体表面张力；d_h 为加热器长度；P_v 为气泡初始压力；P_{amb} 为环境压力。

假设蒸气薄膜内压力均匀，并且忽略气-液交界面上压力的不连续性，则气泡体积 V_v 满足以下公式：

$$\frac{\mathrm{d}^2 V_v(t)}{\mathrm{d}t^2} = \frac{P_v(t) - P_{amb}}{I_1} \tag{3.2}$$

式中，I_1 为液体域惯量[6]，很大程度上取决于液体域形状。假设加热器是一个位于平壁面上边长为 d_h 的正方形，液体填充在这个由壁面和无限开放边界组成的半无限区域内，则半无限区域的惯量 $I_1 \approx 0.43 \rho_1 / d_h$，$\rho_1$ 为流体的密度。

3) 后期气泡生长

当加热脉冲持续时间极短、过热液层非常薄时，气泡的温度和压力在蒸气膜增大前迅速减小。在这样极度过冷条件下，压力脉冲为液体提供了初始动能，随后气泡的增长和破裂过程由压力差和液体惯性[7]动态控制。假设 $P_v \gg P_{amb}$，则压力脉冲 $P_{imp} = \int_0^t (P_v(t) - P_{amb})\mathrm{d}t$，气泡对液体的做功 W 如下：

$$W = \frac{P_{imp}^2}{2I_1} \tag{3.3}$$

进一步假设气泡压力迅速降至 $P_{sat}(T_{amb})$，当气泡体积 V_v 达到最大值 V_{max} 时液体运动停止，V_{max} 为

$$V_{max} = \frac{W}{P_{amb} - P_{sat}(T_{amb})} \tag{3.4}$$

根据体积 $V_v(t)$ 的半球半径定义等效气泡半径 $R_v(t)$，最大等效气泡半径 R_{max} 为

$$R_{max} = \left(\frac{3V_{max}}{2\pi}\right)^{1/3} \tag{3.5}$$

当气泡达到最大体积时，气泡特性可视为空化气泡[8]：

$$R_v(t)\frac{\mathrm{d}^2 R_v}{\mathrm{d}t^2} + \frac{3}{2}\left(\frac{R_v(t)}{\mathrm{d}t}\right)^2 = -\frac{P_{amb} - P_{sat}(T_{amb})}{I_1} \tag{3.6}$$

气泡破裂所需时间 t_{col} 为

$$t_{col} = 0.915 R_{max}\left(\frac{\rho_l}{P_{amb} - P_{sat}(T_{amb})}\right)^{1/2} \tag{3.7}$$

2. 沸腾气泡特性观察

本实验采用尺寸为 $100\mu m \times 250\mu m$ 的铂膜加热器[9]观察沸腾气泡的特性。铂金属对各种液体都呈现惰性，因此可用于制作温度计。图 3.1(a) 展示了从沸腾开始经过时间 t 后加热表面的温度和沸腾状态，此时加热器的加热脉冲功率 $Q = 15\mathrm{W}$，加热时间 $\tau = 2.5\mu s$，T_w 为加热器表面温度。

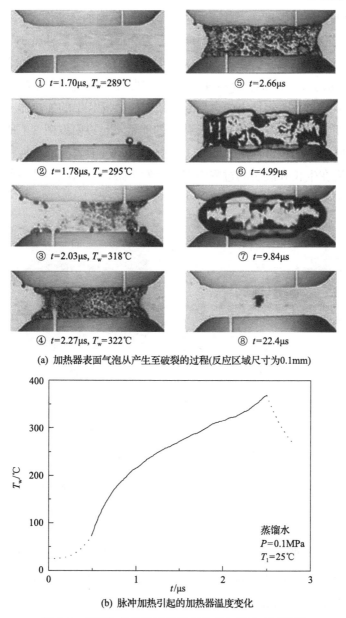

① $t=1.70\mu s$, $T_w=289℃$　　　⑤ $t=2.66\mu s$

② $t=1.78\mu s$, $T_w=295℃$　　　⑥ $t=4.99\mu s$

③ $t=2.03\mu s$, $T_w=318℃$　　　⑦ $t=9.84\mu s$

④ $t=2.27\mu s$, $T_w=322℃$　　　⑧ $t=22.4\mu s$

(a) 加热器表面气泡从产生至破裂的过程(反应区域尺寸为0.1mm)

蒸馏水
$P=0.1\text{MPa}$
$T_1=25℃$

(b) 脉冲加热引起的加热器温度变化

图 3.1　铂膜加热器表面处沸腾状态和相应表面温度

　　如图 3.1(a)所示,沸腾过程中会发生如下一系列现象:①加热器表面无变化;②气泡生成;③短时间内在整个加热器表面同时产生大量小气泡;④、⑤气泡合并后开始增长;⑥、⑦形成单一气泡并达到最大尺寸;⑧气泡开始收缩并在加热器中心处破裂。这是一种基于自发成核的沸腾机制,如图 3.1(b)所示,在环境压

强 P = 0.1MPa、环境温度 T_1 = 25℃以及沸腾初期平均加热速率大约为 $1.6×10^8$K/s 的条件下，气泡产生时加热器表面温度(T_w)为 295℃，低于 Skripov[5]提出的均匀成核温度的理论值(312.5℃)。这种差异与其他研究[10]观察到的现象相同。

　　图 3.2 显示了 τ = 1.5μs 且 Q = 4W 时观察到的沸腾状态,使用的是富士施乐公司(Fuji Xerox)于 1997 年推出的热发泡式喷墨打印机[11]中的加热器。通常该加热器的加热周期 τ = 2.5μs，其施加于液体层的能量不足以引发图 3.1 所示的沸腾状态，因此沸腾产生的位置局限于凹坑、空腔，以及气泡表面的气泡核和成分混杂点。这些气泡在生长和破裂的过程中都没有发生融合，因此这是一种基于预先存在气泡核的沸腾机制。

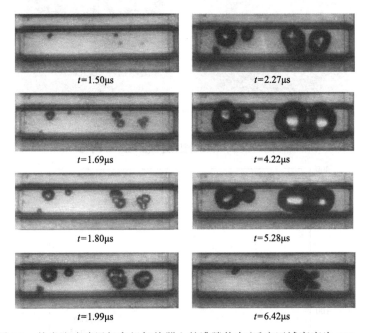

t=1.50μs　　　　　　　　　　t=2.27μs

t=1.69μs　　　　　　　　　　t=4.22μs

t=1.80μs　　　　　　　　　　t=5.28μs

t=1.99μs　　　　　　　　　　t=6.42μs

图 3.2　热发泡式喷墨打印机加热器上的沸腾状态(反应区域宽度为 130μm)

　　使用图 3.2 中加热器并将加热周期从 1.5μs 调至 15μs 且 Q = 4W 时，沸腾初期气泡体积(A_b/A_h)随时间(t')的变化如图 3.3 所示。随着加热周期增加，气泡体积也随之增加，2.5μs 后气泡体积不再变化，即气泡已经饱和并不再增长，如图 3.3(a)所示。其中如图 3.3(b)所示，8μs 后气泡的产生称为反弹现象，气泡重新出现是因为已经破裂的气泡与加热器表面碰撞并反弹。另外如图 3.3(c)所示，当加热时间超过气泡的破裂时间时，液体接触加热面后气泡会再次出现并生长。

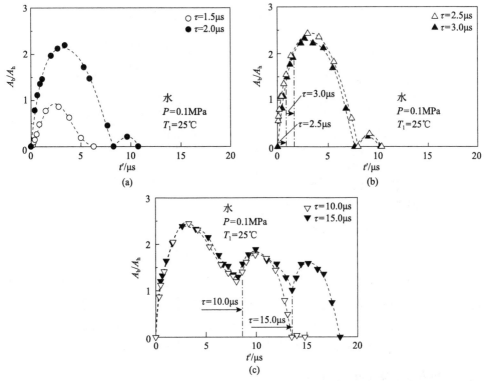

图 3.3　热发泡式喷墨打印加热器在多个脉冲宽度下所产生气泡的体积随时间的变化(Q=4W)

3.2.2　打印头结构

当上述微加热器被喷嘴板覆盖时，喷头就变成从喷嘴喷墨的热发泡式喷墨打印头，许多这样的结构已经实现[1]。最常见的打印头结构是佳能公司和惠普公司采用的"顶喷型"，喷嘴安装在气泡生长的方向[1]。在该结构中加热器和喷嘴是相对独立的部件，在使用集成电路工艺的加工过程中，加热器和驱动晶体管装配在硅(Si)衬底上。随后，使用聚酰亚胺等树脂材料制造包裹加热器的液体腔。最后，在喷嘴处加工出开口来释放气泡压力。

明基公司(BenQ)商业化的"背喷式"打印头具有独特之处，该加热器和喷头是一个集成结构[1]。图 3.4 展示了明基公司打印机的喷头。图 3.4(a)展示了该喷嘴的前表面，在透明树脂或玻璃构成的喷嘴背面可以观察到布线。在这个打印头中，电流从底部驱动电路出发，经过环绕喷嘴的加热器后到达顶部的电极，喷嘴没有互相对齐以便调整位置来改变喷墨时间。图 3.4(b)显示了该喷嘴的后表面，围绕喷嘴的两条电路因上下都有变色可视为加热器，而喷嘴侧面电路不被视为加热器。

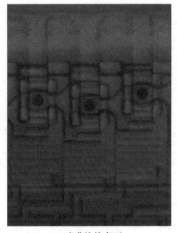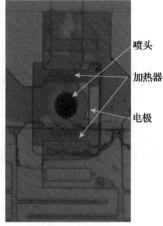

喷头

加热器

电极

(a) 喷嘴的前表面　　　　　　　　(b) 喷嘴的后表面

图 3.4　明基公司的"背喷式"打印头结构

　　热发泡式喷墨打印机驱动元件的面积大约是压电式喷墨打印机的 100 倍，这是因为压电材料的振幅是亚微米级而热发泡技术所产生气泡的高度超过了 10μm[4,12]。因此，在热发泡式喷墨打印机中，将相邻喷嘴间的距离设置为 31.8μm 并使其组成两排的喷嘴列阵，能实现 1600 像素/in(dpi) 的打印密度[13]。

3.2.3　热发泡式喷墨的喷射特性

1. 热发泡式喷墨打印的输入功率特性和加热控制

　　在喷墨打印机中，气泡动量直接反映在喷墨特性中。沸腾气泡产生的冲击力推动墨水穿过喷嘴，使墨水变成液滴，墨滴滴向纸面[1]并在纸面上形成图像。在喷射特性与脉冲功率的关联性方面[1]，如图 3.2 所示，当脉冲功率较低时喷射力变小且不稳定，而当脉冲功率增加时，喷射力变得饱和而稳定，沸腾特性如图 3.1 所示。

　　对于热发泡式喷墨打印机，由于气泡产生于"过热的液体层"，气泡大小取决于沸腾开始前液体的温度，热发泡式喷墨打印头的温度关系体现出上述特征[1]。这种特性会产生一个问题，即在室温下开始打印后，打印头会因重复加热而积聚热量，导致在即将结束时打印密度过高。

　　相反，当打印头温度保持不变时，可以通过预先加热液体层来增加喷墨量[12]。图 3.5 展示了一个进行预热的脉冲波形示例。

　　图 3.6(a) 所示的沸腾实验采用了图 3.5(b) 中的预热脉冲和几何尺寸为 100μm× 110μm 的市售加热器(HP51604)。与正常单脉冲生成的气泡体积相比(图 3.6(b))，预热导致气泡体积增大 12 倍，如图 3.6(c) 所示[14]。作为利用此特性蓄热的设备，

热发泡式喷墨打印机采用了预热来控制气泡大小或者墨滴体积[15]。

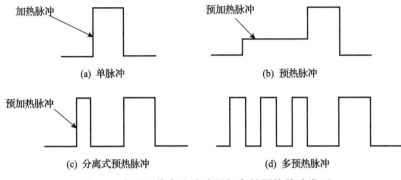

图 3.5　应用于热发泡式喷墨打印的预热脉冲类型

图 3.6　HP51604 加热器上的沸腾状态

有效地加热墨水至沸腾并在沸腾后迅速排放热量是解决热发泡式喷墨打印机蓄热问题的基本方法。加热器的层状结构较大提升了蓄热性能，这项改进将有助于对热学模拟优化进行深入研究[1]。

2. 频率响应和串扰控制

通过增加喷射频率可以提高打印速度，即喷墨后立即将墨水重新填充至喷嘴流道中来提高打印速度。在热发泡式喷墨打印机中，墨水在再填充过程受到喷嘴内部表面张力的毛细作用影响。相比之下，压电式喷墨打印机使用压电振荡器来控制流体速度，因此可强制进行墨水再填充，这有利于提高打印速度。

在热发泡式喷墨打印机中，相邻加热器的间距为几十微米，因此射流之间会发生串扰。串扰包含两种效应：沸腾产生的压力振荡在墨水中传播并干扰相邻喷嘴的声学效应；各个喷嘴在毛细力作用下互相争夺并吸入墨水到各自流道的流体效应。如图 3.7 所示，5～8 号喷嘴同时开始喷墨，5μs 后 1～4 号喷嘴同时开始喷墨。由于 5～8 号喷嘴先前的喷射，4 号喷嘴出现墨水供应短缺，此时发生喷墨延伸现象[1]，然后系统从 4 号到 1 号喷嘴回到松弛状态。从图 3.7 中可以看到 4 号喷嘴导致打印中出现了条纹，这便是流体串扰导致喷墨不稳定的例子。

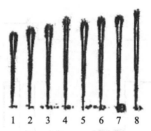

图 3.7　在诱导串扰下墨水喷射情况

　　降低喷射频率是解决串扰问题最直接的对策，但这会降低打印速度。目前已尝试过的解决方案包括增大加热器的间距、缩小向加热器供给墨水的流道宽度、在流道中设置障碍物以获得声阻抗和流体阻力、改变交错喷墨(加热)开始的时间等。与压电式喷墨打印相比，热发泡式喷墨打印需要高电流且需要对加热器进行分时驱动，因此热发泡式喷墨打印本质上也是交错喷墨，使用如图3.4所示的喷嘴阵列设计可以实现对喷墨时间的串扰进行补偿。

　　综上所述，为了利用毛细力使得墨水更快地重新填充，需要降低流道的阻力。然而这种方式加大了串扰发生的概率，因此需要对流道进行优化以降低阻力，与此同时还需考虑墨水的表面张力和黏度对毛细力的影响[1]。

3.2.4　热发泡式喷墨中压力和热量的相关问题

1. 加热器表面的空化损伤

　　虽然热发泡式喷墨打印机中的加热器是一种高效驱动器，但在微小区域产生太大的压力就会出现问题。气泡在加热器表面处[16]产生和破裂的过程会产生两次压力，可达到几兆帕[1]。特别是在气泡破裂时，空化作用集中在加热器的中心，从而导致加热器发生机械性损伤。如果打印持续进行，空化作用会反复损坏加热器表面，最终引发加热器破裂[17]。随着制造技术不断进步，热发泡式喷墨打印机的使用寿命会更长，达到约 10^8 次循环。然而，压电式喷墨打印机的使用寿命为 $10^9 \sim 10^{10}$ 次循环，这也是压电器件的使用寿命，因此热发泡式喷墨打印机的使用寿命还有待提高。

　　使用加厚的含钽(Ta)加热器保护层可以避免空化损伤导致的加热器破裂[1]，从而提高加热器的使用寿命。虽然这种方法增加了加热器的热容量，从效率上讲并不理想(见 3.5 节)。研究人员对保护层的材料和成分进行了大量研究，尤其是对钽硅氧化物(TaSiO)的研究[18]。刚性钽硅氧化物加热器表面(大约10nm 厚)被热氧化后形成电绝缘层，可以同时作为防止空化损伤的保护层，因此不需要铺设额外的保护层或绝缘层就可以保持较小的热容量。"空气连通"设计可以避免空化现象，该设计利用已长大的气泡与喷嘴处的大气相互作用从而释放压力，虽然这种空气连通方法已被用于装有常规加热器的热发泡式喷墨打印机[19]，但它在打印机中可能并未实际应用。

在 Memjet 公司开发的喷头独特结构中[1]，加热器悬挂在墨水中作为桥接器[13]，最大限度地防止了空化损伤。在这种结构中，气泡产生后沿着加热器从中心向两端聚结，随后以相同方式沿着加热器收缩，气泡在墨水中而非在加热器表面上相互碰撞并破裂。因此，该设计可以应对空化现象（Kia Silverbrook，个人谈话）。

2. 墨水残留在加热器表面烧焦（焦化）

热发泡式喷墨打印机的加热器工作温度会超过 300℃，并且很容易达到 400℃左右[20]，因此墨水沉积物热解产生的残留会在加热器表面烧焦，这是热发泡式喷墨打印机固有问题之一[21]。图 3.8 显示了图 3.2 所示的加热器经受 27000 个脉冲后，墨水残留物沉积在加热器表面以避免空化（即加热器的中部）。在焦化的初始阶段，随着脉冲数量增加，残留物牢固附着在加热器表面[1]。这种残留物会降低打印质量，因为它阻碍墨水沸腾并最终阻止喷射[1,22]。为探寻对策，研究人员分析了墨水材料，并调整其化学成分以防止烧焦。佳能公司表示，他们对 3000 种墨水材料进行了实验。

图 3.8　墨水残留物在图 3.2 的热发泡式喷墨打印机加热器上发生烧焦

Morita 等[23,24]利用墨水沸腾作用去除了加热器表面的残留物，即无须调整墨水成分就可解决残留物烧焦的问题。图 3.9 (a) 显示了加热功率为 $Q = 4W$ 并施加500 万次加热脉冲条件下得到残余物烧焦的初始状态后，再在不同加热功率的200 万次脉冲作用后加热器表面残留物脱离的现象。当气泡破裂而发生空化时，残留物从加热器中心脱离，虽然这种现象发生在任何功率的加热脉冲下，但在$Q = 3.23W$左右时可以观察到残留物从整个加热器表面脱离，如图3.9(a)所示。图3.9(b)显示了使用与图3.9(a)相同的方法得到残留物初始状态后，在加热功率$Q = 3.2W$时，每100万次脉冲加热后加热器表面残留物的脱离过程，即加热器表面恢复到初始状态。当脉冲功率较低时，墨水沸腾始于凹坑或空腔等异质位置，此时产生的压力相当高。烧焦的残留物本身就是异质位置，因此根据上文分析的沸腾机制可以认为只有当墨水中预先存在的气泡核沸腾时，其产生的压力才能使残留物脱离。

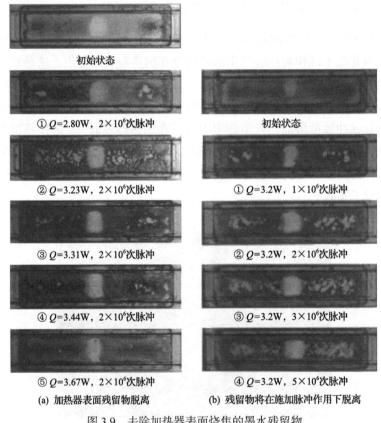

初始状态

① Q=2.80W，$2×10^6$次脉冲

② Q=3.23W，$2×10^6$次脉冲

③ Q=3.31W，$2×10^6$次脉冲

④ Q=3.44W，$2×10^6$次脉冲

⑤ Q=3.67W，$2×10^6$次脉冲

(a) 加热器表面残留物脱离

初始状态

① Q=3.2W，$1×10^6$次脉冲

② Q=3.2W，$2×10^6$次脉冲

③ Q=3.2W，$3×10^6$次脉冲

④ Q=3.2W，$5×10^6$次脉冲

(b) 残留物将在施加脉冲作用下脱离

图3.9　去除加热器表面烧焦的墨水残留物

3.2.5　水性墨水中水的蒸发

1. 通过蒸发补偿浓缩墨水的方法

在按需喷墨打印机中使用水性墨水时，墨水中水分蒸发是热发泡式喷墨打印机和压电式喷墨打印机的共同问题，业界已经开发了各种技术以应对此问题[25]。

图 3.10 显示了在不同液滴体积下，喷嘴处水分蒸发导致墨滴速度随时间的变化过程，这表明在最后一次喷墨后，墨滴速度随非喷墨时间延长而下降。即使对于 1s 的"非喷墨期"或"潜伏期"，水分蒸发对墨水造成的影响也会随墨滴速度降低而变得更大，并最终导致喷嘴堵塞。因此，在按需喷墨打印机中采用了"虚"喷墨或"脱水"喷墨技术，排出喷嘴中由于水分蒸发产生的高黏性墨水，并通过清洁喷嘴来防止堵塞。

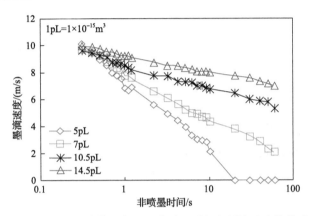

图 3.10　不同墨滴体积情况下非喷墨时间与墨滴速度的关系

对于扫描式喷头，当打印头返回初始位置或打印过程中时，墨水会喷射在纸张之间的回收槽中。然而，这样浪费墨水自然是不可取的。如果使用连续纸张和同页面等宽的喷头阵列，将无法避免纸面上的虚喷，而且会影响图像质量。为解决这个问题，在压电式喷墨打印机中可以利用"振动"或"挠动"波形成轻微振动来搅拌喷嘴中的墨水，从而暂时降低墨水黏度，使喷射墨水不需要依赖压电驱动器。

相比之下，对于热发泡式喷墨打印机，因为墨水沸腾产生了相当大的能量，所以即使在预先存在气泡核的区域，微弱振动也容易引起墨水喷射。

这种振动作用于从振动板到喷嘴的狭窄区域，产生的效果十分短暂。作为进一步的改进，可安装循环流道以便使黏性墨水从喷嘴区域回流[26]。在压电式喷墨打印机中使用这个流道，可以在没有虚喷的情况下保持喷射状态达 1000s 或更长时间。因此，在抑制水分蒸发对喷墨影响这一方面，压电式喷墨打印机优于热发泡式喷墨打印机。图 3.11 为无振动时进行墨水循环所获取的实验结果，当墨水流量为 0nL/s 时，喷射在 1s 内停止，但若流量为 50nL/s，喷射就可以得到持续保持。当流量为 14nL/s 时，喷射几秒后就停止并在一段较长的非喷墨时间后重启，这种现象由喷嘴中水分蒸发速度与墨水扩散速度的差异形成的平衡所造成[27]。

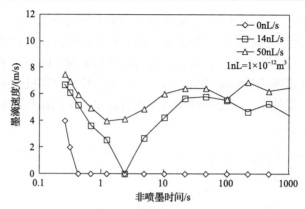

图 3.11　墨水循环对喷射的影响与喷嘴中水分蒸发有关

2. 飞行墨滴物理性质的测量

测量飞行墨滴的物理性质可以更好地理解微型喷嘴中的水分蒸发现象，飞行墨滴的物理性质可通过振动墨滴并测定其振荡周期和阻尼来得知[28]。

基于表面张力和黏度，墨滴的振动可表达为[29]

$$\alpha_2 = \pi\sqrt{\frac{\rho a^3}{2\sigma}}, \quad \beta_2 = \frac{5\eta}{\rho a^2} \tag{3.8}$$

式中，α_2 是振动周期；β_2 是阻尼系数（第二模态）；a 是液滴半径；ρ 是墨水密度；σ 是表面张力；η 是墨水黏度。由于卫星墨滴的碰撞，主墨滴可能发生振动[30]，这会继续产生卫星墨滴。如图 3.12（a）所示，卫星墨滴逐渐靠近主墨滴，与其碰撞并结合，然后主墨滴将发生振动。

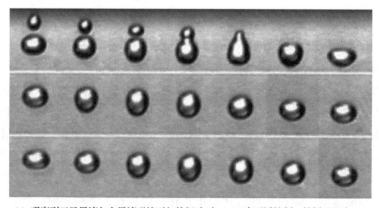

(a) 观察到卫星墨滴与主墨滴碰撞引起的振动（水+0.2%表面活性剂，拍摄延迟为1μs）

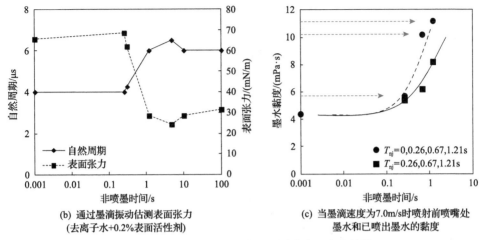

(b) 通过墨滴振动估测表面张力
(去离子水+0.2%表面活性剂)

(c) 当墨滴速度为7.0m/s时喷射前喷嘴处
墨水和已喷出墨水的黏度

图 3.12　通过振动飞行墨滴测量被蒸发墨水的特性

图 3.12(b)显示了非喷墨时间 T_{nj} 与表面张力的关系，通过喷射含有表面活性剂的去离子水并测量振动周期，可获得非喷墨时间。实验中去离子水表面张力开始降低的时间点比水迟 0.3s，这是表面活性剂融入液体表面所需要的时间。

图 3.12(c)显示了振动阻尼测试得到的墨水黏度与非喷墨时间的关系。对于每段非喷墨时间(实线和虚线各点对应的非喷墨时间 T_{nj} 为 0.26s、0.67s 和 1.21s)，在墨滴速度为 7m/s 时根据驱动电压估测喷射前喷嘴处的墨水黏度，随后在同样条件下，根据每次墨滴振动计算出已喷出墨水的黏度(式(3.8))。结果显示，在短时间内墨滴黏度呈指数增长而已喷出墨水的平均黏度都较低，这可能是因为喷嘴表面存在干扰喷墨的覆盖层[31]。

3.3　喷墨打印的未来展望

3.3.1　根据喷墨特性估测打印速度限制

喷墨打印是一种直接的印刷工具，其墨滴在空气中滴落。此外，由于纸张或打印头高速运动，墨滴受到气流压力的作用[32]。现代高速喷墨打印机[2]，如富士施乐公司的连续进纸喷墨打印机，实现了 200m/min(3.33m/s)的打印速度。图像处理器的性能和成本决定了打印速度上限，然而喷墨打印的速度局限也受到关注。因此，本节利用前述打印机和实验台进行了高速打印实验[33]。

图 3.13(a)显示了随着纸张速度的提高，5pL 墨滴(目标液滴)与 8pL 墨滴的相对位移。当打印机的纸张速度为 200m/min 时，可观察到约 20μm 的相对位移。随后，相对位移几乎与纸张移动速度成比例增长，该实验台的纸张速度最高可达 820m/min。结果表明，在此速度范围内，气流导致墨滴不能到达纸面等非

线性问题不会干扰打印。使用仿真模型对墨滴的相对位移进行了分析，并将实验测量出的墨滴速度变化与仿真结果进行比较。在确认这些结果基本匹配后，制作了图 3.13(a)中墨滴相对位移与纸张速度关系的实线，可验证结果是否具备合理性。

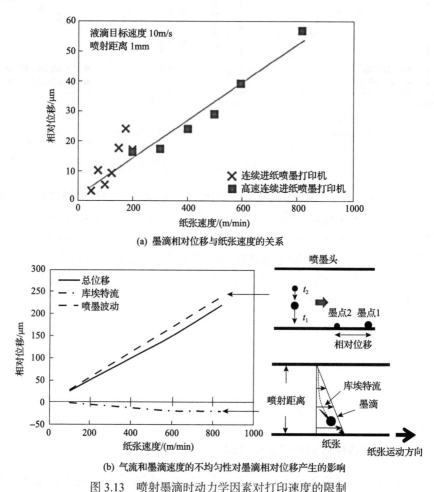

(a) 墨滴相对位移与纸张速度的关系

(b) 气流和墨滴速度的不均匀性对墨滴相对位移产生的影响

图 3.13　喷射墨滴时动力学因素对打印速度的限制

图 3.13(b)显示了 2pL 墨滴的相对位移。影响相对位移的主要因素是墨滴运动速度而非进纸产生的气流(库埃特流)，这表明相对于 200m/min 的纸张速度，若需在 4 倍纸张速度，即 800m/min 的情况下得到较好的图像质量，要将所有喷墨波动降低至纸张速度为 200m/min 时的 1/4。

3.3.2　控制高速干燥过程引起的渗色

"渗色"或"羽化"现象是水性墨水在普通纸张上存在的固有问题，可通过忽略偏移问题并使用渗透缓慢的墨水和在喷墨[34]前使用预涂液处理纸张来减少渗色。多年来，研究目标一直是消除水性墨水在各种类型纸张上的渗色问题。在消除该问题之前，喷墨打印技术无法战胜其竞争对手——电子摄影技术。

在高速喷墨打印机[2]中墨水到达纸面后，湿润的表面以进纸速度移动，因此在大约 1s 内墨水需要开始干燥以满足设备结构的制约。然而，由于高速打印过程中墨水的渗透仅需 0.1s，此时纸面仍会发生渗色，因此在打印头附近需安装激光装置进行高速烘干[35]。

如图 3.14(a)所示，打印与干燥的时间间隔是 20ms，激光照射时间是 20ms。与没有激光照射的情况相比，当有能量密度为 $2.5×10^4 \text{J/m}^2$ 的激光照射时，原本难以辨认的细线变得更清晰。也就是说，激光照射抑制了墨水渗色。图 3.14(b) 显示

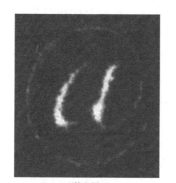 

无激光烘干　　　　　　　　　　能量密度为$2.5×10^4\text{J/m}^2$的激光照射

(a) 激光照射对图像质量的影响

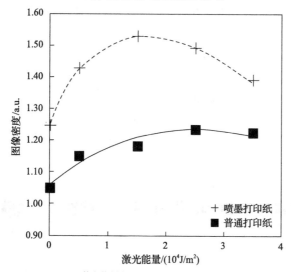

(b) 激光能量与不同类型纸张图像密度的关系

图 3.14　激光照射高速干燥(打印与干燥的间隔 20ms，照射时间 20ms)

通过改变激光照射能量可以增加图像密度，图像密度的增加表明墨水渗透现象受到了控制，且在纸张表面上墨水颜料得以保留。纸张的性能决定了墨水渗透速度的差异，尽管在成本、安全性和墨水光敏性方面，为打印机配备激光干燥器还存在很多问题，但此功能是可以实现的。

3.4　连　续　喷　墨

连续喷墨技术利用喷嘴喷出的加压流，根据定时信号或频率产生墨滴，随后喷射所需墨滴并在纸上形成像素点。连续喷墨打印机的历史比按需喷墨打印机的更为悠久，可追溯至 Rayleigh[36]和 Weber[37]的研究。因为墨水受到压力而喷出，所以在连续喷墨打印机中不容易发生堵塞。连续喷墨打印机的另一个特点是喷射距离长（大于 10mm）。在 20 世纪 60 年代和 70 年代，业界积极开展了连续喷墨打印机的研究和开发以实现其实际应用，早期连续喷墨产品包括美国爱宝迪公司（A. B. Dick）在 1969 年发布的 Videojet 9600 打印机（喷射频率为 66kHz）和国际商业机器公司（International Business Machines, IBM）在 1976 年发布的 IBM 6640 打印机（喷射频率为117kHz），西门子、米德、日立、夏普、日本电报电话（Nippon Telegraph and Telephone, NTT）等多家公司也在竞争连续喷墨打印机市场。1989 年，Iris Graphics 3407 产品（喷射频率为 1MHz）作为高清彩色打印机得到市场广泛的认可，开创了宽幅面打印的先河。这项技术后来转让给了赛天使（Scitex）和柯达（Kodak）公司，并转化为 Prosper 打印机（喷射频率为 360kHz）。目前工业领域仍在使用连续喷墨打印机，因为其长距离喷墨的特点能使得在纸板和类似鸡蛋的曲面上进行喷墨打印成为可能。

连续喷墨打印机中，生成墨滴的方法通常是利用压电元件振动产生的超声波[38]。其他墨滴生成技术包括静电法和加热法[39]，如 Prosper 打印机所使用的就是加热法[40]。图 3.15 说明了 Prosper 的打印方法，其中喷嘴是加热器[41]，利用几摄氏度的热量波动改变墨水表面张力进而生成墨滴[42]。虽然不能避免超声波反射，但由于热量不会反射，可以调制热量参数。此外，连续喷墨打印机在喷嘴

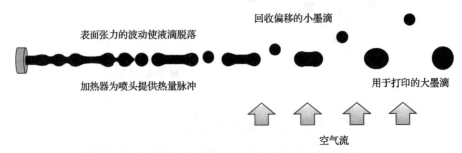

图 3.15　柯达公司热发泡式连续喷墨 Prosper 打印机打印原理

处发出运行信号会带来许多优点，如打印头内不会产生气泡或机械共振等现象。

以往的技术一般先使用电极对墨滴充电，再使用偏转电极形成的电场控制墨滴运动方向进行墨滴筛选。然而在 Prosper 打印机中，当喷嘴产生墨滴时会同时提供墨滴选择信号，因此不需要充电电极。关于偏转，Prosper 打印机沿着与射流相交的方向施加气流，大墨滴笔直向前飞行并进行打印，而小墨滴则被气流偏转至回收槽。充电和偏转一般都需要复杂的电气设备，此外因为轻微的电流噪声会导致墨滴发生位置偏移，所以偏转电场还存在漏电问题。相比之下，Prosper 打印机利用气流的墨滴选择机制实现墨滴偏转，是一种极其简单且安全的系统。

3.5　案例及问题(热发泡式喷墨)

目前在单脉冲驱动下，墨滴体积(打印密度)随环境温度发生改变，在 45～58pL(±12%)范围内变化[1]。图 3.16(a)显示了在施加单个脉冲情形下，分别使用图 3.5(c)和(d)所示的预热脉冲和多预热脉冲时喷头的温度特征，随着预热脉冲数量的增加，各温度下墨滴体积同步增加，并且温度关系相互平行。在设计喷头工作参数时，可通过控制预热脉冲来稳定墨滴体积。为实现此目的，该喷头上安装有温度计。

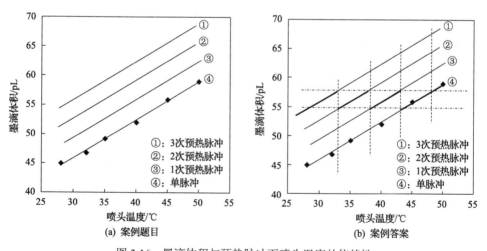

图 3.16　墨滴体积与预热脉冲下喷头温度的依赖性

每隔 5℃检测喷头温度来改变预热脉冲的数量。实现过程如下：驱动三个具有 33℃的预热脉冲，然后驱动两个具有 38℃的预热脉冲，接着驱动一个具有 43℃的预热脉冲，最后驱动一个具有 48℃的无预热单脉冲。墨滴体积在 55～58pL(±3%)范围内变化，如图 3.16(b)中粗线所示。

问题　基于表 3.1 的数据，在如图 3.17 所示的铂加热器中计算输入墨水的热通量和气泡产生过程的热效率，其中热效率是产生沸腾的热通量除以总输入热量。

表 3.1 相关物理参数

材料	$\rho/(\text{kg/m}^3)$	$C_p/(\text{kJ/(kg·K)})$	$\lambda/(\text{W/(m·K)})$	$\kappa/(\text{mm}^2/\text{s})$	$\delta/\mu\text{m}$
水	1000	4.2	0.61	0.1466	—
玻璃	—	—	1.38	0.85	—
铬(Cr)	7190	0.446	—	—	0.05
铂(Pt)	21700	0.133	—	—	0.2

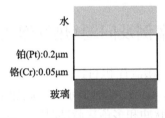

图 3.17 铂加热器周围的材料层

答案 加热器与下方玻璃和上方水的热通量之比为[43]

$$q_s : q_1 = \frac{\lambda_s}{\sqrt{\kappa_s}} : \frac{\lambda_1}{\sqrt{\kappa_1}}$$

式中，λ_s 与 λ_1 是热导率；κ_s 与 κ_1 是热扩散率。可得

$$q_s : q_1 = 1.38 / (0.85)^{1/2} : 0.61 / (0.1466)^{1/2} = 1.497 : 1.593$$

热容量为

$$C = C_p \rho \delta \frac{dT}{dt}$$

式中，C_p 是比热容；ρ 是密度；δ 是厚度；T 是温度；t 是时间。

在这个加热器中由于沸腾的温度是 295℃，且沸腾产生的时间是 1.78μs，故而有

$$\frac{dT}{dt} = \frac{295 - 25}{1.78 \times 10^{-6}}$$

因此，铂的热容量是 $C(\text{Pt}) = 0.133 \times 21700 \times 0.2 \times dT/dt = 0.876 \times 10^8 \text{W/m}^2$，铬的热容量是 $C(\text{Cr}) = 0.446 \times 7190 \times 0.05 \times dT/dt = 0.243 \times 10^8 \text{W/m}^2$，得产生沸腾的总热容量为 $C(\text{Pt+Cr}) = (C_p \rho \delta)(dT/dt) = 1.119 \times 10^8 \text{W/m}^2$。

因为 $Q = 15\text{W}$，并且加热器大小为 100μm×250μm，所以总输入热通量 $q = 15.0 / (100 \times 250 \times 10^{-12}) = 6.0 \times 10^8 \text{W/m}^2$。

总输入热通量减去总热容量是 $(6.0-1.119) \times 10^8 = 4.881 \times 10^8 \text{W/m}^2$，所以输入墨水的热通量为 $4.881 \times 10^8 \times \dfrac{1.593}{1.497 + 1.593} = 2.52 \times 10^8 \text{W/m}^2$，效率为 $\dfrac{2.52}{6.0} \times 100\% = 42\%$。

3.6　压电式喷墨打印头

3.6.1　引言

20 世纪 40 年代末，美国无线电公司(Radio Corporation of America, RCA)的 C. W. Hansell 发明了第一台按需喷墨设备，这是压电式喷墨打印头研制中的一项开创性工作。通过同轴布置压电圆片与充满墨水的锥形喷嘴，打印机可以产生压力波从而进行喷墨。这项发明旨在为 RCA 提出的开创性传真概念提供一种书写机制，然而，这项发明从未被开发成商业产品。

20 世纪 70 年代的三项专利促进了压电式喷墨打印机的发展[44]，这三项专利的共同特点是使用压电单元将驱动电压转化为墨腔的机械变形，从而形成喷墨所需的压力，如 1950 年的第一项开创性专利。

克利维特(Clevite)公司的 Zoltan 于 1972 年提出了第一项专利(即美国专利 3683212)，使用了一种挤压操作模式。这种模式使用空心管压电材料，并采用玻璃喷嘴缠绕塑料浇铸的压电陶瓷管来封闭墨水通道。径向极化管的内外表面设有电极，当给压电材料施加电压时，墨腔收缩并挤出墨水。

第一台进入市场的压电式喷墨打印机是 1977 年发布的西门子 PT-80，它使用了挤压模式。PT-80 打印机的打印速度为 270 字符/s，分辨率为 120 像素/in，打印头包含 12 个喷嘴，最大喷墨重复频率为 2.5kHz。几年后推出了第一款低于 1000 美元的喷墨打印机 PT-88，但由于喷嘴的均匀性问题，包含 32 个喷嘴的打印头开发计划并未成功。

查尔姆斯理工大学的 Stemme 于 1973 年提出了第二项专利(美国专利 3747120)，使用了压电技术中的弯曲操作模式，墨腔壁弯曲进而实现喷墨，因此该墨腔壁由贴着压电陶瓷的被动膜制成。弯曲操作模式也称为双压电晶片或单压电晶片模式。

Silonics 公司的 Kyser 和 Sears 于 1976 年提出了第三项专利(美国专利 3946398)也使用了弯曲操作模式，这两项弯曲操作模式专利均在同一年申请。两者之间的细微差别是 Stemme 利用压电圆片使墨腔后壁变形，而 Kyser 和 Sears 则利用矩形板使墨腔顶部变形。Silonics 公司在 1978 年发布了第二款压电式按需喷墨打印机，即 Quietype 打印机，它使用了 Kyser 和 Sears 专利的弯曲操作模式，打印头需要 150V 的驱动电压以实现 3kHz 的最大重复喷墨频率。电场作用在压电材料的极化方向上，压电陶瓷片的变形垂直于极化方向而非沿极化方向。因为压电陶瓷片固定在被动膜片上，所以驱动器能够弯曲。显然，压电喷墨专利之间的主要区别在于主导压电材料的变形模式和墨水流道的几何形状。

　　埃克森公司(Exxon)的 Stuart Howkins 于 1984 年提出的专利(美国专利4459601)描述了推动模式。推动模式也称为碰撞模式，压电元件推动腔壁使墨腔变形。沿极化方向施加电场，压电材料的变形方向与极化方向相同或垂直。最后，Fischbeck 的专利(美国专利 4584590)提出了剪切模式，在此模式中压电材料中的强剪切变形分量使墨腔壁变形，电场垂直于压电陶瓷的极化方向。

　　这些模式完善了现在普遍认可的压电式喷墨打印头配置分类：挤压、弯曲、推动和剪切四种模式。图 3.18 显示了一种基于共享壁原理的特殊剪切喷墨模式，其中压电陶瓷也是流道板。

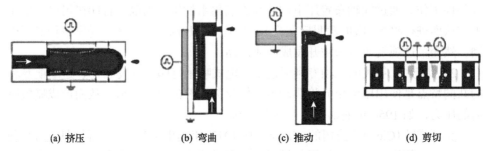

(a) 挤压　　　　　　(b) 弯曲　　　　　(c) 推动　　　　　　(d) 剪切

图 3.18　根据生成墨滴的变形模式对压电式喷墨打印头进行分类[44]

3.6.2　驱动原理

　　图 3.19 显示了压电式喷墨设备简化几何结构与驱动原理，它具有一个细长的墨水流道，左侧为墨腔，右侧为喷头[45]。下面仅绘制了部分驱动压力波。

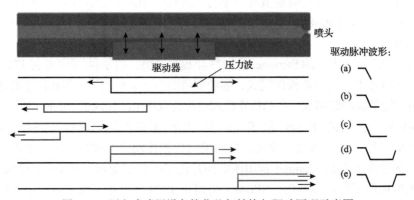

图 3.19　压电式喷墨设备简化几何结构与驱动原理示意图

　　电压作用在压电元件上使流道扩大并产生负压，负压波在墨腔反射后会变成正压波。正压波在驱动波形的第二个倾斜处被放大，于是在喷嘴处可获得一个大的正压波峰，进而喷射墨滴。

每个流道都由压电元件驱动。喷射墨滴需要施加电压,流道横截面因逆压电效应而变形,这产生了流道内的压力波。压力波沿流道方向传播,并在流道的特征声阻抗 Z 发生变化时反射。流道的声阻抗取决于流道横截面积 A、墨水的密度 ρ、声速 c:

$$Z = \frac{\rho c}{A} \tag{3.9}$$

声速则取决于流道横截面的顺应性。在区域 1 和区域 2 之间的界面上反射系数 R 和透射系数 T 为

$$R = \frac{Z_2 - Z_1}{Z_1 + Z_2}, \quad T = \frac{2A_1}{A_1 + A_2} \tag{3.10}$$

当顺应性没有改变时,有

$$R = \frac{A_1 - A_2}{A_1 + A_2}, \quad T = \frac{2A_1}{A_1 + A_2} \tag{3.11}$$

当墨腔横截面积远大于流道横截面积 $(A_2 \gg A_1)$ 时,压力波的透射系数可视为 0,反射系数则为 -1。此时压力波将完全反射,其振幅将发生改变。

压电元件的充电过程(图 3.19(a))会扩大流道截面积,由此产生的负压波将在左侧墨腔处反射(图 3.19(b))。以墨腔为开端,正压声波返回细长流道(图 3.19(c))。随后压电元件的放电过程会缩小流道横截面积至原尺寸,当调谐至该声波的传播时间时,正压波会被放大(图 3.19(d))。流道结构和驱动脉冲的设计目的是在喷嘴处获得较大的正压波输入值(图 3.19(e)),从而驱动墨水通过喷嘴。在喷嘴细小的横截面上,加速运动的墨水(质量守恒和不可压缩性)会形成墨滴。

基于 MEMS 制造的打印头具有非常小的几何尺寸。由于细长流道的入口区域变得更狭窄,反射将得到强化,这会完全改变压力波的声学特性。此时,喷嘴侧和入口侧都部分充当了闭合端,进而截断两侧的驻波,并形成一个 $\lambda/6$ 谐振器,λ 是基频波长,如图 3.20 所示。

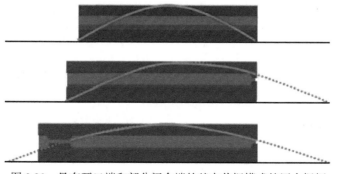

图 3.20 具有开口端和部分闭合端的基本共振模式的压力振幅

当几何形状十分狭小时，波的延时可以忽略，此时可以通过亥姆霍兹共振来简单模拟声学特性。对于这种模式，入口流道必须具有最小的阻抗。然后，相对体积较大的驱动流道可看成一个弹簧，入口和喷嘴中的墨水作为振动体，如亥姆霍兹谐振器。亥姆霍兹谐振器在产生高声压方面非常有效。

根据运动学方程，在没有外加载荷的情况下可得到此系统的共振频率：

$$F_{\text{res}} = \frac{1}{2\pi}\sqrt{\frac{k}{m} - \frac{c}{2m}} \tag{3.12}$$

式中，质量 $m = \rho A L$，L 为特征长度；弹性系数 k 与墨水的体积模量、作用于喷嘴横截面的压力、随喷嘴横截面成比例变化的流道、墨腔或凹坑体积变化 V_c 等因素相关：

$$k = \frac{\rho c^2 A^2}{V_c} \tag{3.13}$$

忽略阻尼，并加入喷嘴的质量和横截面约束，亥姆霍兹频率公式变为

$$F_{\text{H}} = \frac{c}{2\pi}\sqrt{\frac{1}{V_c}\left(\frac{A_n}{L_n} + \frac{A_r}{L_r}\right)} \tag{3.14}$$

式中，A_n 和 A_r 分别为喷嘴横截面积和约束横截面积；L_n 和 L_r 分别为喷嘴长度和约束长度。

顺应性 C、声学惯性或感应系数 M 定义如下：

$$C = \frac{V}{\rho c^2}, \quad M = \frac{\rho L}{A} \tag{3.15}$$

式中，V 为墨腔体积。则亥姆霍兹频率为

$$F_{\text{H}} = \frac{1}{2\pi}\sqrt{\frac{1}{C_c}\left(\frac{1}{M_n} + \frac{1}{M_r}\right)} = \frac{1}{2\pi}\sqrt{\frac{1}{C_c}\left(\frac{M_n + M_r}{M_n M_r}\right)} \tag{3.16}$$

式中，C_c 为墨腔的顺应性；M_n 为喷嘴的声学惯性；M_r 为横截面约束的声学惯性。

3.6.3 墨水流道性能

3.6.2 节已经介绍了压电式墨水流道的驱动原理。本节讨论商业打印头的墨水流道性能随流道和墨水属性(流道长度、声速、墨水黏度)的变化。

　　从声学角度讲，碰撞模式打印头的狭窄流道在墨腔一侧开放而在喷嘴出口一侧几乎封闭，因此狭窄流道可以近似为一个 $\lambda/4$ 谐振器。由于振动传播所消耗的时间随流道长度增加呈线性增长，流道的共振频率与流道长度成反比，如图 3.21(a) 所示[44]。

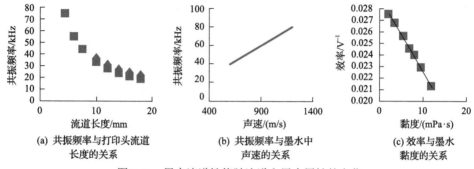

(a) 共振频率与打印头流道　　　(b) 共振频率与墨水中　　　(c) 效率与墨水
　　长度的关系　　　　　　　　声速的关系　　　　　　　黏度的关系

图 3.21　墨水流道性能随流道和墨水属性的变化

　　墨水特性也决定了打印头性能。打印效率直接取决于打印头可达到的最大按需喷墨频率，该频率与墨水中声速呈线性正相关，如图 3.21(b) 所示。以一定的速度和体积进行喷墨，所需的能量(即效率)随着墨水黏度的增加而线性下降(图 3.21(c))。

　　压电式喷墨打印头的性能受限于两个运行问题。第一个问题是残余振动，在喷头喷出墨滴后，产生喷墨的压力波仍然会穿过打印头流道，这些振动称为残余振动。抑制残余振动所需的时间取决于通道的几何形状、材料属性和墨水的黏度，可以使用压电自感机制来测量残余振动[46,47]。第二个问题是串扰效应，同时驱动相邻墨水流道会影响通过流道的墨滴性能，而残余振动引起墨滴速度的变化比串扰引起的更为显著。关于串扰的细节，详见文献[44]和[48]。

　　对于目标打印头，图 3.22(a) 显示了测得的残余压力振动，最左侧折线代表压电脉冲，粗实线(实际情况)是测得的残余振动，复合得到的粗虚线是第一模式(深色细虚线)和第二模式(浅色细虚线)的总和。可以看出残余振动完全衰减需要至少 $60\mu s$。图 3.22(a) 还显示了这两种共振模式各自的时间响应，粗实线显示了两种共振模式的复合响应。请注意，复合重构的响应(即粗虚线)非常接近测得的响应(即粗实线)。振动信号的频率响应表明两个主要共振分别出现在 80kHz 和 160kHz 处。

　　当在残余振动(由先前墨滴产生)完全衰减之前施加喷墨脉冲时，喷出墨滴的性质将与前一滴不同。因此，两次喷射脉冲间的时间差决定了流道总压力、墨滴速度和墨滴体积。墨水流道的性能具有按需喷墨曲线的特性(即墨滴速度或体积是喷墨频率的函数)，图 3.22(b) 中粗实线表示目标打印头的按需喷墨曲线，可以看出在频率轴 $(1/t)$ 上绘制相同数据(粗虚线)与测量的按需喷墨打印频率特征

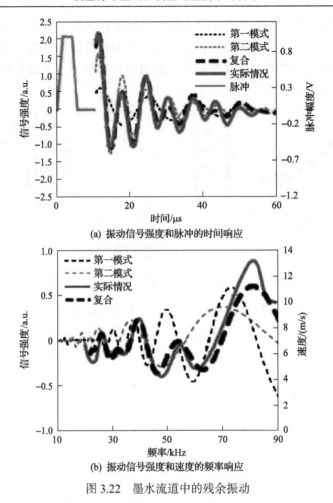

(a) 振动信号强度和脉冲的时间响应

(b) 振动信号强度和速度的频率响应

图 3.22　墨水流道中的残余振动

（粗实线）非常相似。图 3.22(b) 中，在频域上绘制了图 3.22(a) 显示的响应。请注意，复合响应曲线与实验获得的按需喷墨曲线几乎匹配，使用这个简单方法可以从单个残余振动曲线中近似拟合出按需喷墨曲线。

对于目标打印头，当最大按需喷墨打印频率为 90kHz 时，墨滴速度在 4～11m/s 范围内变化。当按需喷墨频率降低至 70kHz 时，墨滴速度已经变化了 4m/s。注意，当使用单个梯形脉冲喷射墨滴时，无阻尼残余振动导致速度发生大幅变化。因此，为了提高墨滴稳定性和最大化按需喷墨频率，应适当调整驱动脉冲。3.6.4 节将介绍各种设计驱动脉冲的方法，这些方法可以抑制残余振动并提高墨滴稳定性。

3.6.4　喷墨打印头的控制

前文讨论了墨水流道中的动力学问题。可以发现，残余振动制约了喷墨打印头的性能。请注意，假设墨水流道处于稳定状态，喷射脉冲的设计目标是提供特定体积和速度的墨滴。因此，如果在残余振动(由上一墨滴引起)衰减前施加喷射脉冲，墨滴的质量将不一致。墨水流道中的残余振动会导致按需喷墨曲线不平坦。本节将介绍抑制残余振动并使按需喷墨曲线平坦的方法。根据对墨水流道的基本理解，首先讨论一种简单方法来设计约束驱动脉冲，并提出系统方法来设计复杂波形。

1. 约束驱动脉冲的设计

在 3.6.2 节中可以看到，压电驱动脉冲通常包含正梯形脉冲，它可以生成具有确定属性的墨滴，这个脉冲称为喷射脉冲。通常可基于详尽的实验或数值模拟研究这种喷射脉冲的参数[45,49,50]。如前文所述，这种喷射脉冲会产生不利的残余振动。因此，压电驱动脉冲应该包括喷射脉冲之后的附加脉冲，以抑制残余振动。在相关文献中，有两种可用来抑制残余振动的驱动脉冲，即单极驱动脉冲和双极驱动脉冲。单极驱动脉冲包含一个常规的墨滴喷射脉冲和一个极性与喷射脉冲相同的附加梯形脉冲[46,51]，用以抑制残余振动。这个附加脉冲称为抑制脉冲，因为此脉冲用于抑制残余振动。双极驱动脉冲[52-55]包含一个常规的墨滴喷射脉冲，另一个附加梯形脉冲用以抑制残余振动，其极性与喷射脉冲的极性相反。从驱动电子器件角度来讲，由于抑制脉冲与喷射脉冲的极性相同，仅需更小的驱动电压范围就可以实现对残余振动的抑制，因此单极驱动脉冲是有利的。相反，与单极驱动脉冲相比，双极驱动脉冲可以更快抑制残余振动，从而可以提高最大喷射频率。

图 3.23 展示了单极驱动脉冲和双极驱动脉冲的参数化形式，其脉冲参数向量 $\theta=[t_{rR},t_{wR},t_{fR},V_R,t_{dQ},t_{rQ},t_{wQ},t_{fQ},V_Q]$。如前所述，当用户没有打印头的声学参数时，一般通过详尽的实验来调制脉冲参数 θ。然而，通过发挥适当物理思维，就可以在不进行过多实验的情况下获取期望的驱动脉冲，其中喷墨打印头的基本模态频率是设计抑制脉冲的关键信息。

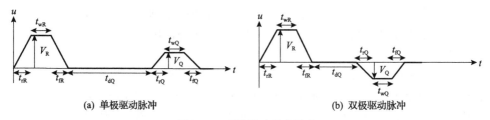

(a) 单极驱动脉冲   (b) 双极驱动脉冲

图 3.23 两种脉冲的参数化

通过压电自感方法测量流道压力[46,47,55]或观察弯液面的位移[53,54]，可以测量出流道基本周期 T_f($T_f=1/F_1$，其中 F_1 是基本共振模态的频率)。通过进行一系列实验也可以测量墨水流道的基本周期，其中测得的墨滴速度作为喷射脉冲持续时间的函数。当喷射脉冲持续时间($t_{rR}+t_{wR}+t_{fR}$)约等于 $T_f/2$ 时，墨滴速度最大。

一旦知道了流道的基本周期，就可以简化驱动脉冲时间参数的计算过程。对于打印文档的墨水，尽管极短的上升或下降时间内可能生成卫星墨滴，但仍然可以忽略脉冲上升和下降时间对墨滴性质的影响。当墨水黏度在 $3\sim15\text{mPa}\cdot\text{s}$ 范围内时，发现上升或下降时间选为 $T_f/8$ 时效果相当好。图 3.23 中，驱动脉冲的时序参数可以参数化为 T_f 的函数，如下所示：

$$t_{rR} = t_{fR} = t_{rQ} = t_{fQ} = \frac{T_f}{8} \tag{3.17}$$

$$t_{wR} = t_{wQ} = \frac{T_f}{2} - (t_r + t_f) \tag{3.18}$$

$$t_{dQ} = \frac{T_f}{2} \text{（双极驱动脉冲）}, \quad t_{dQ} = T_f \text{（单极驱动脉冲）} \tag{3.19}$$

需要注意的是，必须选定喷射脉冲振幅 V_R 来喷射特定速度的液滴。墨水流道的阻尼决定了抑制脉冲振幅 V_Q，根据测量出的流道压力或弯液面位移，可以得到墨水流道的阻尼。如果既不能测量流道压力也不能测量弯液面位移，那么用户必须反复调整抑制脉冲振幅 V_Q。最优的抑制脉冲振幅 V_Q 值将得出更平坦的按需喷墨曲线，这代表残余振动得到了适当抑制。基于实验中墨水流道对施加脉冲的响应，迭代更新施加脉冲可以优化驱动脉冲。对驱动脉冲进行优化可能需要进行大量实验，而使用本节所述的方法，只需要进行少量实验就可获得良好的驱动脉冲设计结果。

2. 复杂驱动脉冲设计：前馈控制方法

如前所述，可以利用物理知识和较少实验来设计约束驱动脉冲。当用户不了解喷头的几何形状时，这种方法可以奏效。然而，如果使用喷墨流道模型，就能够以系统方式利用系统控制方法设计驱动脉冲，但即使使用墨水流道模型，设计复杂脉冲用于控制墨水流道也不容易。本节将介绍利用前馈控制设计无约束驱动脉冲的简便方法。

弯液面速度 $y(k)$ 极大决定了液滴性质[44,54]。假设 $H(q)$ 是描述从压电输入 $u(k)$ 到输出弯液面速度 $y(k)$ 的墨水流道动力学模型，其中 k 是离散时间样本，q 是前移算子。为了提高液滴的一致性，必须确保每个液滴的弯液面速度都相似。如果定义一个正梯形脉冲来生成特定性能的液滴，那么就可以设计一个期望的弯液面速度函数 $y_{ref}(k)$。有关设计 $y_{ref}(k)$ 的过程，详见文献[54]。通过设计输入 $u(k)$，使得弯液面速度严格遵循 $y_{ref}(k)$，随后打印机可以喷射出具有所需特性的墨滴，并快速抑制墨水流道中的残余振动。

最优无约束输入定义为跟踪误差 $e(k) = y_{\text{ref}}(k) - y(k)$ 的最小化。也就是说，最优输入必须最小化目标函数，其定义为跟踪误差平方和：

$$\sum_{k=0}^{N} (e(k))^2 = \sum_{k=0}^{N} (y_{\text{ref}}(k) - y(k))^2 = \sum_{k=0}^{N} (y_{\text{ref}}(k) - H(q)u(k))^2 \qquad (3.20)$$

式中，$N=T/T_s$，T_s 是采样时间，T 是最终时间。

另外，可以使用基于上述模型的方法设计前面讨论的约束驱动脉冲。为此，给定方程中可以使用图 3.23 中的方法参数化 $u(k)$。注意，目标函数为驱动脉冲参数 θ 的非线性函数，有关约束驱动脉冲的非线性最优化问题，详见文献[54]。

本节使用简单且高效的方法来计算无约束驱动脉冲，因此将驱动脉冲参数化为有限脉冲响应（finite impulse response，FIR）滤波器的脉冲响应：

$$\mu(k,\beta) = F(q,\beta)\delta(k) \qquad (3.21)$$

式中，$F(q,\beta) = \beta_0 + \beta_1 q^{-1} + \cdots + \beta_{n_\beta} q^{-n_\beta}$；$\delta(k)$ 是单位脉冲；$\beta = (\beta_0, \beta_1, \cdots, \beta_{n_\beta})$ 是一个包含有限脉冲响应滤波器系数的向量。

当 β 的规模等于所需驱动脉冲长度时，这个参数化方程可以产生各种形状的驱动脉冲。对任意向量 β，墨水流道动力学模型 $H(q)$ 对输入 $u(k,\beta)$ 的响应如下：

$$y(k,\beta) = H(1)F(q,\beta) = F(q,\beta)H(q)\delta(k) \qquad (3.22)$$

$$= F(q,\beta)h(k) \qquad (3.23)$$

式中，$h(k)$ 是已知墨水流道动力学模型 $H(q)$ 的脉冲响应。

最优控制函数 $u(k, \beta_{\text{opt}})$ 使得所需弯液面速度函数 $y_{\text{ref}}(k)$ 与实际弯液面速度函数 $y(k,\beta)$ 的差值最小化。因此，解出下列优化算式可得最优参数向量 β_{opt}：

$$\beta_{\text{opt}} = \arg\min_{\beta} \sum_{k=0}^{N} (y_{\text{ref}}(k) - F(q,\beta)h(k))^2 \qquad (3.24)$$

注意，上述无约束驱动脉冲的优化属于最小二乘问题。当式(3.24)是病态问题时，建议采用截断奇异值分解方法来解决这个优化问题[56]。

备注：在文献[47]中，当喷墨流道以不同的按需喷墨频率进行喷射时，压电输入与弯液面速度的线性模型也是不同的。针对一系列墨水流道的线性模型不仅仅是名义模型，它提出了一种稳健的设计约束驱动脉冲的方法，可以抑制墨水流道的残余振动。在文献[57]中，按需喷墨频率的变化导致墨水流道动力学模型参数存在不确定性，因此提出了一种设计无约束驱动脉冲的方法。值得注意的是，喷墨打印头的驱动电路并不允许一直使用复杂脉冲，在这种情况下用户可以对最优无约束驱动脉冲进行线性拟合，以获得可使用的次优脉冲。

3.6.5　工业应用

压电式喷墨打印技术的根本优势是能够在不同衬底上按照定义的图案沉积各种各样的材料。最近，出现了许多除纸张印刷以外的应用场景[58]。在显示器市场，喷墨打印技术应用于制造平板显示器(flat panel display, FPD)、液晶显示器(liquid crystal display, LCD)、液晶显示器的部分滤色器、聚合物发光二极管(poly light emitting diode, PLED)、柔性显示器和传感器、光导纤维。压电式喷墨打印的性能标准促进了许多研发工作。在化学品市场中，喷墨打印技术主要作为一种研究工具，其分配微小剂量液体的独特能力非常实用，包括材料和衬底的开发以及涂层制造。在电子市场中，喷墨打印技术可以利用导电流体在刚性和柔性衬底上制造功能性电路，制造印刷电路板(printed circuit board, PCB)是喷墨打印技术在该领域的首批应用之一。其他应用还包括制造电子元件(如晶体管)、电路(射频识别电子标签(radio frequency identification, RFID))、可穿戴电子设备、太阳能燃料电池和蓄电池。在工业应用中，喷墨打印技术面临的挑战包括控制墨水扩散和保证喷墨线条的连续性与互连性，以及新颖的印刷理念来实现高生产率。

基于喷墨打印技术的三维机械打印是快速成型、小批量生产、小型传感器生产和数据存储组件的有力工具。另一种独特功能是喷射复合材料体系，可应用于制造、工程、科学和教育。喷射紫外光可固化的光学聚合物是生产高性价比微型透镜的关键技术。从光纤准直器到医疗系统，微型透镜应用于各种设备中。喷墨打印机能够精准喷射尺寸可变且稳定的墨滴，将有望降低现有光学元件及其创新设计成本。

生命科学市场正在迅速扩大，其对DNA和蛋白质衬底的精确配制提出了新的要求。喷墨打印技术是定位精确和流量管控严密的优秀配制工具，但在不损坏材料的情况下进行喷墨打印仍存在相当大的困难。喷墨打印的应用包括 DNA 研究、食品科学和各种医学用途，如使用吸入器、生物传感器等进行给药。此外，应用喷墨打印技术制造活体组织相当有前景，图 3.24 显示了压电式喷墨打印技术的应用概况。

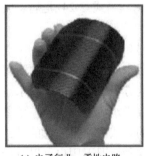  

(a) 电子行业：柔性电路、　　　(b) 显示器行业：FPD、PLED、　　　(c) 机械行业：快速成形、
　　 RFID、PCB、太阳能电池　　　　　 LCD、柔性显示器　　　　　　　 金属涂布、三维建模

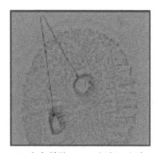

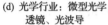
(d) 光学行业：微型光学 透镜、光波导

(e) 化学品行业：材料开发、 衬底开发、黏合剂

(f) 生命科学：DNA打印、人造 皮肤、食品科学、患者专用药物

图 3.24 在微纳制造领域压电式喷墨打印技术的应用概况

本章出现的所有公司和产品名称均为各公司的商标或注册商标。

参 考 文 献

[1] Smith P J, Shin D H. Inkjet-based Micromanufacturing[M]. Hoboken: John Wiley & Sons, 2012: 41-56.

[2] Schlözer R, Hamilton J, Cox B. The high-speed continuous-feed color inkjet opportunity: Global insights from leading customers[R]. Weymouth: Infotrends, 2011.

[3] Allen R R, Meyer J D, Knight W R. Thermodynamics and hydrodynamics of thermal ink jets[J]. Hewlett-Packard Journal, 1985, 36(5): 21-27.

[4] Asai A. Bubble dynamics in boiling under high heat flux pulse heating[J]. ASME Journal of Heat and Mass Transfer, 1991, 113(4): 973-979.

[5] Skripov V P. Metastable Liquids[M]. Hoboken: John Wiley & Sons, 1974.

[6] Olson H F. Acoustical Engineering[M]. New York: Van Nostrand, 1957.

[7] Bankoff S G. Diffusion-controlled bubble growth[J]. Advances in Chemical Engineering, 1966, 6: 1-60.

[8] Rayleigh L. On the pressure developed in a liquid during the collapse of a spherical cavity[J]. Philosophical Magazine, 1917, 34(6): 94-98.

[9] Iida Y, Okuyama K, Sakurai K. Peculiar bubble generation on a film heater submerged in ethyl alcohol and imposed a high heating rate over 10^7K/s[J]. International Journal of Heat and Mass Transfer, 1993, 36(10): 2699-2701.

[10] Iida Y, Okuyama K, Sakurai K. Boiling nucleation on a very small film heater subjected to extremely rapid heating[J]. International Journal of Heat and Mass Transfer, 1994, 37(17): 2771-2780.

[11] Okuyama K, Tsukahara S, Morita N, et al. Transient behavior of boiling bubbles generated on the small heater of a thermal ink jet printhead[J]. Experimental Thermal and Fluid Science, 2004,

28(8): 825-834.

[12] Okuyama K, Nakamura J, Mori S, et al. Pre-heating effect on the expansion of a boiling bubble on a small film heater high pulse powered[C]. International Heat Transfer Conference, Sydney, 2006, 13: 55.

[13] Silverbrook K. A 1600npi pagewidth ink jet technology which features cost competitiveness with scanning inkjet in home, office, and wide format applications[C]. The 30th Global Ink Jet Printing Conference, Dusseldorf, 2007.

[14] Okuyama K, Ichikawa M, Ichiishi K, et al. Ejection of water droplets from a small nozzle by rapid boiling under two-stage high-pulse heating[C]. The 19th International Symposium on Transport Phenomena, Reykjavik, 2008.

[15] Otsuka N, Hirabayashi H, Yano K, et al. Temperature control of ink-jet recording head using heat energy[P]: US, US5946007, 1999-8-31.

[16] Meyer J D. Bubble growth and nucleation properties in thermal ink-jet printing technology[C]. SID International Symposium-Digest of Technical Papers, San Diego, 1986, 86: 101-104.

[17] Chang L S, Moore J O, Eldridge J M. Overcoat failure mechanisms in thermal ink jet devices[C]. The 9th International Congress on Advances in Non-Impact Printing Technologies, Hardcopy, 1993, 93: 241-244.

[18] Mitani M. A new thin film heater for thermal ink jet print heads[J]. Journal of Imaging Science and Technology, 2003, 47(3): 243-249.

[19] Nakajima K, Takenouchi M, Inui T, et al. Recording method and apparatus for controlling ejection bubble formation[P]: US, US6155673, 2000-12-5.

[20] Morita N, Hiratsuka M, Hamazaki T, et al. Pulse and temperature control of thermal ink jet printheads without a heater passivation layer[J]. Journal of Imaging Science and Technology, 2008, 52(2): 20503-1-20503-5.

[21] Chang L S. Effects of kogation on the operation and lifetime of bubble jet thin-film devices[J]. Denshi Shashin Gakkaishi(Electrophotography), 1989, 28(1): 2-8.

[22] Kobayashi M, Onishi K, Hiratsuka M, et al. Removal of kogation on TIJ heater[C]. Pan-Pacific Imaging Conference, Grand Hyatt Kauai Resort & Spa, 1998: 326-329.

[23] Morita N, Onishi K, Hiratsuka M, et al. Long-stable jetting on thermal ink jet printers[C]. NIP and Digital Fabrication Conference, Toronto, 1998: 19-22.

[24] Okuyama K, Morita N, Maeda A, et al. Removal of residue on small heaters used in TIJ printers by rapid boiling[J]. Thermal Science and Engineering, 2001, 9(6): 1-7.

[25] Torpey P A. Evaporation of a two-component ink from the nozzles of a thermal ink-jet printhead[J]. Proceedings of NIP6, 1990: 453-458.

[26] Hirakata S, Okuda M, Nakamura H, et al. Improvement of jetting reliability against ink viscosity

increase by installation of an ink circulation path[C]. Proceeding of Pan-Pacific Imaging Conference, 2008, (8): 200-203.

[27] Hirakata S, Ishiyama T, Morita N. Printing stabilization resulting from the ink circulation path installed inside the print head and the jetting phenomenon during nozzle drying[J]. Journal of Imaging Science and Technology, 2014, 58 (5): 50503-1-50503-7.

[28] Yamada T, Sakai K. Observation of collision and oscillation of microdroplets with extremely large shear deformation[J]. Physics of Fluids, 2012, 24 (2): 022103.

[29] Rayleigh L. On the capillary phenomena of jets[J]. Proceedings of the Royal Society of London, 1879, 29 (196-199): 71-97.

[30] Dong H, Carr W W, Morris J F. An experimental study of drop-on-demand drop formation[J]. Physics of Fluids, 2006, 18 (7): 072102.

[31] Morita N, Hirakata S, Hamazaki T. Study on vibration behavior of jetted ink droplets and nozzle clogging[J]. Journal of the Imaging Society of Japan, 2010, 49 (1): 14-19.

[32] Hsiao W K, Hoath S D, Martin G D, et al. Aerodynamic effects in ink-jet printing on a moving web[C]. NIP and Digital Fabrication Conference, Quebec City, 2012: 412-415.

[33] Morita N, Ono Y, Isozaki J, et al. Inkjet for industrial continuous web printer and study on speed enhancement[J]. Journal of the Japan Society of Colour Material, 2015, 88 (9): 300-305.

[34] Doi T, Hashimoto K. Novel aqueous ink jet technology realizing high image quality and high print speed[J]. Journal of Imaging Science and Technology, 2008, 52 (6): 06050.

[35] Sakamoto A, Numata M, Ogasawara Y, et al. Laser exposure of dry aqueous ink for continuous-feed high-speed inkjet printing[J]. Journal of Imaging Science and Technology, 2015, 59 (2): 20501-1-20501-7.

[36] Rayleigh J W. On the instability of jets[J]. Proceedings of the London Mathematical Society, 1878, 1 (1): 4-13.

[37] Weber C. Zum Zerfall eines Flüssigkeitsstrahles[J]. Journal of Applied Mathematics and Echanics/Zeitschrift für Angewandte Mathematik und Mechanik, 1931, 11 (2): 136-154.

[38] Sweet R G. Fluid droplet recorder[P]: US, US3596275, 1971-7-27.

[39] Crowley J M. Electrohydrodynamic droplet generators[J]. Journal of Electrostatics, 1983, 14 (2): 121-134.

[40] Drake D, Hawkins W, Markham R, et al. Print-head for an ink jet printer[P]: US, US4638328, 1986.

[41] Vaeth K M. Continuous inkjet drop generators fabricated from plastic substrates[J]. Journal of Microelectromechanical Systems, 2007, 16 (5): 1080-1086.

[42] Furlani E P, Delametter C N, Chwalek J M, et al. Surface tension induced instability of viscous liquid jets[C]. Technical Proceeding of the 4th International Conference on Modeling and

Simulation of Microsystem, South Califonia, 2001: 186-189.

[43] Carslaw H S, Jaeger J C. Conduction of Heat in Solids[M]. Oxford: Clarendon Press, 1959.

[44] Wijshoff H. The dynamics of the piezo inkjet printhead operation[J]. Physics Reports, 2010, 491(4-5): 77-177.

[45] Bogy D B, Talke F E. Experimental and theoretical study of wave propagation phenomena in drop-on-demand ink jet devices[J]. IBM Journal of Research and Development, 1984, 28(3): 314-321.

[46] Kwon K S, Kim W. A waveform design method for high-speed inkjet printing based on self-sensing measurement[J]. Sensors and Actuators A: Physical, 2007, 140(1): 75-83.

[47] Khalate A A, Bombois X, Scorletti G, et al. A waveform design method for a piezo inkjet printhead based on robust feedforward control[J]. Journal of Microelectromechanical Systems, 2012, 21(6): 1365-1374.

[48] Khalate A A, Bombois X, Ye S, et al. Minimization of cross-talk in a piezo inkjet printhead based on system identification and feedforward control[J]. Journal of Micromechanics and Microengineering, 2012, 22(11): 115035.

[49] Jo B W, Lee A, Ahn K H, et al. Evaluation of jet performance in drop-on-demand(DOD)inkjet printing[J]. Korean Journal of Chemical Engineering, 2009, 26(2): 339-348.

[50] Gan H Y, Shan X, Eriksson T, et al. Reduction of droplet volume by controlling actuating waveforms in inkjet printing for micro-pattern formation[J]. Journal of Micromechanics and Microengineering, 2009, 19(5): 055010.

[51] MicroFab Technologies Inc. Drive waveform effects on ink-jet device performance[R]. Tucson: MicroFab Technologies Inc., 1999.

[52] Chung J, Ko S, Grigoropoulos C P, et al. Damage-free low temperature pulsed laser printing of gold nanoinks on polymers[J]. Journal of Heat Transfer-Transactions of the ASME, 2005, 127(7): 724-732.

[53] Kwon K S. Waveform design methods for piezo inkjet dispensers based on measured meniscus motion[J]. Journal of Microelectromechanical Systems, 2009, 18(5): 1118-1125.

[54] Khalate A A, Bombois X, Babuška R, et al. Performance improvement of a drop-on-demand inkjet printhead using an optimization-based feedforward control method[J]. Control Engineering Practice, 2011, 19(8): 771-781.

[55] Wassink G. Inkjet printhead performance enhancement by feedforward input design based on two-port modeling[D]. Delft: Delft University of Technology, 2007.

[56] Golub G, van Loan C. Matrix Computations[M]. Baltimore: Johns Hopkins University Press, 1989.

[57] Khalate A A, Bayon B, Bombois X, et al. Drop-on-demand inkjet printhead performance

improvement using robust feedforward control[C]. The 50th IEEE Conference on Decision and Control and European Control Conference, Orlando, 2011: 4183-4188.

[58] Smith P J, Shin D H. Inkjet-based Micromanufacturing[M]. Hoboken: John Wiley & Sons, 2012.

第 4 章　喷墨打印中墨滴的形成

Theo Driessen 和 Roger Jeurissen

4.1　引　言

在喷墨打印中，墨滴以一种可控的方式进行沉积。目前，业界最新的研究主要致力于提高墨滴沉积过程中的速度和精度。为保证打印精度，要求每滴墨在喷射过程中都以正确的速度运动，每滴墨滴的尺寸也基于相似的精度要求进行控制。本章详细阐述喷墨打印中决定墨滴尺寸和速度的物理机理。

当前喷墨打印的应用场景十分广泛，喷墨打印具有多种不同的工作模式。其中主要的两种模式是按需喷墨打印和连续喷墨打印，特别是对于高精度的喷墨打印，它要求喷射的墨滴轴对称。因此，本章旨在阐述墨滴在轴对称流体射流模式下的形成机理。

4.1.1　连续喷墨打印

目前，连续喷墨打印是能产生尺寸和速度都可控墨滴的最简单方式。如图 4.1 所示，喷嘴直径为 30μm，射流是水，射流速度为 11.8m/s，每组驱动电压相同。在连续喷墨中，流体射流受到正弦速度扰动(该扰动幅度大小随着墨滴与喷嘴的距离呈指数增长关系)断裂成更大的墨滴流，即主墨滴。该过程中还会形成卫星墨滴，但卫星墨滴通常很快会与相邻的主墨滴聚合。在喷嘴处通过压力泵产生连续的喷墨，利用压电驱动器控制墨滴的最终尺寸。在离开喷嘴后，一部分墨滴会被用于打印或是被回收，未被打印的墨滴则在喷嘴附近被电极极化，然后在电场的作用下移动到回收槽中。连续喷墨打印因为具有高速性和可靠性，而被广泛用于包装行业的编码印制。

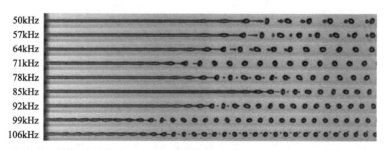

图 4.1　在九种不同扰动频率下的相同连续喷墨过程(图片由 Koen Winkels(ASML)提供)

当射流速度较低时，在喷嘴处容易产生速度扰动，射流将断裂成墨滴。当射流速度增加时，压电驱动器引起的相对波动减小，射流会在下游处断裂而非喷嘴处。当出现一束稳定的圆柱形射流时，瑞利-普拉托(Rayleigh-Plateau)不稳定性开始影响射流断裂：一方面，瑞利-普拉托不稳定模式可用于控制墨滴流；另一方面，系统振动等噪声会引起瑞利-普拉托不稳定模式，而这可能会使墨滴流变得不稳定。

4.1.2 按需喷墨打印

在 20 世纪下半叶，按需喷墨打印被发明并广泛应用于图文印刷。近些年，按需喷墨打印也被用于增材制造、纺织品印花、家居装饰品以及其他应用场合。面对如此广泛的应用场合，按需喷墨打印需要有各种不同尺寸的墨滴和喷嘴。墨滴尺寸跨度很大，包括用于高细节度功能材料打印的200fL，以及用于高速装饰性图案打印的 200nL。可通过不同的喷嘴尺寸与驱动策略来改变墨滴的尺寸和速度。

图 4.2 展示了两种不同振幅驱动下的墨滴形成周期。图中上部为单台频闪闪光仪记录下的墨滴，在左边的序列中，低振幅驱动信号导致墨滴速度变慢，尾部一直保持稳定，直到由于系带处的毛细力收缩而与头部墨滴聚合。在右侧的序列中，驱动信号振幅增大了 25%，头部墨滴速度加快，导致在拖尾断裂之前尾部墨滴暂时无法与头部墨滴聚合，但最终尾部墨滴还是会与头部墨滴聚合。该图展示了高速喷射过程中无卫星墨滴生成的过程。

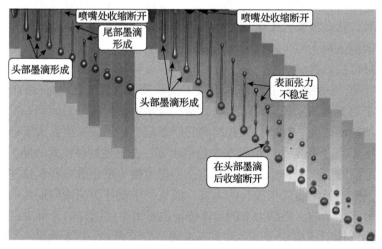

图 4.2 按需喷墨打印过程中墨滴形成周期的两组照片序列(图片由 Marc van den Berg、Océ Technologies B.V. 提供)

对于任意图案的地板瓷砖打印场景，卫星墨滴的出现不会产生太大的影响，但是对于需要打印功能性材料的场景，如导线等，卫星墨滴的影响则是不可忽略的。随着喷墨速度的加快，打印的准确率和生产效率也会随之上升，但同时也会产生更多的卫星墨滴。在按需喷墨打印研究中，需要寻找到合适的喷嘴几何尺寸和驱动信号，在形成高速墨滴的同时又不会产生卫星墨滴，但在目前实现上述过程仍是一大挑战。

4.2　连续喷墨打印中墨滴形成过程

在连续喷墨打印过程中，墨滴在固定驱动频率下产生，而固定驱动频率由压电驱动器发出的驱动信号决定。高频墨滴需要通过高速连续射流来生成，因此一般情况下连续喷墨打印中的射流速度都非常高，墨滴运动速度可达 50m/s。在这样的高速流体中，速度波动幅度要远低于流体速度，这也就意味着射流的断裂不会发生在喷嘴出口处而是在距离喷嘴较远的地方。由于圆柱形流体射流毛细力的不稳定性，即瑞利-普拉托不稳定性，该波动最终会导致射流断裂。本节将分析瑞利-普拉托不稳定性并展示一种借助瑞利-普拉托不稳定性来控制墨滴尺寸和间距的方法。因为墨滴速度与喷嘴断面处墨滴的平均速度不一定相等，所以会在本节末尾探讨毛细力和惯性效应如何影响墨滴的最终速度。

4.2.1　瑞利-普拉托不稳定性

由于瑞利-普拉托不稳定性，圆柱形射流受周期性扰动后将会断裂成许多液滴。初始扰动可以是随机的干扰(如热流)，也可以是压电驱动器产生的更加连贯的扰动信号。扰动波长大于射流圆柱截面周长是形成不稳定扰动的唯一条件。当不稳定扰动幅值增大时，流体射流的表面积会减小，其表面能量也会随之减小，该表面能量可被转换成动能，最终被耗散。

瑞利-普拉托不稳定性的增长率取决于扰动波长与射流截面周长的比值。若扰动波长等于射流截面周长，则增长率为零，这是由于射流的表面积并没有随着扰动幅值的增加而改变。在增长模式频谱的低频端，扰动波长要远大于射流截面周长，瑞利-普拉托不稳定性的增长率也趋向于零。在上述两种模式之间，不同表面波数对应不同的增长率，通过瑞利-普拉托不稳定性中的色散方程对这些增长率进行量化，其中增长率是关于波长的函数。波长小于流体射流截面周长的扰动是以毛细力波形式运动的，毛细力波的具体特征也可由上述同样的分析决定。

轴对称流体射流演变可由运动方程求得，在文献[1]中能得到一个较好的解释。细长射流近似法中的瑞利-普拉托不稳定性可以解决大多数应用场景中的轴对称流体射流演变问题。在纳维-斯托克斯方程的轴对称近似中，忽略径向动量并假定射流的轴向速度在射流横截面上恒定。

分别对时间 (∂_t) 和轴向距离 (∂_x) 求偏微分，可以得到

$$\partial_t \pi R^2 + \partial_x \pi R^2 u = 0 \tag{4.1}$$

$$\partial_t \pi R^2 u + \partial_x \pi R^2 u^2 = \partial_x \left(\tau_\mu + \tau_\sigma \right) \tag{4.2}$$

式中，$R = R(x,t)$ 和 $u = u(x,t)$ 分别为射流截面半径和轴向射流速度，两者都是轴向坐标与时间的单值函数；τ_μ 和 τ_σ 分别为黏性张力和毛细力。在细长射流近似法中，黏性张力由拉伸黏度 (3μ) 计算得到，且满足：

$$\tau_\mu = 3\mu\pi R^2 \partial_x u \tag{4.3}$$

毛细力是在射流横截面上积分的拉普拉斯压力和由表面张力直接引起的力的轴向分量的总和。其中拉普拉斯压力 P_{Lap} 与界面的平均曲率 σ 成正比，即

$$P_{\text{Lap}} = \sigma \left\{ \frac{1}{R \left[1 + (\partial_x R)^2 \right]^{1/2}} - \frac{\partial_{xx} R}{\left[1 + (\partial_x R)^2 \right]^{3/2}} \right\} \tag{4.4}$$

考虑表面张力的直接作用，可得到毛细力：

$$\tau_\sigma = \frac{2\pi R \sigma}{\left[1 + (\partial_x R)^2 \right]^{1/2}} - \pi R^2 P_{\text{Lap}} \tag{4.5}$$

现在，已经得到一套完整细长射流近似法控制方程，随后讨论中将广泛使用这组方程。本章的数值模拟结果正是基于这些方程模拟得到的[2]，第一个应用是关于受扰动圆柱形射流的稳定性分析。

通过线性稳定性分析确定圆柱形流体射流的稳定性，将控制方程按照扰动振幅进行线性化，可得到该线性方程组的一组完整的本征态。尽管这样便能精确地进行稳定性分析，但还是使用细长射流近似法，因为在大多数工程应用中，它求得的结果更简单，同时也能得到相应的本征值和本征态。任何扰动都可分解为本征态的线性组合，所以本征态与相应的本征值能够一起完整地描述圆柱形射流扰动的小振幅特性。

在本征值分解中，对每个模态在半径和速度上的扰动进行变换，并尝试分离变量，其中扰动是空间常数部分和时间常数部分的乘积。

$$R(x,t) = R_0 + R_a \exp(\mathrm{i}(\omega t + kx)) \tag{4.6}$$

$$u(x,t) = u_a \exp(\mathrm{i}(\omega t + kx)) \tag{4.7}$$

式中，R_0 为稳定射流截面半径；R_a 和 u_a 分别为半径和速度上的扰动振幅；当 $t=0$ 时，$k=2\pi/\lambda$ 为扰动波数；$i\omega$ 表示扰动增长率。本征值为 ω，ω 和 k 的关系称为色散关系，它描述了毛细波沿着射流的传播机理。为得到方程的物理解，需要强加一个解是实数解的条件。由于方程是线性的，可以通过添加两个复共轭解来得到一个实数值解。将变换后的扰动振幅代入质量守恒方程(式(4.1))，忽略扰动振幅的高阶项，得到振幅之间的关系：

$$u_a = \frac{2(i\omega_{\pm})}{ikR_0}R_a \tag{4.8}$$

由于在增长或衰减模式下 $i\omega_{\pm}$ 是实数，所以速度扰动与半径扰动之间的相位差为 90°。

将细长射流近似法中半径和速度的变换代入式(4.6)和式(4.7)，可得到色散关系。在此基础上，可得到下面两个方程和两个未知数的解析式[3-5]：

$$i\omega_{\pm} = \pm\frac{1}{t_{cap}}\sqrt{\frac{1}{2}\left[(kR_0)^2 - (kR_0)^4\right] + \frac{9}{4}(kR_0)^4 Oh^2} - \frac{3}{2}(kR_0)^2 Oh \tag{4.9}$$

$$Oh = \frac{\mu}{\sqrt{\rho R_0 \sigma}} \tag{4.10}$$

Oh 是黏度与表面张力之比，而

$$t_{cap} = \sqrt{\frac{\rho R^3}{\sigma}} \tag{4.11}$$

为毛细时标。瑞利-普拉托不稳定性的色散关系给出了扰动增长速率与扰动波数之间的函数关系。瑞利-普拉托不稳定性的黏性色散关系表明：当波数处于 $0<k<1/R_0$ 时，扰动波数为正值并存在一种增长速率最高的模态，随着黏度增加，扰动增长速率会逐渐降低。此外，最快增长模式的波数随奥内佐格数 Oh 的增加而降低。在接近最快增长模式时，具有随机径向扰动或速度扰动的无限长液柱会因扰动而断裂。然而，任何增长模式都可以施加如此大的初始振幅以消除背景噪声。

至此，仅考虑了一个无限长圆柱形射流的断裂情况。在连续喷墨的情况下，将时间周期性的扰动施加在喷嘴处，且振幅大小在空间上遵从指数函数增长，这样使扰动波数有一个非零虚部[6]。尽管小扰动假设不再适用于接近和超过断裂长度的情况，但在这种情况下的推算仍然有效。通常，韦伯数很大并且波数的虚部相对于实部较小，便可忽略虚部。

当 $kR_0<1$ 时，色散方程存在一个正根和一个负根，这意味着增长模式和衰减

模式都是可能的。衰减模式的速度扰动指向射流中最薄处，增长模式的速度扰动指向射流中最厚处，而在射流最薄处，两种模式的轴向速度均为零。

探讨速度与径向扰动之间的关系有助于理解在施加特定微扰时会出现的情况。例如，在射流只有正弦速度扰动而无径向扰动时，射流是由增长模式和衰减模式的叠加形成的，此时径向扰动会相互抵消[7]。可以得到结论：径向扰动最初以恒定速率增长，当衰减模式小到可忽略不计时，增长就会以指数增长形式。此前大多数人因为忽略衰减模式而感到困惑，这也让他们以为自己发现了新的物理学规律，但事实上，圆柱状射流情况一直是属于标准的瑞利-普拉托不稳定性分析[7]。

4.2.2　卫星墨滴形成机理

当径向扰动达到射流(截面)半径的数量级时，非线性相互作用将会导致卫星墨滴形成。卫星墨滴在主墨滴之间形成，主墨滴对应初始正弦扰动的局部极大值。在通常情况下，卫星墨滴体积比主墨滴体积小，但当波长足够长时，卫星墨滴体积可能会大于主墨滴体积[8]。当扰动振幅增长到射流半径数量级时，卫星墨滴形成的非线性相互作用会变得十分明显。图 4.3 中显示了处于瑞利-普拉托不稳定性状态的流体射流断裂，其中包括扰动的时变频谱。左侧图展示了在空间中射流半径随时间的演变。在右侧图中，显示了相应的频谱。在基础扰动 k_1 的幅值等于射

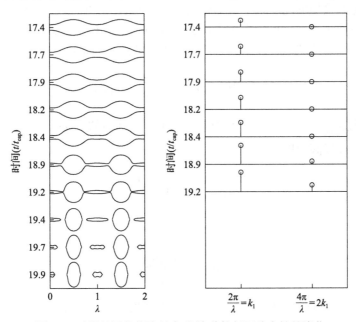

图 4.3　无限长圆柱状液丝中瑞利-普拉托不稳定性的演化

流半径之前，非线性相互作用导致高次谐波增长到显著幅值，这种高次谐波会导致卫星墨滴的形成。在拖尾收缩断开之前，线性增长模式的第一谐波振幅变得明显。在实际连续流体射流中，可通过在驱动信号中加入高次谐波或在喷嘴处大幅增加扰动量来控制卫星墨滴的行为和特性。

4.2.3　墨滴最终速度

墨滴的最终速度不一定与离开喷嘴的墨水平均速度相等。尽管毛细力使墨滴速度减慢，但质量传递与动量交换之间的不平衡可能导致墨滴的速度高于墨水离开喷嘴的平均速度。对打印精度来说，墨滴最终速度的影响比其离开喷嘴的速度的影响更大。

1. 毛细减速现象

毛细减速现象是指毛细力将射流拉向喷嘴从而降低墨滴速度的现象。沿圆柱形射流的毛细力是恒定的，由式(4.4)和式(4.5)得到 $\tau_\sigma = \pi\sigma R_{\text{jet}}$。想象一下，一个圆柱形射流从喷嘴处开始，在喷嘴之外的某个地方结束，在射流的末端，毛细力从射流中的非零变为射流外部的零。这种毛细力的差异导致射流向喷嘴处收缩，射流末端的聚集流体也会发生这种收缩，使得聚集流体相对于无限长圆柱形射流的其余部分速度为负。当相同大小的墨滴以固定频率形成时，例如，在连续喷墨打印中，每滴喷墨的速度减小量都相同。Schneider 等[9]通过射流断裂前后的质量守恒和动量通量守恒，推导出墨滴形成过程中流体的毛细速度减小量。当射流断裂为墨滴时，射流的动量通量等于产生墨滴流的动量通量：

$$\left(\rho\pi R_{\text{jet}}^2 u_{\text{jet}}\right)u_{\text{jet}} - \pi\sigma R_{\text{jet}} = \left(\rho\pi R_{\text{jet}}^2 u_{\text{jet}}\right)u_{\text{drop}} \tag{4.12}$$

式中，$\rho\pi R_{\text{jet}}^2 u_{\text{jet}}$ 为质量通量，在射流断裂前后是守恒的。也可以将该方程改写为下列形式计算墨滴速度 u_{drop} 的值：

$$u_{\text{drop}} = u_{\text{jet}}\left(1 - \frac{1}{We}\right) \tag{4.13}$$

式中

$$We = \frac{\rho R_{\text{jet}} u_{\text{jet}}^2}{\sigma} \tag{4.14}$$

We 为射流的韦伯数，它是惯性力和毛细力的比值。当增大韦伯数时，墨滴速度降低并逐步收敛至射流速度，且毛细墨滴减速现象与墨滴大小无关，与驱动频率也无关。

2. 平流加速现象

平流是指通过流体的运动来传输物质、能量等特性的运动。如果墨水以恒定流速喷射并以恒定速度穿过喷嘴，由于喷射速度在空间和时间上的变化，墨滴速度要比实际情况更大。同时，因为动量通量与速度的平方成正比，所以喷射速度的变化也增加了从喷嘴到射流的动量平流作用。通常情况下，因为墨水穿过喷嘴会遵从泊肃叶定律，所以在经过喷嘴时射流会发生速度的变化，在连续喷墨中，喷嘴内流动速率受周期性波动的干扰而引起射流断裂，并使射流速度随时间变化。下面使用分离变量法来研究射流速度变化对墨滴速度的影响：首先展示变化的射流速度对喷嘴截面区域在空间上的影响；然后展示变化的射流速度在时间上的影响。

下面比较泊肃叶型流体松弛变为均匀流型流体前后，喷嘴在横截面区域上的平均速度。基于流体流过喷嘴时满足质量守恒和动量通量守恒，流体的速度可以用动量通量除以质量通量得到，而喷嘴平面处的质量通量和动量通量由以下积分公式给出：

$$\rho \int_0^{2\pi} \int_0^{R_{\text{nozz}}} u_{\max} \left[1 - \left(\frac{r}{R_{\text{nozz}}} \right)^2 \right] r \mathrm{d}r \mathrm{d}\theta = \frac{1}{2} \rho u_{\max} \pi R_{\text{nozz}}^2 \tag{4.15}$$

$$\rho \int_0^{2\pi} \int_0^{R_{\text{nozz}}} u_{\max}^2 \left[1 - \left(\frac{r}{R_{\text{nozz}}} \right)^2 \right]^2 r \mathrm{d}r \mathrm{d}\theta = \frac{1}{3} \rho u_{\max}^2 \pi R_{\text{nozz}}^2 \tag{4.16}$$

通过动量通量除以质量通量得到射流的平均速度得 $u_{\text{jet}} = 2/3 u_{\max}$。当选取喷嘴处的空间平均速度时，可以发现平均速度 $u_{\text{avg}} = 1/2 u_{\max}$，因此平均射流速度是喷嘴区域平均速度的 4/3 倍。再由质量守恒可知，射流的横截面积需要以相同的比例减小。

在喷嘴内，速度周期性波动而产生的相对加速度也可由上述同样的方法推导得到。因为目前喷嘴内的流型均匀并且其速度随时间波动，所以一个振荡周期内的质量和动量流为

$$\rho \pi R_{\text{nozz}}^2 \int_0^T \left(u_{\text{nozz}} + u_a \sin(2\pi f t) \right) \mathrm{d}t = \rho \pi R_{\text{nozz}}^2 u_{\text{nozz}} T \tag{4.17}$$

$$\rho \pi R_{\text{nozz}}^2 \int_0^T \left(u_{\text{nozz}} + u_a \sin(2\pi f t) \right)^2 \mathrm{d}t = \rho \pi R_{\text{nozz}}^2 T \left(u_{\text{nozz}}^2 + \frac{1}{2u_a^2} \right) \tag{4.18}$$

式中，T 为振荡周期；f 为振荡频率。驱动幅值 u_a 对加速度的影响如 Dressler[10]

的描述，增加墨滴的速度会引起墨滴在基体上的位置误差，因此要想获得较精确的位置，需墨滴均以相同的速度运动。

4.3　按需喷墨打印中墨滴成形分析

本节通过具体分析一个案例来展示按需喷墨打印中墨滴的形成机理。尽管在此讨论的是典型案例，但对它的分析或许足以满足读者的应用需要，适用于不同的墨滴形成场景。在实际应用中可能事件发生的顺序不同，例如，在墨滴撞击纸张之前一些现象可能不会发生，或者有的墨滴可能与先前喷射出来的墨滴发生碰撞。如果需要分析的墨滴形成过程与下文描述过程不同，那么将不得不进行相应的修改和分析。为此，希望本节的讨论和分析能够为读者提供充足的指导。

首先，考虑单个墨滴形成情况。从喷嘴喷出的第一滴墨水会很快被稍晚离开喷嘴但移动速度较快的墨水追上并结合在一起，即形成墨滴。只要刚离开喷嘴的墨水比前方的墨滴移动得快，那么两者就会发生聚合，从而使得前方的墨滴变大并加速。当喷头中墨水的速度小于前方墨滴的速度时，墨滴便不再增长，随后从喷嘴喷射出来的墨滴由于速度太慢而无法超过已喷出的墨滴，这时便会形成系带状的射流，即拖尾。在一段时间内，这个拖尾会连接已喷射的墨滴和喷嘴，直到拖尾半径在某处缩小为零而断开。射流半径在拖尾几个位置同时趋于零（在毛细时间内），即尾部断裂，若射流半径在靠近喷嘴或靠近头部墨滴处趋于零，则称为捏断。

如图 4.2 所示，假设拖尾两端先后在喷嘴处和头部墨滴处收缩断开，然后整个拖尾全部断裂，拖尾后端收缩断开会形成一个小墨滴，即尾部墨滴，它会飞向拖尾。如果头部墨滴的速度足够低，那么尾部墨滴会穿过整个拖尾并与头部墨滴发生聚合。如此循环，所有喷射出的墨水都会变成球状墨滴。对于大多数的应用场景，上述墨滴形成过程是最理想的，然而这需要很低的墨滴速度，并且这种情况并不是总能实现。在更高的墨滴喷射速度情况下，拖尾会在尾部墨滴到达头部墨滴之前发生断裂，在拖尾断裂时，头部墨滴后面会形成一些小墨滴，即碎片墨滴，也称为卫星墨滴。有些卫星墨滴速度比头部墨滴速度要快，它们会和头部墨滴发生聚合。在某些情况下，尾部墨滴吸收完所有卫星墨滴后，速度仍然比头部墨滴快，使得所有喷射出来的墨水最终聚合成单个墨滴。但若尾部墨滴速度比头部墨滴速度慢，则会形成不同大小的墨滴，更糟糕的是，由于拖尾断裂，墨滴尺寸分布难以精确控制，这通常不是一个理想的结果。因此，本节分析的目标就是确定尾部墨滴是否会与头部墨滴发生聚合。

将上述场景分为三个过程：头部墨滴形成、拖尾形成以及拖尾收缩捏断及断裂。因为这三个过程需要用到的分析方法不同，所以采用上述划分标准。

1. 头部墨滴形成

头部墨滴的大小和速度都是在墨滴形成过程的初期确定的，通过对墨滴质量和动量通量随时间进行积分，可以预估头部墨滴的体积和速度。这个步骤类似于 Dijksman[11] 提出的方法，但我们并没有实时分析墨滴的动能，而是利用动量来分析。质量通量大小为 $\rho A_n u_n$，其中 ρ 为油墨的密度，u_n 为墨水从喷嘴出口区域（面积为 A_n）处喷出的速度，动量通量包含墨滴内的动量平流项 $\rho A_n u_n^2$、黏性张力和毛细力。下一阶段将解释如何估算动量平流项、黏性张力和毛细力。

墨滴的体积可通过流过喷嘴截面的流速 $A_n u_n$ 对时间的积分来得到，见式(4.19)，其中积分时间从喷嘴处出现弯月面开始，记为 t_0，到喷嘴喷出墨水速度降低至小于已喷出墨滴速度时结束，记为 t_e。在此之前，墨滴会与喷嘴处喷出的墨滴聚合而变大。

$$V_{drop} = \int_{t_0}^{t_e} A_n u_n dt \tag{4.19}$$

当弯月面缩回或喷嘴中的墨滴速度方向朝内时，喷嘴中墨滴的速度等于零。

利用细长射流近似法计算由黏性摩擦引起的动量传递，而张力的黏性分量只取决于拉伸速率和横截面积：

$$\tau_\mu = 3\mu A \partial_x u \tag{4.20}$$

通过连续性方程可将拉伸速率和横截面积的变化联系起来：

$$\frac{D}{Dt} A = -A \partial_x u = -\frac{\tau_\mu}{3\mu} \tag{4.21}$$

墨滴通过黏性张力传递的动量总量，记为 p_μ，结合上述方程并在随流体移动的位置进行时间积分可求得 p_μ：

$$A(t_2) - A(t_1) = \int_{t_1}^{t_2} \frac{D}{Dt} A dt = \int_{t_1}^{t_2} -\frac{\tau_\mu}{3\mu} dt = -\frac{p(t_2) - p(t_1)}{3\mu} \tag{4.22}$$

所以，在横截面积从 A_n 减小到零的过程中，通过黏度传递的动量为 $p_\mu = -3\mu A_n$，此处负号表示墨滴在减速，即在掐断过程中墨滴被拉回喷嘴腔中。

下一步是确定当头部墨滴喷射出时，其动量通过表面张力转移了多少。由于表面张力与喷嘴半径成正比，当墨水弯月面从喷嘴中伸出时，表面张力开始作用直到拖尾的一部分被喷出，此时拖尾会发生掐断。当墨水被喷射出时，喷墨半径等于喷嘴半径 R_n，所以这段时间内表面张力为 $\pi R_n \sigma$，因此，喷墨过程中由表面

张力引起的头部墨滴动量变化为

$$p_c = (t_e - t_0)\pi R_n \sigma \tag{4.23}$$

通过考虑平流作用、黏度和表面张力的作用，可以得到墨滴速度 u_{drop} 的近似结果：

$$u_{drop} = \frac{1}{\rho V_{drop}}\left[\int_{t_0}^{t_e}\rho A_n u_n^2 \mathrm{d}t - 3\mu A_n - (t_e - t_0)\pi R_n \sigma\right] \tag{4.24}$$

当墨水从喷嘴喷出的速度 u_n 小于墨滴速度时，墨滴速度应该由对应的 $u_{a,\mu,\sigma}$ 进行计算。

　　这个表达式意味着如果 $\rho R_n u_n^2 < \sigma_n$ 始终成立，即 $We < 1$ 恒成立，则墨滴速度是负值。如图 4.4 所示，墨滴速度与毛细速度成比例，横坐标为 u_n 与毛细速度 u_{cap} 之比。墨滴速度随着喷嘴中的速度增加而增加，虚线代表分析预测的墨滴速度，实线代表利用细长射流近似法进行数值模拟得到的墨滴速度。当韦伯数低于喷射阈值时，则不会形成墨滴。通过图 4.4 中零点时的射流速度称为喷射阈值，而仅在重力作用下的滴落速度称为滴落阈值。与常识相反的是，在喷嘴前面可能会形成单个墨滴，并在被掐断前该墨滴就获得了朝向喷嘴的速度[12]，但这种情况通常发生在喷射阈值附近，若喷射速度比阈值低很多，则不会形成墨滴。

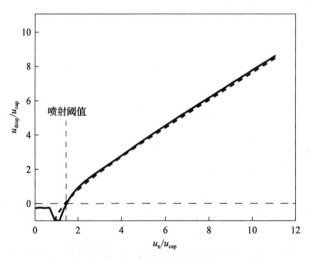

图 4.4　墨滴速度与最大喷射速度的关系

　　在此推导过程中，假设墨水从喷嘴中喷出的速度曲线是平滑的，并且与细长射流近似法情况相一致。通过改变平流来考虑不同的流型情况，从而实现对不同情况的分析，例如，在抛物线型速度曲线上，动量的平流作用是具有相同流动速率的平滑速度分布曲线时的 4/3 倍。对于喷嘴出口处给定速度场的细长射流近似法模型，还需要对其边界条件进行修正以确定平流和流速，并将其代入墨滴形成的计算方程中。

通过上述处理步骤，计算出墨滴的速度和质量，得到的墨滴速度如图 4.4 所示，并将通过细长射流近似法模拟计算得到的结果作为对比参考，最终分析可以看出计算结果与数值模拟结果吻合得较好。当喷嘴内的射流速度 u_n 略大于毛细速度 u_{cap} 时，墨滴速度 u_{drop} 变为正值，即喷射阈值。如果要计算墨滴形成的喷射速度，这样的分析计算可能就足够了，但要想获得关于墨滴形成更多的详细信息，还必须分析拖尾的形成机理、计算尾部墨滴的速度、分析拖尾何时发生断裂。

2. 拖尾形成

忽略黏度和表面张力，可以得到按需喷墨打印墨滴的形状，包括其拖尾的演化。由此得到的动量控制方程即（无黏的）伯格斯方程（Burgers equation）：

$$\partial_t u + u\partial_x u = 0 \tag{4.25}$$

式中，t 是时间；x 是轴向位置；u 是速度。

伯格斯方程是气体动力学领域中著名的模型方程，可以精确求解，其标准分析方法是特征线法。对于伯格斯方程，其特征线是在时空中速度恒定的直线。伯格斯方程某处特征斜率的大小等于这个特征处的速度大小。在特征线相交处会得到一个点，即奇异点。在气体动力学中，这个奇异点称为激波；在浅水流动中，称为跳跃；在道路交通流中，称为交通堵塞；在墨滴形成过程中，称为墨滴。质量和动量的同时守恒决定了墨滴速度演化，基于此可以解出奇异点。

图 4.5 展示了按需喷墨打印中墨滴形成过程的特征，图中在特征线交叉的地方出现奇异点，即墨滴。伯格斯方程特征如左侧图所示。用黏度和表面张力的细长射流近似法模拟计算得到的特征图如中间图所示，因为拖尾的毛细波呈现扭曲速度分布，所以特征线在头部墨滴附近不是直线。右侧图中粗线表示头部墨滴的位置，右侧显示了相应的墨滴形状。通过利用细长射流近似法模型模拟墨滴的形成过程，并绘制喷嘴处等距射流速度的等值线来得到这些特征。在此模拟中，喷嘴半径为 15μm，表面张力为 0.03N/m，密度为 1000kg/m³，墨水水平喷射速度 $u_n(t)$ 是时间的函数：

$$u_n(t) = u_a\sin\left(2\pi f_a\left(t - t_0\right)\right) \tag{4.26}$$

式中，$u_a = 15\text{m/s}$，为最大速度；$f_a = 20\text{kHz}$；$t_0 = 5\mu\text{s}$，为时间偏移，表示弯月面从喷嘴处产生所需的时间。因为沿拖尾方向的黏性张力和毛细力几乎恒定，所以拖尾上的一部分合力可忽略不计，射流速度的等值线几乎是直线，并很好地逼近特征线。在头部墨滴和喷嘴附近的速度特征线都是弯曲的，并且黏度和表面张力不是恒定的，头部墨滴会引起拖尾产生毛细波，这些毛细波就是特征图 4.5 的左图和中图的主要差异。在掐断，即当 $t=20\mu s$ 时，喷嘴附近的特征也呈曲线，因此头部墨滴附近的掐断和流动细节取决于黏度和(或)表面张力，惯性在大部分的拖尾中都占据着主导地位直到拖尾断裂。

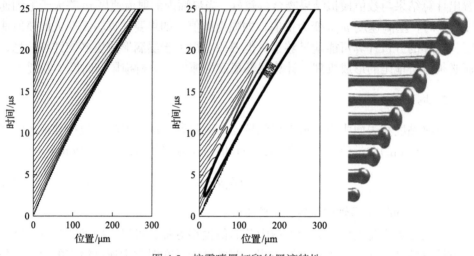

图 4.5　按需喷墨打印的墨滴特性

为确定拖尾形成过程中头部墨滴的减速情况，下面对毛细力在时间上进行积分，得到尾部的毛细力是关于表面张力和拖尾半径的函数。可由横截面积求得半径 R。此外，因为大部分拖尾上的合力都可以忽略不计，所以只考虑惯性以便由伯格斯方程和连续性方程得到横截面积。沿 $x = x_0 + ut$ 的特征，其半径与时间的平方根成反比：

$$\frac{R}{R_n} = \sqrt{\frac{A}{A_n}} = \sqrt{1 - \frac{x_0}{t_a u}} \sqrt{\frac{1}{1 + \dfrac{t}{t_a}}} \tag{4.27}$$

式中，t_a 是该特征与附近特征线交叉的时间。

时间 t_1、t_2 之间的动量转移量 Δp 可通过对产生的毛细力进行积分来求得，即

$$\Delta p = \int_{t_1}^{t_2} \sigma \pi R \mathrm{d}t = \sigma \pi R_n \sqrt{1 - \frac{x_0}{t_a u}} \int_{t_1}^{t_2} \sqrt{\frac{1}{1 + \dfrac{t}{t_a}}} \mathrm{d}t$$

$$= \sigma \pi R_n \sqrt{1 - \frac{x_0}{t_a u}} \left(\sqrt{1 + \frac{t_2}{t_a}} - \sqrt{1 + \frac{t_1}{t_a}} \right) \tag{4.28}$$

在分析拖尾的形成过程中需要用到上述推导的毛细力公式，即式(4.5)，我们知道拖尾的张力大小是关于时间的函数，可通过公式计算出拖尾形成过程中头部墨滴的减速程度，但要做到这一点，需要确定积分常数，包括拖尾开始形成时间和拖尾与头部墨滴掐断时间。不仅如此，还可以通过该公式计算尾部墨滴速度来判断拖尾能否追上头部墨滴，为计算尾部墨滴的速度，必须确定在喷嘴处掐断时间和拖尾断裂时间。无论何种情况，都需要确定积分边界，而这一要求使得评估毛细力的效果要比评估黏性张力的效果困难许多。即使花费无限长时间，黏性张力传递的动量都是有限的并直到发生掐断为止，而毛细力则有本质上的不同，若完全不发生掐断现象和拖尾断裂，则无论喷射速度有多快，头部墨滴都会被拉回喷嘴腔。

实际上，拖尾掐断和断裂都有可能发生，并且在通常情况下发生得非常快，以至于在拖尾形成过程中毛细力对头部墨滴速度的影响可忽略不计。从图4.4 中便可以明显看出，在忽略毛细力影响的情况下，得到的头部墨滴速度的近似值是比较精准的。此外，为了计算尾部墨滴能否追上头部墨滴，还需要确定拖尾在喷嘴处掐断时间、在头部墨滴处掐断时间和拖尾断裂时间。

3. 拖尾收缩掐断及断裂

为了预测尾部墨滴是否会与头部墨滴聚合成为单个墨滴，计算出尾部墨滴速度，发现尾部墨滴的速度取决于拖尾掐断时间和拖尾断裂时间。

如何确定按需喷墨打印中的掐断时间至今仍是一个难题。据我们所知，目前还没有相关的研究成果发表。各种各样的影响都有可能引起拖尾掐断，使得这项研究变得更加复杂。根据此前的解释，下面描述在墨滴形成过程中造成拖尾掐断的影响因素。

在图 4.5 所示的细长射流模拟中，通过数值模拟结果得到的掐断时刻与喷射速度为零的时刻点相同。在忽略径向动量的细长射流模拟中，当射流流速降低为零时，在喷嘴处拖尾的拉伸速率将趋于无穷大，这意味着拖尾会瞬间收缩，因此这种掐断效应是由边界条件和数学模型中的近似值施加的。在真实情况中，径向惯性会限制拉伸速率，因此由另一种不同的影响因素引起的掐断将会在随后发生（如后面所述）。

在图 4.2 所示的实验中，在喷射速度超过零后，弯月面会缩回喷嘴，再伸出喷嘴，之后又再次缩回，由此会造成拖尾掐断现象。当弯月面向前移动时，会吸收一部分拖尾；当弯月面缩回时，会拉长形成一条很细的墨线，这条线称为拖尾[13]。由于这个拖尾比最初的拖尾要细很多，拖尾断裂的时间要更早，从某种意义上说，这种掐断不够干脆。弯月面的残余运动使得拖尾的一部分变细，所以使拖尾断裂发生在两个阶段。如果在显微镜下能观察到断裂但无法分辨出拖尾，那么就认为这是一次简单干脆的掐断，但如果是由拖尾变细而引起的掐断那么时间就要早很多，这种类型的掐断时间是由喷嘴头的声学性质决定的。

当拖尾在弯月面处收缩断开后，拖尾末端会因毛细力的不平衡而导致尾部墨滴的形成。毛细力会将尾部墨滴拉向头部墨滴，与此同时，尾部墨滴穿过拖尾上的墨水时质量会增加，但会降低墨滴的速度。上述过程的综合效应就是：与拖尾上墨水相关的尾部墨滴的速度与尾部墨滴尺寸及黏度无关。为计算尾部墨滴的速度，需要在尾部墨滴静止时的参照系中考虑该问题。现在我们确定控制体积上的力，该控制体积包含尾部墨滴和被尾部墨滴扰动的拖尾部分（图 4.6 虚线框内部），因此控制体积外的尾部部分是圆柱形的，如图 4.6 所示。

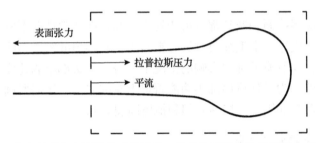

图 4.6　在参考系中由墨滴移动的平流、拉普拉斯压力和表面张力共同作用
获得的尾部墨滴速度

控制体积上的力包括：平流项 $\rho\pi R^2 u^2$、拉普拉斯压力 $\sigma\pi R$，以及表面张力 $-\sigma 2\pi R$。如果速度为恒定的，那么这些力的总和应该为零：

$$\rho\pi R^2 u^2 + \sigma\pi R - \sigma 2\pi R = 0 \Rightarrow u = \sqrt{\frac{\sigma}{\rho R}} \qquad (4.29)$$

因为尾部墨滴速度是与拖尾上墨水速度相关的，所以当尾部墨滴接触移动速度较快的拖尾上墨水时会加速，此外，拖尾半径会减小，这对应更高的尾部墨滴速度（式（4.29））。使用之前得到的拖尾半径时，发现与拖尾上墨水相关的尾部墨滴速度与 $\sqrt[4]{(t-t_a)}$ 成比例。这表明，要确定最终的尾部墨滴速度，还必须确定尾部断裂时间。

目前对流体系带的研究已经十分广泛[5,14,15]。有研究认为存在两种截然不同的与喷墨打印相关的断裂机制：第一种机制是瑞利-普拉托不稳定性；第二种机制是末端收缩，即拖尾两端收缩断开。除了瑞利-普拉托不稳定性和末端收缩导致断裂以外，尾部墨滴也有可能在发生系带掐断之前到达头部墨滴。下面对这些不同的场景进行说明。如图 4.7 所示，在聚结成单个墨滴之前，自由漂浮的流体系带可以保持完整，但会由于末端收缩而断裂，或因瑞利-普拉托不稳定性而断裂。

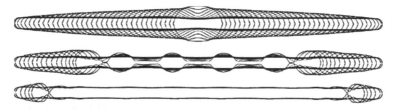

图 4.7　两种类型断裂延迟墨滴的聚合[15]（版权归属美国物理联合会出版社）

首先，考虑末端收缩（掐断）机制。若忽略黏度不计，则由尾部墨滴产生的毛细波幅度不会衰减。当扰动波的相位速度等于尾部墨滴速度时，毛细波半径会逐渐增大直到与未受扰动的拖尾半径相等。此时，在喷嘴附近处拖尾半径为零，这意味着发生掐断。上述情况大约发生在 5 次毛细作用后[16]，即

$$t_{\text{end pinch}} \approx 5t_\sigma = 5\sqrt{\frac{\rho R^3}{\sigma}} \qquad (4.30)$$

第一次末端掐断发生后，会形成一个新的尾部墨滴，并且重复拖尾由末端向内断裂的过程。瑞利-普拉托不稳定性导致的断裂会因拖尾的拉伸而变得非常复杂，这往往会抑制拖尾断裂[5]。然而，随着拖尾半径减小，拖尾拉伸速率会减小，而其不稳定模式的增长速率会增加。最终，拖尾拉伸可以被忽略。由式 (4.29) 可知，这种交叉大约发生在拖尾拉伸速率等于不稳定模式增长速率时：

$$\frac{1}{t_{\text{crossover}}} \approx \sqrt{\frac{\sigma}{\rho R^3}} = \sqrt{\frac{\sigma\left(1 + \dfrac{t_{\text{crossover}}}{t_a}\right)^{3/2}}{\rho R_n\left(1 - \dfrac{x_0}{t_a u}\right)^{3/2}}} \qquad (4.31)$$

基于交叉时间 $t_{\text{crossover}}$ 的瞬时尾部半径，假设其断裂本身所花时间是毛细时间 t_σ 的 4 倍。通过构造毛细时间 t_σ 等于这一时刻的交叉时间 $t_{\text{crossover}}$，得到以下数量级估计：

$$t_{\text{crossover}} \approx \sqrt{\frac{\rho R_n^3}{\sigma}}\left(\frac{t_a}{t_{\text{crossover}}}\right)^{3/4} \Rightarrow t_{\text{break}} \approx 5t_{\text{crossover}} = 5t_\sigma^{4/7}t_a^{3/7} \qquad (4.32)$$

为了使用上述结果，必须估算时间 t_a，但不能在细长射流近似法中使用拉伸速率，因为时间 t_a 会发散。但在接近喷射速度的交叉零点时，径向惯性占主导地位，因此可以通过加速度与喷嘴半径的比值来获得更好的估算：

$$t_a \approx \sqrt{\dfrac{R_n}{\dfrac{d}{dt} u_n}} \qquad (4.33)$$

如图 4.2 的实验所示，毛细时间的数量级约为 $t_\sigma = 7\mu s$，而拉伸时间的数量级约为 $t_a = 3\mu s$。由此可以得到断裂时间约为 $t_{break} = 25\mu s$，这与观察结果非常吻合。值得注意的是，该过程分析中重要的不是要得到由瑞利-普拉托不稳定性导致断裂所花费的毛细时间，而是为了确定不稳定性发生时的喷嘴半径，因为喷嘴半径决定了增长速率和卫星墨滴的大小。

4.4　样　例

4.4.1　纯惯性情况下拖尾形成

任务：计算拖尾厚度的演变过程。

提示：首先用一个表达式来表示拖尾在局部的拉伸速率，再将该表达式代入动量方程，并忽略黏度和表面张力。随后，利用这些项构造一个对拉伸速率的传递导数，便可将原来的演化方程改写成常微分方程，由此可得到关于时间的尾部横截面积函数。

解：第一步，确定拉伸速率，它是空间和时间的函数，即

$$y(x,t) = \partial_x u \qquad (4.34)$$

为确定拉伸速率，取伯格斯方程的空间导数方程，重新排列并代入拉伸速率的定义。由此得到以下方程：

$$\partial_t y + u\partial_x y = -y^2 \qquad (4.35)$$

第二步，将方程左边构造成一个传递导数：

$$\frac{Dy}{Dt} = -y^2 \qquad (4.36)$$

结果表明，在 $x=x+ut$ 处的特征线，拉伸速率满足常微分方程。可以解这个微分方程来得到拉伸速率，即

$$y(x_0 + ut, t) = \frac{1}{t + t_a} \qquad (4.37)$$

常数拉伸时间 t_a 和拉伸长度 x_0 由喷嘴处的边界条件决定，喷嘴处流体速度 u

等于喷射速度 u_n。在空间和时间上的点 (x_0,t_a) 是一个特征突变点。如果在某一时刻，流体系带具有恒定的横截面积和拉伸速率，那么沿流体系带的 x_0 和 t_a 也是恒定的。换句话说，这个在空间和时间上的点 (x_0,t_a) 是特征变化的起点。从某种意义上来说是该条流体系带的"大爆炸"，即所有的流体都在这一点突然"爆发"。实际上，这个点位于喷头内部，流体在拉伸时间 t_a 之后被喷射出来，并没有发生上述变化。简洁起见，这里不去确定这些量的表达式。

基于连续性方程，可确定拉伸速率与尾部的截面面积 $A = A(x,t)$ 的演化有关：

$$0 = \partial_t A + \partial_x Au = \frac{\mathrm{D}}{\mathrm{D}t}A + Ay \Rightarrow A(x_0 + ut, t) = \frac{A_0}{1 + \dfrac{t}{t_a}} \tag{4.38}$$

油墨从喷嘴喷射后，当它的横截面积与喷嘴的截面面积相同时，便可确定常数 A_0（即拖尾的横截面积）：

$$(x = 0 \Rightarrow A = A_n) \Rightarrow A_0 = A_n\left(1 - \frac{x_0}{t_a u}\right) \tag{4.39}$$

式中，A_n 为喷嘴的横截面积。拖尾的厚度是关于空间和时间的函数，这也是计算拖尾断裂时间的起点。此外，还可以用它来计算在拖尾形成过程中，头部墨滴被毛细力作用减速的程度，但这通常也可忽略不计。

4.4.2　瑞利-普拉托不稳定性的色散关系

任务：展示瑞利-普拉托不稳定性的色散关系和无限长圆柱状系带的演变过程。起初系带处于静止状态，系带半径受到一个波长大于其周长的正弦扰动（波长为 $\lambda = 2\pi / k$）。

提示：初始速度为零，因此色散关系的两个根都需要考虑。

解：起始点为我们在瑞利-普拉托不稳定性分析中使用的假定。$R = R - R_0$ 为 m 线性独立模态引起的半径的扰动总和。为了满足这个问题的所有条件，总共需要四种模式，设 $\tau_m = \mathrm{i}\omega_m$，这是一个不稳定模式的实数，用来简化符号。

$$R(x,t) = \sum_{m=1}^{4} R_m \exp(\mathrm{i}k_m x + \tau_m t) \tag{4.40}$$

速度 u 的分解同上述相似，在未受扰动时速度为零的情况下，可得

$$u(x,t) = \sum_{m=1}^{4} u_m \exp(\mathrm{i}k_m x + \tau_m t) \tag{4.41}$$

速度的初始扰动为零：

$$u(x,0) = 0 \tag{4.42}$$

代入初始半径得

$$R(x,0) = R_{\mathrm{a}} \cos(kx) \tag{4.43}$$

这里存在四种不同的特征模式，它们的实部均要满足最后一个要求。由于同时施加了初始速度和初始半径，这意味着速度和半径都是实数，因此必须满足上述四个方程，这样能准确地算出四个振幅。

选择两种增长模式作为前两种振幅模式。这意味着 $k_1 = k = -k_2$ 和 $\tau_1 = \tau_2 = \tau_+ = \mathrm{i}\omega_+(k)$，两者总和是以指数形式增长的余弦：

$$R_1 \exp(\mathrm{i}k_1 x + \tau_1 t) + R_1 \exp(\mathrm{i}k_2 x + \tau_2 t) = R_+ \exp(\tau_+ t)\cos(kx) \tag{4.44}$$

这意味着另外两种振幅模式是另一种复共轭对，两者的总和是以指数形式衰减的余弦：

$$R_3 \exp(\mathrm{i}k_3 x + \tau_3 t) + R_4 \exp(\mathrm{i}k_4 x + \tau_4 t) = R_- \exp(\tau_- t)\cos(kx) \tag{4.45}$$

为了满足初始条件，令 $R_+ + R_- = R_{\mathrm{a}}$。下面继续讨论速度场。利用振幅之间的稳定性关系分析式(4.8)，有

$$u = \frac{2\omega}{R_0 k} R \tag{4.46}$$

在速度的假设中，使用这个(复数)速度振幅的值表示速度，加入模态从而可以得到速度场。首先得到全为实数值的增长模式：

$$\begin{aligned} u_+(x,t) &= \frac{2\tau_+}{\mathrm{i}R_0 k} R_+ \exp(\mathrm{i}kt + \tau_+ t) - \frac{2\tau_+}{\mathrm{i}R_0 k} R_+ \exp(-\mathrm{i}kt + \tau_+ t) \\ &= \frac{4\tau_+}{R_0 k} R_+ \sin(kx)\exp(\tau_+ t) \end{aligned} \tag{4.47}$$

接着用同样的方法得到全为实数值的衰减模式：

$$\begin{aligned} u_-(x,t) &= \frac{2\tau_-}{\mathrm{i}R_0 k} R_- \exp(\mathrm{i}kt + \tau_- t) - \frac{2\tau_-}{\mathrm{i}R_0 k} R_- \exp(-\mathrm{i}kt + \tau_- t) \\ &= \frac{4\tau_-}{R_0 k} R_- \sin(kx)\exp(\tau_- t) \end{aligned} \tag{4.48}$$

当 $t = t_0$ 时，速度为

$$u(x,0) = (\tau_+ R_+ + \tau_- R_-) \frac{4\omega}{R_0 k} \sin(kx) \tag{4.49}$$

注意：$\tau_+ > 0$，$\tau_- < 0$，所以衰减模式的速度场的方向与增长模式的速度场的方向相反。

如果 $\tau_- R_- + \tau_+ R_+ = 0$，那么在施加的初始条件下，当 $t = 0$ 时，增长模式和衰减模式的速度场之和为零。如果忽略黏度，$\tau_- = -\tau_+$ 从而有 $R_+ + R_- = R_a/2$，可以将两种模式结合为一个双曲正弦：

$$u(x,t) = -\frac{2\tau_+}{R_0 k} R_a \sin(kx) \sinh(\tau_+ t) \tag{4.50}$$

类似地，半径扰动中的指数也可以用双曲余弦函数来表示：

$$R(x,t) = R_a \cos(kx) \cosh(\tau_+ t) \tag{4.51}$$

这揭示了一开始令人费解的流体系带形成机理：起初系带半径的扰动不会增加，当衰减模式变弱后系带半径的扰动明显增加。喷嘴喷出的射流也会出现类似的半径扰动现象。在这种情况下，四种模式的波数都有实部和虚部，它们构成两个实值函数：一个在时间和射流方向上以指数形式增长，如式(4.47)所示；另一个在时间和射流方向上以指数形式衰减，如式(4.48)所示。在靠近喷嘴时，因为衰减现象仍然显著，所有系带半径的扰动随着系带与喷嘴的距离以固定速度增长，而不是指数增长[7]。如4.4.2 节所述，指数增长只有当衰减模式变得可忽略不计时才变得明显(图 4.8)。

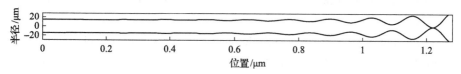

图 4.8 连续喷墨情况下瑞利-普拉托不稳定性的演变

致　谢

感谢 Marc van den Berg、Koen Winkels 和 Lionel Hirschberg 的贡献。

参 考 文 献

[1] Bush J. Interfacial phenomena[J]. MIT Open Course Ware, 2010, 18: 357.

[2] Driessen T, Jeurissen R. A regularised one-dimensional drop formation and coalescence model

using a total variation diminishing (TVD) scheme on a single Eulerian grid[J]. International Journal of Computational Fluid Dynamics, 2011, 25 (6): 333-343.

[3] Rayleigh L. On the instability of a cylinder of viscous liquid under capillary force[J]. Philosophical Magazine Series 5, 1892, 34 (207): 145-154.

[4] Weber C. Zum zerfall eines flüssigkeitsstrahles[J]. ZAMM—Journal of Applied Mathematics and Mechanics/Zeitschrift für Angewandte Mathematik und Mechanik, 1931, 11 (2): 136-154.

[5] Eggers J, Villermaux E. Physics of liquid jets[J]. Reports on Progress in Physics, 2008, 71 (3): 036601.

[6] Keller J B, Rubinow S I, Tu Y O. Spatial instability of a jet[J]. Physics of Fluids, 1973, 16 (12): 2052-2055.

[7] García F J, González H. Normal-mode linear analysis and initial conditions of capillary jets[J]. Journal of Fluid Mechanics, 2008, 602: 81-117.

[8] Lafrance P. Nonlinear breakup of a laminar liquid jet[J]. The Physics of Fluids, 1975, 18 (4): 428-432.

[9] Schneider J M, Lindblad N R, Hendricks C D, et al. Erratum: Stability of an electrified jet[J]. Journal of Applied Physics, 1969, 40 (6): 2680-2680.

[10] Dressler J L. High-order azimuthal instabilities on a cylindrical liquid jet driven by temporal and spatial perturbations[J]. Physics of Fluids, 1998, 10 (9): 2212-2227.

[11] Dijksman J F. Hydrodynamics of small tubular pumps[J]. Journal of Fluid Mechanics, 1984, 139: 173-191.

[12] Tanguy L, Liang D, Zengerle R, et al. Droplet break-up with negative momentum fluid dynamics videos[J]. ArXiv Preprint ArXiv: 1210. 4078, 2012.

[13] Wijshoff H. The dynamics of the piezo inkjet printhead operation[J]. Physics Reports, 2010, 491 (4-5): 77-177.

[14] Castrejón-Pita A A, Castrejón-Pita J R, Hutchings I M. Breakup of liquid filaments[J]. Physical Review Letters, 2012, 108 (7): 074506.

[15] Driessen T, Jeurissen R, Wijshoff H, et al. Stability of viscous long liquid filaments[J]. Physics of Fluids, 2013, 25 (6): 062109.

[16] Notz P K, Basaran O A. Dynamics and breakup of a contracting liquid filament[J]. Journal of Fluid Mechanics, 2004, 512: 223-256.

第 5 章　喷墨打印中的聚合物

Joseph S. R. Wheeler 和 Stephen G. Yeates

5.1　引　　言

聚合物在喷墨打印流体的配方和终端应用中扮演着很多不同角色。在连续喷墨和按需喷墨打印系统中，聚合物添加剂被广泛地应用于水性和溶剂型油墨配方中[1]。例如，使用低浓度的高分子量水溶性聚合物作为减阻剂[2]并控制墨滴的产生[3]，将低摩尔质量的水溶性/水分散性聚合物[4]或者支化聚合物添加到油墨中来提高图像在基底上的持久性[5]，使用聚合物添加剂制作颜料分散剂[6]和稳定剂以及作为功能性材料。此外，聚合物添加剂也多种多样，从电子工业中的有机半导体聚合物[7]到生物聚合物[8]。

然而，聚合物基流体的配方也存在着许多挑战，其中一个最严峻的挑战是在喷墨打印中，聚合物溶液在剪切力作用下会表现出显著的非牛顿流体特征，而这会直接影响喷墨打印中的墨滴喷射和墨滴成形特性以及聚合物的潜在降解过程[9,10]。本章讨论喷墨打印中聚合物配方和应用的设计规范，特别是着重于研究溶液中的聚合物。

5.2　聚合物的定义

聚合物是由微小的重复单元(单体)组成的长链分子，它们广泛存在于现代生活的工业品和消费品中。而事实上，我们身边的任何衣服、技术设备、建筑物，甚至是读者手中正拿着的这本书都包含有大量的聚合物成分。

可以将聚合物分为两大类：热塑性塑料和热固性塑料。热固性塑料是交联聚合物，不能受热熔化，也不能进行溶液加工或回收。而热塑性塑料是非交联聚合物，通常可以溶解在溶剂中，并且在大多数情况下可以熔化乃至流动[11]。

5.3　基于来源和架构的聚合物分类

聚合物溶液的性质是由聚合物溶质的分子量以及聚合物与溶剂之间的相互作用共同决定的[12]。而单体的性质以及聚合物的合成方法则决定了聚合物溶液的极限分子质量和性质[13]。聚合物按照来源可以分为两大族群——人工合成的以及天然形成的，而人工合成的聚合物又可细分为链增长型聚合物和逐步增长型聚合物[14](图 5.1)。

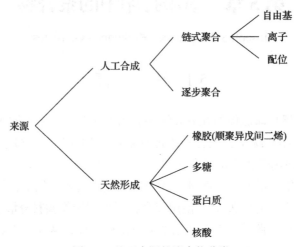

图 5.1　基于来源的聚合物分类

链式聚合是一种依次将单个不饱和单体分子添加到待生长聚合物链的活性点位上的聚合物合成技术。聚合物的生长通常仅发生在聚合物链的一端(某些情况下也可能发生在多端)[15]。此外，每个单体单元的添加都可再生出一个新的自由基、阴离子[16]或阳离子[17]的活性点位。配位聚合如原子转移自由基聚合(atomtransfer radical polymerisation, ATRP)可用于制备低分散性聚合物和具有新颖分子结构的聚合物[19]。逐步聚合是一种双官能团或多官能团单体间先形成二聚体，接着形成三聚体，再形成更长的低聚物并最终形成长链聚合物的聚合反应机制[18]。

聚合物并不仅限于线型构型。通过使用不同的合成方法可以得到多种多样的聚合物结构，从而得到不同的应用性能。图 5.2 列举了几个不同聚合物结构的例子。

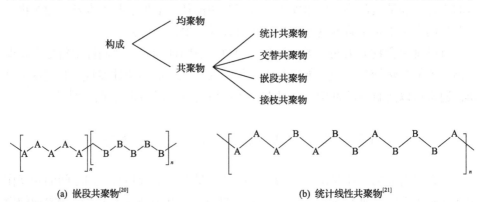

(a) 嵌段共聚物[20]　　　　　　　　　　　　(b) 统计线性共聚物[21]

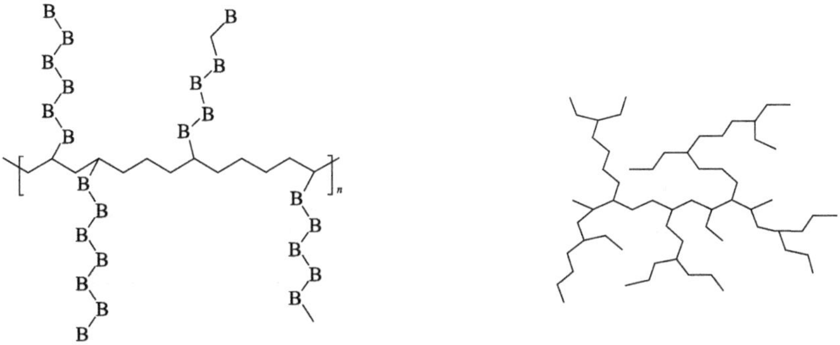

(c) 接枝共聚物[22]　　　　　　　　(d) 超支化/星形共聚物[23,24]

图 5.2　基于架构的聚合物分类

5.4　分子量和大小

对于任何聚合物样品，需要回答的最基本问题之一就是组成它的分子大小，因为聚合物所有与喷墨性能有关的性质都是由聚合物的摩尔质量决定的。摩尔质量 M 通常以克/摩尔（g/mol）或者道尔顿（Da，1Da=1g/mol）为单位来表示，但是如果在计算中使用国际单位制，则应该使用千克/摩尔（kg/mol）或者千道尔顿（kDa）来表示摩尔质量。同样，我们也常常会在图书和文献中碰到无量纲量"相对分子质量"，它是指摩尔质量（M）的数值，其中摩尔质量是用 g/mol 为单位来表示的。"分子量"这个术语在高分子科学中通常等同于"相对分子质量"，但也有一些研究者将"分子量"视为"摩尔质量"的同义词。因此，在任何计算中使用来自实验数据的摩尔质量时，都要注意对其选取合适的单位。

对于一个小分子，很容易从化学式中计算得到其摩尔质量 M，但是对于一个聚合物，除了一些具有确定分子量值的单分散天然聚合物，其他聚合物的摩尔质量 M 计算情况就较为复杂。实际上几乎所有人工合成的聚合物样品以及一些天然聚合物（如多糖）都包含了许多摩尔质量 M 不同的物质，换而言之，它们都属于多分散性聚合物。这是由于聚合过程本身具有随机性，即添加到生长链上的单体具有不同的分子量。因此，分析具有质量 M_i 的聚合物的数量与 $\sum_i M_i$ 的变化关系是很有必要的，换而言之，需要了解摩尔质量的分布。严格来说，聚合物的摩尔质量分布是不连续的，但是对于高聚物，组成它的单体数量非常庞大，因此其摩尔质量分布可以表示为连续曲线，如图 5.3 所示。

连续数量分数分布函数 $n(M)$ 是关于 M 的函数，曲线下方阴影部分切片的面积 $n(M) \cdot dM$ 是摩尔质量在 $M \sim M+dM$ 范围内的数量分数，即分子数所占的比例。类似地，连续重量分数分布函数 $w(M)$ 是关于 M 的函数，曲线下方阴影部分切片

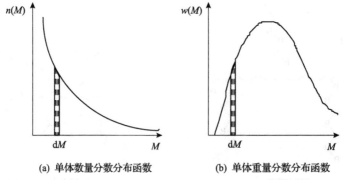

(a) 单体数量分数分布函数　　　(b) 单体重量分数分布函数

图 5.3　不同分布函数示例

的面积 $w(M)\cdot \mathrm{d}M$ 是摩尔质量在 $M\sim M+\mathrm{d}M$ 范围内的重量分数。图 5.4 中所示曲线是一个不同分子量平均值的"最可能"分布示例，该曲线是某些特定情况下由自由基链式聚合或线性缩聚反应的理论推导得出的。然而，许多用于测定摩尔质量的技术都只能得到一个单独的数值，因此对于多分散性聚合物样品，摩尔质量必然是一个平均值。重要的平均值如下。

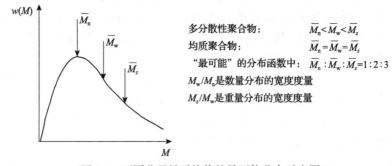

图 5.4　不同分子量平均值的最可能分布示意图

数均分子量 $(\bar{M}_\mathrm{n})$：

$$\bar{M}_\mathrm{n} = \frac{\sum_i n_i M_i}{\sum_i n_i} \tag{5.1}$$

重均分子量 $(\bar{M}_\mathrm{w})$：

$$\bar{M}_\mathrm{w} = \frac{\sum_i W_i M_i}{\sum_i W_i} = \frac{\sum_i n_i M_i^2}{\sum_i n_i M_i} \tag{5.2}$$

z-均分子量 $(\bar{M}_z)$：

$$\bar{M}_z = \frac{\sum\limits_i W_i M_i^2}{\sum\limits_i W_i M_i} = \frac{\sum\limits_i n_i M_i^3}{\sum\limits_i n_i M_i^2} \tag{5.3}$$

同时这些平均值在分子量分布上的相对位置如图 5.4 所示。

根据实验的物理基础,用于测定分子量的技术可以给出不同类型的平均值。由于许多用于测定分子量的技术只能提供一个单独的数值,因此多分散性聚合物的摩尔质量必然是一个平均值。此外,有一些测定技术无须对已知分子量的样品进行校正就可以确定一个平均摩尔质量的绝对值,因此被研究者视为主要测定方法。而次要的测定方法需要先对已知分子量的标准进行校准。

基于聚合物溶液依数性(溶液的某些性质与溶液浓度有关,而与溶液化学组成无关)的分子量确定方法(如膜渗透压法或端基分析法)只需要计算聚合物链的数量而不用考虑链的大小,因此可以得到聚合物的数均分子量[25]。如果测量系统对更大尺寸的聚合物分子较为敏感,则可测得更高的分子量平均值。例如,通过静态光散射测定数均分子量的方法,如果聚合物分子的尺寸与入射光的波长具有相同的数量级,那么与较小的分子链相比,较大的聚合物分子会将入射光散射到更大的范围[25]。然而,这些曾经的主流方法需要在聚合物稀溶液(其具有理想的溶液特性[12])中进行繁重的实验测量,如今已被色谱测量方法所取代。

如今测量分子量最常用的方法是凝胶渗透色谱(gel permeation chromatography,GPC)法,该方法通过填充含有不同大小多孔珠的柱体来洗脱聚合物稀溶液[26]。当聚合物溶液通过柱体时,分子质量分布中低质量分数的聚合物分子将会被填充材料的孔洞所吸附,而较大的聚合物由于无法进入较小的空隙,将会以更快的速度通过柱体。在色谱柱的末端,浓度检测器将会检测聚合物从色谱柱上洗脱下来的部分,进而可以得到洗脱体积与时间的色谱图[26]。通过将结果与一组具有明确分子量的标准物(通常为聚苯乙烯(polystyrene, PS)或聚甲基丙烯酸甲酯(polymethylmethacrylate,PMMA))进行对比校准,可以用色谱图确定聚合物的分子量分布。该方法也得出了聚合物的相对分子质量。但是,研究者在对不同的聚合物体系校准时必须注意:不同的聚合物在溶液中很可能会有不同的构象(溶胀/折叠卷曲),而且其真实分子量可能与 GPC 实验所确定的相对分子量有很大差别[27]。更复杂的 GPC 技术可能会包含多种检测器,如三重检测 GPC 技术包含了折射率、光散射和黏度检测器。与单检测器的简单校准系统相比,这种技术具有一些优点,如可以确定绝对分子量,也可用于表征聚合物结构(如支化结构)[28]。

5.5 聚合物溶液

聚合物溶液(聚合物溶解在某种溶剂中)可以按照三种不同的溶剂体系来划

分：在不良溶剂中，与聚合物与溶剂间的相互作用相比，聚合物与聚合物间的相互作用在能量上更为有利，故而聚合物大多会形成紧密、收缩的卷曲构象。在良溶剂中，聚合物与溶剂间的相互作用更为有利，故而聚合物主要会形成延伸的自避行走构象[29]。当溶剂处于特定温度和压力（θ 条件）下时，聚合物将倾向于形成理想无规行走构象或理想链，故而当满足这个条件时，就可以在不考虑溶剂效应（在液相反应中，溶剂的物理和化学性质影响反应平衡和反应速度的效应）影响的情况下测定聚合物的物理性质[30]。

在喷墨打印的场景下分析聚合物溶液时，了解聚合物与溶剂间相互作用的基本性质就显得十分重要，而我们可以从溶液特性黏度 η 的测定中获得这些性质。特性黏度是指在特定溶剂中单位质量的聚合物在溶液中所占的体积，在高分子科学中通常用单位克/分升（g/dL）表示。由于特性黏度取决于聚合物与溶剂间的相互作用，不同溶剂体系中特定聚合物的特性黏度可能会有很大差异。特性黏度与分子量的关系可以用现象学 Mark-Houwink-Sakurada 方程表示，如式（5.4）所示：

$$\eta = KM^a \tag{5.4}$$

式中，M 为分子量；K 和 a 为经验常数。对于常见溶剂体系中的大多数线性聚合物，这两个常数都可直接列出，或者通过实验测定。经验常数 K 和 a 都取决于特定的聚合物-溶液体系。此外，还可以通过 a 的不同数值得到有关聚合物结构的额外信息。例如，当 $a = 0.5$ 时，聚合物要么处于 θ 状态，要么处于高度支化状态；当 $a = 0.6$ 时，则对应于支化聚合物体系；当 $a = 0.6 \sim 0.8$ 时，聚合物溶解在良溶剂中且呈卷曲构象；而 $a = 2$ 时，为绝对刚性棒状聚合物[31]。此外，我们在相关文献中经常可以看到 α 和 a 交替使用，但严格来说 a 才是方程中指数的正确表达。

按照德热纳（de Gennes）教授的研究，可以将聚合物溶液划分为三种体系，即稀溶液、亚浓溶液以及浓溶液[32]，三种溶液体系的定性表示如图 5.5 所示。在稀溶液体系中，聚合物链之间没有摩擦相互作用且溶液横截面的浓度波动极大。如前文所述，在极稀溶液体系中，聚合物溶液呈现出理想溶液特性。在亚浓溶液体系中，溶液中聚合物之间存在摩擦相互作用，并且黏度的变化率随着浓度的变化而增大。此外，亚浓溶液中某一段溶液的浓度波动并不像稀溶液中那么大，不过亚浓溶液中聚合物链重叠的程度使得溶液中相互分离的聚合物和溶剂仍可辨别，亚浓溶液按体积计算溶液聚合物的浓度仍然较低。聚合物的物理性质由聚合物链效应决定,将聚合物链之间开始发生相互作用的浓度定义为重叠浓度 c^*。在浓溶液体系中,黏度的变化率同样随浓度变化而增加。在浓溶液体系中观察分子尺度的溶液时,聚合物链完全重叠,即聚合物分子近似一个个连续重叠排列在一起(图 5.5),故而整个溶液的浓度波动非常小[33]。聚合物分子穿过这种极其黏稠介质的运动称为"表面蠕动",就像是蛇或其他爬行动物爬行通过由其他聚合物组成的管道。德热纳基于爱德华兹(Edwards)管模型提出的这一理论阐释了浓溶液和聚合物熔体的动力学问题,不过这超出了本章的讨论范畴[34,35]。对于喷墨打印应用,浓溶液通常太过黏稠。

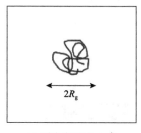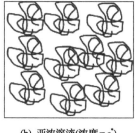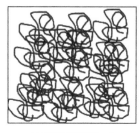

(a) 稀溶液(浓度 $\ll c^*$)   (b) 亚浓溶液(浓度 = c^*)   (c) 浓溶液(浓度 > c^*)

图 5.5 与重叠浓度 c^* 相关的三种聚合物溶液类型示意图

重叠浓度与特性黏度有关,而且在弗洛里(Paul John Flory)定义的良溶剂($c^* \sim 1/[\eta]$)中,重叠浓度和聚合物结构间也有一定的关系。由此,可以进一步将对比浓度(链重叠程度的无单位度量)定义为 $c/c^* = c\eta$,而将以分子间相互作用聚集的聚合物的对比浓度[36]定义为 1。用对比浓度而不是单位体积的质量/摩尔质量来描述聚合物溶液的优点是既可以直接比较不同分子量的聚合物溶液,又可以直接比较由不同单体组成的或者不同溶剂体系中的聚合物。本章的后续部分将讨论如何用对比浓度描述喷墨打印流体中已知的聚合物配方规则。

5.6 聚合物的结构和物理形态对喷墨配方性能的影响

在考虑聚合物溶液不同的物理参数、黏度、表面张力、温度和密度对墨滴成形的影响之前,首先要定性地考虑喷墨配方中聚合物浓度是如何影响墨滴成形的。当研究掐断后将主墨滴连接到打印头系带的过程时,这些影响最为显著。按照喷墨打印配方中聚合物浓度从高到低分类,可以将按需喷墨打印系统中的墨滴成形方式分成四种不同的类型。表 5.1 中给出了四种类型的释义,并配有这四种不同墨滴成形类型的示例图像[3]。

表 5.1　四种类型喷墨墨滴成形的详细描述

类型	特征行为	示例图像
1	墨滴成形的第一种类型发生在聚合物浓度很低或者分子量较小时，在墨滴成形过程中会形成一条长尾，同时沿其轴会分解形成几个卫星墨滴。这种类型本质上是高度混乱和不可复制的，属于稀溶液体系的特征	
2	第二种类型是在第一种类型的基础上渐增浓度或分子量，此时只有少数卫星墨滴出现在尾端	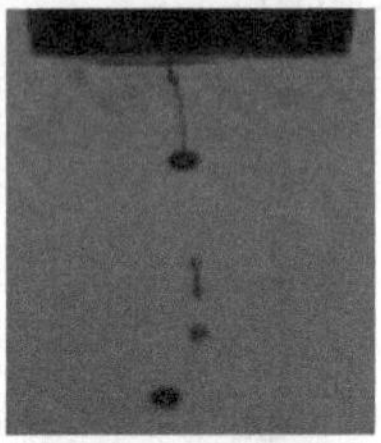
3	进一步提高溶液浓度或分子量会产生没有尾部的单个墨滴。这种类型属于稀溶液到亚浓溶液之间的特征现象，并且处于理想的打印溶液浓度范围	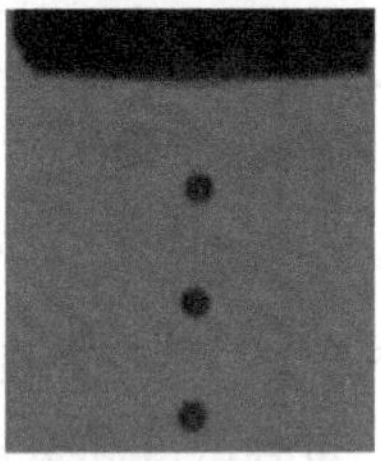
4	在高浓度或高分子量下，聚合物溶液会变得高度黏弹，此时墨滴不会分离并最终返回喷嘴中。这些属于浓溶液的特征	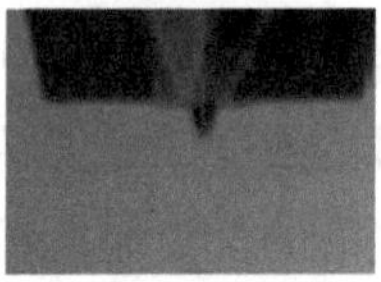

　　尽管在喷墨打印聚合物溶液过程中出现不同墨滴成形类型的现象是普遍存在的，但对于每一种给定的聚合物-溶剂组合，对应每种墨滴成形类型的确切浓度范围是由聚合物分子量、溶剂质量及结构共同决定的。打印墨滴黏弹性的增加会导致出现不同墨滴成形类型，并导致更高浓度流体的弹性反应和系带回缩到主墨滴中。当流体的弹性增加到一个临界值时，墨滴将无法脱落，进而导致打印头被阻塞[3]。

　　连续喷墨打印系统中墨滴成形的实现主要通过打印头中压电式主动驱动杆调制射流的瑞利不稳定性[37]（详见第 3 章）。此外，它还受到聚合物溶液黏弹性效应的影响，如图 5.6 所示的甲乙酮（methyl ethyl ketone, MEK）中的 PMMA。在连续喷墨打印中，聚合物溶液必须在到达充电电极之前形成离散的墨滴，如果系统中聚合物溶液浓度过高，墨滴会变成珠链形态，从而阻碍单个墨滴成形。

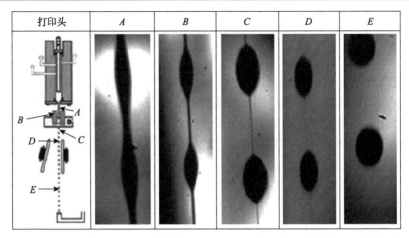

图 5.6　溶剂为 MEK 的高分子 PMMA 溶液在连续喷墨系统内的墨滴成形过程(在商业配方中 B
　　　　点会形成单独的墨滴)

5.7　高剪切环境中聚合物的齐姆解释

当分析聚合物溶液在非常高的剪切速率或高拉伸速率下的特性时(如在喷墨
打印场景中),聚合物不一定处于热力学稳定的高斯卷曲链构型,而可能会转变为
刚性棒状构型,可以使用临界魏森贝格(Weissenberg)数(Wi)来量化该卷曲-拉伸过
程。Wi 是卷曲-拉伸过程中弛豫时间和作用应力的乘积,即 $Wi = \lambda \dot{\gamma}_{\text{crit}}$。在这种情
况下,需要考虑聚合物从链延伸状态(λ)到其热力学稳定的高斯卷曲链构型过程中
的弛豫时间和剪切速率 $\dot{\gamma}_{\text{crit}}$。由于大多数聚合物都有分子量分布(即分子量不固
定),也会有一系列的弛豫时间,当打印头中的 Wi 达到 0.5 时,喷墨打印配方中
聚合物分子量最高的链会形成卷曲-拉伸构型[10]。

因为齐姆(Zimm)弛豫时间(λ_z)是流体中最长的弛豫时间,所以齐姆弛豫时
间可用于分析喷墨系统,式(5.5)为 λ_z 的表达式:

$$\lambda_z = \frac{\eta_s \eta M_w}{RT} \tag{5.5}$$

式中,η_s 为溶剂黏度;η 为固有黏度;M_w 为重均分子量;R 为气体常量;T 为
热力学温度。这种分析方法广泛应用于解释高剪切环境(如拉伸流和超声波环境)
中聚合物的特性和降解过程[38-40]。当聚合物在高剪切或拉伸流环境中经历卷曲-
拉伸转变时,剪切力就会施加到聚合物的主链上,且存在熵力会驱动聚合物回到
热力学稳定的卷曲构型,但是这会导致聚合物发生不可逆的分子量降解。

5.8 含聚合物喷墨流体的可打印性

通过考虑韦伯数(We)和雷诺数(Re)，可以对喷墨流体的可打印性做一个基本预测。对于喷墨流体的可打印性，韦伯数在喷墨打印早期墨滴产生和喷出阶段起决定性作用，该阶段中前向惯性和表面张力的相互作用极其重要；而雷诺数则在中后期阶段(即墨滴飞行过程中)起决定性作用，该阶段中墨滴与系带黏弹性的相互作用极其重要。

$$We = \frac{\rho v^2 L}{\sigma} \tag{5.6}$$

$$Re = \frac{\rho v L}{\eta} = \frac{v L}{\nu}, \quad \nu = \frac{\eta}{\rho} \tag{5.7}$$

式中，ρ 为密度；σ 为表面张力；v 为墨滴速度；η 为动力黏度；ν 为运动黏度；L 为特征长度(通常为墨滴长度)。Fromm 进行了一项模拟研究，预测了 $Re/We > 2$ 的溶液中喷墨墨滴的特性和形态，但是并没有明确说明可打印性条件或打印范围[41]。Reis 等[42,43]完善了这项研究，使用奥内佐格数(Oh)来预测飞行中的墨滴特性，并给出了可以进行喷墨打印的奥内佐格数范围。此外，使用奥内佐格数可以不用考虑墨滴速度的影响。

$$Oh = \frac{\sqrt{We}}{Re} = \frac{\eta}{\sqrt{\rho \sigma L}} \tag{5.8}$$

通过流体动力学模拟和对物理性质不同流体的打印研究发现，当 $0.1 < Oh < 1$ 时，可以实现按需喷墨打印；当 $Oh > 1$ 时，液体内的黏性耗散会阻碍墨滴成形；而当 $Oh < 0.1$ 时，表面张力和黏度的平衡关系会导致液体断裂成一系列卫星墨滴而非所需的单个墨滴。一些出版物会使用奥内佐格数的倒数(Z)来表述可打印范围。而实际上，只要卫星墨滴能够与主墨滴合并且 Oh 远小于 0.1，喷墨流体系统也可用于打印。

墨水的主要成分是溶剂，并且聚合物或者其他添加剂并不会对墨水的密度产生很大影响。通常喷墨配方表面张力范围为 20～50mN/m。这也是配方中常用有机溶剂(二甲苯、甲苯、乙醇、邻苯二甲酸二乙酯(diethyl phthalate, DEP)、MEK)表面张力的一般范围，而且大多数线性聚合物很大程度上都没有表面活性。通过添加少量的助溶剂和/或表面活性剂，可以将水性喷墨流体表面张力控制在极限范围内。特征长度(L)由喷嘴几何形状确定，而与聚合物浓度有关的任何物理效应都无关。因此，溶液中的聚合物与决定奥内佐格数的四个物理量中的三个(L、ρ 和 σ)都没有太大关系。然而，即使是极少量的聚合物溶液也会显著地影响喷墨配方的黏度。同时从公式中可以看出，高黏度溶液不能满足由奥内佐格数确定的可打印性条件，并且会形成不可打印的溶液，以及造成喷嘴堵塞或者打印质量问题。此外，与零剪切黏度溶液相比，高剪切环境中的聚合物溶液(如打印头中的聚合物溶液)可能会表现出非牛顿流体特征，导致其瞬态黏度值不同[44]。

对于 MEK 中的 PMMA($M_w = 90\text{kDa}$)，聚合物溶液的黏度随温度变化而变化，其阿伦尼乌斯(Arrhenius)型曲线如图 5.7(a)所示。在按需喷墨打印系统和连续喷墨打印系统中，溶液的黏度-温度曲线都很重要。许多按需喷墨打印系统都会在打印头中添加一个加热元件，以确保溶液黏度处于最佳打印性能的黏度范围。实际上，一些聚合物基油墨的最佳打印性能范围仅在极小黏度范围内，这对高质量打印配方和打印头的设计带来了巨大挑战。对于连续喷墨打印系统，其运行的工业环境具有固有温度变化，故而黏度变化分析至关重要。这些打印机装有一个带预编程黏度-温度曲线(图 5.7(a))的在线黏度计。如果墨水过于黏稠，打印机会自动从溶剂容器中添加额外的溶剂(补充剂)；而如果太稀，墨水会一直流出打印头，直到黏度恢复到预定的黏度-温度特性。

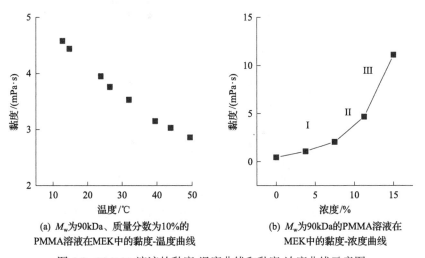

(a) M_w 为90kDa、质量分数为10%的　　　　(b) M_w 为90kDa的PMMA溶液在
PMMA溶液在MEK中的黏度-温度曲线　　　　　MEK中的黏度-浓度曲线

图 5.7　PMMA 溶液的黏度-温度曲线和黏度-浓度曲线示意图

图 5.7(b)中显示的黏度-浓度曲线与图 5.7(a)显示的黏度-温度曲线使用了相同的 PMMA($M_w = 90\text{kDa}$)。可以看出，正文中讨论的三种聚合物溶液类型在图中都有表示。按需喷墨打印仅限于稀溶液(类型 1)，而连续喷墨打印配方中的聚合物溶液通常为亚浓溶液。

先前关于聚合物溶液黏度的讨论特别适用于低剪切环境中的聚合物，其剪切速率低于100s^{-1}。然而，喷墨打印中施加的剪切速率的数量级通常为$10^5 \sim 10^6\text{s}^{-1}$。

第 13 章将全面探讨喷墨打印过程中油墨的流变学，在高剪切速率中聚合物构象的扰动和随后的弛豫过程会对聚合物溶液的黏度产生很大的影响，从而影响油墨的可打印性。对于低黏度流体高剪切流变学的研究通常都超出了传统机械流变仪的研究范围，不过最新研究进展显示，科研人员已经能够在受控的实验室环境中使用 MEMS 研究喷墨打印过程中的剪切速率范围[44]。

　　此外通过研究发现，当高分子量线性 PMMA（M_w 为 310kDa 和 468kDa）处于剪切速率高达 $2 \times 10^5 s^{-1}$ 的环境中时，聚合物溶液的黏度会降低。这种剪切稀化现象（流速的增加引起黏度减小）是聚合物链分解、轻微扭曲和沿流场排列的结果，而且在聚合物溶液中是很常见的现象。当剪切速率大于 $2 \times 10^5 s^{-1}$ 时，由于聚合物链发生了卷曲-拉伸转变，可以观察到溶液的剪切增稠现象（由于剪切速率或剪切力增加体系黏度随之出现数量级增大的非牛顿流体行为），这会导致溶液中聚合物流体动力学尺度变大。这些变化会增加聚合物链之间的"阻塞(log-jam)"效应（即溶液中的聚合物链如同河流中沉积的树木，随着溶液的流动在链周围会聚集更多的聚合物链，形成局部阻塞），进而会增加溶液的黏度[44]（图 5.8）。

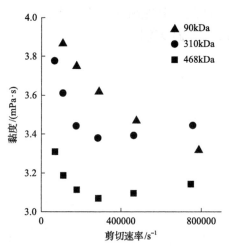

图 5.8　分子量不同的 PMMA 溶液的剪切率-黏度关系曲线

5.9　高分子量聚合物喷墨打印的仿真模拟

　　由于高分子量聚合物溶液的高黏度和非牛顿流体特征，通过研究可以发现聚合物溶液的最大可打印浓度和分子量之间存在反比例关系[10]，这种关系如图 5.9 所示。

　　溶液中聚合物的齐姆模型可用于解释在高分子量聚合物打印中观察到的浓度极限。Hoath 等[45]和 McIlroy 等[46]使用有限可扩展非线性弹性模型（finitely extensible nonlinear elastic model, FENE)来研究喷射过程中聚合物的构象问题。这些方法不仅可以用来解释聚合物溶液打印的浓度极限，也可以用于深入了解喷墨打印过程中聚合物的降解现象。

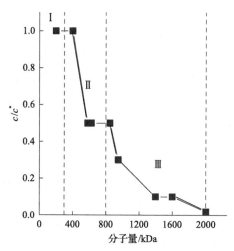

图 5.9　Dimatix DMP 系统中不同分子量 PS 的最高可打印浓度

从图 5.9 中可以看出，聚合物溶液的最高可打印浓度可分为三个不同区域。在高剪切系统中这些区域反映了一系列不同分子量聚合物溶液的不同特性。在区域 I（分子量小于 300kDa）中，喷射出的聚合物为热力学稳定的卷曲构象，这使得低剪切黏度成为聚合物可打印性的限制因素。当聚合物油墨喷射的临界魏森贝格数约为 0.5 时，溶液分子量处于区域 I 到区域 II 之间的过渡区域（分子量范围为 300～800kDa）。此时，50%的聚合物处于链伸展状态，而非热力学稳定的卷曲构象。如前文所述，与卷曲构象相比，刚性棒状聚合物将在溶液中占据更大的比例，这将增加相邻链之间的关联或者形成阻塞效应的可能性。因此，在区域 II 中，聚合物可打印性的限制因素从低剪切特性转变为高剪切黏弹性[45,46]。

在区域 II 到区域 III 的过渡区域（分子量范围为 800～2000kDa）中，聚合物链的可延展性成为聚合物可打印性的限制因素。在高分子量的条件下，所有聚合物都有形成刚性棒状聚合物的倾向。相比于区域 II 中高斯链卷曲构型和刚性棒状聚合物组成的混合物，该过渡区域的聚合物会产生更大的阻塞效应，从而限制了聚合物溶液的最高可能浓度。仿真的另一个重要成果是准确地显示了打印过程中聚合物降解发生的时间。McIlory 等[46]提出了一个严格的论证：在墨滴飞行的过程中或者在掐断后系带收缩到主墨滴的过程中聚合物不会发生卷曲-拉伸转变。墨滴从喷嘴喷出后会迅速减速，其临界剪切速率也迅速降到 $\dot{\gamma}_{\text{crit}}$ 之下，聚合物也迅速恢复到稳定的卷曲构型。这表明在打印头中形成被压缩的拉伸流时，会对聚合物产生高应力作用。

5.10　按需喷墨打印中聚合物分子量的稳定性

充分的证据表明，除了 $\dot{\gamma}_{\text{crit}}$ 还存在另一个临界剪切速率 $\dot{\gamma}_{\text{deg}}$，当聚合物在这种高剪切环境中存在并停留一定时间后，将出现断裂现象。随着聚合物分子量的增加，$\dot{\gamma}_{\text{crit}}$ 和 $\dot{\gamma}_{\text{deg}}$ 两速率会逐渐接近。在达到临界分子量(大约 $5\times10^6\text{kDa}$)时，聚合物在进行卷曲-拉伸转变时一定会发生断链。在拉伸流动实验中，当聚合物处于高拉伸流时，单分散聚合物会发生中心对称降解，而多分散性聚合物会发生无规降解。这些拉伸流动实验的结果与在高分子量聚合物的按需喷墨打印中观察到的现象惊人得相似[10,38,39]。

在 Al-Alamry 等[10]的研究发表之前，人们一直假设高分子量聚合物不受喷墨打印过程的影响。然而，他们研究发现在低于浓度极限(对比浓度 c/c^* 为 0.15)时，分子量范围在 200～1000kDa 内的聚合物容易发生分子量的降解；此外，还发现分子量降解与聚合物分子量分布和打印头的几何形状有很大关系。在按需喷墨打印技术的喷射过程前后，各种高分子量聚合物的分子量分布示例如图 5.10 所示。

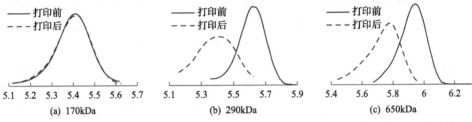

图 5.10　M_w 分别为 170kDa、290kDa、650kDa 的不同 PS 样品打印前后分子量分布变化

研究发现，通过按需喷墨打印方法打印时，分子量低于 200kDa 的聚合物没有发生分子量降解，但是在高于其重叠浓度时，这类聚合物偶尔也可用于打印。使用 Dimatix DMP 打印机(平均墨滴速度在 6～10m/s，喷嘴直径为 23μm，剪切速率大约为 400kHz)进行喷墨打印后，分子量在 200～1000kDa 的单分散聚合物(分散性指数(polymer dispersity index, PDi) < 1.3)出现中心对称降解的现象，即聚合物链条的分子量分布处于中间范围时容易断裂。对于齐姆模型，在打印过程中，随着墨水从打印头喷出，聚合物会发生卷曲-拉伸转变，拉伸力会集中在聚合物链中心，进而导致聚合物在中心处断裂。必须指出的是，分子量大于 1000kDa 的聚合物在喷墨打印过程中都是稳定的。这类聚合物只有在临界拉伸流中停留一定时间才有可能发生降解，但在流场中的聚合物大分子无法停留足够的时间来完成卷曲-拉伸转变，因而无法发生降解。然而，这对于配制抗降解高分子量聚合物油墨并

没有太大的帮助，因为分子量大于 1000kDa 聚合物的最高可打印浓度非常低。

　　当打印更复杂的多分散系统(如同时含有 PMMA 和 PS 的多分散系统)时，所观察到的聚合物降解现象为无规降解。这表明在多分散系统中，聚合物降解现象并不是由拉伸效应造成的。同时，聚合物松弛到稳定卷曲构象(由于聚合物组成大分子的分子量不同，在多分散系统中这个过程会持续很长一段时间)会导致溶液中随机重叠的聚合物链很可能受拉伸力的作用，进而导致聚合物无规降解现象的发生。

　　单分散聚合物在高剪切环境下不易发生降解，这与在拉伸流中已经得到研究证实的聚合物降解现象有很大相似之处。当使用一个具有较少几何约束的打印头结构系统(MicroFab：其平均墨滴速度为 1～4m/s，喷嘴直径为50μm，剪切速率大约为 150000s^{-1})打印单分散 PS 时，分子量分布没有发生变化。然而，在使用 MicroFab 系统打印时，多分散系统仍然容易发生流动诱导降解。在按需喷墨打印系统中，无论聚合物分散性如何，通过打印头流道喷出后都会降解为具有稳定分子量分布的聚合物。

　　在剪切速率高于 $\dot{\gamma}_{crit}$ 的流场中，临界停留时间是发生聚合物降解现象的关键。这表明聚合物降解发生在打印头内，而且遵循的并不是高剪切速率的简单函数。打印头的设计对聚合物油墨的稳定性起着重要作用。Dimatix DMP 型打印机的打印头具有能够突然收缩的特点，而 MicroFab 打印头有一个锥形墨水腔，其直径与到打印头的距离成正比，到打印头的距离越近对应的锥形墨水腔直径越小。这表明聚合物降解不仅需要高剪切速率，更需要在打印头中形成被压缩的拉伸流。研究人员使用连续喷墨打印系统进行了高分子量聚合物打印实验，得到的实验数据也证明了这一假设[47]。

5.11　连续喷墨打印中聚合物分子量的稳定性

　　正如本书前文所述，按需喷墨打印系统仅在需要打印时才会在衬底上产生沉积墨滴，这些聚合物会单次通过打印头的单一高剪切环境。相比之下，连续喷墨打印系统中则加入了多个高剪切环境：构成油墨控制系统的打印头、泵和过滤器。此外，连续喷墨打印系统中的油墨配方必须具有回弹性，其产生的墨滴不仅需要像按需喷墨打印系统中那样单次通过单一的高剪切环境，而且需要在数百小时的时间尺度内通过数千次高剪切环境。

　　在 2014 年，Wheeler 等首次提出了分子量降解理论。这表现为在数百小时的时间尺度内，聚合物油墨的固体含量持续增加(数千次油墨通过打印头的统计得出)。在分子量分布中，油墨黏度受最高分子量链的影响最大，这表明在连续喷墨打印系统中发生聚合物降解时，最高分子量链会优先降解，如图 5.11 所示。此外，由于固体含量的稳定增加，与按需喷墨打印系统中观察到的双程总降解过程相比，连续喷墨打印系统中的聚合物存在不同的降解机制[10,47]。

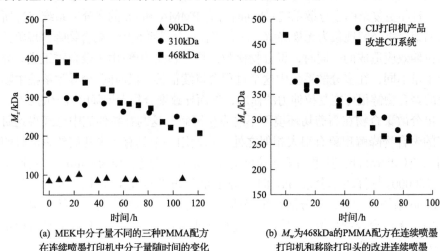

(a) MEK中分子量不同的三种PMMA配方　　　　(b) M_w为468kDa的PMMA配方在连续喷墨
在连续喷墨打印机中分子量随时间的变化　　　　打印机和移除打印头的改进连续喷墨
　　　　　　　　　　　　　　　　　　　　打印机中分子量随时间的变化

图 5.11　打印中不同 PMMA 配方的分子量随时间的变化情况

　　实验中观察到的三种 PMMA 配方分子量降解情况如图 5.11(a)所示。可以观察到在打印前 15h 内最高分子量(468kDa)PMMA 的分子量下降最快，这进一步证明了最高分子量链优先降解理论。同时在中等分子量的 PMMA 中也观察到分子量降解现象。经过大约 100h 打印后，上述两种配方的分子量趋于一致。随着时间的推移，由于油墨中降解聚合物溶质的增多，聚合物分散性指数会增加，这符合无规降解机制的特征，即在链长不同点的聚合物依不同步骤顺序解聚，而不是基于按需喷墨打印中单分散聚合物的单一特定中心对称降解。此外还可以看出，在连续喷墨打印系统中存在一个分子量界限，低于该界限，降解过程就不会发生。图 5.11(a)中，分子量为 90kDa 的 PMMA 配方就不受连续喷墨打印工艺的影响。这类似于按需喷墨打印系统和其他高剪切系统，例如，在拉伸流或超声波环境中，低于临界分子量时聚合物便不会降解。上述这些发现进一步证明了齐姆模型对连续喷墨打印系统和按需喷墨打印系统均适用的观点。必须指出的是，这三种配方的浓度都远高于重叠浓度，而在按需喷墨打印系统中较高浓度抑制了降解的发生。与按需喷墨打印系统的打印头相比，连续喷墨打印系统的设计包含了更多的高剪切环境，并且(非直观地)发现连续喷墨打印系统中聚合物降解不是喷射过程造成的(与按需喷墨打印系统相比，其打印头具有相等的剪切速率，但喷嘴几何形状更大、墨滴速度更快)，而与油墨通过供墨机构中的油墨泵有很大关系，如图 5.11(b)所示。这为仿真结果提供了进一步的实验证据，在打印过程中，高剪切速率不足以导致聚合物降解，而需要有一定约束的拉伸流动才能降解聚合物[47]。

5.12 按需喷墨打印中缔合聚合物分子量的稳定性

分子量稳定性研究的对象已进一步扩展到半乳甘露聚糖，如图 5.12 所示。这些聚合物包含具有半乳糖侧基的甘露糖主链(更具体地，1,4-β-D-吡喃甘露糖主链，其 6 位的分支点与 α-D-半乳糖连接，即 1,6-α-D 吡喃半乳糖)。本节讨论 Dimorphandra gardneriana Tul(DM)多糖的打印特性，这是多糖打印的代表性研究结果，其他相关的多糖打印研究也获得了类似结果[48]。

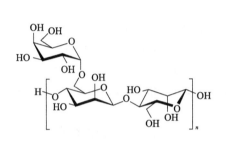

(a) 半乳甘露聚糖的一个片段(图中显示了带有分支半乳糖单元的甘露糖骨架([…]ₙ))

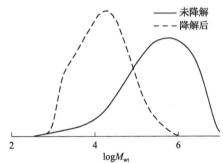

(b) 在25℃、50V下用MicroFab打印头单程喷射浓度c/c^*=0.25 的DM多糖之前(未降解)和之后(降解后)的分子量分布

图 5.12　半乳甘露聚糖的化学结构式及 DM 多糖打印前后的分子量分布变化

有很多关于半乳甘露聚糖流变学的报道，在稀溶液到亚浓溶液体系下，由于围绕其醚键自由旋转的低势垒，它们具有完整的卷曲-拉伸聚合物转变。由于它们在溶液中的结构，以及聚合物链之间能够在沿聚合物主链分布的许多点位形成氢键相互作用，故而会形成黏性溶液或凝胶。因此，打印仅限于 $c/c^* \leqslant 0.25$ 范围内的配方，而更高浓度的配方没有可打印性[48]。

当使用 MicroFab 打印头喷射浓度非常稀的 DM 多糖墨水($c/c^* < 0.1$)时，可以观察到分子量降解的现象。在图 5.12 中同样可以观察到分子量分布的显著下降。通过计算得到打印前后重均分子量(M_w)的比值约为 30，而打印前后数均分子量(M_n)的比值更是大于 100。与有机溶剂中的非缔合聚合物相比，缔合聚合物链的水性 GPC 法测量不够准确，这是因为溶液中可能会形成大聚集体，并且难以将这些聚集体与单个大聚合物链区分开来。因此，尽管系统中的分子量明显发生了巨大的变化，但这些测量结果只能被作为参考而不能当成绝对正确的。这些观察到的结果与单分散聚合物的中心对称键断裂或者多分散聚合物打印中链缠结导致的随机断裂均不一致。PS 和 PMMA 中 C—C 主链的键离解能 $\Delta H \approx 330\text{kJ/mol}$，而半乳甘露聚糖多糖中 C—O—C 链的键离解能 $\Delta H \approx 340\text{kJ/mol}$，二者是相同的数量级，因此结果间的差异不太可能是键解离能差异造成的。然而，典型 O—H···H

氢键的键能大约为 21kJ/mol，因此可以认为分子量的显著降低是 H 键断裂解聚的结果，同时也可能是由于主链 C—O—C 键断裂[48]。

5.13　喷墨配方中使用聚合物的案例研究

本节介绍喷墨配方中使用聚合物的案例研究，同时给出支化聚合物系统、导电聚合物和石墨烯聚合物复合材料的喷墨打印实验数据。这些将突出创新性聚合物化学、聚合物物理和喷墨打印增材制造之间的相互联系。

5.13.1　聚合物结构的作用

到目前为止，本章提到的聚合物油墨均是线性聚合物溶液。这些系统面临着配方设计方面的挑战：既要防止聚合物降解，又要尽可能增加最大可打印质量分数。显然，最好的选择是提高油墨配方中聚合物的最高可打印浓度，因为这样在一次打印过程中可以沉积更多的材料，进而减少打印时间。而如果沉积的是功能材料，那么就需要保持聚合物分子量（和物理性质）的稳定。

de Gans 等[49]率先研究了星形聚合物的喷墨打印，并考虑了聚合物在高剪切环境下的弛豫行为。研究发现系带的形成受聚合物结构的影响，同时卷曲-拉伸转变的弛豫速率是单个支链长度而不是整个聚合物链的弛豫速率。支链将明显缩短弛豫时间，因此与具有相等总分子量的线性聚合物相比，星形聚合物的扩链效应较弱，从而可以在更高浓度下打印。

5.13.2　聚(3,4-二氧乙基噻吩)：聚(苯乙烯磺酸)的喷墨打印

过去的十年中，人们一直在寻找低成本太阳能电池器件以替代昂贵且不灵活的无机光伏器件，而如何快速制造大面积电子器件是面临的另一个挑战。发展有机导电聚合物的喷墨打印旨在解决前述问题，它是一个在不断拓展和深化的研究领域。本案例专注于研究聚(3,4-二氧乙基噻吩)：聚(苯乙烯磺酸)(poly (3,4-ethylenedioxythiophene) polystyrene sulfonate, PEDOT:PSS)。该聚合物有良好的导电性、高加工性、低氧化还原电位和高透明度，在一系列柔性电子应用中该聚合物已经得到了广泛研究[7,50]。

Hoath 等[51]的研究已经表明：在施加高电压下，PEDOT:PSS 溶液不会形成卫星墨滴，故而其打印质量非常高。如前文所述，在按需喷墨打印系统的打印头中，喷墨流体的非牛顿流体特征通常会导致其处于剪切范围内，故而在使用高剪切流变技术进行研究时，PEDOT:PSS 溶液会出现明显的剪切稀化现象。然而，PEDOT:PSS 拥有如此优异可打印性的原因是：在打印结束后，其黏度和弹性会迅速恢复，这可以防止系带断裂和卫星墨滴的形成，从而避免对打印质量产生负面

影响。由于聚合物溶液的高剪切流变学特性可以防止卫星墨滴的形成，可以在高分辨率喷墨打印应用中使用 PEDOT:PSS 溶液，这也展示了如何使用喷墨打印油墨的基本流变学知识来改进打印质量[51]。

　　表面沉积后 PEDOT:PSS 的干燥行为对获得最大导电率至关重要，这需要有均匀的功能材料涂层和低表面粗糙度。在 PEDOT:PSS 油墨配方中，这是通过使用两种表面张力不同的溶剂来实现的。马兰戈尼(Marangoni)效应使得打印墨滴均匀干燥，进而形成连续光滑的薄膜，这对于高电学性能至关重要。第 10 章将对喷墨打印中的墨滴干燥进行全面研究和表述。表面活性剂、聚合物和溶剂三者的相互作用对油墨配方有很大的影响，并且 PEDOT:PSS 油墨配方既可以制备出具有良好打印性能的油墨，同时仍可以满足其终端应用，是一个应对现有喷墨配方设计挑战的极好实例。在 PEDOT:PSS 溶液中，为了形成导电薄膜，需要进行聚合物链的溶胀和聚集。这可以通过选择溶剂和改变表面活性剂浓度来调节。然而，过高的表面活性剂浓度会影响导电网络结构，进而损害打印薄膜的电子性能，而在油墨配方中，溶剂溶胀度过高会导致聚合物负载量(聚合物可以充当药物、金属催化剂等的载体)的减少[7,50,52]。

5.13.3　石墨烯和碳纳米管复合材料的喷墨打印

　　石墨烯和碳基三维材料，如碳纳米管(carbon nano-tube, CNT)，是当前研究的热点，在很多领域具有广阔的潜在应用前景[53,54]。但是它们的溶液加工性和溶解性仍然很低，非专业化提纯方法也很少。尽管如此，人们已经开始使用喷墨打印的方法制造石墨烯电子元件(如传感器)，在这类制造过程中，聚合物通常在配方中起主要作用，如作为分散剂。但是也表现出另外一个令人关注的点：石墨烯和聚合物之间的相互作用能够产生协同效应，从而改善打印复合材料的电学性能[55,56]。

　　薄膜电极是使用石墨烯和聚苯胺在水中的分散体制造的。这些油墨配方需要长时间的超声处理，而在超声处理下，高于临界分子量的聚合物容易发生降解，因此在超声环境下必须小心处理聚合物溶液。由于聚合物和石墨烯之间的主客体相互作用，复合材料的电导率可以从 10^{-9}S/cm(西门子/厘米)增加到 3.67S/cm。利用石墨烯和导电聚合物主客体相互作用的另一个例子是：通过喷墨打印可以利用分散在 PEDOT:PSS 溶液中的石墨烯来制造氨传感器，结果发现利用石墨烯和 PEDOT:PSS 之间的π—π键相互作用可制造出具有较高灵敏度的传感器，可以感应到浓度低至 25ppm(百万分之一，即 10^{-6})的氨[55,56]。

参 考 文 献

[1] Magdassi S. The Chemistry of Inkjet Inks[M]. New York: World Scientific Publishing, 2010:

6-15.

[2] Smith R E, Tiederman W G. The mechanism of polymer thread drag reduction[J]. Rheologicaacta, 1991, 30: 103-113.

[3] Xu D, Sanchez-Romaguera V, Barbosa S, et al. Inkjet printing of polymer solutions and the role of chain entanglement[J]. Journal of Materials Chemistry, 2007, 17(46): 4902-4907.

[4] Xue C H, Shi M M, Chen H Z, et al. Preparation and application of nanoscale microemulsion as binder for fabric inkjet printing[J]. Colloids and Surfaces A: Physicochemical and Engineering Aspects, 2006, 287(1-3): 147-152.

[5] Zolek-Tryznowska Z, Izdebska J. Flexographic printing ink modified with hyperbranched polymers: Boltorn™ P500 and Boltorn™ P1000[J]. Dyes and Pigments, 2013, 96(2): 602-608.

[6] Merrington J, Hodge P, Yeates S G. A high-throughput method for determining the stability of pigment dispersions[J]. Macromolecular Rapid Communications, 2006, 27(11): 835-840.

[7] Eoma S H, Senthilarasu S, Uthirakumar P, et al. Polymer solar cells based on inkjet-printed PEDOT:PSS layer[J]. Organic Electronics, 2009, 10(3): 536-542.

[8] Saunders R E, Gough J E, Derby B. Delivery of human fibroblast cells by piezoelectric drop-on-demand inkjet printing[J]. Biomaterials, 2008, 29(2): 193-203.

[9] Clasen C, Phillips P M, Palangetic L, et al. Dispensing of rheologically complex fluids: The map of misery[J]. Aiche Journal, 2012, 58(10): 3242-3255.

[10] Al-Alamry K, Nixon K, Hindley R, et al. Flow-induced polymer degradation during ink-jet printing[J]. Macromolecular Rapid Communications, 2011, 32(3): 316-320.

[11] Stevens M P. Polymer Chemistry: An Introduction[M]. Oxford: Oxford University Press, 1999: 10.

[12] Flory P J. Principles of Polymer Chemistry[M]. Ithaca: Cornell University Press, 1971: 495-505.

[13] Cowie M G. Polymers: Chemistry and Physics of Modern Materials[M]. 2nd ed. London: Blackie Academic and Professional, 1991: 5-8.

[14] Gedde U W. Polymer Physics[M]. London: Chapman & Hall, 1995: 10-25.

[15] Ohno K, Tsujii Y, Miyamoto T, et al. Synthesis of a well-defined glycopolymer by nitroxide-controlled free radical polymerization[J]. Macromolecules, 1998, (31): 1064-1069.

[16] Crivello J V, Falk B, Zonca M R. Photoinduced cationic ring-opening frontal polymerizations of oxetanes and oxiranes[J]. Journal of Polymer Science Part A: Polymer Chemistry, 2004, 42(7): 1630-1646.

[17] Hadjichristidis N, Pitsikalis M, Pispas S, et al. Polymers with complex architecture by living anionic polymerization[J]. Chemical Reviews, 2001, 101(12): 3747-3792.

[18] Pang K, Kotek R, Tonelli A. Review of conventional and novel polymerization processes for polyesters[J]. Progress in Polymer Science, 2006, 31(11): 1009-1037.

[19] Braunecker W A, Matyjaszewski K. Controlled/living radical polymerization: Features, developments, and perspectives[J]. Progress in Polymer Science, 2007, 32(1): 93-146.

[20] Smith A E, Xu X, McCormick C L. Stimuli-responsive amphiphilic(co)polymers via RAFT polymerization[J]. Progress in Polymer Science, 2010, 35(1-2): 45-93.

[21] Lee I, Bates F S. Synthesis, structure, and properties of alternating and random poly(styrene-b-butadiene)multiblock copolymers[J]. Macromolecules, 2013, 46(11): 4529-4539.

[22] Kato K, Uchida E, Kang E T, et al. Polymer surface with graft chains[J]. Progress in Polymer Science, 2003, 28(2): 209-259.

[23] Isaure F, Cormack P A G, Sherrington D C. Synthesis of branched poly(methyl methacrylate)s: Effect of the branching comonomer structure[J]. Macromolecules, 2004, 37(6): 2096-2105.

[24] Xue L, Agarwal U S, Zhang M, et al. Synthesis and direct topology visualization of high-molecular-weight star PMMA[J]. Macromolecules, 2005, 38(6): 2093-2100.

[25] Flory P J. Principles of Polymer Chemistry[M]. Ithaca: Cornell University Press, 1971: 273-283.

[26] Trathnigg B. Determination of MWD and chemical composition of polymers by chromatographic techniques[J]. Progress in Polymer Science, 1995, 20(4): 615-650.

[27] Kostanski L K, Keller D M, Hamielec A E. Size-exclusion chromatography—A review of calibration methodologies[J]. Journal of Biochemical & Biophysical Methods, 2004, 58(2): 159-186.

[28] Castignolles P, Graf R, Parkinson M, et al. Detection and quantification of branching in polyacrylates by size-exclusion chromatography(SEC)and melt-state 13C NMR spectroscopy [J]. Polymer, 2009, 50(11): 2373-2383.

[29] Rubenstein M, Colby R H. Polymer Physics[M]. Oxford: Oxford University Press, 2008: 173-183.

[30] Flory P J. Principles of Polymer Chemistry[M]. Ithaca: Cornell University Press, 1971: 425.

[31] Rubenstein M, Colby R H. Polymer Physics[M]. Oxford: Oxford University Press, 2008: 34.

[32] Daoud M, Cotton J P, Farnoux B, et al. Solutions of flexible polymers. Neutron experiments and interpretation[J]. Macromolecules, 1975, 8(6): 804-818.

[33] Doi M, Edwards S F. The Theory of Polymer Dynamics[M]. Oxford: Clarendon Press, 1994: 141-143.

[34] Rubenstein M, Colby R H. Polymer Physics[M]. Oxford: Oxford University Press, 2008: 265.

[35] de Gennes P G. Reptation of a polymer Chain in the presence of fixed obstacles[J]. The Journal of Chemical Physics, 1971, 55(2): 572-579.

[36] Burke J. Solubility Parameters: Theory and Application[M]. Oakland: AIC Book Paper Group Annual, 1984: 13.

[37] Castrejón-Pita J R, Morrison N F, Harlen O G, et al. Experiments and Lagrangian simulations on

the formation of droplets in continuous mode[J]. Physical Review E, 2011, 83(1): 016301.

[38] Keller A, Odell J A. The extensibility of macromolecules in solution; A new focus for macromolecular science[J]. Colloid and Polymer Science, 1985, 263: 181-201.

[39] Muller A J, Odell J A, Carrington S. Degradation of semidilute polymers in elongational flow[J]. Polymer, 1992, 33(12): 2598-2604.

[40] Suslick K S, Price G J. Application of ultrasound to materials chemistry[J]. Annual Review Materials Science, 1999, 29: 295-326.

[41] Fromm J E. Numerical calculation of the fluid dynamics of drop-on-demand jets[J]. IBM Journal of Research & Development, 1984, 28(3): 322-333.

[42] Derby B, Reis N. Inkjet printing of highly loaded particulate suspensions[J]. MRS Bulletin, 2003, 28(11): 815-818.

[43] Reis N, Ainsley C, Derby B. Ink-jet delivery of particle suspensions by piezoelectric droplet ejectors[J]. Journal of Applied Physics, 2005, 97(9): 094903.

[44] Wheeler J S R. Polymer degradation in inkjet printing[D]. Manchester: University of Manchester, 2015.

[45] Hoath S D, Harlen O G, Hutchings I M. Jetting behaviour of polymer solutions in drop-on-demand inkjet printing[J]. Journal of Rheology, 2012, 56(5): 1109-1127.

[46] McIlroy C, Harlen O G, Morrison N F. Modelling the jetting of dilute polymer solutions in drop-on-demand inkjet printing[J]. Journal of Non-Newtonian Fluid Mechanics, 2013, 201: 17-28.

[47] Wheeler J S R, Reynolds S W, Lancaster S, et al. Polymer degradation during continuous inkjet printing[J]. Polymer Degradation and Stability, 2014, 105: 116-121.

[48] Wheeler J, A-Alamry K, Reynolds S W, et al. Molecular weight degradation of synthetic and natural polymers during inkjet print[C]. International Conference on Digital Printing Technologies, Springfield, 2014: 335-338.

[49] de Gans B J, Xue L, Agarwal U S, et al. Ink-jet printing of linear and star polymer[J]. Macromolecular Rapid Communications, 2005, 26(4): 310-314.

[50] Correia V, Caparros C, Casellas C, et al. Development of inkjet printed strain sensors[J]. Smart Materials and Structures, 2013, 22(10): 105028.

[51] Hoath S D, Jung S, Hsiao W K, et al. How PEDOT:PSS solutions produce satellite-free inkjets[J]. Organic Electronics, 2012, 13(12): 3259-3262.

[52] Xiong Z, Liu C. Optimization of inkjet printed PEDOT:PSS thin films through annealing processes[J]. Organic Electronics, 2012, 13(9): 1532-1540.

[53] Secor E B, Prabhumirashi P L, Puntambekar K, et al. Inkjet printing of high conductivity, flexible graphene patterns[J]. The Journal of Physical Chemistry Letters, 2013, 4(8):

1347-1351.

[54] Hu B, Li D, Manandharm P, et al. CNT/conducting polymer composite conductors impart high flexibility to textile electroluminescent devices[J]. Journal of Materials Chemistry, 2012, 22（4）: 1598-1605.

[55] Xu Y, Hennig I, Freyberg D, et al. Inkjet printed energy storage device using graphene/polyaniline inks[J]. Journal of Power Sources, 2014, 248: 483-488.

[56] Seekaew Y, Lokavee S, Phokharatkul D, et al. Low-cost and flexible printed graphene-PEDOT: PSS gas sensor for ammonia detection[J]. Organic Electronics, 2014, 15（11）: 2971-2981.

第6章　墨水配方中的胶体粒子

Mohmed A. Mulla、Huai Nyin Yow、Huagui Zhang、Olivier J. Cayre 和 Simon Biggs

6.1　引　言

墨水沉积物的颜色和亮度由墨水配方中染料分子或固体颜料粒子决定。本章介绍颜料墨水和染料墨水的特点，重点介绍颜料墨水。对于颜料墨水，最重要的是了解悬浮粒子的行为和配方中其他成分对粒子稳定性的影响。因此，本章介绍添加聚合物和其他墨水成分对胶体受力的潜在影响。同时，本章还会简略地介绍上述墨水系统的主要特点。

现在还没有一个针对墨水系统中所有胶体的正式描述。通常认为胶状分散体（又称胶体）由连续相物质中的一个或多个分散相物质组成，其中一个或多个分散相物质直径小于 1μm。喷墨中的胶体类型包括颜料聚合物分散剂和乳剂，要充分了解墨水系统，就必须了解胶体的一般性质。

喷墨打印技术发展于 20 世纪 70 年代，从 80 年代开始投入商业使用[1]。在近三四十年喷墨打印技术不断发展的过程中，不仅产生了更复杂的墨水配方，而且还出现了具有新几何形状的喷嘴和新的打印方法。墨水的打印特性也会因喷头的不同而变化，例如，使用连续喷墨喷头和按需喷墨喷头打印时对墨水特性要求不同。因此，在研制任何墨水之前都应仔细考虑所采用的喷头设计，因为这将决定墨水的打印特性，如黏度和表面张力等。在选择墨水时，还必须考虑打印衬底及其对墨水的润湿特性，以实现基于单墨滴沉积的喷墨打印。

在了解所需墨水的特性后，就可以选用适当成分来配制墨水。根据这些成分在墨水系统中的作用大致将其分为两类：第一类包括表面活性剂、溶剂和湿润剂，通过适量的配比以保持墨水在其生命周期中（包括制造、储存和打印）的性能；第二类主要是影响最终沉淀物的成分，包括染料、颜料、聚合物等，其中大多数成分的作用将在 6.3 节介绍。6.2 节主要介绍如何区分墨水配方是基于分子染料还是固体颜料。

6.2　染料墨水和颜料墨水

最初用于图文打印的墨水是染料墨水，虽然这种墨水具有良好的打印质量，但通常图文耐久性很差[2]。此外，染料墨水在使用过程中也表现出较弱的耐水性、耐光性和耐候性。耐水性是指墨水在受潮时的流动趋势(除非打印在具有特殊涂层的衬底上)；对于所有的打印成品，不管它们是如何生产的，经过一段时间后都会因为光照(耐光性)而容易褪色，其主要原因是阳光和紫外线的照射；良好的耐候性是指打印成品在恶劣环境下能够保持完整性。

用于油漆、塑料和涂料的颜料具有更好的耐久性，可以生产出质量良好的产品[3]。颜料特性和染料墨水出现的相关问题促进了颜料墨水的不断发展，然而，这两种类型的墨水都有一些优点和缺点，如表 6.1 所示。

表 6.1 染料墨水和颜料墨水的性能对比

性能	染料墨水	颜料墨水
在墨水介质中的可溶性	√	×
在墨水介质中的分散性	×	√
化学稳定性	×	√
低阻塞度	√	×
耐磨性(干燥条件)	√	×
色彩强度	×	√
耐水性	×	√
耐光性	×	√
色调受限	×	√

染料墨水通常更容易配制，相比于颜料粒子聚集产生的问题，溶解性染料沉淀所产生的问题更少。使用不同合成方法可以很好地调整染料墨水的亮度和色度，从而实现良好的颜色变化。此外，染料墨水不易出现喷嘴堵塞的问题。染料墨水沉淀物具有很好的耐磨性和光泽，但它们的耐水性和耐光性通常较差，所以一般来说染料墨水的耐用性较差。

通过将直径为 50～100nm 的颜料分散在墨水介质中，产生稳定的悬浮液制备颜料墨水[4]。与所有胶体系统类似，颜料墨水不具有热力学稳定性，并且需要保持其动力学稳定性以防止颜料聚集和沉降，通常选用表面活性剂或聚合物衍生物调制颜料表面来防止颜料粒子聚集。尽管得到了稳定的悬浮液，但颜料墨水仍然会堵塞打印头喷嘴，特别是当颜料浓度较高时更容易发生堵塞，对于目前直径小至 10μm 的微型喷嘴尤为如此。由于颜料浓度过高或粒子直径较大引起的堵塞会对喷嘴造成不可逆损坏，如在使用耐光颜料的配方或在特定应用中可能需要提高颜料含量。除了潜在的堵塞问题，固体含量的增加也会影响分散体黏度，为了充分填充喷头和喷射墨滴，分散体需要相对较低的黏度(1～20mPa·s)。

当使用颜料墨水时，上述所有因素会导致配制墨水更具挑战性。因此，通常需要很好地控制影响颜料墨水性能的特性，如黏度、粒子稳定性和表面张力等。然而，由于颜料不溶于应用介质，颜料墨水的耐水性通常优于染料墨水，而且最终沉积物的亮度和颜色密度可以通过改变颜料浓度来控制，这些因素都会影响图像质量[5-7]。

在接下来的章节中将描述胶体粒子的一般特性，并在此基础上对颜料墨水稳定性进行讲解。还将讨论其他墨水成分对胶体相互作用的影响，特别是在有聚合物添加剂的情况下。在介绍墨水配方的每种典型成分时，还会简要介绍它们在配方中的作用。

6.3　胶体稳定性

为了更好地了解不同墨水成分对颜料分散体的影响及其在打印过程中的特性，理解胶体(也就是颜料)分散稳定性的一般概念非常重要。

6.3.1　DLVO 理论

Derjaguin、Landau、Vervey 和 Overbeek(DLVO)理论出现于 20 世纪 40 年代，是解释和描述带电胶体粒子稳定性的经典模型[8,9]。该理论通过作用于悬浮粒子的力平衡来描述悬浮粒子之间的相互作用，该模型可用于判断胶状分散体是否达到稳定，以及经过多长时间可能会看到显著的凝聚现象。

由于胶体粒子通常很小，它们会发生布朗运动，随着时间的推移会发生大量粒子碰撞现象。根据 DLVO 理论，当两个粒子彼此接近时(粒子表面之间的距离定义为 h)，它们受到两种相反的相互作用：由范德瓦耳斯力作用于粒子之间而产生的吸引力相互作用以及由粒子带电表面附近的反离子和共离子堆积产生的静电斥力相互作用(图 6.1)，这些力的合力决定了粒子聚积时系统是否稳定。下面描

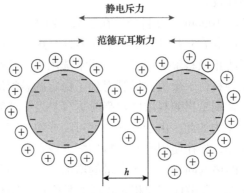

图 6.1　DLVO 理论中两个相邻的胶体粒子受到的相互作用示意图

述这两种力的起源以及作用在粒子上的合力。

6.3.2　范德瓦耳斯力

短程范德瓦耳斯力由相邻粒子间的电偶极子波动引起，是作用于粒子核各个组成单元所有单个相互作用力的总和，通常这种相互作用的有效距离 h 为 $0.1\mu m$。当距离较远时，范德瓦耳斯力会由于滞后效应而迅速衰减。

假设所有粒子间的相互作用总和成对可加，并且将净范德瓦耳斯相互作用能记作 W_{vdW}，对于两个半径分别为 r_1 和 r_2 且表面光滑的球形粒子：

$$W_{vdW} = -\frac{A}{6}\left[\frac{2r_1r_2}{a^2-(r_1+r_2)^2}+\frac{2r_1r_2}{a^2-(r_1-r_2)^2}+\ln\left(\frac{a^2-(r_1+r_2)^2}{a^2-(r_1-r_2)^2}\right)\right] \tag{6.1}$$

式中，a 为两个球形粒子的中心距；r_1 和 r_2 为两个粒子的半径；A 为 Hamaker 常数，它是由材料本身所决定的，但通常在 $10^{-21}\sim 10^{-19}J$ 范围内。

请注意，根据上述定义，以下关系成立：

$$a = r_1 + h + r_2 \tag{6.2}$$

当粒子之间的间距远小于粒子半径(即 $h \ll r_1$ 和 r_2)时，式(6.1)可以简化为

$$W_{vdW} = -\frac{Ar_1r_2}{6h(r_1+r_2)} \tag{6.3}$$

对于两个同样大小的球形粒子，式(6.3)可简化为

$$W_{vdW} = -\frac{Ar}{12h} \tag{6.4}$$

6.3.3　静电斥力

当粒子分散在水相溶液中(如乙二醇水溶液，一种典型的喷墨墨水溶剂)时，由于粒子表面基团的解离或带电分子/离子的吸附，粒子可能会获得一定的表面电荷。表面电荷吸引周围的反离子和共离子，从而恢复墨水系统中粒子表面周围特定体积的电中性，称为双电层，如图 6.2 所示。双电层由两个区域组成：①最接近粒子表面的反离子与表面紧密结合所形成的电荷层称为斯特恩层(Stern layer)，该区域厚度由被吸附粒子的大小决定；②大量松散结合的离子形成扩散层，当粒子做布朗运动时，该扩散层不断得到补充。

当两个粒子相互靠近时，各个粒子的双电层将重叠。离子的局部浓度随着重叠体积的增加而增加，重叠体积变化将产生渗透压的差异，从而迫使粒子分开。

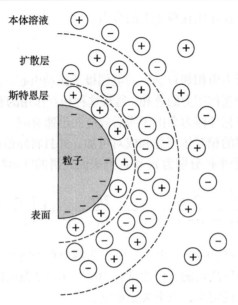

图 6.2　带电粒子的双电层示意图

若双电层重叠产生的力足够大，则该过程将维持粒子稳定以防止粒子在悬浮液中聚集。排斥作用强度取决于粒子之间的距离和双电层厚度，该厚度称为德拜屏蔽长度(Debye screening length) K^{-1}，其定义如下：

$$K^{-1} = \left(\frac{F \sum N_i z_i^2}{k_B T \varepsilon_0 \varepsilon_r} \right)^{1/2} \tag{6.5}$$

式中，F 为法拉第常数；N_i 和 z_i 分别为 i 型反离子的数密度和价数；k_B 为玻尔兹曼常数；T 为热力学温度；ε_0 为真空的介电常数；ε_r 为介质的介电常数。

　　除了胶体粒子悬浮的体相特征，$K^{-1} = \kappa$ 还很大程度上取决于体相中电解质的类型和浓度。事实上，随着墨水系统中电解质浓度的增加，离子可以屏蔽粒子的表面电荷，这有效降低了双电层厚度，并允许粒子在双电层重叠之前接近到较短距离。如图 6.3 所示，范德瓦耳斯力在这个距离上可能足够强大并克服排斥力，使得粒子可以相互接触并形成聚合物。

　　对于两个尺寸相同、半径均为 r 的粒子，其远程静电排斥相互作用能 W_r 可表示为

$$W_r = \left(\frac{64\pi k_B T r N_i \gamma^2}{\kappa^2} \right) e^{-\kappa h} \tag{6.6}$$

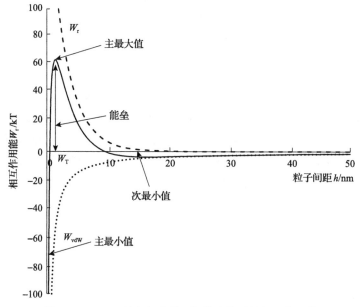

图 6.3 DLVO 理论中球形二氧化硅粒子的相互作用能

$$\gamma = \tanh\frac{ze\Psi}{4k_{B}T} \tag{6.7}$$

式中，e 为电子的电荷；Ψ 为粒子表面电势。

6.3.4 胶体分散系的稳定性

根据 DLVO 理论，结合范德瓦耳斯力和静电斥力相互作用能，分散在溶液中两个相同尺寸粒子之间的净相互作用能 W_T 可表示为

$$W_{T}=W_{vdW}+W_{r}=-\frac{Ar}{12h}+\left(\frac{64\pi k_{B}TrN_{i}\gamma^{2}}{\kappa^{2}}\right)e^{-\kappa h} \tag{6.8}$$

W_T 可以用净相互作用能曲线表示(图 6.3)，吸引相互作用能通常为负(点线)，而排斥相互作用能通常为正(虚线)。

悬浮液中两个接近的胶体粒子之间典型的净相互作用能如图 6.3 所示(从右到左粒子间距离逐渐减小)，可以看出当粒子间距较大时，粒子保持稳定。随着粒子间距减小，排斥和吸引的相互作用能都会以不同的速率增强，因此当粒子彼此接近时，净相互作用能会依次出现次最小值、主最大值和主最小值(在粒子靠近相互接触时)。如果两个碰撞的粒子具有足够的动能来克服能垒，那么粒子将落入主最小值区并形成不可逆的聚集体，能垒的高度决定了胶状分散体的稳定性。为了保持较长时间的稳定分散状态，主最大值至少为 $10k_{B}T$。大多数系统

存在次最小值，次最小值附近粒子的聚集作用很弱，因此会形成可逆的聚集体；通过施加较弱的能量(如搅拌或超声处理)可以使粒子再分散，那么就很容易地解决粒子的聚集问题。

通过改变悬浮液的离子强度(影响双电层厚度)、pH(影响粒子表面电荷)或添加表面活性物质(影响粒子表面电荷)可以改变悬浮液环境，净相互作用能曲线也会随之变化。通常在电解质浓度较低或表面电荷密度较高时，静电排斥力占主导地位。随着电解质浓度增加或表面电荷密度降低，范德瓦耳斯力相互作用占主导地位并会诱导粒子聚集。表面点位 40mV、直径 150nm 的球形二氧化硅粒子相互作用能随电解质浓度变化的曲线如图 6.4 所示。

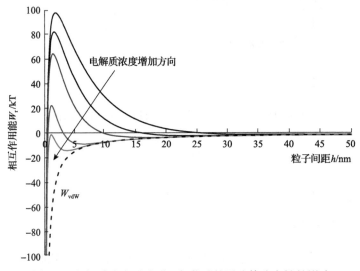

图 6.4　电解质浓度对球形二氧化硅粒子胶体稳定性的影响

在特定的电解质浓度下，粒子与粒子的能垒接近零，当相互作用能下降到最小值时，将使得粒子强烈聚集，此时的电解质浓度称为临界聚沉浓度(critical coagulation concentration, CCC)。对于给定的胶体系统，电解质化合价(即一价、二价或三价)将影响临界聚沉浓度，例如，当三价电解质浓度较低时就会诱导粒子聚集。同时德拜屏蔽长度 K^{-1} 也可用于预测电解质浓度对胶体稳定性的影响。

DLVO 理论描述了基于理想系统下粒子悬浮在简单电解质溶液中的净相互作用能。然而，实际情况下大多数系统(包括喷墨墨水)都可能含有影响粒子相互作用能的其他成分，下面将简要描述其他成分的影响，首先将描述粒子聚合物的特性。

6.4　粒子-聚合物相互作用

墨水配方通常包括不同类型的聚合物(详见第 5 章)，这些聚合物会影响颜料粒子的稳定性。胶体和聚合物之间的相互作用通常是比较复杂的，而且很大程度上取决于聚合物的类型、分子量和聚合物相对于粒子的浓度，以及聚合物是否可能吸附在粒子表面。不同条件会产生三种典型的相互作用，简要介绍如下。

6.4.1　空间位阻稳定作用

通常在胶体悬浮液中添加聚合物以增强粒子稳定性，聚合物会被强烈吸附到粒子表面，并且被连续相溶解时聚合物仍能沿表面延伸。在这些条件下，粒子表面覆盖了聚合物保护层，这为两个粒子之间的接近或接触提供了空间屏障，此时排斥力来源于两个相互接近粒子的表面上聚合物链重叠时局部聚合物浓度的增加。相应的分离现象增大了系统自由能，引起粒子之间产生排斥渗透力，而重叠区域结构自由度的减小更促进了这一过程，同时也增大了分离作用力，覆盖有稳定聚合物保护层的两个粒子相互接近的示意图如图 6.5 所示。

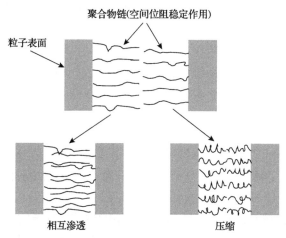

图 6.5　由于粒子表面聚合物平衡状态的变化导致两个接近空间稳定的粒子的表面产生排斥力的机制[10]

有几种方法可以获得有效涂覆稳定聚合物保护层的胶体悬浮液，例如，在粒子合成过程中使用聚合物作为稳定剂，以及利用聚合物在裸粒子表面的物理吸附作用。当聚合物具有锚定基团(优先吸附到粒子表面上)和稳定基团(延伸到连续相中并在粒子周围提供厚层/膜)时，聚合物的空间稳定性更好。这些聚合物可以以统计共聚物、接枝共聚物或二嵌段(或更多)共聚物的形式存在。例如，墨水配方中最常见的均聚物通常仅需要很小的吸附力能就可以促进聚合物吸附，因此可以作为有效的空间稳定剂。此外，粒子表面上的聚合物一旦被吸附，在一定程度上就会受到空间聚集的影响，因此粒子表面在聚合物高吸附密度情况下可以产生延伸层。

影响空间稳定粒子之间相互作用的变量 W_{steric} 可以由式(6.9)求得，该式由 Fischer 基于两个半径同为 r 的粒子推导得到[11]

$$W_{\text{steric}} = \frac{4\pi r \delta^2 RT}{V_{\text{M}}} P_{\text{C}}^2 \left(\frac{1}{2} - \chi \right) \left(\frac{h}{2\delta} - \frac{1}{4} - \ln \frac{h}{\delta} \right) \tag{6.9}$$

式中，δ 为吸附聚合物层的厚度；V_{M} 为溶剂分子的摩尔体积；P_{C} 为吸附层中的聚合物浓度；χ 为 Flory-Huggins 参数(基本是聚合物溶剂质量)。

显然，聚合物层厚度、被吸附聚合物的溶剂质量和粒子表面上聚合物链的密度是关键参数，要获得稳定胶体系统就必须对这些参数进行优化。

6.4.2　桥连絮凝

聚合物和胶体粒子之间的相互作用也可能对胶体的稳定性产生不利影响。本节和 6.4.3 节分别描述当加入吸附和非吸附聚合物时胶体粒子失去稳定性的两个常见实例。

单个聚合物链会同时吸附在若干粒子表面，从而导致粒子絮凝物的产生，即桥连絮凝现象。在整个胶体系统中，这些絮凝物以相邻粒子之间分子桥形式存在于整个系统，并且通常在粒子表面聚合物覆盖率较低时絮凝物更明显。

6.4.3　空缺絮凝

非吸附聚合物也会影响胶体粒子在悬浮液中的特性。在适当的条件下，排斥体积效应(在高分子稀溶液中，分子的链段分布不均匀，高分子链被溶剂化(溶剂分子结合溶质分子(广义的分子，包括分子和离子)的变化过程)以松散的链球散布于纯溶剂中，每个链球都占有一定的体积，它不能被其他分子的"链段"占有)会导致两个硬质平行平板间产生排斥力(如 Asakura 和 Oosawa[12]最初所述)，以及由于渗透效应在两个刚性球(Flory 和 Krigbaum 将稀溶液中的一个高分子看成体积为 V 的刚性球)或胶体粒子之间产生吸引力(吸引力与排斥力的差值为净吸引力)。这是由于胶体粒子排斥连续相中溶解聚合物，进而在周围形成一定的体积，该体积通常称为排空区(或排空层)，其宽度称为排空厚度。

简而言之，向胶体粒子悬浮液中加入非吸附聚合物后，所得混合系统结构(基于粒子表面附近形成排空区)会导致两种不同的相互作用力。首先，它可以产生通常情况下难以观察，但在高浓度聚合物中通常存在的长程排斥力；其次，还会产生通常情况下能够观察并可以诱导混合系统絮凝的短程吸引力(通常称为排空相互作用力)。后一种相互作用力来自两个粒子接近时排空区的重叠引起的渗透压不平衡，从而产生吸引力。事实上，两个粒子相互接近时，排斥体积效应会导致粒子之间几乎不存在聚合物分子，从而在粒子间形成一个纯溶剂区(排空区的重叠区域),因为在这种情况下重叠区域内不存在聚合物链,所以重叠区域内不会产生渗透压。连续相(存在聚合物并能被有效溶剂化)和重叠区域之间的渗透压差异会促进粒子间形成粒子絮凝物,通过搅拌可以很容易将这些絮凝物分散成单个粒子。

Fleer 等[13]提出的相互作用能如下:

$$W_{dep} = 2\pi r \left(\frac{\mu_1 - \mu_1^0}{V_M} \right) \left(\Delta - \frac{h}{2} \right)^2 \left(1 + \frac{2\Delta}{3r} + \frac{h}{6r} \right) \tag{6.10}$$

式中, μ_1 和 μ_1^0 分别为聚合物溶液和纯溶剂的化学势; Δ 为排空厚度。

实际上,对空缺絮凝强度影响最大的参数是系统内粒子和聚合物的浓度及粒子的流体力学直径。对于聚合物,这些参数也受所选溶剂的影响,因为溶剂决定了聚合物在连续相中所占的体积分数。

在墨水配方中,聚合物对粒子间的相互作用十分重要,配方设计者要配制最高效的墨水就必须考虑上述相互作用。普通墨水配方中的其他多种成分也会对颜料胶体的稳定性产生影响,6.5 节将简要介绍其中一些成分对胶体的影响。

6.5　其他墨水成分对胶体相互作用的影响

表 6.2 列出了在搜索墨水配方专利文献时遇到的最常见的墨水成分。该表列出了墨水成分的典型含量,以及它们在墨水配方中的用途,下面借助此表引出以下讨论内容。

表 6.2　典型的墨水成分及用途

成分	质量分数/%	目的
染料或颜料	2~6	控制颜色
二甘醇	5~15	与水混溶的溶剂
甘油	0~10	保湿剂
2-吡咯酮	0~10	保湿剂/染料溶解性
SURFYNOL® 465	0.5~2	表面活性剂
Proxel GXL	0.2	杀菌剂
缓冲剂	0.5~2	调节 pH
水	其余	溶剂

6.5.1　表面活性剂

表面活性剂广泛用于各种行业,包括家庭和个人护理、涂料、纺织品加工[14]、化妆品[15]、药品[16]。通常在墨水配方中也会加入表面活性剂来控制墨水的表面张力，一般需要在墨滴到达衬底之前(即在喷嘴中和飞行过程中)实现对墨滴的良好控制。表面活性剂在墨滴沉积和墨滴干燥过程中也很重要，例如，表面活性剂会影响墨滴在衬底上的润湿和扩散程度，此外，墨滴表面存在的表面活性剂导致墨滴内电流体动力学流动(详见第 11 章)。

在打印过程中，打印头中的墨水具有不同的剪切速率，当流道重新填充和墨水流动时，剪切速率大约是 $1s^{-1}$，但是当喷嘴喷射墨滴时，剪切速率则可以达到 10^6s^{-1}。通过添加表面活性剂可满足这些要求，但是添加表面活性剂会引起发泡，从而影响喷头功能，因此需要使用低泡表面活性剂。

在颜料悬浮液中，表面活性剂具有吸附在颜料表面上的倾向，这会对颜料粒子行为产生影响。如前文所述，表面活性剂吸附在颜料表面上会改变颜料粒子表面性质，进而影响颜料粒子相互作用和胶体稳定性。例如，带电表面活性剂的吸附可能会改变颜料粒子表面的净电荷密度，甚至可能使颜料粒子表面电荷与之前相反。在表面活性剂和颜料粒子具有相同电荷的情况下，非吸附性表面活性剂还可能诱导空缺絮凝。这意味着大多数用于墨水配方的表面活性剂都是可以快速扩散、吸附的非离子表面活性剂，而不是发泡性较弱的非离子表面活性剂。

6.5.2　黏度调节剂

另一个配制墨水时需要严格控制的关键物理量是黏度，通常喷墨墨水的黏度要控制在 1～20mPa·s。如果墨水黏度太低，则在喷射时墨滴会断裂并产生卫星墨滴，从而降低打印品的整体质量，若分散体的表面张力相对较低，则该影响会进一步加剧。若黏度太高，则无法在喷嘴内按所需填充速率重新填充墨水。办公室/台式打印机可以使用各种黏度的墨水，因此不需要特别注意，但是工业喷头要求更高，因此需要极好地控制墨水黏度以维持喷头的最佳打印性能。

喷墨墨水配方中常见的黏度调节剂是非吸附聚合物，如高分子量聚合物(聚乙二醇)，聚合物浓度通常需要根据喷头的类型来调节。根据前面描述的聚合物/粒子相互作用，在操作时必须要注意避免发生空缺絮凝，以便在整个打印过程中保持颜料的稳定性。然而，读者通过阅读本章的 6.7 节会发现，粒子聚集现象也是有好处的，可以适当地加以利用以提高干燥沉积物的分辨率。

6.5.3　保湿剂

在墨水使用过程中，普遍存在打印条件和打印环境不受控制的情况，如墨水储存、打印机空闲、打印机打印等条件下墨水可能会发生明显的溶剂蒸发现象，导致墨水在储存器中变干。墨水变干后会在喷嘴上形成一层硬壳，继续喷射则会损坏喷头。

添加保湿剂可以抑制溶剂蒸发，如果墨水在喷嘴中变干，那么保湿剂会有助于形成软壳，从而降低对喷头的危害。保湿剂会促进形成更强的氢键网络，这样可以最大限度地减少蒸发，从而减缓干燥过程。尿素作为一种优良的保湿剂在纺织品喷墨打印工业中普遍应用。甘油也是一种优良的保湿剂，当喷嘴中的水蒸发时会形成类似于塞子的软壳，在喷射时可以容易地将软壳吹出。

喷墨配方中不能使用高浓度的保湿剂，因为这可能导致黏度增加并延长干燥时间。因此，必须选择合适的保湿剂浓度，使其既有助于在喷嘴处形成一个软壳以减缓干燥过程，又不会显著影响墨水黏度。

6.5.4 乙二醇醚

一些墨水配方会包含乙二醇醚，如乙二醇和二乙二醇，用于改变墨水的扩散性和润湿性能，并帮助墨水渗透到打印介质上，从而减少干燥时间。乙二醇醚具有适度的表面活性，所以它们也用于表面活性剂的补充剂或替代品。尽管乙二醇醚具有上述性质，但其浓度过低和过高会导致打印过程中着色强度降低和过度渗透，这些都会降低最终图像质量，因此在配制墨水时必须严格控制乙二醇醚浓度。

6.5.5 贮存液、缓冲剂和杀菌剂

颜料墨水通常用聚丙烯酸酯离子保持稳定，而聚丙烯酸酯离子在 pH 低于 6 时不溶解。由于墨水会吸收空气中的二氧化碳，所以墨水的 pH 会随时间推移而降低，从而导致墨水不稳定。但商用墨水必须长时间保持稳定，稳定时间可能是几个月或几年，所以墨水的 pH 随时间推移而降低是一个严重的问题。向墨水中加入缓冲剂可以抵消这种影响，缓冲剂可以使墨水在保质期内保持稳定的 pH。商用墨水通常使用简单的磷酸盐(pH 在 6~8)或有机缓冲剂(如 Trizma, pH 在 7~9)作为缓冲剂。缓冲剂中的电解质通常占很大比例，因此对一个稳定聚合物，特别要注意使用的缓冲剂不能影响双电层的厚度或连续相的溶解能力，因为它们会影响颜料的胶体稳定性。

需长期储存的喷墨墨水易受细菌和真菌生长的影响，这是因为配方中存在像甘油等促进微生物生长的物质，因此大多数墨水配方通常会添加杀菌剂。

6.5.6 其他添加剂

有时会在墨水配方中添加隔离剂(或螯合剂)，用于与墨水中的金属离子杂质发生络合反应(络合反应是指分子或者离子与金属离子结合,形成稳定的新离子过程)[5]。隔离剂通常用于处理硬水，添加在配方中以防止墨水增稠或胶凝，常见的隔离剂如 EDTA(乙二胺四乙酸)盐，其他多价隔离剂也可用于此目的，包括次氮

基三乙酸和戊烯酸盐，然而，隔离剂的选择也取决于 pH 和使用条件。此外，应该通过控制 pH 以避免隔离剂的质子化(在化学中，质子化是原子、分子或离子获得质子(H[+])的过程)，否则隔离剂的效用会变低[6]。

当墨水存在碳化风险或在打印过程中结垢时，就需要使用抗结垢剂[7]。墨水结垢会在喷嘴上形成绝热层以阻止气泡的形成。通常并非必须在墨水中使用抗结垢剂，因为在墨水配制过程中提高墨水各成分的纯度就可以最大限度地减少结垢。

6.6　胶状分散体的特征

如果要实现更高的打印分辨率和更快的打印速度，那么就要了解整个打印过程中墨水的性能。除了本书先前介绍的各种技术，为了分析打印过程中(即喷射和干燥过程中)墨滴和颜料粒子的特性，就需要研究胶体粒子的悬浮特性，它可以帮助预测和优化墨水与墨水中颜料的特性。为了实现这一目的，本节提出三种主流方法，特别是与喷墨流体相关的方法。

6.6.1　动态光散射

动态光散射(dynamic light scattering, DLS)是一种功能强大且重要的技术，它最初设计用于确定粒子分散体的尺寸及分布，现在也可用于分析聚合物分散体。该技术基于布朗运动引起的光强波动，将分散体中粒子和聚合物散射随时间变化的光强波动与相长干涉和相消干涉联系起来。这些物理量与时间有关，可用于确定粒子/聚合物的平移扩散系数 D，然后可以使用 Stokes-Einstein 方程确定粒子流体动力学直径 d_H：

$$D = \frac{k_B T}{3\pi \eta d_H} \tag{6.11}$$

式中，k_B 为玻尔兹曼常数；T 为热力学温度；η 为黏度。

动态光散射测量的粒子流体动力学直径 d_H 由粒子的平移扩散系数 D 确定。对于胶体粒子系统，胶体会吸附离子和聚合物，所以通常会有大量溶剂随胶体粒子一起移动。此时测量的流体动力学直径 d_H 包括胶体吸附的离子和聚合物厚度，因此经聚合物涂覆的粒子流体动力学直径是关于链长、聚合物接枝密度和溶剂质量的函数。同样对于带电稳定的粒子，其双电层厚度决定了粒子表面吸附水的体积大小，因此流体动力学直径也是关于电解质浓度的函数。

6.6.2　电泳迁移率(ZETA 电位)

ZETA 电位可用于估算胶体粒子的表面电荷，通过测量流体中移动的带电粒子在靠近胶体粒子表面电荷时产生的电势差可以得到 ZETA 电位。胶体粒子表面电荷会被与之紧密结合的带电粒子表面离子中和，并在电场作用下向电性相反的电极扩散。粒子的扩散速率取决于电场强度、剪切面(斯特恩层与扩散层之间的界面)的净电荷量以及粒子大小。

通过测量粒子表面电荷在外加电场下向电性相反电极的移动速度，可以得到电泳迁移率 U_E，它与 ZETA 电位 ζ 相关：

$$U_E = -\frac{2\varepsilon\zeta f(\kappa r)}{3\eta} \tag{6.12}$$

式中，ε 为介电常数；$f(\kappa r)$ 为关于粒子半径 r 与电双层厚度 κ^{-1} 比值的亨利函数。通常测量对象为稀释的分散体，与测量粒子流体动力学直径的动态光散射实验中使用的粒子/聚合物分散体类似。

ZETA 电位 ζ 可用于表征胶体分散体稳定性(指胶体颗粒在水(或溶液)中长期保持分散悬浮状态的特性)，胶体分散体稳定性与表面电荷有关，而表面电荷是描述双电层的关键参数之一。水分散体中的 ZETA 电位值通常会受 pH 的影响，pH 对应的 ZETA 电位曲线通常有零点(称为等电点(isoelectric point, IEP))，水分散体最稳定时对应的 pH 在等电点处(即在这种情况下，静电作用产生的排斥力最弱)。在等电点处，酸性介质的增加会导致粒子表面带正电荷，而碱性介质的增加会导致粒子表面带负电荷，从而导致 pH 发生变化，ZETA 电位也会随之增加。等电点对应的 pH 大小与粒子表面的酸/碱特征、德拜长度以及粒子表面可能发生的任何吸附现象有关，例如，水性悬浮液中的二氧化硅粒子等电点对应的 pH 通常为 2 左右，而氧化铝粒子等电点对应的 pH 通常更接近 9。

6.6.3　流变

了解墨水的流变性(即流动和变形)也十分重要，因为它与墨水的喷射特性和可打印性有关。对于简单的胶状分散体，例如，悬浮在溶剂中乳胶粒子组成的胶状分散体，其流变性质取决于溶剂黏度、粒子浓度、粒子大小和形状[17,18]。在墨水配方等更复杂的系统中，6.3.4 节中引入的添加剂(特别是聚合物添加剂)对流变性能有很大影响(详见第 13 章)。流体的流变特性由喷墨打印机的喷嘴工艺决定，即变形运动(如剪切流或拉伸流)和形变速率(或应力)等。

6.6.4　大体积胶状分散体

在胶状分散体中，无论是作用于粒子的吸引力还是排斥力(包括布朗运动、流体动力学效应、静电力、空间排斥力和范德瓦耳斯力)都会产生剪切力，从而影响整体流变。简单起见，这里考虑硬球粒子(硬球粒子间没有相互吸引力)在牛顿介质中的分散，以及粒子在高浓度牛顿介质下的布朗运动和流体动力学效应。即使在这些简单的条件下，流变学仍然相当复杂。聚苯乙烯-丙烯酸乙酯粒子在水溶液中的剪切黏度与粒子体积分数和剪切力有关，如图 6.6 所示。

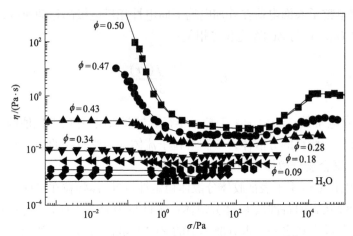

图 6.6 　电荷稳定的聚苯乙烯-丙烯酸乙酯粒子在水溶液中的剪切黏度 η 随剪切力 σ 和
粒子体积分数 ϕ 的变化[17](版权归属 Wiley-VCH Verlag GmbH & CoKGaA)

在低粒子体积分数 ϕ 下，剪切黏度 η 与剪切力 σ 几乎无关，并且仅略高于溶剂黏度 η_s，它们间的关系如下：

$$\eta = \eta_s(1 + 2.5\phi) \tag{6.13}$$

但此公式仅适用于稀悬浮液，其中单个硬球粒子不会受到相邻硬球粒子的显著影响。随着粒子体积分数的增加，多个(两个或更多)硬球粒子会同时发生相互作用，导致其剪切黏度随粒子浓度的增加而增加，同时剪切黏度 η 对剪切力 σ (等效剪切速率 $\dot{\gamma}$)也会更加敏感，在剪切黏度达到平稳期时会发生明显的剪切稀化(黏度随着剪切速率或剪切力的增大而减小)现象。

Krieger-Dougherty 方程[19]是一个经验方程，通常用于描述处于平稳期的粒子剪切黏度与体积分数之间的关系：

$$\eta_x = \eta_s \left(1 - \frac{\phi}{\phi_m}\right)^{-2.5\phi_m} \tag{6.14}$$

式中，$x = 0$(低剪切平稳期)或 ∞(高剪切平稳期)；ϕ_m 为剪切黏度发散时的最大体积分数。对于低极限剪切黏度 η_0，$\phi_{m0} = 0.63$；对于高极限剪切黏度 η_∞，$\phi_{m0} = 0.71$。对于处于平稳期的硬球粒子，其剪切速率与佩克莱数(Pe)有关，Pe 是一个无量纲数，为粒子对流速率与扩散速率之比：

$$Pe = \dot{\gamma} t_D = \frac{6\pi\eta_s r^3 \dot{\gamma}}{k_B T} \tag{6.15}$$

式中，t_D 为当粒子扩散距离等于半径 r 时所需的时间。通常用式(6.16)表示剪切力，σ_r 是一个无量纲数：

$$\sigma_r = \frac{\sigma r^3}{k_B T} \tag{6.16}$$

因此，相对剪切黏度 $\eta_r = \eta / \eta_x$ 是关于粒子体积分数 ϕ 和剪切力 σ_r(或 Pe)的函数。相关文献描述剪切黏度的半经验公式如下：

$$\frac{\eta - \eta_\infty}{\eta_0 - \eta_\infty} = \frac{1}{1 + \sigma_r/\sigma_c} \tag{6.17}$$

式中，σ_c 为发生剪切稀化现象的临界剪切力。

硬球分散体中剪切稀化的机理为：在高剪切力条件下，布朗运动对剪切力的影响显著降低，仅流体动力学效应发挥作用，从而导致剪切黏度降低。增大剪切力和体积分数可以观察到剪切增稠现象(剪切黏度随剪切力显著增加)，这是由于流体的黏性力作用促使"颗粒簇"结构的形成[20]。剪切增稠现象不利于打印，然而，粒子浓度(体积分数大于 50%)较高的墨水中经常发生剪切增稠现象。

此外，由于布朗运动的弛豫，当储能模量 G'(实质为杨氏模量，是材料变形后回弹的指标，表示材料存储弹性变形能量的能力)非零时可以在硬球分散体中观察到弱弹性。弛豫时间(一个直径为 R 的球形物体运动距离为 R 所需的时间)从根本上说由粒子扩散率决定，处于弛豫时间内的剪切变形粒子更倾向于恢复其平衡状态。在低剪切频率下，布朗运动相对较快，因此粒子会恢复其微观结构下的平衡状态，从而影响剪切黏度。在高剪切频率下，布朗运动没有足够的时间来影响剪切黏度。另外，由于流体动力学相互作用与变形速率成比例，在所有频率下直接对剪切黏度起作用。当体积分数 ϕ 一定时，G'、G''(损耗模量)在关于 ω(角频率)的曲线图中 G'、G'' 随着 ω 的增加而增加。

与墨水流动更相关的是，对于通过静电、位阻(聚合物)或静电位阻斥力而稳定的分散体，一般可以通过定义一个有效的硬球粒子并映射到硬球分散体的特性上，再加上一些必要的补充和调整来理解分散体的流变性。结构因素包括粒径分布、粒子形状和德拜长度，这些因素会显著影响悬浮液的流变性。具有不同尺寸分布(如双峰或多峰)的粒子分散体大大增加了最大填充率，从而降低了黏度。非球形粒子的流变能力取决于粒子朝向与流动方向的关系。实际上，相比于理想的硬球分散体，这些因素对墨水配方更重要。

6.6.5 喷射

在喷嘴直径约为 50μm 的按需喷墨打印头中，当流体以大约 6m/s 的速度被喷射时，喷嘴处流体的剪切速率会超过 $10^6 s^{-1}$，这比传统流变仪的极限频率高出很多数量级，因此采用压电轴向振动器(piezo axial vibrator, PAV)和适用于高剪切速率的扭转振动流变仪，或其他用于喷墨流体的专用技术来表征它们的线性黏弹性流变特性[21]。

喷头驱动电压对墨滴成形的影响(驱动电压偏离最佳条件难以避免出现卫星墨滴)、喷嘴直径较小导致的大压降(流体在管中流动时由于能量损失而引起的压力降低)以及喷嘴堵塞问题等限定了喷射流体的黏度上限约为 20mPa·s，然而，在此喷射速度下，很容易产生卫星墨滴(详见第 7 章)。因此，理想情况下的墨水应具有相当大弹性的高剪切稀化特性，即墨水离开喷嘴后可以在短时间内快速恢复其黏弹性。

通常在墨水配方中加入一定量的聚合物来稳定粒子分散体，并加强其剪切稀化特性(特别是增加墨水的弹性)。使用弹性聚合物非常有利于单个墨滴的成形、抑制卫星墨滴的成形以及后续喷射过程中系带的断裂。墨滴从喷嘴中脱落所需的时间与长链聚合物的弛豫时间相当，因此弹性效应会对墨滴的成形方式产生巨大影响[22]。弹性应力可以在毛细管断裂前将尾部系带收缩到主流墨滴中。Hoath 等[23]以比值 G'/G^* 表示喷射特性和流体弹性之间的关系(其中 G' 和 G^* 分别是流体的弹性(储存)模量和复数模量)。射流断开时间(即系带从喷嘴脱离时间)大致随 G'/G^*线性增加，过高的弹性可能会阻止系带断裂，并促进系带缩回到喷嘴内部。

在实际应用中，喷嘴颈部流体的拉伸流变特性对确定射流速度非常重要，通常通过长丝拉伸实验(更类似于真实墨滴的形成，用于评估喷墨性能)研究墨水的非线性流变学行为。加入浓度很低的聚合物，增加的拉伸黏度会很好地阻止系带断裂，同时也会抑制其毛细管断裂中卫星墨滴的产生。研究发现，拉伸过程中的应变硬化是抑制卫星墨滴形成的关键流变特性(出现应变硬化的黏弹性流体断裂长度比牛顿流体更长，这会抑制卫星墨滴的形成)，同时流体弛豫时间也与卫星墨滴形成有很强的关系[24]。此外，喷射行为对喷射魏森贝格数 Wi 的依赖性(即由 Hencky 应变速率乘以流体弛豫时间定义的无量纲参数)和聚合物分子的延展性可以用三种不同的方式描述[25]。在考虑墨水沉积的情况下，改变弹性比改变黏度能更有效地减小径向流动，这可以抑制液体墨滴干燥过程中产生的环斑[26]。

总体来说，聚合物的非牛顿特性对喷射行为至关重要，并且这些特征与聚合物的浓度、分子量等有关。为了优化喷射条件，必须仔细考虑选择具有合适链长、浓度的聚合物和满足流变要求的溶剂。

6.7 沉淀/沉降

当一个粒子分散在介质中时,有三种力会作用在粒子上:引力、浮力和阻力(图 6.7)。根据粒子和分散介质的特性,力的平衡将决定粒子是否会凝固、沉淀或保持分散状态。对于稳定的胶状分散体,粒子要在产品保质期内保持悬浮状态,以保证其质量。

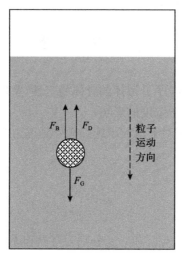

图 6.7 作用于分散粒子的力示意图

作用于分散粒子的三种力如下。

(1)引力 F_G 是由地球引力引起的,它作用于地球表面的任何物体:

$$F_G = \frac{4}{3}\pi r^3 \rho_p g \tag{6.18}$$

式中,r 为粒子半径;ρ_p 为粒子密度;g 为重力加速度。

(2)浮力 F_B 是当粒子放入介质中时,介质施加的向上的力:

$$F_B = \frac{4}{3}\pi r^3 \rho_m g \tag{6.19}$$

式中,ρ_m 为分散介质的密度。

(3)阻力 F_D 为粒子在运动时所受的摩擦力,这种力是由介质的黏度造成的,由斯托克斯定律决定:

$$F_D = 6\pi r \eta_s v \tag{6.20}$$

式中，η_s 为溶剂黏度；v 为粒子速度。

因此，当粒子分散在介质中时，它受到向下的重力与向上的浮力来保持平衡。假设粒子的密度大于介质的密度，粒子将下沉，且粒子移动时会受到与运动方向相反的介质阻力。在某些时候，阻力等于重力与浮力之差，粒子达到最终速度 v_t：

$$F_G - F_B = F_D \tag{6.21}$$

$$\frac{4}{3}\pi r^3 (\rho_p - \rho_m)g = 6\pi r \eta_s v_t \tag{6.22}$$

$$v_t = \frac{2r^2(\rho_p - \rho_m)g}{9\eta_s} \tag{6.23}$$

因此，这就可以预测粒子分散体的胶体稳定性（及保质期），然而，实际上这种估算会受到壁效应和粒子浓度的影响：

(1)壁效应考虑容器壁对下落粒子施加额外延迟力的影响[27,28]，可使用壁校正因子补偿这种影响：

$$f_W = \frac{v_{t(b)}}{v_{t(\infty)}} \tag{6.24}$$

式中，f_W 为壁校正因子；$v_{t(b)}$ 和 $v_{t(\infty)}$ 分别为有界和无界流体中粒子的终端速度。通常，壁校正系数是关于粒子大小与容器直径之比的函数，即 $\beta = 2r/D_c$，然而，随着流动状态和流体类型偏离理想状态，壁校正因子会变得更加复杂[29,30]。

(2)随着粒子浓度的增加，沉降行为从单粒子沉降转变为多粒子批量沉降。粒子间相互作用会形成一个移动较慢的粒子云[31,32]，这通常称为受阻沉降，受以下因素控制：

$$v_{tc} = v_t(1-\varphi)^n \tag{6.25}$$

式中，v_{tc} 为体积分数为 φ 的均匀大小粒子分散体的最终速度；n 为根据经验确定的特定粒子指数，由速度为 v_{tc} 时粒子的雷诺数决定。

沉降特征依赖于跟踪粒子批量沉降过程随时间的变化，这可以通过以下方式实现：

(1)在预定时间内对沉降高度的变化进行物理测量，同时进行采样以确定粒子浓度[33,34]，该方法需要将测量设备直接介入被测物，可能会破坏样品。

(2)使用 X 射线技术测量样品密度随时间和沉降高度的变化，该方法可以在高温高压下应用，但仅限于具有高原子质量的材料[35]。

(3)使用照相技术,依靠光点或线光束来监测样品浊度随时间和沉降高度的变化。样品的透射率与粒子浓度变化直接相关,在样品制备和实验条件一致的前提下,该方法简单、无干扰且可靠[36-39]。

下面集中讨论照相技术。为了精确测量样品浊度随时间和沉降高度的变化,在测量开始时样品必须充分分散,并在测量期间保持恒温。随着粒子开始沉降,根据比尔-朗伯定律,分散介质中的浊度变化与粒子浓度有关(图 6.8)。式(6.26)描述了光束通过样品时的衰减程度,入射光束的强度在通过分散体时呈指数减小,并且光通过样品的透射率是样品吸收率、浓度、通过样品的光路长度的函数:

$$Tr = \frac{I_f}{I_0} = e^{-\varepsilon_a l_p c_p} \tag{6.26}$$

式中,Tr 为光通过样品的透射率;I_0 和 I_f 分别为入射光和透射光的强度;ε_a 为样品的吸收率(粒子大小和数量的函数);l_p 为通过样品的光路长度;c_p 为样品浓度。

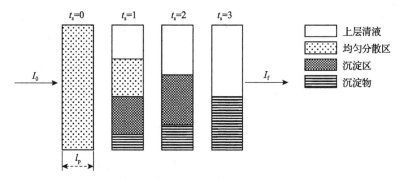

图 6.8 沉淀过程中胶状分散体的粒子浓度变化示意图

照相测量可分为三种类型:

(1)紫外-可见光谱法,图 6.9(a)为采用紫外-可见光谱法测量时不同初始粒子浓度(10mg/L、50mg/L、100mg/L 和 200mg/L)的二氧化钛分散体在海水中的沉降差异,这是一种单色光测量,可以监测特定样品在特定沉降高度下浊度随时间的变化[40,41]。

(2)重力沉降,如 Turbiscan®[36,42]和 LUMiReader®[43],它使用光源扫描样品,最终得到沉降时间和沉降高度的函数。入射光会被分散的粒子散射,由于特定高度下的浊度会有变化,可以通过透射探测器(Turbiscan®、LUMiReader®)或反向散射探测器(Turbiscan®)检测散射光,图 6.9(b)为 Turbiscan®基于背散射强度测量并绘制的均匀尺寸粒子分散体的沉降曲线,其中沉积界面沿着容器向下传播并且沉积物在基部积聚[42]。

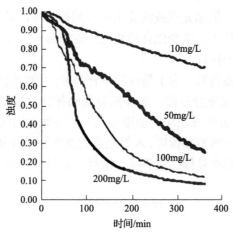

(a) 不同初始粒子浓度的二氧化钛分散体在海水中的沉降差异[40]

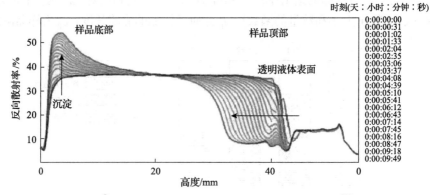

(b) Turbiscan®基于背散射强度测量的均匀尺寸粒子分散体的沉降曲线[42]

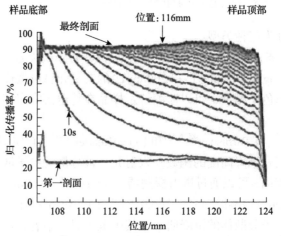

(c) LUMISizer®测量硅酸盐分散体的沉降曲线与标准透射强度对比[39]

图 6.9　沉降照相测量实例

（3）离心沉降，如 LUMiSizer®，图 6.9（c）为 LUMiSizer®测量硅酸盐分散体的沉降曲线（没有任何添加的游离聚合物以诱导粒子聚集）与标准透射强度对比[39]，它使用离心力加速粒子沉降，同时使用线束扫描样品得到沉降时间和沉降高度的函数，这适用于检测粒子与分散介质密度差异较小的样品。

离心沉降的一个优点是能够逐渐增加作用在沉积物上的离心力，这有利于探测对应的沉积层特性，其与胶体粒子的稳定性相关。稳定分散体会出现平滑的恒定轮廓，聚集体则随着力的增加而被逐步压缩（图 6.10）。该方法在配置墨水时使用，以确定所有添加成分对于"新"墨水的适用性，并确定对胶体/分散稳定性的影响。

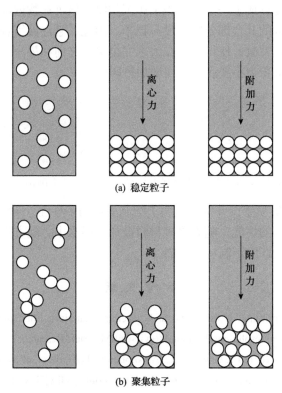

图 6.10　离心力对稳定粒子和聚集粒子沉降影响示意图[44]

6.8　本 章 小 结

喷墨墨水配方是未来改进喷墨打印工艺的一个重要部分，特别是在使用更广泛的材料和制备固体含量更高的墨水方面来提高整体打印质量。喷墨打印技术适用于药物沉积、电子元件和其他非标准材料，胶体间作用力在确保设计出稳定性优良的新型墨水中起到关键作用。

　　为了在打印过程中达到墨水的最佳性能，可以利用胶体间作用力的相关知识来设计功能性墨水。关于设计功能性墨水的一个例子在文献[45]中，该文献在干燥过程中诱导粒子在打印衬底上聚集。在干燥过程中粒子和聚合物浓度的增加被用于诱导空缺絮凝并固定粒子在悬浮液中的位置，该过程依赖于形成混合连续相的乙醇和水溶剂的不同蒸发速率，但这会导致粒子在墨滴中心聚集。图 6.11 为含有体积分数为 0.1%、直径为 755nm PS 模型乳胶粒子和质量分数为 1%、摩尔质量为 70kDa 非吸附聚合物，体积分数为 50%的乙醇墨滴干燥过程，从左到右分别为干燥 10%的墨滴(c1)至完全干燥的墨滴(c6)，可以看出，这种机理与诱导的空缺絮凝相结合，最终形成了一个小面积干燥沉积物，该沉积物内部粒子高度聚集，而初始墨滴覆盖区的其余部分几乎没有粒子。因此，悬浮液组合物的设计能够及时诱导粒子的空缺絮凝，使得粒子在溶剂完全蒸发之前在墨滴中心絮凝，这种设计使大墨滴能够沉积为小墨滴，从而增加打印分辨率。

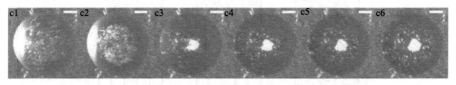

图 6.11　乙醇墨滴干燥过程示意图[45]（版权归属美国化学学会）

　　这种新型配方/喷墨设计例子说明了配制墨水的多样性，该墨水可以在整个打印过程中调整它们的性能。随着更多材料被加入墨水中，配方设计师将有越来越多的选择从而在设计中定制特定功能。

参 考 文 献

[1] Derby B. Inkjet printing of functional and structural materials: Fluid property requirements, feature stability, and resolution[J]. Annual Review of Materials Research, 2010, 40: 395-414.

[2] Lamminmäki T T, Kettle J P, Gane P A C. Absorption and adsorption of dye-based inkjet inks by coating layer components and the implications for print quality[J]. Colloids and Surfaces A: Physicochemical and Engineering Aspects, 2011, 380(1-3): 79-88.

[3] Sousa S, Gamelas J A, Mendes A D O, et al. Interactions of ink colourants with chemically modified paper surfaces concerning inkjet print improvement[J]. Materials Chemistry and Physics, 2013, 139(2-3): 877-884.

[4] Koo H S, Chen M, Pan P C, et al. Fabrication and chromatic characteristics of the greenish LCD colour-filter layer with nano-particle ink using inkjet printing technique[J]. Displays, 2006, 27(3): 124-129.

[5] Sader R A, Bruinsma P J, Chatterjee A K, et al. Ink-jet inks which prevent kogation and prolong

resistor life in ink-jet pens[P]: US, US6610129 B1, 2003.

[6] Guistina R A, Santilli D, Bugner D E. Aqueous pigment dispersions containing sequestering agents for use as ink jet printing inks[P]: US, US5611847 A, 1997.

[7] Lindstrom B L, Alexandra B, John N D, et al. Ink composition for continuous inkjet printer[P]: US, WO2013039941 A1, 2013.

[8] Derjaguin B. Theory of the stability of strongly charged lyophobic sols and of the adhesion of strongly charged particles in solutions of electrolytes[J]. Acta Physico-Chimica, 1941, 14(1): 633-662.

[9] Verwey E J W. Theory of the stability of lyophobic colloids[J]. The Journal of Physical Chemistry, 1947, 51(3): 631-636.

[10] Cosgrove T. Colloid Science: Principles, Methods and Applications[M]. Hoboken: John Wiley & Sons, 2010.

[11] Fischer E W. Elektronenmikroskopische untersuchungen zur stabilität von suspensionen in makromolekularen lösungen[J]. Kolloid-Zeitschrift, 1958, 160: 120-141.

[12] Asakura S, Oosawa F. On interaction between two bodies immersed in a solution of macromolecules[J]. The Journal of Chemical Physics, 1954, 22(7): 1255-1256.

[13] Fleer G J, Scheutjens J M H M, Vincent B. Polymer adsorption and dispersion stability[J]. ACS Symposium Series, 1984, 240: 245.

[14] Miao Z, Yang J, Wang L, et al. Synthesis of biodegradable lauric acid ester quaternary ammonium salt cationic surfactant and its utilization as calico softener[J]. Materials Letters, 2008, 62(19): 3450-3452.

[15] Ran G, Zhang Y, Song Q, et al. The adsorption behavior of cationic surfactant onto human hair fibers[J]. Colloids and Surfaces B—Biointerfaces, 2009, 68(1): 106-110.

[16] Cardoso A M S, Faneca H, Almeida J A S, et al. Gemini surfactant dimethylene-1,2-bis (tetradecyldimethylammonium bromide)-based gene vectors: A biophysical approach to transfection efficiency[J]. Biochimica et Biophysica Acta—Biomembranes, 2011, 1808(1): 341-351.

[17] Mewis J, Wagner N J. Colloidal Suspension Rheology[M]. Cambridge: Cambridge University Press, 2012.

[18] Larson R G. the Structure and Rheology of Complex Fluids[M]. New York: Oxford University Press, 1999.

[19] Krieger I M, Dougherty T J. A mechanism for Non-Newtonian flow in suspensions of rigid spheres[J]. Transactions of the Society of Rheology, 1959, 3(1): 137-152.

[20] Brady J F. Model hard-sphere dispersions: Statistical mechanical theory, simulations, and experiments[J]. Current Opinion in Colloid & Interface Science, 1996, 1(4): 472-480.

[21] Vadillo D C, Tuladhar T R, Mulji A C, et al. The rheological characterization of linear viscoelasticity for ink jet fluids using piezo axial vibrator and torsion resonator rheometers[J]. Journal of Rheology, 2010, 54(4): 781-795.

[22] Castrejón-Pita J R, Baxter W R S, Morgan J, et al. Future, opportunities and challenges of inkjet technologies[J]. Atomization and Sprays, 2013, 23(6): 541-565.

[23] Hoath S D, Hutchings I M, Martin G D, et al. Links between ink rheology, drop-on-demand jet formation, and printability[J]. Journal of Imaging Science and Technology, 2009, 53(4): 041208.

[24] Christanti Y, Walker L M. Effect of fluid relaxation time of dilute polymer solutions on jet breakup due to a forced disturbance[J]. Journal of Rheology, 2002, 46(3): 733-748.

[25] Hoath S D, Harlen O G, Hutchings I M. Jetting behavior of polymer solutions in drop-on-demand inkjet printing[J]. Journal of Rheology, 2012, 56(5): 1109-1127.

[26] Talbot E L, Yang L, Berson A, et al. Control of the particle distribution in inkjet printing through an evaporation-driven sol-gel transition[J]. ACS Applied Materials & Interfaces, 2014, 6(12): 9572-9583.

[27] Brenner H. The slow motion of a sphere through a viscous fluid towards a plane surface[J]. Chemical Engineering Science, 1961, 16(3-4): 242-251.

[28] Faxén H. Der Widerstand gegen die Bewegung einer starren Kugel in einer zähen Flüssigkeit, die zwischen zwei parallelen ebenen Wänden eingeschlossen ist[J]. Annalen Der Physik, 1922, 373(10): 89-119.

[29] Strnadel J, Simon M, Macháč I. Wall effects on terminal falling velocity of spherical particles moving in a Carreau model fluid[J]. Chemical Papers, 2011, 65(2): 177-184.

[30] Ataíde C H, Pereira F A R, Barrozo M A S. Wall effects on the terminal velocity of spherical particles in Newtonian and Non-Newtonian fluids[J]. Brazilian Journal of Chemical Engineering, 1999, 16(4): 387-394.

[31] Richardson J F, Zaki W N. Sedimentation and fluidization: Part-1[J]. Transactions of Institution of Chemical Engineers, 1954, 32: 35-53.

[32] Baldock T E, Tomkins M R, Nielsen P, et al. Settling velocity of sediments at high concentrations[J]. Coastal Engineering, 2004, 51(1): 91-100.

[33] Andreasen A H M, Jensen W, Lundberg J J V. Ein apparat für die dispersoidanalyse und einige untersuchungen damit[J]. Kolloid-Zeitschrift, 1929, 49: 253-265.

[34] Miller K T, Melant R M, Zukoski C F. Comparison of the compressive yield response of aggregated suspensions: Pressure filtration, centrifugation, and osmotic consolidation[J]. Journal of the American Ceramic Society, 1996, 79(10): 2545-2556.

[35] Vaidyanathan K R, Henry Jr J D, Verhoff F H. Indirect measurement of inclined sedimentation

for ash in coal liquids at high temperature and pressure by X-ray photography[J]. Industrial & Engineering Chemistry Fundamentals, 1981, 20(2): 165-168.

[36] Mengual O, Meunier G, Cayré I, et al. Turbiscan MA 2000: Multiple light scattering measurement for concentrated emulsion and suspension instability analysis[J]. Talanta, 1999, 50(2): 445-456.

[37] Celia C, Trapasso E, Cosco D, et al. Turbiscan Lab® expert analysis of the stability of ethosomes® and ultradeformable liposomes containing a bilayer fluidizing agent[J]. Colloids and Surfaces B—Biointerfaces, 2009, 72(1): 155-160.

[38] Lerche D, Sobisch T. Consolidation of concentrated dispersions of nano-and microparticles determined by analytical centrifugation[J]. Powder Technology, 2007, 174(1-2): 46-49.

[39] Petzold G, Goltzsche C, Mende M, et al. Monitoring the stability of nanosized silica dispersions in presence of polycations by a novel centrifugal sedimentation method[J]. Journal of Applied Polymer Science, 2009, 114(2): 696-704.

[40] Keller A A, Wang H, Zhou D, et al. Stability and aggregation of metal oxide nanoparticles in natural aqueous matrices[J]. Environmental Science & Technology, 2010, 44(6): 1962-1967.

[41] Sillanpää M, Paunu T M, Sainio P. Aggregation and deposition of engineered TiO_2 nanoparticles in natural fresh and brackish waters[C]. Journal of Physics: Conference Series, Grenoble, 2011, 304: 4-9.

[42] Haywood A. The effect of polymer solutions on the settling behaviour of sand particles[D]. Manchester: The University of Manchester, 2011.

[43] Sadat-Shojai M, Atai M, Nodehi A, et al. Hydroxyapatite nanorods as novel fillers for improving the properties of dental adhesives: Synthesis and application[J]. Dental Materials, 2010, 26(5): 471-482.

[44] Yow H N, Biggs S. Probing the stability of sterically stabilized polystyrene particles by centrifugal sedimentation[J]. Soft Matter, 2013, 9(42): 10031-10041.

[45] Talbot E L, Yow H N, Yang L, et al. Printing small dots from large drops[J]. ACS Applied Materials & Interfaces, 2015, 7(6): 3782-3790.

第7章　喷墨仿真方法

Neil F. Morrison、Claire McIlroy 和 Oliver G. Harlen

7.1　引　　言

在过去的十五年，人们对喷墨流动模拟研究的兴趣稳步上升。研究人员现在拥有各种各样类型的计算工具，并能将这些工具应用于实际问题。与此同时，一些学术团体还发现喷射和断裂所涉及的领域前景广阔，并存在着各种各样微妙的科学现象，适合通过数值模型进行研究。

喷墨流动的实验研究已被证实是极具挑战性的。要在足够小的尺度上实现喷射动力学行为(过程)的精确可视化，往往需要更为先进的实验技术。喷嘴直径通常为 50μm，而墨滴喷射速度高达 20m/s，因此必须要以超过 1MHz 的频率捕获高分辨率图像，以便在连续喷墨中捕获到断裂形成单个墨滴的过程，或者跟踪按需喷墨中单滴墨水系带在毛细力拉长作用下的演变。

此外，设备空间局限性导致打印头内墨水难以直接观察，这意味着喷射过程的一些特征极难通过外加手段进行测定。例如，按需喷墨打印机喷出墨水的第一个系带收缩断开点(即系带与打印头中剩余墨水分离的位置)一般位于喷嘴腔的内边缘，因此在收缩断开后的初始阶段无法观察到系带后端的尾随现象。与之类似，将墨水弯月面拉回喷嘴腔的驱动调制的全过程，仅通过实验难以实现可视化。

由于在获得相关实验准确数据方面存在挑战，研究人员更多地使用计算机模型/模拟技术，它能为研究人员提供更多在喷墨打印实验中不易获取的流体动力学信息。不仅如此，计算机模型的应用还能助力开发人员进行技术创新。在研究墨滴产生和断裂过程中，往往涉及各种详细的机制，包括墨滴成分和墨水流体动力学、喷嘴精确形状以及驱动调制波形，计算机模拟可以提供新的思路。计算机模拟使科学家能够分析墨滴的特定部分，实现在实验中很难进行的参数权重研究，且能在不需要建造新原型设备的情况下进行工艺改进。

虽然在喷墨研发过程中使用计算机模拟有许多明显优势，但也需要考虑许多潜在的困难。商业软件包的成本高昂且使用步骤繁琐，可能需要大量培训；而定制代码的过程非常辛苦，即使具备现成的专业知识，也可能需要几个月时间来编写。此外，为了确保结果的合理性，还必须进行项目验证(基准测试)，且这可能还涉及一定程度的精度校准问题，以便使每个特定应用在准确性和运行时间之间实现平衡。

因此，在开始对喷墨过程进行计算模拟之前，有必要设立一套清晰明确的目标。与所有实验研究一样，我们应提前讨论几个关键问题：

(1) 工艺的哪些部分最有意义？

(2) 仿真模拟如何加深对喷墨流动的整体理解？

(3) 如何才能将实验和模拟中获得的结论更好地结合？

(4) 可以进行哪些测试来评估结果的有效性？

(5) 如何将实验结果纳入产品设计和开发中？

(6) 工艺中的哪些部分是固定的，哪些部分是可变的？

(7) 哪些地方可以简化？

(8) 可以改进以前所做的工作吗？

(9) 这只是一项实证研究，还是我们希望了解其中的基础科学原理？

(10) 团队内有无具有相关知识或者经验的人员（或联系人）？

(11) 是否存在有益的学术联系？

(12) 研究的期限是多久？

(13) 财务预算如何？

这些问题的答案可能会因每组研究者的特殊需要存在巨大差异，而优先项的总体平衡将极大地影响研究范围。从广义上讲，工程人员通常更喜欢商业软件包，而学者通常更倾向于开发自己的定制代码。当然，这只是一个概括性的说法，它基于几个典型的观察，这些观察与本章的讨论相关，用以说明优先项如何变化。

例如，工程人员通常希望在实际制造零件规格的确切几何图形基础之上来完整模拟实际工艺，而学者一般对具有简化几何图形但更具通用性的理想化子工艺过程感兴趣。工程人员可能希望使用模拟作为开发新技术的概念证明或作为对实验结果的补充，大家的关注重点可能是快速获得有意义的结果。然而在学术研究中，实际的工业过程可能是为了达到目的或验证效果而采取的一种手段，真正的兴趣在基础科学研究上。

出于研究动机，需要优先进行简化工作，这不仅可以节省数值模型开发的时间，还可以节省每次模拟的运行时间。尽管如今研究人员可用的计算机处理能力正以指数速度增强，但仍需要在多核计算机上运行几天才能对喷墨流动进行足够精确的模拟。为了使计算资源能够充分利用，通常可以利用流场中实用的对称性，或者忽略实际工艺过程中的某些方面。

在过去几十年的研究中，这种简化从根本上来说是很有必要的。Fromm[1]的开创性数值研究首次显示了按需喷墨从喷射到断裂的详细演变过程，尽管在探索参数空间时计算成本高昂。为了减少模拟的运行时间，Shield 等[2]进行了一维模型的早期比较，并讨论了在保持相关代表性结果的前提下如何简化整个流体动力学过程，他们还逐个分析了构成喷墨流动的子工艺，如收缩系带的断裂[3,4]。

随着计算能力的提高以及相关数值方法的改进，缓慢悬垂液滴形成[5]和工业高速喷射[6]的全过程都得以深入研究。商用 CFD 软件包的出现使非专业人士能够创建特定工艺的数值模型，而不会在时间和资源上产生过多成本。上述软件包的优点在 Fawehinmi 等[7]对液滴形成过程的研究中得到了验证。

如今，在喷墨研发领域中，建模计算已成为众多工业研究中的主体部分，世界各地有几十个学术团体在研究喷射和断裂等各类问题，其中许多问题与工业和技术公司有着直接联系。

7.2　建模的关键考虑因素

喷墨打印工艺的直接建模富有挑战性。墨水流动是完全三维和瞬态的，喷嘴的几何形状通常复杂且不对称，有许多运动部件、锋利边缘和狭窄收缩处。流体（通常是具有触变性和/或黏弹性的多相悬浮液）通过微小的喷嘴孔径高速喷射，这对任何数值方法的稳定性都带来了严峻考验。表面活性剂、空气夹带、温度波动、喷嘴板润湿、相邻喷嘴之间的串扰以及带电液滴的静电偏转影响也是建模中重要或值得考虑的因素。

尽管在实际模拟中上述部分因素可以被忽略，但能否对问题进行理想化处理仍然是计算过程中的一个棘手问题。喷墨打印技术背后的基本科学原理是墨水射流或系带在表面张力作用下的断裂，这涉及沿射流自由表面无数小扰动的增长。因此，在任何计算模型中，必须在整个模拟期间准确解析自由表面。射流断裂中的具体动力学过程非常敏感，且必须一直跟踪流体系带的变薄、收缩断开及收缩断开后的阶段，这些要求对数值方法的构建施加了严格限制。需要用非均匀空间网格/模型网格来确保射流最薄部分有足够的分辨率，并且该分辨率必须随时间自适应调整，以反映墨水流动的高度瞬态特性。

图 7.1 所示的理想化连续喷墨示意图说明了在设计模拟之前可进行一些重要简化或假设。首先，大部分打印头结构和喷嘴腔内部被剥离，仅剩一个简单的锥形喷嘴。其次，提出了柱对称的假设，这与全三维模型相比可以节省大量的计算时间。再次，设置人工入口（图 7.1 中最左侧）以便对喷嘴腔中墨水进行持续补充。基于驱动调制在喷嘴腔中引起的压力或流体速度的振荡，可通过在该入口上采用随时间变化的边界条件来表征对喷射所需频率和振幅的调制。假设射流直接从喷嘴出口射出，喷嘴板没有发生润湿，墨水弯月面与喷嘴出口边缘的接触线将会没有任何滑动。

图 7.1　理想化连续喷墨示意图

在开发按需喷墨工艺模拟时，相类似的简化也适用。在这种情况下，与持续均匀流量(如连续喷墨模型)的小谐波振荡不同，会有一个振幅大得多的临时瞬态波形，该波形会挤压墨水系带，直到系带从打印头上分离。还可以考虑对流体域的某些部分进行局部网格加密，从而在数值上得到最好的解析。例如，由于流动的周期性(初始启动后)，连续喷墨中最敏感的区域通常位于固定的空间位置，这些位置包括：①喷嘴出口附近，调制作为初始扰动施加在射流表面；②预测的射流断裂区，此处可能是卫星墨滴点聚合和分离之间的脆弱边界。相比之下，在按需喷墨流动中关键现象更多是瞬时的，因此网格分辨率必须随着墨水流动而更新和提高。在喷射阶段，喷嘴出口区域最为重要，随后关注点将集中到断裂点(通常在喷嘴腔内部)。此后，喷射系带的变薄必须有很好的解决方案，同时喷嘴可以完全省去，除非建模者希望涵盖多个喷射循环。

通常会进行一些假设：喷射墨水是均匀牛顿流体，外部气流对射流的作用过程中液-气界面上的表面张力系数恒定，且温度变化、空气阻力和重力忽略不计(取决于模型的物理尺寸)。各种简化方法不仅便捷，还节省了计算时间，同时以实验难以实现的方法逐个研究流体参数(如密度、黏度、表面张力系数)或其他因素(如喷嘴形状、驱动波形)。

值得注意的是，图 7.1 并没有说明射流(或墨滴)对衬底的影响。本章将重点放在模拟射流和墨滴产生，以及断裂行为中的流体动力学，而不是断裂后发生的事情。Wilson 和 Kubiak 讨论了墨滴沉积和扩散行为的模拟(详见第 11 章)。

类似地，在一些应用中，建模程序的目标对象可能是整个喷射流动中一个特定部分，而其他部分并不是研究重点。例如，研究人员可能希望研究喷嘴腔内发生的流体动力学行为，而不太关注下游的外部射流。因此在这种情况下，建议提前将这种选择性研究纳入模拟设计中，以避免花费时间计算对研究无贡献的多余结果。相反，如果需要模拟喷墨打印工艺中的各类衍生问题，就要适当地采取灵活策略去避免过多的研发和测试。

当首次开发喷墨流动的仿真技术时，最初通常考虑能否进行全三维模拟，或能否利用对称性来降低空间复杂度。射流通常是柱对称的，但喷嘴和打印头的几何形状并非如此，因此需要考虑不对称部件模型设计的取舍，换句话说，即模型应向喷嘴出口的上游延伸多远。

喷嘴腔内部的物理尺寸(可能还有喷嘴出口附近的环境空气)决定了初始流体域的边界。在模拟中，获得这些边界条件的方法有简化表示法(如一个无实体的喷嘴锥)和模型图纸导入法。部件模型的初始域中还可能包含其他元素，如喷嘴中代表假定制造缺陷的凹陷或缺口。

　　理想的轴对称喷嘴腔被初始流体包围，因此喷嘴的三维完整模型是图 7.2 中截面绕 z 轴旋转形成的实体。喷嘴腔的内壁面用线段（边界，其中某些是曲线）表示，连接边界上的许多不同点。这些点实际上是流体域的拐角，可以作为定制网格生成器的输入参数。在图 7.2 所示情况下，拐角和边界具有以下特性：点 1 是人工入口的中心，人工入口沿边界线 12 向喷嘴腔内补充流体，驱动波形或调制作为时变边界条件应用在边界线 12 上。点 2 连接人工入口和喷嘴腔内壁，点 2 和点 6 之间的数条线段被视为流体域的固定刚性边界。点 6 位于喷嘴出口孔隙处，墨水弯月面从点 6 延伸至点 7，其曲率由初始条件给定。图 7.2 中，假设弯月面被固定在排放口（点 6）处，图中不包括喷嘴板润湿，但可以通过沿 r 轴固定弯月面来引入一个润湿层。同样，假设弯月面和喷嘴边缘之间的接触线没有移动，应适当选择沿流体域边界的分辨率（即顶点密度），以反映流动对几何体组件的敏感性，并确保能捕捉到预期几何体的关键边界特征。

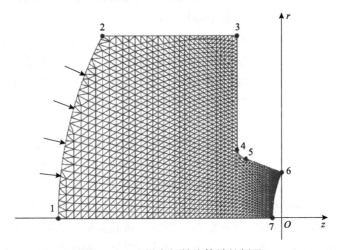

图 7.2　一个设定初始流体域的例子

　　在定义初始流动几何体后，需要进行网格划分，可划分为全三维网格，也可划分为横截面上的二维网格，这意味着可以在整个流体域及其边界中定义离散顶点（或节点），以便将其细分为大量的小单元（或元素）。随后，将控制方程（通常是典型的非线性偏微分方程）改写成适用于线性代数数值算法迭代求解的离散形式。初始流体域的网格划分可以从边界向内进行（如"前沿"算法）或覆盖均匀网格并修剪掉域外的节点。对于更复杂的几何图形，可以使用在线软件自动执行此过程。

　　例如，在图 7.2 中，初始网格分辨率沿 z 方向平滑变化，喷嘴出口和流体自由表面附近的节点更集中。一旦开始模拟，就需要在不同流体域进行网格分辨率的动态变化，在最重要的区域添加节点，在精度足够而不太重要的区域删除节点，称为自适应网格加密。

模型中喷嘴几何结构的细节还决定了要施加在流体域各边界上的边界条件。喷射通常由入口的驱动速度(或压力)振荡或喷嘴腔运动部件的变形引起，而射流断裂由沿液-气界面的表面张力作用引起。因此，在流体域边界相应部分的边界条件性质存在显著差异，沿刚性内壁通常会施加无滑移条件(横向流体速度为零)。如果喷嘴腔壁上有运动部件或其他扰动，则沿这些表面将存在随时间变化的法向速度。如图 7.2 所示，若几何结构对称，则沿轴线也存在相应的对称边界条件。射流的自由表面上存在零剪切力条件，以及由表面曲率导致的界面压力不连续性。后一种条件的精确性质可能取决于模型中周围环境气流的重要程度，以及是否考虑了动态表面张力(dynamic surface tension, DST)或表面活性剂的影响。

入口边界条件是建模中选择最多的条件，它反映了实际设备中喷射机制的多样性。如果喷射由喷嘴腔壁变形引起，则模型可能直接引入该变形，这种情况下入口处会以适当速率补充室中流体；相反，如果喷射由气泡膨胀引起，或者由模型中薄膜及未包含的其他物理结构引起，则入口边界条件可表征为流体速度或压力振荡。在模拟中，这种振荡要么作为时间的连续函数施加，要么作为基于实际设备测量的离散数据的平滑插值施加。上述入口边界条件的选择需要大量实验校准。

另一个主要考虑因素是模型中包含的流体特性。任何特定数值方法的适用性很大程度上取决于流体是否被界定为牛顿流体，或者是否喷射出更复杂的流体。非牛顿流体，尤其是黏弹性流体，由于其本构方程的双曲线性质，被证明即使在简单的几何结构中也很难模拟，因此需要确定哪些流变模型具有相关性，并在选择方法时最好考虑这一点。类似地，如果需要模拟多相流体，无论是一个连续体还是跟踪单个粒子，都可能会对适用于数值离散的算法施加限制。

在与喷墨流动相关的 CFD 软件中，最常用的数值方法是有限元法、有限体积法和流体体积法，有限差分法则可用于对流动施加强假设的一维模型。本书的目的不是全面描述这些方法，而是在喷墨模拟的背景下简要讨论其优点。

有限元法在许多工业应用中非常流行，尤其是那些具有复杂几何结构和需要非结构化网格的应用。为特定问题编写定制代码的学术研究人员也对有限元法更为青睐。当网格节点是流体中的拉格朗日点，且假设还采用了网格重联算法时，有限元法也特别适用于模拟具有自由表面的黏弹性流体模型。由于计算速度快和灵活性高，有限体积法在通用 CFD 软件中广受欢迎，它也能用于非结构化网格，并且通常比有限元法更快(但不太稳定)，尽管对于相同网格分辨率，其所得解的精度较低。在一些商业 CFD 软件包中，流体体积法用来处理自由表面流动，且它还具有模拟某些多相流体的潜在能力。然而，它本身并不能为流体中的流动提供完整的解决方案，而是必须与另一种方法(通常是有限差分法)耦合。

　　总之，无论是通过定制代码还是商业软件包进行建模，都应仔细选择数值方法，不仅要考虑每种方法的一般计算速度和精度，还要考虑其对预期研究的适用性。并不总是有一个"正确"的选择，事实上，如果可能，最好考虑一个以上的选项。大多数喷墨模拟主要要求包括：在小尺度上精确表示射流断裂，准确捕捉射流和薄系带的自由表面动力学参数，空间和时间上的自适应分辨率，能够模拟打印头的几何结构，以及能够涵盖非牛顿流体模型。

7.3　一　维　模　拟

7.3.1　长波近似

　　求解完整纳维-斯托克斯(Navier-Stokes)方程的计算成本可能非常高。因此，为了简化问题，通常使用细长射流近似来模拟射流断裂[8]。根据雷诺润滑理论，假设射流波长足够长，射流速度与整个截面面积无关。那么，喷墨流动的运动学近似为一维形式，仅取决于轴向坐标 z(和时间 t)，与径向坐标和方位坐标无关。

　　将射流半径表示为 $h(z,t)$，速度表示为 $v(z,t)$，质量守恒和动量守恒分别为

$$\frac{\partial h^2}{\partial t} + \frac{\partial \left(h^2 v\right)}{\partial z} = 0 \tag{7.1}$$

$$\frac{\partial (h^2 v)}{\partial t} + \frac{\partial \left(h^2 v^2\right)}{\partial z} = \frac{\partial \left[h^2 \left(K + 3Oh\frac{\partial v}{\partial z} \right) \right]}{\partial z} \tag{7.2}$$

式中，K 为曲率项，无量纲奥内佐格数由式(7.3)定义：

$$Oh = \frac{\mu}{\sqrt{\rho \gamma R}} \tag{7.3}$$

式中，μ 为流体黏度；ρ 为密度；γ 为表面张力；R 为喷嘴出口半径。

　　连续喷墨通常采用低黏度墨水，其主要受惯性效应影响，$Oh \ll 1$。射流速度采用喷嘴出口半径 R 和瑞利毛细时间尺度(Rayleigh capillary timescale) $\sqrt{\beta R^3 / \gamma}$ 进行无量纲化。因此，初始的无量纲射流速度可由韦伯数定义：

$$We = \frac{\rho U^2 R}{\gamma} \tag{7.4}$$

式中，U 为平均射流速度。对于主导阶，曲率项 $K \approx 1/h$，为了引入轴向曲率效应，

并保持曲率精度超过 $h_z \ll 1$ 的限制，曲率的完整表达式为

$$K = \frac{1}{h\left(1+h_z^2\right)^{1/2}} + \frac{h_{zz}}{\left(1+h_z^2\right)^{3/2}} \tag{7.5}$$

式中，下标 z 表示对 z 进行微分。注意，K 的形式与平均曲率相同，但该曲率项的轴向和径向分量均为正值。

这种近似方法在大梯度附近有效性会有问题，如在连接流体系带和较大液滴的颈部区域。然而，即使长波假设不严谨[9]，这种描述方法仍然极其准确。在这种近似下，可以发现结果是高度量化的，通常代表断裂临界状态的精确解。特别是 Ambravaneswaran 等[10]细致比较了近似方法的解与完整纳维-斯托克斯方程的解，发现在广泛的参数范围内两个解具有极好的一致性。这种近似可以扩展到更高阶，理论上可以更好地描述非线性射流动力学行为。由于空间导数的阶数不断增加而难以计算，高阶近似方程通常不做研究。

得益于简洁性和高计算效率，这些一维方程的模型被开发并已成功应用于模拟液体射流、系带变薄[11,12]和液滴形成[10,13]。这些方程是简单连续喷墨模型的基础，有关模型的讨论将贯穿后文。

7.3.2 简单连续喷墨模型

简单的理想化建模过程完全忽略了喷嘴几何结构的细节，仅考虑了喷嘴出口处的动力学特征。特别是在一维模型中，假设驱动速度具有平推流特性，其中墨水速度在射流半径上分布均匀。然而，在实际喷墨中，喷嘴的挤压会产生泊肃叶流动，因此墨水速度在射流半径上呈抛物线状分布。喷嘴壁上的剪切力作用减慢了射流外部墨水的速度，因此射流的中心部分移动得更快。实验已经证明，在喷嘴出口下游足够远处，墨水速度在射流半径上呈均匀分布[14]。因此，一维模型足以捕捉连续喷墨的下游动力学特征。

射流系带断裂之后会产生球形墨滴，因此下游边界条件被假定为一个前进的球冠，其中 $K=0$。在欧拉坐标系中，墨水流经网格，因而采用了射流沿网格前进时"切换到"网格节点的算法。此外定义了一个断裂准则，当射流半径 h 小于规定的截止半径 h_c 时射流将断裂。若 $h=h_c$，则在断裂点处墨水头部与剩余的射流分离，并逐渐形成墨滴。将喷嘴出口到该断裂点的距离定义为射流的总断裂长度。截止半径通常设置为喷嘴半径的 1%以下，并且应确保 h 大于求解控制方程的数值方法所产生的空间误差。

使用自适应网格方案有利于解决连续喷墨打印问题。发生自由表面挤压的系带区域需要在足够细密的网格上进行求解，而喷嘴出口附近和较大墨滴中的动力学问题相对简单，故可以在更粗糙的网格上进行计算。因此，通过在高曲率区域

构造自动加密的自适应网格可以在减少计算时间的前提下进行求解。

　　为了驱动墨水喷射，可以使用两种方法。首先，喷嘴出口处的射流半径可以表达为

$$h(0,t) = 1 + \varepsilon \sin(2\pi f t) \qquad (7.6)$$

式中，ε 为振幅；f 为喷射频率。可以用半径调制来模拟喷嘴中的热波动，van Hoeve 等[15]采用了类似的方法。对于小振幅($\varepsilon \leqslant 0.01$)，瑞利型不稳定波从喷嘴出口向下游传播。尽管这些波与瑞利波密切相关，但它们的振幅随着到喷嘴出口的空间距离增大而不是随时间而增大，且仅在无限大韦伯数的限制条件下与瑞利波等效[16]。由于连续喷墨通常在较大韦伯数($We \approx 400$)限制条件下进行，瑞利理论被认为是描述喷射过程中线性动力学的有效方法。

　　墨水喷射通常由压力调制进行驱动，该调制转化为喷嘴出口处平均喷射速度的变化。因此，第二种方法是施加与时间相关的速度扰动：

$$v(0,t) = \sqrt{We}\,(1 + \varepsilon \sin(2\pi f t)) \qquad (7.7)$$

　　速度曲线调制不一定转化为自由表面高度的正弦变化，因此不稳定性不一定与典型的瑞利波有关。此外，在工业应用中采用了大振幅($\varepsilon > 0.1$)的驱动速度，这意味着非线性相互作用很重要，而瑞利稳定性理论没有考虑到这一点。

　　为了计算该一维连续喷墨模型预测的自由表面轮廓，可以使用一种简单的显式二阶有限差分法来求解细长射流方程[17]。为保证差分方法的稳定性和计算结果的准确性，必须同时选择时间步长和网格大小。例如，图 7.3 显示了基于这个简单连续喷墨模型和实际流体参数预测得到的典型射流形状和断裂模式。

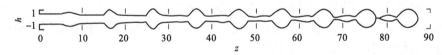

图 7.3　使用一维数值模型预测的连续喷墨自由表面

7.3.3　简单连续喷墨模型的误差分析

　　测试简单模型的计算精度与数值方法中采用的时间步长和网格尺寸之间的关系非常重要。对于简单连续喷墨模型，可以通过研究不同时间步长 $\mathrm{d}t$ 和网格尺寸 $\mathrm{d}z$ 下射流断裂长度的变化来进行误差分析。图 7.4 显示了无量纲断裂长度的平均值及标准偏差(平均值由 10 滴以上墨滴计算)。

　　图 7.4(a)显示了在固定网格间距 $\mathrm{d}z = 0.025$ 的情况下，断裂长度与时间步长 $\mathrm{d}t$ 之间的关系。尽管数值方法采用了二阶时间精度，并减小了时间步长，但断裂

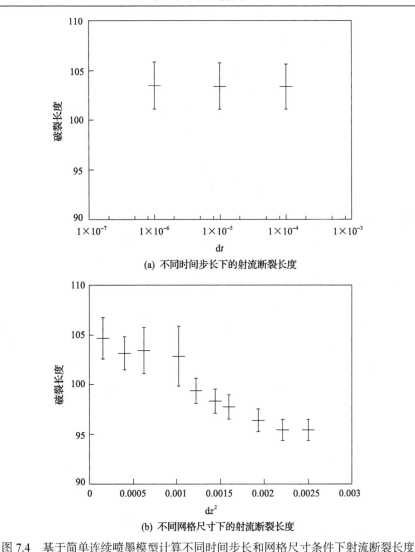

(a) 不同时间步长下的射流断裂长度

(b) 不同网格尺寸下的射流断裂长度

图 7.4　基于简单连续喷墨模型计算不同时间步长和网格尺寸条件下射流断裂长度

长度的变化依然很小(本案例中射流波长设置为 $9R$),且近似恒定(误差棒高约为2.3)。因此,断裂长度的偏差应该源自网格分辨率。

如图 7.4(b) 所示,对于不断减小的网格尺寸 dz 和固定时间步长 $dt = 10^{-5}$,射流的无量纲断裂长度收敛到约 104,且标准偏差仍然保持在一个射流波长内。然而,随着网格尺寸的增加,计算变得不准确并偏离了收敛值。正如预期,由于数值方法采用了二阶空间精度,断裂长度随 dz^2 的增加而线性减小。与直觉相反,网格尺寸越大,误差棒的高度反而越小。虽然细网格捕捉了所有断裂特征,但低分辨率无法捕捉到导致断裂长度发生变化的小型卫星液滴。因此,对于较粗的网格,由于只考虑了主液滴的形成,其计算的断裂长度的偏差反而较小。

7.3.4　瑞利理论对模型的验证

为了测试模型预测是否具有物理准确性，有必要依据参考基准来验证结果。这可以通过以下方式完成：将模型结果与实验观测结果或理论计算进行比较。对于喷射应用，通常根据 Rayleigh[18]推导的经典线性稳定性理论来验证模型。

在长波近似下，牛顿流体的色散关系如下所示：

$$\alpha^2 + \frac{3\mu k^2}{\rho}\alpha - \frac{\gamma k^2}{2\rho R}(1 - k^2 R^2) = 0 \tag{7.8}$$

式中，α 为增长率；R 为射流半径；$k = 2\pi/\lambda$ 为波数。因此，如果 $kR < 1$，那么射流是不稳定的，即射流波长 λ 大于射流周长。此外，求解式(7.8)中的最大增长率会得到最大的波数，这种情况下，射流被惯性效应主导，对应于最不稳定的波长 $\lambda^* \approx 9R$。色散关系的倒数乘以一个可用于描述初始扰动的任意常数可得到理论断裂曲线，并能预测特定波长下射流的最终断裂长度。

为了验证所描述的简单连续喷墨模型，在喷嘴出口半径上施加如式(7.6)所示的正弦变化来驱动射流，用以产生瑞利不稳定波。值得注意的是，因为瑞利理论在大韦伯数范围内有效，所以沿射流的扰动增长在空间结构上具有周期性，在这种情况下，线性分析能够适用于小驱动振幅。图 7.5 将简单连续喷墨模型预测的断裂长度与瑞利理论预测结果进行了比较。

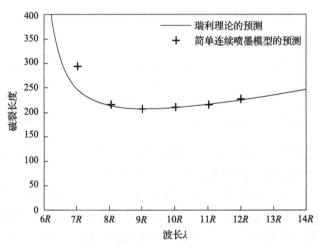

图 7.5　在一定波长范围内，简单连续喷墨模型计算的断裂长度与瑞利理论的预测值

一维模型的计算结果与瑞利理论的预测结果在一定波长范围内是一致的。事实上，最短射流由最不稳定波长 λ^* 产生，通过施加不同频率来增加扰动波的稳定

性可产生更长的射流。正如预期，由于细长射流近似法在短波长范围内有效，故当波长 $\lambda = 7R$ 时存在细微差异。因此，简单连续喷墨模型的计算结果在图 7.5 所示的线性区域内具备物理准确性。

下一步可进行的验证实验包括：确保所施加微扰的增长率 α 与特定波长的理论色散关系所预测结果一致；测试改变奥内佐格数对结果造成的影响。对于较大的奥内佐格数，黏性作用使得扰动波延迟，扰动的最大增长率会降低。因此，对于高黏度射流，扰动最大增长率降低使得最不稳定波的波长增加。

虽然线性理论提供了一个强大的验证手段，但连续喷墨打印的典型应用常在极大振幅下进行，使得动力学中的非线性相互作用在理论上没有得到很好的解释。因此，数值模拟为探索这种非线性行为提供了一个有价值的工具，但是必须对其进行实验验证。

7.3.5　探索参数空间

在分析连续喷墨打印工艺时，数值模拟允许对难以通过实验获得的各种条件和参数进行测试，它与实验数据同等重要。对于简单的一维连续喷墨模型，可以通过更改奥内佐格数和韦伯数来探讨不同流体性质对实验结果的影响，以及通过调整喷嘴出口上的驱动边界条件来探讨不同的喷射工况。从这些意义上讲，数值模拟有利于确定断裂行为类型，且可在不使用昂贵耗材（如墨水）的前提下确定最佳喷射工况。

例如，图 7.6 显示了速度调制振幅如何影响射流的断裂行为类型。一般来说，喷射出的墨水射流形成一系列系带连接的主液滴，而第一次收缩断开的发生取决于速度调制振幅。对于小幅值 $\varepsilon = 0.05$，第一次收缩断开发生在连接系带的下游，van Hoeve 等[15]观察到了类似的断裂模式。当幅值增加到 $\varepsilon = 0.1$ 时，断裂变为"反向"，第一次收缩断开发生在连接系带上游，这一现象通常在实验和工业应用中

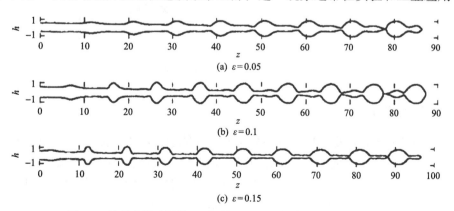

图 7.6　简单连续喷墨模型预测的三种不同调制振幅下射流形状

观察到[19,20]。但是，将幅值进一步增加到 $\varepsilon = 0.15$ 时会使第一次收缩断开又恢复到系带下游。

对于大多数连续喷墨打印应用，重要的是确定最佳操作窗口以避免产生卫星墨滴。通常，因为卫星墨滴通过与先导墨滴聚合从而可以被完全消除，所以连续喷墨打印最好采用反向收缩断开的方式。另外，尽管卫星墨滴可通过聚合进行消除，但下游断裂情况仍不太理想。通过增加调制幅值 ε 进行一系列数值模拟，可确定发生优先反向断裂的临界操作窗口。

图 7.7 显示了一条典型的断裂曲线，揭示了简单连续喷墨模型预测的射流断裂长度与调制振幅之间的关系，其中"×"表示观察到反向断裂的位置。除了突出显示最佳操作窗口，断裂曲线还预测了喷射行为的类型。例如，图 7.7 显示在小振幅范围内，正如瑞利理论所预测的那样，断裂长度呈现指数性衰减，对应能成功应用线性理论来描述射流断裂行为的振幅范围。在偏离这种指数特征的区域内，非线性相互作用变得更为重要。在这种非线性状态下，图中指定流体参数的理想调制条件为 10% 的调制振幅。不同流体性质对该操作窗口的影响可通过一维模拟快速得到。

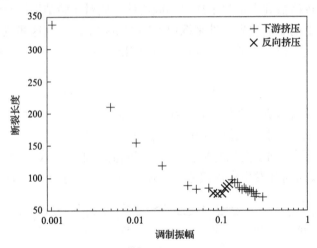

图 7.7　射流断裂长度与调制振幅的关系

7.3.6　数值实验

模拟技术不仅能探索广泛的参数空间，还能进行数值实验并测试当前技术可能无法实现的场景。例如，简单连续喷墨模型允许通过直接改变相关边界条件来快速调整驱动信号。众所周知，在速度调制中添加高次谐波会对连续喷墨的断裂行为产生显著影响。Chaudhary 和 Maxworthy[21]从理论上证明，在基谐模中加入适当的谐波来调制射流，可以控制卫星液滴的生成。

例如，考察添加二次谐波对速度调制的影响：

$$v(0,t) = \sqrt{We}\left(1 + \varepsilon \sin(2\pi f t) + \varepsilon \sin(4\pi f t + \theta)\right) \tag{7.9}$$

图 7.8 显示了添加此二次谐波分量将如何影响简单连续喷墨模型计算的自由曲面形状。特别是以此方式调整驱动信号，在下游观察到的收缩断开现象会与未添加二次谐波时观察到的收缩断开现象相反，故需要将最佳操作窗口移到较小的振幅。

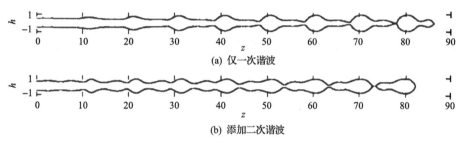

(a) 仅一次谐波

(b) 添加二次谐波

图 7.8   具有两种不同速度调制情况的一维简单连续喷墨模型计算的射流形状

在当前连续喷墨打印技术中，尽管可以向驱动调制信号中添加高次谐波以实现反向断裂，但模拟表明，为避免产生卫星墨滴，添加的高次谐波还需要偏移一个相位 θ，且两个谐波的系数应具有相同的数量级。在当前的连续喷墨打印头中，这些条件可能很难获得。

7.4   轴对称模拟

为了在驱动波形(特别是按需喷墨工艺)中将更真实的喷嘴结构和更多样的边界条件纳入考虑，必须放弃 7.3.5 节中讨论的一些简化。流场可能不再被假定为独立于径向坐标系，因此必须完全求解流动控制方程。然而，在绝大多数喷墨打印场景中，只要打印头几何形状是轴对称的，就可以在不丧失通用性的前提下将射流绕其轴线的轴对称性作为模拟的假设条件。在这个假设下，模型是轴对称的，射流和打印头的几何结构可在柱坐标系(包括轴向坐标 z 和径向坐标 r)中完全表示，流场与方位(角度)坐标无关，可在喷嘴出口的中心处获取坐标原点，随后可应用最合适的 CFD 技术对控制方程进行数值求解。

本节介绍通过上述形式建立轴对称模型而获得的各种结果，以证明可以通过计算机模拟来研究喷墨打印中的各类问题。此处阐述的模拟使用了由 Harlen 等[22]首次开发的拉格朗日有限元法，此法用于研究稀释聚合物溶液的蠕变流动。该方法已扩展到惯性流，并已应用于研究牛顿流体[23,24]和黏弹性剪切稀释液[25-27]，计算方法的更多细节可在上述参考文献中找到。简言之, 关于喷墨流动, 这种特殊拉格朗日有限元法的主要优点是在不进行数值扩散的前提下捕获射流的自由表面, 并能在适当的等变形参考系中模拟各种非牛顿本构关系。

7.4.1 连续喷墨

图 7.9 显示了 Castrejón-Pita 等[23]在大规模实验(通过阴影成像)中观察到的连续喷墨表面形状的比较, 两者使用相同喷射条件和流体参数和不同的调制振幅值。每幅图像都经过了裁剪, 只显示了射流断裂的附近区域。模拟射流(深色)与实验射流非常相似, 在一定参数范围内也发现了一致性。由于两幅图像之间存在较小的相对时间延迟, 与相应的阴影图像相比, 在模拟快照中可以看到稍长的墨滴拖尾。

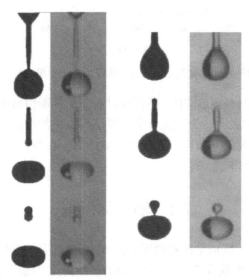

图 7.9　两种不同调制振幅值的简单连续喷墨断裂过程[23](版权归属美国物理学会)

图 7.9 所示的对比是轴对称数值方法及其对喷射流动建模的适用性验证步骤的一部分。与图 7.1 所示的简化相同, 在模拟中打印头的几何结构被简化为一个简单的喷嘴锥, 这种简化足以复现实验射流。当使用更详细的实验打印头内部模型时, 未观察到模拟射流与计算射流有显著差异。

对于给定流体, 连续喷墨的断裂模式既取决于调制振幅, 也取决于喷嘴出口直边段的纵横比 L/D, 其中 L 为长度, D 为直径。在一维模型中, 假设喷嘴出口处存在一个平推流速度曲线, 然而实际上流经狭窄收缩处的墨流在喷出时会产生非均匀速度曲线(通常为幂律), 较长喷嘴射出墨流的速度会在射流半径上产生更接近泊肃叶分布特征的变化。在轴对称模拟中, 通过改变喷嘴的纵横比来探索参数空间通常比较容易，但在实验中却很难实现。

图 7.10 显示了参数探索结果。在所有其他参数保持不变的前提下，改变喷嘴出口长度和调制振幅。根据卫星液滴是否在连续的主液滴之间形成，以及连接系带首次收缩断开是否发生在上游端或下游端(后者称为“反向”)，可对生成射流的断裂模式进行分类。参数空间中选定点上的模拟射流图像结果说明了断裂行为对喷嘴长度和调制振幅的强烈依赖性。在这项特殊研究内，采用喷嘴振动实现调制。在模拟中可以发现，对于简单正弦调制，喷嘴振动和等频率的进口流速调制这两种驱动方法之间存在等效性，且在对应振幅之间存在简单的转换规则。

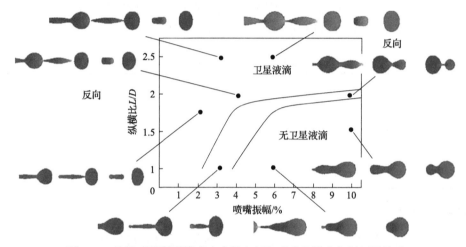

图 7.10　连续喷墨断裂模式中参数空间与喷嘴纵横比和振幅的关系

如图 7.10 所示，为了用足够分辨率覆盖可能的结果范围，参数空间的数值探索可能涉及数百个单独模拟案例。然而与一维模型相比，完整轴对称连续喷墨模拟的计算成本较高，因此需要开发一个包含这两种方法的混合模型。事实上，可以将轴对称模型中产生的射流表面不稳定性动力学数据作为输入调制，纳入前面描述的简单一维模型中，从而将两个模型拼接在一起。为了生成输入数据，可在轴对称模拟的早期阶段，在喷嘴出口下游的某个固定测量点处记录射流半径和截面平均速度。由于一维模型假设了一个简单平推流曲线，故测量点的位置距离喷嘴出口必须足够远，以使射流的截面速度分布大致均匀。然后对包含三个谐波分量的函数式进行傅里叶变换，得到插值多项式后再对记录数据进行插值，将所得波形用作一维连续喷墨模型中的“喷嘴”边界条件。这种方法在更简单的模型中产生了高度和速度扰动，且模型模拟了流体流经不同喷嘴的流动效应，而无须全程使用完整轴对称模型进行断裂模拟。

图 7.11 显示了拼接模型预测的射流表面形状，并与相同情况下的完整轴对称模型模拟结果进行了比较。拼接模型能够定性和定量地再现喷嘴流动产生的拉长

表面形状，与完整轴对称模型模拟结果一致。

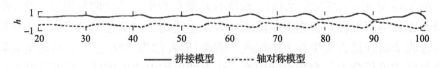

——— 拼接模型　·······轴对称模型

图 7.11　拼接模型与完整轴对称模型计算的射流表面形状的比较

表 7.1 总结了使用两种模型计算的运行时间。对于拼接模型，总运行时间被分解为轴对称模型模拟的早期阶段生成输入数据所需的时间，以及使用该输入数据运行一维模型所需的时间。使用拼接模型仍然可以捕捉特定喷嘴几何形状对射流表面不稳定性的影响，且总运行时间缩短了约 95%。

表 7.1　四种模型模拟所需计算时间(在 Dell 工作站，2.4GHz)

模型	时	分	秒
拼接模型(总计)	2	31	20
轴对称输入	1	48	55
一维模型	0	42	25
完整轴对称模型	55	8	12

7.4.2　按需喷墨

对于按需喷墨工艺，由于喷嘴腔中的大流量振荡和断裂的存在，一维模型并不合适。实际上，从打印头喷出的墨水系带的第一次分离通常发生在带有凹弯月面的喷嘴内部。因此，轴对称模型更适合模拟按需喷墨流动。图 7.12 显示了墨滴形成的四个不同阶段，将模拟结果与 Castrejón Pita 等[24]在相同流体参数下进行的大规模实验进行了比较。在相应研究中，模拟中的驱动波形直接基于喷嘴腔内实验流体的测量得到(使用激光风速仪和有机玻璃喷嘴)。这项研究有助于验证轴对称模型，以及确认实验使用的流体测量技术是否成功。

图 7.12　轴对称模拟和大规模实验的液滴形成比较[24](版权归属美国物理学会)

　　在所有按需喷墨模拟的问题说明中，最敏感的部分是如何描述驱动波形，以及如何在实际工艺导出数据的基础之上将驱动波形纳入模型中。例如，在打印头中，流动可能由换能器或压电元件的电信号引起，随后在喷嘴腔中产生压力和速度振荡。理想情况下，在模拟中人们希望对这种流动振荡进行精确测量以提供喷嘴入口的边界条件，并保持模型中喷嘴几何结构的轴对称性。但在实际工艺中，喷嘴腔中的流动并不总是已知的，因此可能需要对模拟中的流动进行一些反馈和校准，以确保模拟提供有意义的结果。然而一般来说，人们可以假设输入一个非常简单的方波形状的电信号，这会引起振幅发生近似正弦振荡的衰减，与这一简单假设的偏差是每个应用策略需要考虑的事情。

　　图 7.13 显示了一个由三支抛物线构成的简化驱动波形，它基于对工业数据的平滑拟合，其中驱动信号是时间的函数，并作为速度边界条件施加在喷嘴入口。该波形由三个主要相位组成，是一个"拉-推-拉"结构，可基于此波形进行任意变化获得所需的其他波形。在实际的喷嘴腔中，流动随着不断衰减的振荡能无限地继续下去。但由于在模拟中，墨水系带已发生收缩断开现象，因此在图例所示的三相之后入口流便发生"关闭"。三个相位的振幅和持续时间是可调参数，故允许在同一标准波形中考虑不同情形。模拟发现这种泛化波形可产生的模拟射流，与工业装置测量得到的系带形状、断裂时间和墨滴体积定量一致。

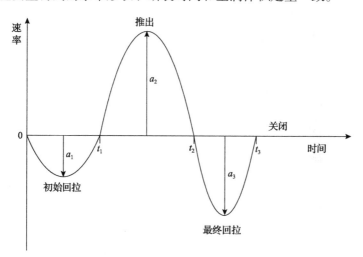

图 7.13　轴对称按需喷墨打印模拟中用作入口边界条件的标准驱动波形[25]
（版权归属 Springer Verlag）

　　Harlen 等[22]的拉格朗日有限元法最初用于处理某些黏弹性流体模型的本构关系，因此它特别适用于复杂流体的喷墨流动。图 7.14 显示了黏弹性流体模型中五组不同参数值的系带断裂结果，每组结果对应三个不同时间点，其中 c 为有效浓度，De 为德博拉数（参见聚合物的弛豫时间），L 为聚合物的延展性参数，这些参数与聚合物稀溶液的分子量和弹性模量有关。在上述研究中，喷嘴几何形状和驱动波形在所有模拟情况下保持不变，因此产生的墨滴具有不同的速度。事实上，在极端情况下，如图 7.14（e）所示，流体的弹性根本不允许发生断裂，此时系带缩回喷嘴，称为蹦极现象。

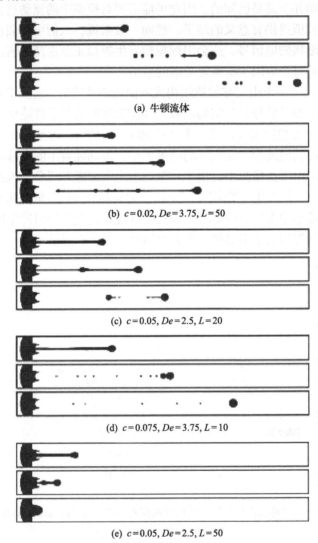

(a) 牛顿流体

(b) $c=0.02$, $De=3.75$, $L=50$

(c) $c=0.05$, $De=2.5$, $L=20$

(d) $c=0.075$, $De=3.75$, $L=10$

(e) $c=0.05$, $De=2.5$, $L=50$

图 7.14　五种黏弹性流体的轴对称按需喷墨模拟[25]（版权归属 Springer Verlag）

　　图 7.14 所示的五种具体情形定性代表了黏弹性射流实验研究中观察到的各类断裂行为[28,29]。一般来说，断裂行为可以分为几个突出类型，并具有相应的参数

空间。在图 7.15 中，黏弹性模型中断裂随黏弹性参数(c、De、L)的变化通过两个等高线图显示，每个等高线图中的 L 是固定值。由于整个参数空间是三维的，尽管随着 L 的增加，图片结果继续和图 7.15(b) 中的等高线图类似，但分区边界会进一步向牛顿流体方向压缩，反映出喷射强黏弹性流体的难度在增加。

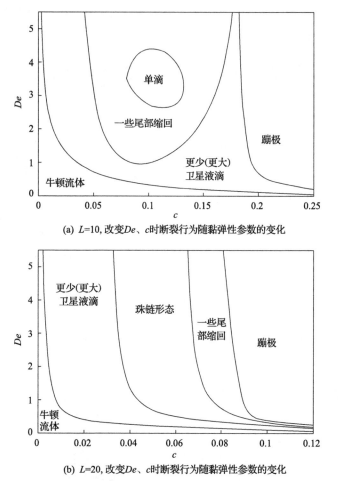

(a) L=10, 改变De、c时断裂行为随黏弹性参数的变化

(b) L=20, 改变De、c时断裂行为随黏弹性参数的变化

图 7.15　断裂行为对黏弹性参数的依赖性(黏弹性模型)[25](版权归属 Springer Verlag)

图 7.15 所示的参数图再次显示了仿真模拟可为喷墨工艺研究提供指导。数百组不同的黏弹性参数分别对应于数百种不同的流体，其中许多流体在实验室合成可能很困难且成本高昂,且一些流体在实际设备中使用可能也很危险。对于图 7.14 和图 7.15 所示的情形，驱动波形保持不变，可发现在许多黏弹性情形下，液滴速度比牛顿流体情形下慢得多。一般讨论的是定性结果的一致性，但人们可能希望考虑建立定量关系，以探求给定流体在给定的喷射速度下模拟和实验之间的一致

性。使用流变仪（详见第 1 章）测量了 DEP 中两种单分散聚苯乙烯（PS210）溶液的线性黏弹性模量，并应用齐姆理论获得黏弹性模型参数值：对于 1000ppm 和 2000ppm 溶液（1ppm=1×10^{-6}），$L = 20$、$De = 4.8$、$c = 0.023$ 和 0.046。使用这些参数的模拟结果如图 7.16 和图 7.17 所示，两图还展示了具有周期性同步喷嘴阵列的连续喷墨打印头喷射的真实流体照片。射流形状和长度间的密切相似性证明了轴对称模型定量表征黏弹性喷墨打印的能力。

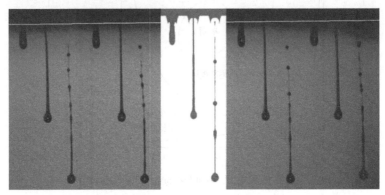

图 7.16　DEP 中 1000ppm PS210 模拟结果叠加在实验图像（SD Hoath）上[26]
（版权归属美国影像科学与技术学会）

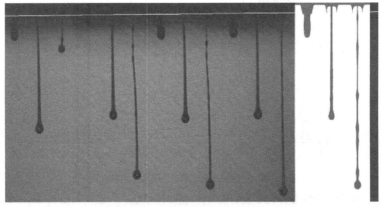

图 7.17　DEP 中 2000ppm PS210 模拟结果叠加在实验图像（SD Hoath）上[26]
（版权归属美国影像科学与技术学会）

7.5　三　维　模　拟

虽然轴对称模拟允许对各类喷墨工艺进行研究，但对工业研究人员感兴趣的一些问题来说，其对射流和喷嘴几何形状的轴对称假设可能过于严格。在这种对称性的假设不成立的情况下，有必要采用全三维模拟分别研究所有坐标系中的变化。虽然可以扩展前面概述的轴对称模型以研究不对称现象[30]，但当从头开始设计三维喷墨模拟程序时，最好（至少在最初）使用专门为工业环境中针对多物理应用场景设计好的商业 CFD 软件包。

如今，在喷墨打印会议上可能经常看到关于使用此类软件的设计和研发报告，如外部气流的影响、相邻射流相互聚合的影响，或对打印头制造中的潜在缺陷进行建模。例如，图 7.18 显示了具有"尾钩"的按需喷墨研究结果，其中喷射系带的尾部偏离了喷嘴的垂直轴。在这种情形下，故意使喷嘴板与水平轴成 7°夹角。使用商业软件 Flow-3D 的模拟结果与从大规模实验中获得的图像进行了对比，这些实验使用了有机玻璃喷嘴腔，这样可以显示打印头内部的弯月面，这些图像阐明了如何使用模拟来深入研究喷墨应用中的相关问题。

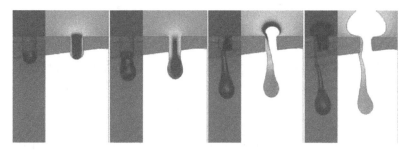

图 7.18　倾斜（7°）喷嘴板的按需喷墨尾钩研究[31]（版权归属美国影像科学与技术学会）

当使用商业软件包时，人们并不能完全了解其中应用的数值算法的所有细节，如如何控制自适应时间步长和网格分辨率。因此，在将模拟结果视为真实流体结果之前，需要测试软件对问题的适用性并确保生成结果在可接受的误差范围内收敛。默认设置可能不足以达到此目的，且可能需要进行一定程度的调整，以在结果精度和模拟时间之间进行平衡或折中。

图 7.19 显示了在所有其他参数和设置相同的情形下，使用 Flow-3D 对两个不同时间、三种不同网格分辨率（从左到右分别为"粗"、"中"、"细"）的按需喷墨模拟结果进行的简单定性比较。对于每种情形，在两个不同的时间点对射流图像进行比较。很明显，使用"粗"网格生成的墨水系带明显较短，不会分解为卫星液滴，这与使用"中"和"细"网格生成多个卫星液滴的结果完全不一致。"中"和"细"之间的较小差异是否可以被忽略取决于特定的要求。上述比较本质上就是一个简单的收敛测试，用以确定特定软件包中需要何种级别的网格分辨率才能得到特定流体的有意义模拟结果。

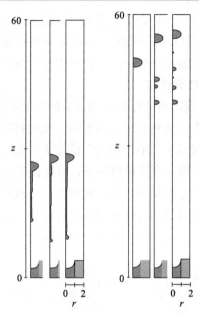

图 7.19　使用 Flow-3D 在两个不同时间、三种不同网格分辨率下对按需喷墨模拟的比较

参 考 文 献

[1] Fromm J E. Numerical calculation of the fluid dynamics of drop-on-demand jets[J]. IBM Journal of Research and Development, 1984, 28(3): 322-333.

[2] Shield T W, Bogy D B, Talke F E. A numerical comparison of one-dimensional fluid jet models applied to drop-on-demand printing[J]. Journal of Computational Physics, 1986, 67(2): 327-347.

[3] Schulkes R M S M. The contraction of liquid filaments[J]. Journal of Fluid Mechanics, 1996, 309: 277-300.

[4] Notz P K, Basaran O A. Dynamics and breakup of a contracting liquid filament[J]. Journal of Fluid Mechanics, 2004, 512: 223-256.

[5] Wilkes E D, Phillips S D, Basaran O A. Computational and experimental analysis of dynamics of drop formation[J]. Physics of Fluids, 1999, 11(12): 3577-3598.

[6] Feng J Q. A general fluid dynamic analysis of drop ejection in drop-on-demand ink jet devices[J]. Journal of Imaging Science and Technology, 2002, 46(5): 398-408.

[7] Fawehinmi O B, Gaskell P H, Jimack P K, et al. A combined experimental and computational fluid dynamics analysis of the dynamics of drop formation[J]. Proceedings of the Institution of Mechanical Engineers, Part C: Journal of Mechanical Engineering Science, 2005, 219(9): 933-947.

[8] Eggers J. Nonlinear dynamics and breakup of free-surface flows[J]. Reviews of Modern Physics,

1997, 69(3): 865.

[9] Eggers J, Villermaux E. Physics of liquid jets[J]. Reports on Progress in Physics, 2008, 71(3): 036601.

[10] Ambravaneswaran B, Wilkes E D, Basaran O A. Drop formation from a capillary tube: Comparison of one-dimensional and two-dimensional analyses and occurrence of satellite drops[J]. Physics of Fluids, 2002, 14(8): 2606-2621.

[11] Li J, Fontelos M A. Drop dynamics on the beads-on-string structure for viscoelastic jets: A numerical study[J]. Physics of Fluids, 2003, 15(4): 922-937.

[12] Clasen C, Eggers J, Fontelos M A, et al. The beads-on-string structure of viscoelastic threads[J]. Journal of Fluid Mechanics, 2006, 556: 283-308.

[13] Ardekani A M, Sharma V, McKinley G H. Dynamics of bead formation, filament thinning and breakup in weakly viscoelastic jets[J]. Journal of Fluid Mechanics, 2010, 665: 46-56.

[14] Castrejón Pita J R, Hoath S D, Hutchings I M. Velocity profiles in a cylindrical liquid jet by recon-structed veloci-metry[J]. Journal of Fluids Engineering, 2012, 134: 011201-1.

[15] van Hoeve W, Gekle S, Snoeijer J H, et al. Break-up of diminutive rayleigh jets[J]. Physics of Fluids, 2010, 22: 122033.

[16] Keller J B, Rubinow S I, Tu Y O. Spatial instability of a jet[J]. The Physics of Fluids, 1973, 16(12): 2052-2055.

[17] Press W H, Tekolsky S A, Vetterling W T, et al. Numerical Recipes in Fortran 77[M]. Cambridge: Cambridge University Press, 1992.

[18] Rayleigh L. On the instability of jets[J]. Proceedings of the London Mathematical Society, 1878, s1-10(1): 4-13.

[19] Chaudhary K C, Redekopp L G. The nonlinear capillary instability of a liquid jet. Part 1. Theory[J]. Journal of Fluid Mechanics, 1980, 96: 257-274.

[20] Kalaaji A, Lopez B, Attané P, et al. Break-up length of forced liquid jets[J]. Physics of Fluids, 2003, 15: 2469.

[21] Chaudhary K C, Maxworthy T. The nonlinear capillary instability of a liquid jet. Part 3. Experiments on satellite drop formation and control[J]. Journal of Fluid Mechanics, 1980, 96(2): 287-297.

[22] Harlen O G, Rallison J M, Szabo P. A split Lagrangian-Eulerian method for simulating transient viscoelastic flows[J]. Journal of Non-Newtonian Fluid Mechanics, 1995, 60(1): 81-104.

[23] Castrejón-Pita J R, Morrison N F, Harlen O G, et al. Experiments and Lagrangian simulations on the formation of droplets in continuous mode[J]. Physical Review E, 2011, 83(1): 016301.

[24] Castrejón-Pita J R, Morrison N F, Harlen O G, et al. Experiments and Lagrangian simulations on the formation of droplets in drop-on-demand mode[J]. Physical Review E, 2011, 83(3):

036306.

[25] Morrison N F, Harlen O G. Viscoelasticity in inkjet printing[J]. Rheologica Acta, 2010, 49: 619-632.

[26] Morrison N F, Harlen O G. Inkjet printing of Non-Newtonian fluids[C]. Proceedings of NIP27, Minneapolis, 2011: 360.

[27] Morrison N F, Harlen O G, Hoath S D. Towards satellite free drop-on-demand printing of complex fluids[C]. Proceedings of NIP30, Minneapolis, 2014: 162-165.

[28] Goldin M, Yerushalmi J, Pfeffer R, et al. Breakup of a laminar capillary jet of a viscoelastic fluid[J]. Journal of Fluid Mechanics, 1969, 38(4): 689-711.

[29] Bazilevskii A V, Meyer J D, Rozhkov A N. Dynamics and breakup of pulse microjets of polymeric liquids[J]. Fluid Dynamics, 2005, 40: 376-392.

[30] Morrison N F, Rallison J M. Transient 3D flow of polymer solutions: A Lagrangian computational method[J]. Journal of Non-Newtonian Fluid Mechanics, 2010, 165(19-20): 1241-1257.

[31] Harlen O G, Castrejón-Pita J R, Castrejon-Pita A. Asymmetric detachment from angled nozzles plates in drop-on demand inkjet printing[C]. International Conference on Digital Printing Technologies and Digital Fabrication, Seattle, 2013, 29: 277-280.

第8章　衬底上的墨滴

Sungjune Jung、Hyung Ju Hwang 和 Seok Hyun Hong

8.1　引　　言

液滴撞击无孔固体表面的动力学过程是界面流体动力学的经典课题，它出现在许多工业场景和自然环境中，如涂层、热表面的快速喷雾冷却、铝合金和钢的淬火、发动机喷射、雨水滴落、农药喷洒和喷墨打印等。根据液体和表面的特性，液滴撞击干燥表面会产生多种流动模式。不同种类液体的密度、黏度、弹性和表面张力各不相同，液滴速度和尺寸也显著影响着液滴撞击后的行为。固体表面可以是粗糙的或光滑的，疏水的或亲水的，化学均质的或异质的，平面的或非平面的，以及垂直的或倾斜的。如图 8.1 所示，液滴落在干燥表面上存在六种可能的结果：沉积、迅速飞溅、冠状飞溅、退散破裂、部分反弹和完全反弹[1]。

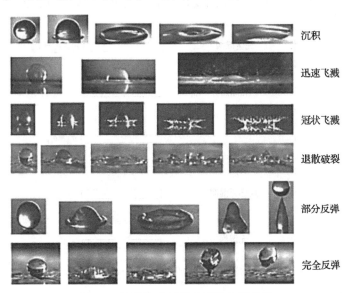

沉积

迅速飞溅

冠状飞溅

退散破裂

部分反弹

完全反弹

图 8.1　液滴撞击干燥表面的各种结果

平衡接触角 θ_{eq} 通常用来描述液滴润湿表面的程度，即气-液交界面与固体表面的夹角(图 8.2)。在无重力情况下，液滴成形形状实现其表面积最小化，进而实现系统自由能最小化。吉布斯自由能(Gibbs free energy)函数表明最小化自由能要求最小化三个界面自由能的总和 ψ ：

$$\psi = \sigma_{LF} A_{LF} + \sigma_{SL} A_{SL} + \sigma_{SF} A_{SF} \tag{8.1}$$

式中，σ 为表面张力；A 为面积；下标 LF、SL、SF 分别为液-气、固-液、固-气交界面。

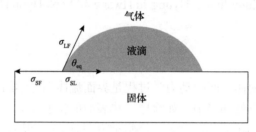

图 8.2　在固体表面上具有理想接触角 (θ_{eq}) 的液滴

对于均质平面，自由能最小时有

$$\cos\theta_{eq} = \frac{\sigma_{SF} - \sigma_{SL}}{\sigma_{LF}} \tag{8.2}$$

式 (8.2) 为杨氏方程，根据接触角的变化，液滴润湿特性如图 8.3 所示。

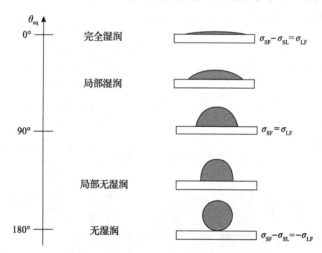

图 8.3　液滴润湿特性随接触角 (θ_{eq}) 的变化

理想情况下，铺展在平面均匀固体表面上的液滴只有一个平衡接触角 θ_{eq}，但实际上，可以测得许多稳定的接触角。两个相对可复现的接触角分别是角度最大的前进接触角 θ_A 和角度最小的后退接触角 θ_R。前进接触角可以通过在表面上推动液滴边缘来测量，后退接触角可以通过拉回液滴来测量，通常称这两个角度之间的差值 $\theta_A - \theta_R$ 为接触角滞后效应[2]。

　　为确定影响润湿过程的重要参数和液滴撞击的最终结果，业界进行了大量的实验、数值和理论研究，并实际应用于合金的涂层、喷漆、热表面的快速喷雾冷却以及泼溅淬火。在这些应用中，很多都需要全面理解润湿过程（如预测液滴润湿衬底某一特定区域的速度）。本章旨在更全面地理解液滴撞击固体衬底的机制。为此，首先观察喷墨打印墨滴撞击固体衬底的过程，然后引入基于白金汉 π 定理的量纲分析方法，这些有助于预测液滴在表面上的行为。

8.2　牛顿液滴撞击可润湿表面的实验观测

　　按需喷墨打印涉及墨滴在光滑、干燥固体表面上的扩散过程，具体可表述为五个连续阶段，即运动、扩散、弛豫、润湿和平衡，下面是喷墨打印墨滴撞击的实验观测结果。喷嘴喷射直径为 28μm 的 DEP 墨滴，并以 6m/s 的速度沉积到高度可润湿的氧化铟锡（ITO）涂层玻璃衬底上。如图 8.4 所示，每幅超短曝光拍摄的图像显示了初始撞击后墨滴不同时刻的状态，这些现象的可复现性使得这些图像可以用来确定沉积物形状和大小随时间的变化。每帧都显示了墨滴/沉积物的图像和它在衬底水平表面上的倒影。图 8.5 为 DEP 墨滴的速度为 6m/s 时，墨滴撞击等离子处理 ITO 涂层玻璃衬底的完整扩散曲线。高速成像设备捕获该连续过程的图

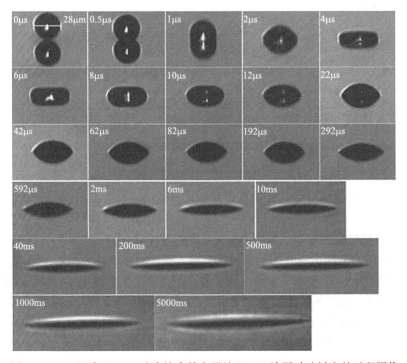

图 8.4　DEP 墨滴以 6m/s 速度撞击等离子处理 ITO 涂层玻璃衬底的过程图像

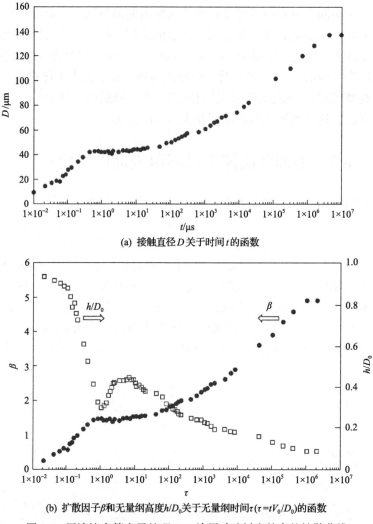

(a) 接触直径 D 关于时间 t 的函数

(b) 扩散因子 β 和无量纲高度 h/D_0 关于无量纲时间 τ ($\tau = tV_0/D_0$) 的函数

图 8.5　墨滴撞击等离子处理 ITO 涂层玻璃衬底的完整扩散曲线

像，追踪过程中墨滴形状、接触直径和最大高度的演化，其时间间隔从最初阶段的 100ns 到最后润湿阶段的 1s。

　　当液滴与衬底撞击时，最初会形成截断的球体(撞击后约 1μs)。在接下来的几微秒内，接触圆从撞击点开始呈放射状扩展，墨液的形状变为平坦的圆盘，如 4μs 时刻的图像(图 8.4)。然后，墨滴继续扩散，直到动能在大约 4μs 后瞬间变为零(扩散因子为 β^*)，此时墨滴高度达到最小值。此后 50μs 是弛豫阶段，在此期间，墨滴的边缘几乎没有移动，但其高度发生了显著变化。如图 8.4 所示，在 4~20μs，接触角逐渐减小。在此扩散阶段，扩散形成的墨水薄层弛豫成球冠状(如 22μs 和 42μs 的图像所示)。接下来，大约从 55μs 开始发生润湿现象，毛细力驱使液体进一步扩散直至达到平衡状态。这一过程比早期阶段历时更长，液滴扩散约 5s 后，其最终直径达到 140μs，约为初始撞击墨滴直径的 5 倍。

8.2.1　初始速度对墨滴撞击和扩散的影响

通过改变喷嘴驱动脉冲的幅值，将墨滴撞击速度控制在 3~8m/s 的范围内。因为速度小于 3m/s 时喷射很难复现，所以喷射速度不能进一步降低，并且可用的压脉冲限制了最大喷射速度。随着喷射速度从 3m/s 增加到 8m/s，初始墨滴直径从 25μm 增大至 28μm。在喷射速度为 3m/s 和 6m/s 时没有观测到卫星液滴，但在速度为 8m/s 的主墨滴之后出现次级墨滴。

图 8.6 显示了 DEP 墨滴撞击等离子处理 ITO 涂层玻璃衬底的运动阶段中（无量纲时间 $\tau < 0.25$）扩散因子的变化。无论撞击速度如何，当无量纲时间 τ 约为 0.2 时，所有墨滴的扩散因子 β 都达到 1。此外，对于这三种速度，扩散因子 β 与无量纲时间 τ 都遵循相同的幂律关系，这些点接近于一条指数为 0.5±0.03 的曲线。在 DEP 墨滴撞击等离子处理 ITO 涂层玻璃衬底的扩散阶段中（$0.2 < \tau < 1$）扩散因子的变化如图 8.7 所示。当时间为 τ^* 时，扩散因子稳定地增加到最大值 β^*。墨滴撞击速度越大，则扩散因子最大值 β^* 和对应的无量纲时间 τ^* 值越大。

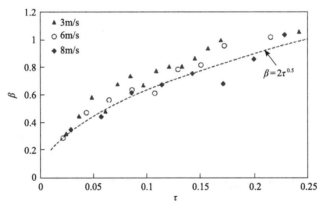

图 8.6　不同撞击速度下扩散因子 β 随无量纲时间的变化（运动阶段）

对于三种不同的撞击速度，图 8.8 显示了在 DEP 墨滴以三种不同速度撞击等离子处理 ITO 涂层玻璃衬底的弛豫阶段（$\tau^* \approx 1 < \tau < 10$）中扩散因子和动态接触角 θ_d 的变化。在早期，随着墨滴边缘液体向内弛豫，动态接触角 θ_d 下降，对于更高的撞击速度，这个过程更长。如图 8.9 所示，在 DEP 墨滴撞击等离子处理 ITO 涂层玻璃衬底的润湿阶段（$10 < \tau < 10^6$），接触线在表面上缓慢向外移动，接触直径逐渐增加。对于这三种撞击速度，直径都会以相同的方式增加，并遵循坦纳（Tanner）幂律预测法则（虚线表示），其指数在 0.103~0.108。最后，在平衡阶段毛细力驱动的运动持续了约 5s（至 $\tau \approx 2 \times 10^6$），直到接触线最终稳定在平衡状态。

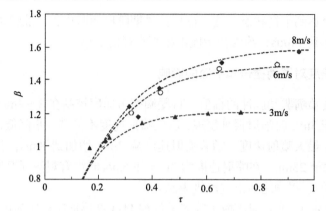

图 8.7 不同撞击速度下扩散因子 β 随无量纲时间的变化(扩散阶段)

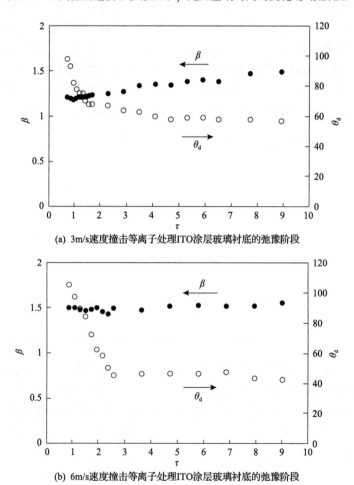

(a) 3m/s速度撞击等离子处理ITO涂层玻璃衬底的弛豫阶段

(b) 6m/s速度撞击等离子处理ITO涂层玻璃衬底的弛豫阶段

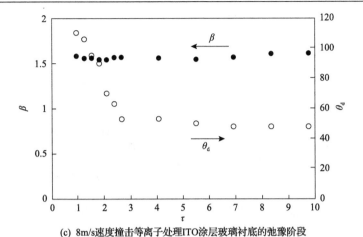

(c) 8m/s速度撞击等离子处理ITO涂层玻璃衬底的弛豫阶段

图 8.8 扩散因子 β 和动态接触角 θ_d 随无量纲时间的变化

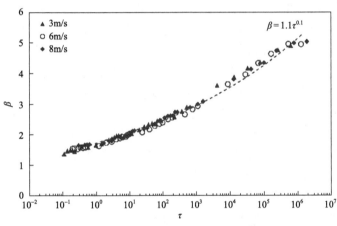

图 8.9 不同撞击速度下扩散因子 β 随无量纲时间的变化

虽然墨滴最初以显著不同的速度(为在 3~8m/s 墨滴速度的 7 倍)撞击衬底,并且在扩散阶段以不同的速度在表面上扩散,但它们在相同无量纲时间($\tau \approx 2 \times 10^6$)内都基本实现了相同的最终扩散比$\beta^\infty$($\beta^\infty \approx 4.9$)。

8.2.2 表面润湿性对墨滴撞击和扩散的影响

为了研究表面润湿性的影响,在不同衬底上进行了一系列实验,包括氧化铟锡涂层玻璃衬底、等离子处理氧化铟锡涂层玻璃衬底和聚四氟乙烯涂层玻璃衬底。除衬底外,墨滴速度、驱动波形、流体性质等其他所有条件均保持不变。图 8.10 为在经过等离子处理氧化铟锡涂层、未处理氧化铟锡涂层和聚四氟乙烯涂层玻璃衬底上,在 6m/s 的撞击速度下,DEP 墨滴的扩散因子在这三种衬底上的变化情况。

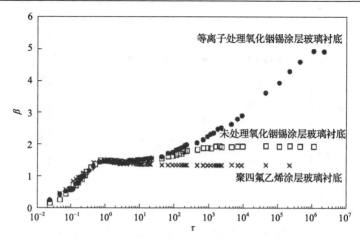

图 8.10　DEP 墨滴以 6m/s 速度撞击三种衬底的完整扩散曲线

如图 8.11 和图 8.12 所示，墨滴撞击未处理氧化铟锡涂层玻璃衬底和聚四氟乙烯涂层玻璃衬底时的连续变化图像。在运动阶段，扩散因子以幂律 $\beta \propto \tau^{0.5}$ 增加，所有衬底的前三个扩散阶段持续相同的时间。然而，在润湿阶段观察到表面润湿性显著影响扩散因子。尽管墨滴经历了与处理过的氧化铟锡涂层玻璃衬底相同 τ 值的毛细力驱使，但未处理氧化铟锡涂层玻璃衬底上的润湿过程仅持续到 $\tau \approx 10^3$，其指数为 0.06±0.003，偏离了坦纳幂律预测法则。一方面，由于润湿时间较短和运动速度较低，未处理氧化铟锡涂层玻璃衬底的 β^{∞} 比更易润湿的表面小得多（$\beta^{\infty} \approx$ 2），其表面润湿性的适度变化（θ_{eq} 为 4°～32°）导致润湿时间和最终墨滴直径的巨大差异。另一方面，对于聚四氟乙烯涂层玻璃衬底，未观察到润湿过程，且 β^{∞} 值

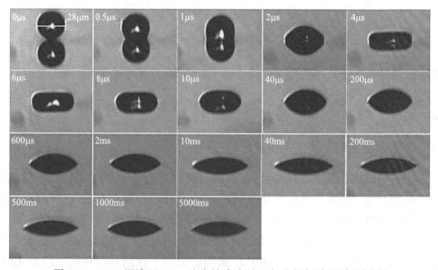

图 8.11　DEP 墨滴以 6m/s 速度撞击未处理氧化铟锡涂层玻璃衬底

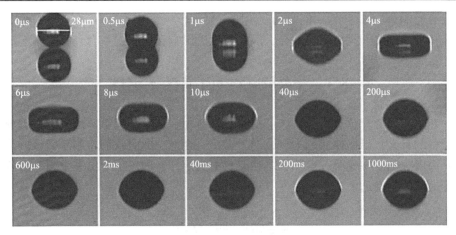

图 8.12　DEP 墨滴以 6m/s 速度撞击聚四氟乙烯涂层玻璃衬底

小于 β^*。

8.2.3　流体特性对墨滴撞击和扩散的影响

通过将甘油-水(glycerol-water, GW)混合物滴和 DEP 墨滴以 6m/s 的速度沉积在等离子处理氧化铟锡涂层玻璃衬底上,来研究流体黏度和表面张力的影响。比较一对黏度基本相同但表面张力不同(DEP 和 60∶40 甘油-水混合物)的流体和一对表面张力基本相同但黏度不同(60∶40 和 50∶50 甘油-水混合物)的流体,结果如图 8.13 所示。

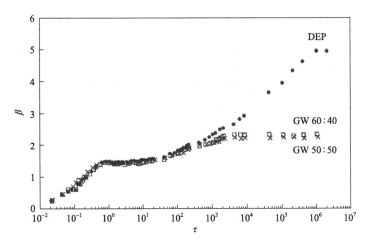

图 8.13　DEP 和 60∶40 甘油-水混合物(具有相同的黏度)以及 60∶40 和 50∶50 甘油-水混合物(相同表面张力)的扩散因子 β 随时间 τ 的变化

对于接触直径的扩张速度和最终扩散因子,表面张力对运动、扩散或弛豫阶段没有影响（见 8.2.1 节），但对润湿阶段有显著影响。相比之下，在整个沉积过程中，扩散曲线之间没有明显差异，因此黏度的影响在实验误差内，可忽略不计。

8.3　量纲分析：白金汉 π 定理

在本节简要介绍量纲分析法。出于教学考虑，从一个简单的例子出发解释量纲分析的含义。以抛体问题为例，向上抛出一个球，此时我们希望获得球的最大上升高度。基于牛顿第二定律和牛顿万有引力定律，即可推导出一个微分方程。由于地球的半径远大于上升高度，最终可得

$$\frac{d^2}{dt^2}h(t) = -g, \quad t > 0 \tag{8.3}$$

式中，$h(t)$ 为抛体抛射的高度；g 为重力加速度。求解式（8.3）得

$$h(t) = -\frac{1}{2}gt^2 + u_0 t$$

式中，u_0 为球的初速度。最大高度出现在 $t = t_m = \frac{u_0}{g}$ 处，此后 $\frac{d}{dx}h(t) = -gt + u_0 = 0$。然后得出最大上升高度为

$$h_m = h\left(\frac{u_0}{g}\right) = \frac{u_0^2}{2g} \tag{8.4}$$

现在通过量纲分析，将抛体问题简化为更简单的问题。用上述方法求解问题时，遵循两个步骤：建立微分方程和求解方程。然而在下文中，将说明量纲简化带来的便捷，即无需任何微分方程就可以得出相同答案。假设最大高度由球的质量 m、初始速度 u_0 和重力加速度 g 决定。那么将 $h_m=F(m, u_0, g)$ 写成一个适当的函数 F，现研究其量纲。

引入基本量纲：M 为质量，L 为长度，T 为时间。

然后，方程 $h_m=F(m, u_0, g)$ 由这些基本量纲组合而成：

$$[h_m] = \left[m^a u_0^b g^c\right] \tag{8.5}$$

相当于

$$L = M^a\left(\frac{L}{T}\right)^b\left(\frac{L}{T^2}\right)^c = M^a L^{b+c} T^{-b-2c} \tag{8.6}$$

式中，将速度定义为随时间变化的长度，将加速度定义为随时间变化的速度。通过比较式(8.6)两侧的指数，发现如下线性方程组：$a = 0$、$b + c = 1$ 和 $-b - 2c = 0$。求解这个方程组可得 $a = 0$、$b = 2$ 和 $c = -1$。将这组解代入式(8.3)，即可得

$$h_{\mathrm{m}} = C \frac{u_0^2}{g} \tag{8.7}$$

式中，C 为无量纲常数。在不求解微分方程的情况下，得到类似式(8.4)的结果。与微分方程法相比，量纲分析法更为简便，因为即使仅知道给定物理问题相应的物理量，就可以毫不费力地推导出合理的结果。然而，这种量纲分析法具有局限性，一般来说，仅通过量纲分析法可能找不到特定的解 F，而要获得 F，则需要推导微分方程或物理定律。对于抛体问题，通过量纲分析法很容易找到解决方案，但与此不同的是，对于其他问题则不能期望有这样的捷径。尽管如此，量纲分析的优点是将原来的问题简化为更简单的问题，8.4 节将深入讨论它的局限性和优势。

然而，这自然会产生一个问题：如果有一个量纲问题(如上述案例的抛体问题)，那么这个问题总有量纲简化的形式吗？实际上，量纲简化总是存在于白金汉 π 定理[3]中。自然现象由以下一般方程描述：

$$a = F(a_1, \cdots, a_k, b_1, \cdots, b_m) \tag{8.8}$$

式中，a 是未知量(如速度、高度、温度、电荷和宽度)；而 $a_1, \cdots, a_k$、$b_1, \cdots, b_m$ 是控制参数，使 $a_1, \cdots, a_k$ 具有独立量纲。式(8.8)可以简化为无量纲方程的形式：

$$\frac{a}{a_1^s, \cdots, a_k^t} = \Phi\left(\pi_1 = \frac{b_1}{a_1^{s_1}, \cdots, a_k^{t_1}}, \cdots, \pi_m = \frac{b_m}{a_1^{s_m}, \cdots, a_k^{t_m}}\right) \tag{8.9}$$

式中，$\pi_1, \cdots, \pi_m$ 和 $\dfrac{a}{a_1^s, \cdots, a_k^t}$ 是无量纲变量。

现在把白金汉 π 定理应用于上述抛体问题。该抛体问题具有隐式方程 $0 = F(m, u_0, g, h_m)$，对应于式(8.8)。如前所述，参数 m、u_0、g 有独立量纲，因此可以得到含有 m、u_0、g、h_m 的无量纲变量，即 $\pi_1 = \dfrac{h_{\mathrm{m}}}{u_0^2 / g}$。求解式(8.6)需要详细的计算。最后，得到一个无量纲方程：

$$0 = \Phi\left(\pi_1 = \frac{h_{\mathrm{m}}}{u_0^2 / g}\right)$$

对应式(8.9)。但这意味着 $\pi_1 = \dfrac{h_{\mathrm{m}}}{u_0^2 / g}$ 必须是常数，即

$$h_{\mathrm{m}} = C \frac{u_0^2}{g} \tag{8.10}$$

注意,求解式(8.10)正好等于求解式(8.7)。如前所述,抛体问题的解决带有运气成分,因此 $\pi_1 = C$ 对应于求解式(8.3)获得的解,通常直接使用白金汉 π 定理可能无法找到函数 $\varPhi$ 的精确表达式[4]。8.4 节将讨论白金汉 π 定理更详细的应用。本章应用白金汉 π 定理推导出墨滴撞击后的最大扩散直径,并讨论白金汉 π 定理在固体衬底上蒸发液滴问题中的应用,推导出墨滴半径的标度指数。

8.4 墨滴撞击动力学:最大扩散直径

在本节通过具体的例子来介绍白金汉 π 定理的应用。当液滴撞击衬底时,最大扩散直径 $R_{\max}$ 可用以下方程表示:

$$R_{\max} = F(\rho, R_0, V_0, \sigma, \mu, h_{\mathrm{m}}, g) \tag{8.11}$$

式中, ρ 为液体密度; R_0 为初始直径; V_0 为撞击瞬间速度; σ 为表面张力; μ 为动力黏度; h_{m} 为撞击阶段墨滴的最终厚度; g 为重力加速度。参数的量纲如下:

$$[\rho] = ML^{-3}, \quad [R_0] = L, \quad [V_0] = LT^{-1}, \quad [\sigma] = MT^{-2}$$

$$[\mu] = ML^{-1}T^{-1}, \quad [h_{\mathrm{m}}] = L, \quad [g] = LT^{-2}$$

现在能够应用白金汉 π 定理来解决一些问题,但选择具有独立量纲参数的方法并不唯一。例如, ρ 、 R_0 和 V_0 有独立量纲,但是 σ 、 h_{m} 和 g 也有独立量纲,所以需要仔细选择参数以获得特定目标的合理结果。一种观点是选择可在初始阶段处理的参数。当研究液滴时,可以调整它的初始速度或尺寸,此外,还可以调整表面张力 σ 或动力黏度 μ。重点是,想推导出有意义的输出数据,这些数据连续依赖于输入数据。物理学提出的一个问题是 $R_{\max}$ 如何持续依赖于液滴性质,如表面张力或动力黏度。因此,选择 ρ 、 R_0 和 V_0 作为独立参数,以便 σ 和 μ 具有简化的无量纲形式。换句话说,在式(8.8)的符号中,取变量 a 为 ρ 、 R_0 和 V_0,变量 b 为 σ 、 h_{m} 、 μ 和 g。根据白金汉 π 定理,存在一个类似式(8.9)的简化无量纲形式,然而白金汉 π 定理的陈述并没有提及如何找出精确的无量纲形式。因此,下面进行详细计算并推导出无量纲形式。式(8.11)由以下基本量纲组合组成:

$$\left[R_{\max} \right] = \left[\rho^a R_0^b V_0^c \sigma^d \mu^e h_{\mathrm{m}}^f g^i \right] \tag{8.12}$$

故

$$L = M^a L^{-3a} L^b L^c T^{-c} M^d T^{-2d} M^e L^{-e} T^{-e} L^f L^i T^{-i}$$

$$= M^{a+d+e} L^{-3a+b+c-e+f+i} T^{-c-2d-e-i}$$

通过比较给定方程两侧的指数，得出以下等效线性方程组：

$$
\begin{bmatrix}
1 & 0 & 0 & 1 & 1 & 0 & 0 \\
-3 & 1 & 1 & 0 & -1 & 1 & 1 \\
0 & 0 & -1 & -2 & -1 & 0 & -2
\end{bmatrix}
\begin{bmatrix}
a \\ b \\ c \\ d \\ e \\ f \\ i
\end{bmatrix}
=
\begin{bmatrix}
0 \\ 1 \\ 1
\end{bmatrix}
\tag{8.13}
$$

式中，已经将 ρ、R_0 和 V_0 视为独立参数。利用初等变换解式(8.13)的行简化形式：

$$
\begin{bmatrix}
1 & 0 & 0 & 1 & 1 & 0 & 0 & | & 0 \\
-3 & 1 & 1 & 0 & -1 & 1 & 1 & | & 1 \\
0 & 0 & -1 & -2 & -1 & 0 & -2 & | & 0
\end{bmatrix}
\rightarrow
\begin{bmatrix}
1 & 0 & 0 & 1 & 1 & 0 & 0 & | & 0 \\
0 & 1 & 0 & 1 & 1 & 1 & -1 & | & 1 \\
0 & 0 & 1 & 2 & 1 & 0 & 2 & | & 0
\end{bmatrix}
\tag{8.14}
$$

根据式(8.14)，可知 $a = -d - e$、$b = -d - e - f + i + 1$ 以及 $c = -2d - e - i$。因此，式(8.12)可重写为

$$
\left[R_{\max} \right] = \left[\rho^{-d-e} R_0^{-d-e-f+i+1} V_0^{-2d-e-i} \sigma^d \mu^e h_{\mathrm{m}}^f g^i \right]
$$

$$
= \left[R_0 \left(\frac{\sigma}{\rho R_0 V_0^2} \right)^d, \left(\frac{\mu}{\rho R_0 V_0} \right)^e, \left(\frac{h_{\mathrm{m}}}{R_0} \right)^f, \left(\frac{g R_0}{V_0^2} \right)^i \right]
$$

进而推导(由于指数 d、e、f 和 i 未确定)出无量纲形式：

$$
\frac{R_{\max}}{R_0} = \Phi \left(\frac{\sigma}{\rho R_0 V_0^2}, \frac{\mu}{\rho R_0 V_0}, \frac{h_{\mathrm{m}}}{R_0}, \frac{g R_0}{V_0^2} \right)
\tag{8.15}
$$

一个值得注意的点是雷诺数 Re 和韦伯数 We 分别为

$$
Re = \frac{\rho R_0 V_0}{\mu}, \quad We = \frac{\rho R_0 V_0^2}{\sigma}
$$

推导输出数据取决于撞击液滴的特性：表面张力 σ 和动力黏度 μ。无量纲形式方程(式(8.15))包含无量纲变量 $Re = \dfrac{\rho R_0 V_0}{\mu}$ 和 $We = \dfrac{\rho R_0 V_0^2}{\sigma}$，这与一开始的目标一致。剩下的问题是 $R_{\max} / R_0$ 如何持续依赖于 Re 或 We，以及如何获得 Φ。推导 Φ 的方法有两种：实验和建模(基本物理定律或更具体的模型，如微分方程)，接

下来将介绍如何获得 Φ。

8.4.1 黏性耗散主导表面张力

求解 Φ 所有涉及的变量绝非易事，所以经常关注一个主导地位的物理性质而忽略其他性质，并进行相应的渐近逼近。首先假定存在一种状态，其中黏性耗散主导表面张力，这意味着黏度耗散了撞击液滴的动能。具体来说，初始阶段液滴动能 $\frac{2}{3}\pi\rho R_0^3 V_0^2$ 几乎完全转化为黏性耗散。因此，根据能量守恒定律推导出

$$\frac{1}{2}\rho R_0^3 V_0^2 - E_{k,R_{\max}} \approx \frac{1}{2}\rho R_0^3 V_0^2 \approx \tau \cdot R_{\max}$$

式中，τ 为黏性力，$E_{k,R_{\max}}$ 是当直径等于 $R_{\max}$ 时的动能，再根据黏性力的定义，得到 $\tau \approx \mu R_{\max}^2 \dfrac{V_0}{h_{\mathrm{m}}}$。最后得出结论：

$$\rho R_0^3 V_0^2 \approx \mu \frac{V_0}{h_{\mathrm{m}}} R_{\max}^3 \tag{8.16}$$

此外，还有另一个体积守恒定律：

$$R_0^3 \approx h_{\mathrm{m}} R_{\max}^2 \tag{8.17}$$

通过结合式 (8.16) 和式 (8.17)，得到 $\left(\dfrac{R_{\max}}{R_0}\right)^3 \approx \dfrac{\rho V_0 h_{\mathrm{m}}}{\mu} \approx \dfrac{\rho V_0 R_0^3}{\mu R_{\max}^2}$，这意味着 $\dfrac{R_{\max}}{R_0} \approx \left(\dfrac{\rho R_0 V_0}{\mu}\right)^{\frac{1}{5}}$，从而有 $\Phi \approx Re^{1/5}$。

假设存在黏性耗散主导表面张力的机制，进而可忽略式 (8.15) 中 Φ 的变量 We。此外，假设液滴最终厚度远小于初始直径，进而也可以忽略变量 h_{m}/R_0。因此，在忽略重力效应的情况下进一步推导出 $\Phi \approx Re^{1/5}$。有关更详细的参数请参阅下面。

举一个黏性流体液滴撞击的例子，硅油（◇代表 300mPa·s、▪代表 20mPa·s）和黏性水-甘油混合物（◇）的实验数据如图 8.14 所示（○代表水），其中相对最大变形（$D_{\max}/D_0$）随雷诺数增加，并遵循 $D_{\max} \approx D_0 Re^{1/5}$ 的规律。

8.4.2 扁平煎饼模型

到目前为止，已经推导出了 Re 占主导地位情况下的模型。与 8.4.1 节相反，现在介绍 We 占主导地位的情况。可以认为加速度引起的重力克服了表面张力，

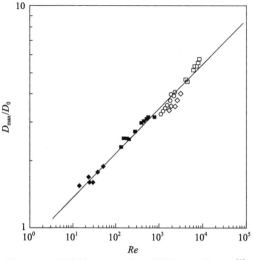

图 8.14 液滴的相对变形与雷诺数 Re 的关系[5]

从而使液滴变平，此时液滴大于毛细长度。其中，重力可以表示为 V_0^2 / R_0，这时撞击毛细长度为 $\sqrt{\dfrac{\sigma}{\rho V_0^2 / R_0}} \approx h_\mathrm{m}$。

现在，利用体积守恒定律 $R_0^3 \approx h_\mathrm{m} R_\mathrm{max}^2$，推导出 $\Phi \approx We^{1/4}$。

下面列举一个水滴落在疏水衬底上的案例[5]。图 8.15 (a) 中的快照图像显示了水滴 ($D_0 = 2.5\mathrm{mm}$) 以 $V_0 = 0.83\mathrm{m/s}$ 的速度撞击疏水固体衬底 ($\theta_\mathrm{eq} = 170°$)，得到 $We = 24$，第二幅图显示 $t = 0$ 时液滴撞击的情况。在 $t = 2.7\mathrm{ms}$ 拍摄的第三幅图中，液滴达到最大扩展量 $D_\mathrm{max} \approx 2D_0$ 形成扁平的圆盘状，然后它收缩并弹起（第七幅图）。为了描述在最大扩展量时圆盘状液滴的尺寸 D_max，可从图像中测量最大直径 D_max，然后用初始直径 D_0 进行标准化处理。

8.4.3 动能完全转化为表面能

此外，还提出了一种可以忽略黏度的机制，可以进行液滴撞击超疏水衬底的实验。超疏水特性带来高接触角，从而使黏性耗散最小化，因此初始动能完全转化为液滴表面能。在这种情况下，忽略式 (8.15) 中 Φ 的变量 Re。根据表面能定义，由假设归纳出以下能量守恒定律：

$$\rho R_0^3 V_0^2 \approx \sigma R_\mathrm{max}^2$$

这意味着 $\Phi \approx We^{1/2}$。关于更多细节详见文献 [6]～[8]。Collings 等[6]通过忽略黏性耗散，预测了最大扩散直径的上限：

$$\frac{R_{\max}}{R_0} = \left[\frac{We + 12}{3(1 - \cos\theta_{\mathrm{eq}})}\right]^{1/2}$$

式中，θ_{eq} 是固-液表面的平衡接触角。

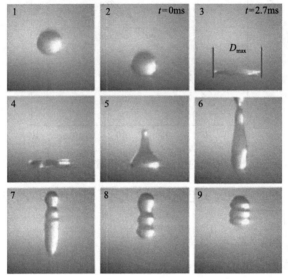

(a) 水滴撞击超疏水表面的高速成像(图像间隔时间2.7ms)

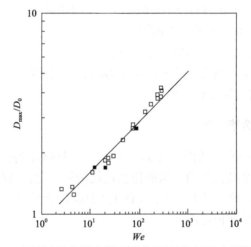

(b) 由液滴半径(扩散因子)标准化的最大液滴直径与韦伯数的函数关系(实线的斜率为1/4，空心方块对应水滴，而实心方块对应汞滴)

图 8.15　液滴撞击疏水固体衬底[5]

如果 We 足够大且 $1 - \cos\theta_{\mathrm{eq}}$ 不接近零（如液滴撞击超疏水衬底），推导出

$\Phi \approx We^{1/2}$。然而，Collings 等的模型也存在局限性，例如，黏性耗散只能在非常特殊的情况下被忽略，而杨氏方程中的 θ_{eq} 只能应用于液滴静止的情况。因此，Pasandideh-Fard 等[8]提出了一种替代模型来处理这些问题，当液滴处于最大扩散直径 R_{max} 时，使用前进接触角 θ_A 来估计表面能，这表示为

$$\frac{R_{max}}{R_0} = \left[\frac{We + 12}{3\left(1 - \cos\theta_A\right) + \dfrac{4We}{\sqrt{Re}}} \right]^{1/2}$$

式中，在 $We \to \infty$ 时，推导出 $\dfrac{R_{max}}{R_0} \approx Re^{1/4}$。这一结果表明表面张力效应和黏性耗散的结合产生了不同于黏性主导情况下（8.4.1 节）的规律。

在液滴整个撞击过程结束时，液滴在衬底上保持遵循杨氏角的平衡形状，在此阶段液滴蒸发并消失。本节应用白金汉 π 定理来研究蒸发液滴半径特性。关注接近于零的极限 $\Delta t = t_0 - t$，其中 t_0 是液滴体积的消失时间，因此决定蒸发液滴半径的参数是 Δt、扩散系数 D 和蒸气密度 $\varnothing$。这些参数与半径 R 之间的关系可用隐函数表示为

$$0 = F\left(\Delta t, D, \varnothing, R\right)$$

量纲为

$$[\Delta t] = T, \quad [D] = L^2 T^{-1}, \quad [\varnothing] = ML^{-3}, \quad [R] = L$$

变量 Δt、D、$\varnothing$ 具有独立量纲。现在进行详细计算，由量纲方程

$$[R] = \left[(\Delta t)^a D^b \varnothing^c\right], \quad L = T^a L^{2b} T^{-b} M^c L^{-3c} = M^c L^{2b-3c} T^{a-b}$$

可得以下线性方程组：

$$\begin{bmatrix} 0 & 0 & 1 \\ 0 & 2 & -3 \\ 1 & -1 & 0 \end{bmatrix} \begin{bmatrix} a \\ b \\ c \end{bmatrix} = \begin{bmatrix} 0 \\ 1 \\ 0 \end{bmatrix}$$

因此，很容易找到解为 $[a, b, c]^T = \left[\dfrac{1}{2}, \dfrac{1}{2}, 0\right]$。最终得出结论：

$$0 = \Phi\left(\pi_1 = \frac{R}{\sqrt{D\Delta t}}\right)$$

这意味着 $\pi_1 = \dfrac{R}{\sqrt{D\Delta t}}$ 必须是常数，所以 $R \propto (t_0 - t)^{1/2}$。因此，在消失时间附近，半径变化的临界指数为 $1/2$，这是在固体衬底上接触角为 $90°$ 的液滴蒸发情况，它可以看成最终的渐近行为。关于更多细节详见文献[9]。

以衬底上蒸发水滴为例。水滴被限制在狭小的盒子（1.5cm^3）里，其顶部有开口。实验数据如图 8.16 所示，半径 R 作为 $\Delta t = t_0 - t$ 函数的双对数曲线，对于这个蒸发液滴，实验数据遵循虚线表示的 $R \propto (t_0 - t)^{1/2}$ 定律。文献[10] 以及本书的第 9~11 章提供了衬底上液滴更多的基本情况。

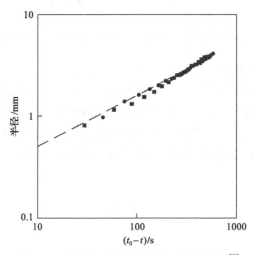

图 8.16　受限蒸发水滴半径随时间的变化[9]

参 考 文 献

[1] Rioboo R, Marengo M, Tropea C. Time evolution of liquid drop impact onto solid, dry surfaces[J]. Experiments in Fluids, 2002, 33: 112-124.

[2] Blake T D, Haynes J M. Progress in Surface and Membrane Science[M]. Pittsburgh: Academic Press, 1973.

[3] Buckingham E. On physically similar systems: Illustrations of the use of dimensional equations[J]. Physical Review, 1914, 4(4): 345-376.

[4] Butterfield R. Dimensional analysis for geotechnical engineers[J]. Geotechnique, 1999, 49(3): 357-366.

[5] Clanet C, Béguin C, Richard D, et al. Maximal deformation of an impacting drop[J]. Journal of Fluid Mechanics, 2004, 517: 199-208.

[6] Collings E W, Markworth A J, McCoy J K, et al. Splat-quench solidification of freely falling liquid-metal drops by impact on a planar substrate[J]. Journal of Materials Science, 1990, 25:

3677-3682.

[7] Bennett T, Poulikakos D. Splat-quench solidification: Estimating the maximum spreading of a droplet impacting a solid surface[J]. Journal of Materials Science, 1993, 28: 963-970.

[8] Pasandideh-Fard M, Qiao Y M, Chandra S, et al. Capillary effects during droplet impact on a solid surface[J]. Physics of Fluids, 1996, 8(3): 650-659.

[9] Shahidzadeh-Bonn N, Rafai S, Azouni A, et al. Evaporating droplets[J]. Journal of Fluid Mechanics, 2006, 549: 307-313.

[10] Bonn D, Eggers J, Indekeu J, et al. Wetting and spreading[J]. Reviews of Modern Physics, 2009, 81(2): 739-805.

第9章 墨滴聚结和线条的形成

Wen-Kai Hsiao 和 Eleanor S. Betton

9.1 墨滴聚结对打印图像成形的影响

喷墨打印已经成为一种先进的工业制造技术，主要应用于大幅图像复制、陶瓷装饰和其他小到中型图像的打印。与其他半色调和彩色打印工艺类似，喷墨打印通过青色、品红、黄色和黑色(CMYK)色彩模式以相互搭配的方式生成沉积微小墨滴所需的色域。因此，打印点位置的准确性对于良好的特征分辨率和色彩还原至关重要。因为当代工业喷墨打印头产出的单个打印点大小一般都低于人眼分辨率，所以可以通过这些打印点的相对位置和整体形态共同判断喷墨打印的"打印质量"。

喷墨打印的独特之处是打印头和接收介质之间不需要物理接触。特别是在处理易碎或高度结构化的表面时，喷墨打印虽然在提高打印点的位置精度方面具有一定的局限性，但能够提高沉积墨滴重叠的概率。此外，随着喷墨打印向高速、高通量方向发展，如单程 Web 打印应用(如高速标签打印机)，它在较低吸收性或非吸收性衬底上进行打印的趋势越来越明显。墨水的吸收量的减少会限制墨水的扩散，导致在衬底表面不受控制的墨滴发生聚结和混合的风险增加。此外，随着打印速度的增加，后期沉积的墨滴更有可能落在先前沉积的湿墨滴和湿层上，这种特性对打印质量的显著影响如图 9.1 所示。

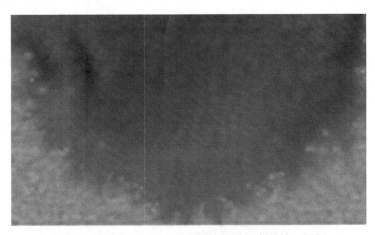

图 9.1 喷墨打印标签上过多墨滴聚结现象的特写视图

实际上，可以通过优化打印参数、加热衬底和加入紫外光(ultraviolet, UV)固化油墨等措施来减少墨滴沉积后的扩散，从而降低墨滴聚结和混合的风险，然而，随着对更高打印速度的需求持续增加，这些补偿措施最终将达到极限。因此，全面了解喷墨打印中墨滴聚结的动力学机理对于优化下一代工业打印机的打印质量至关重要。

9.2　墨滴聚结对功能材料和 3D 打印的影响

喷墨打印作为一种柔性材料沉积工艺，具有广阔的应用前景，可用于制造有机光学器件和晶体管，以及有机或无机导电线路等功能材料。然而，凸起形成和毛细管断裂一直困扰着喷墨打印技术在衬底表面精确打印自由线条和二维图形。Hebner 等[1]已经成功地使用标准台式喷墨打印机打印出发光图案，并在墨滴中掺杂聚合物制作了有机发光二极管(organic light-emitting diode, OLED)。然而，他们指出直接将金属制作的荫罩板对准聚合物打印点十分困难，他们认为出现不规则形状的打印点图像是因为没有对墨滴聚结进行优化。Shimoda 等[2]和 Sirringhaus 等[3]为了处理打印特征精度问题，在衬底表面上划分亲水和疏水区域，限制喷墨打印中功能性流体的扩散和聚结，尽管他们的方法已经成功地生产出了有机发光像素和全聚合物晶体管电路，但由于此方法需要预先规划衬底，从而限制了喷墨打印内在的灵活性。值得注意的是，Sirringhaus 等意识到如果在衬底表面没有划分亲水和疏水区域或规划打印策略，那么打印过程中可能会遇到凸起形成和毛细管断裂等问题。Gao 和 Sonin[4]通过打印熔化的蜡滴得到了柱状物、线和壁，证实了喷墨打印出自由线条的潜力，他们的研究结果表明，控制打印参数对于防止打印线条形成凸起是十分必要的。Schiaffino 和 Sonin[5]进一步确定了打印出无凸起线条的方法。

Davis[6]详细描述了无约束液流凸起形成的机理，后来 Duineveld[7]通过在衬底表面上喷墨打印出连续线条进一步完善了该机理。van den Berg 等[8]和 van Osch 等[9]后来的工作很好地验证了上述机理标准和动力学特性，例如，当接触线自由移动时，打印线条可能不稳定，以及凸起形成的数量与墨滴间距呈负相关。他们后来的研究工作表明打印参数(如墨滴间距)应根据所用衬底的表面能进行仔细调整，以避免产生不连续线条(墨滴间距过大)或形成凸起(墨滴间距过小)，如图 9.2所示。

Soltman 和 Subramanian[10]以及 Stringer 和 Derby[11]进行了进一步的研究，他们对线条形成的动力学过程进行了建模并对线条的稳定条件进行了预测，但在实践中对打印线条特征的优化仍然是在反复实验的基础上进行的。关于墨滴聚结和打印线条动力学的研究经验特别重要，尤其是那些侧重于验证分析模型的研究，以下两节将概述这两项研究。

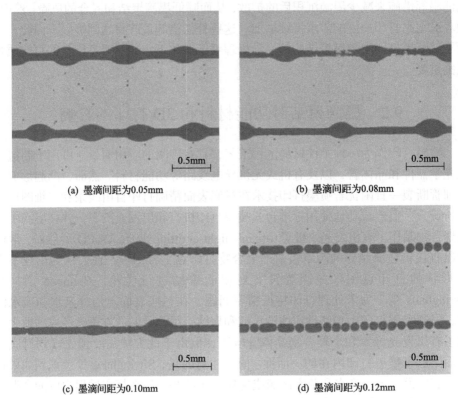

(a) 墨滴间距为0.05mm　　　　　　　　(b) 墨滴间距为0.08mm

(c) 墨滴间距为0.10mm　　　　　　　　(d) 墨滴间距为0.12mm

图 9.2　墨滴间距从 0.05mm 增加到 0.12mm 对应的打印线条从凸起到不连续变化图[8]

9.3　喷墨打印墨滴的聚结

9.3.1　表面上液滴的聚结

自 20 世纪 80 年代以来，人们在各种二维表面上对多种三维液滴在冷凝作用下的聚结进行了研究和建模，Meakin[12]给出了这项工作的详细总结。虽然这项工作在特定情况下对预测液滴大小和液滴分布非常有用，但它仅限于预测大块液滴的特性。Narhe 等[13]和 Andrieu 等[14]也研究了液滴在冷凝作用下的聚结，但其分析也仅限于两个液滴中单次液滴的聚结事件，并且只能得到聚结液滴长度和宽度的变化。

其他工作研究了在液滴聚结早期阶段，两个自由液滴从悬浮在打印头等待喷出到接触这一过程发生的颈缩行为[15,16]。Menchaca-Rocha 等[17]控制第二个液滴以极低的速度扩散，直到它与静止的第一个液滴聚结。如果液滴的扩散速度一直很慢，那么其动能与表面张力相比可忽略不计。当液滴在固体表面达到平衡时，气液界线和固液界线之间的夹角称为静态接触角。通过静态接触角可以判断材料对液体的亲疏程度，当静态接触角大于 90° 时，角度越大材料疏液能力越强；当静态接触角小于 90° 时，角度越小材料亲液能力越强。由于汞液滴的静态接触角约为 160°，所以使用汞液滴可忽略衬底表面的润湿性。在机械作用下，液滴能够自发地移动到一起而不需要液滴的生长，液滴相遇产生的电荷变化可以触发摄像机进行图像拍摄。

Kapur 和 Gaskell[18]对润湿流体(静态接触角大于 0° 且小于 90°)在二维衬底上的聚结进行了研究。他们将一滴水和甘油混合物放在载玻片一侧，然后扩散第二个液滴直到发生聚结，如图 9.3 所示。

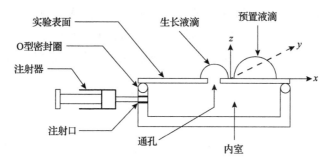

图 9.3　Kapur 和 Gaskell 采用液滴注射方法研究两个固着液滴的聚结[18]

实验中使用的液滴直径为 3mm，从侧面和上方以 13500 帧/s 的帧率对液滴聚结过程进行拍摄，测量了一系列具有不同黏度液体的颈部宽度增长率。他们发现单个液滴扩散速率符合理论公式 $A = kt^n$，其中 k 和 n 为经验系数，A 为液滴与衬底的接触面积。他们还发现 n 的取值在 0.62～0.8，这表明聚结液滴将以单个液滴扩散速度的上限进行扩散，且单个液滴碰撞衬底和液滴聚结发生在相似的时间尺度下。

Sellier 和 Trelluyer[19]将固着液滴的聚结过程分为以下三个阶段：①初始阶段，接触线不动，开始形成颈部区域(或液桥)，颈部宽度增加速率为 $\tau^{1/2}$，τ 为聚结时间；②中间阶段，颈部弛豫，接触线移动；③最后阶段，接触线的移动受到限制，聚结液滴弛豫成球冠状。

如图 9.4 所示，液滴聚结过程中的物理变化主要与颈部区域形成和扩张的动力学特性有关。当两个液滴开始聚结时，它们之间会形成一个微小的液桥，对于可以忽略初始速度的液滴，范德瓦耳斯力会促进液桥的初始形成。一旦液桥(或颈部区域)形成，它就具有较大的局部表面曲率，曲率越大则界面应力越大。因此，液滴中的流体会流入颈部区域并降低表面能，最终两个液滴会合并为一个液滴并达到平衡。

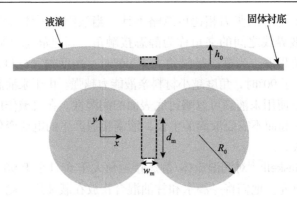

图 9.4　聚结期间形成的颈部区域的侧视图和俯视图

Case 和 Nagel[15]进行了一项实验，他们将一个液滴悬浮在空气中的针头上，使第二个液滴缓慢扩张，直到发生聚结，两液滴间会形成液桥，液桥的半径 r_n 比黏性长度 $l_v = \eta^2/(\rho\gamma_1)$ 大得多。对比液滴的界面应力和惯性力可以得出

$$\left(\frac{\gamma_1}{\rho\nu}\right)^{1/2} \propto \frac{\mathrm{d}r}{\mathrm{d}t} \tag{9.1}$$

对于两个半球形液滴，$\nu = r_n^2/R_0$，r_n 为液桥半径，ν 为特征长度，则微分方程的解为

$$r_n = C\left(\frac{4\gamma_1 r}{\rho}\right)^{1/4}(t-t_0)^{1/2} = C\left(\frac{4\gamma_1 r}{\rho}\right)^{1/4}\tau^{1/2} \tag{9.2}$$

式中，t_0 为液滴开始聚结时刻；r 为液滴半径；C 为一阶常量；液滴聚结时间 $\tau = t - t_0$；γ_1 为界面应力；ρ 为液体密度。根据式(9.2)可以得出 $r_n \propto \tau^{1/2}$，这与 Eggers 等[20]预测的一致。该模型也得到了 Menchaca-Rocha 等[17]研究结果的支持，他们发现汞液滴在粗糙玻璃上的颈部宽度增长速率为 $\tau^{0.41}$，Ristenpart 等[21]发现硅油液滴在 PS 材料上的颈部宽度增长速率为 $\tau^{0.53}$。

Kapur 和 Gaskell[18]通过 $\tau_2 = t\eta R_0/\gamma_1$ 估计无量纲化液滴的聚结时间，通过 $d_n = r/(2R_0)$ 估计颈部区域一半的宽度，从而找到了它们间的尺度关系 $d_n \propto \tau_2^{\alpha}$，他们在实验中还发现 α 的取值在 0.42～0.57。他们通过一组液滴聚结的侧视图照片，观察到液滴中的流体会流入颈部区域并产生毛细波，该波沿液滴长度方向传播，如图 9.5 所示，其中所有图像上都标记了第一个液滴的初始轮廓。在最初形成颈部区域期间液滴的高度不会降低，他们根据这一现象提出液滴中流体的流动不是由颈部区域上方流体的静水压力(由均质流体作用于一个物体上的压力，这是一种全方位的力，并均匀地施向物体表面的各个部位)驱动，而是由颈部内的负压驱动。流体惯性会使颈部区域高度超过初始液滴高度，从而导致液珠振动。Wang 等[22]观察到倾斜衬底表面上的水滴聚结会出现类似振动，振幅会随着黏性流体增加而减小，并且振幅会更快地衰减，振幅衰减速率与自由悬浮液滴的振幅衰减速率类似。

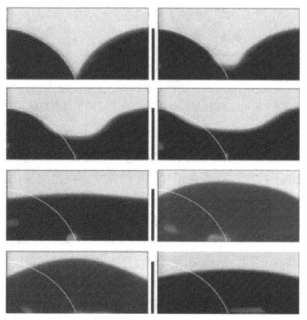

图 9.5　2mm 水滴在聚结期间的颈部区域动力学特性(中间的垂直比例尺为 1.6mm)[18]

Diez 和 Kondic[23]通过润滑近似方法(该方法假定液滴在水平方向上的特征尺度远远大于其在竖直方向上的特征尺度；液滴铺展由表面张力主导，且为不可压缩牛顿流体等温运动)和纳维-斯托克斯方程进行计算机模拟，以模拟两个液滴在完全润湿表面的聚结过程，该模型包含一个前驱液膜，它可以在颈缩点喷射小液滴。Roisman 等[24]与 Sellier 和 Trelluyer[19]使用了一个简单的几何模型确定颈部区域的宽度，如图 9.6 所示。

对于半径为 R_1 和 R_2 的液滴，勾股定理得出颈部区域的半宽度 R_n 为

$$R_n^2 = R_1^2 - d_1^2 = R_2^2 - d_2^2 \tag{9.3}$$

假设液滴的扩散长度近似恒定，有 $\Delta X = d_1 + d_2$，将其组合成一个非线性方程：

$$R_1^2 + R_2^2 - 2R_n^2 - \Delta X^2 + 2\sqrt{\left(R_1^2 - R_n^2\right)\left(R_2^2 - R_n^2\right)} = 0 \tag{9.4}$$

Sellier 和 Trelluyer[19]使用的润滑近似方法与 Diez 和 Kondic[23]使用的润滑近似

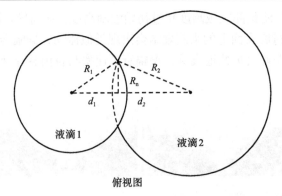

图 9.6　Sellier 和 Trelluyer 测量液滴聚结的几何参数设置[19]

方法相似。然而，应用于完全润湿系统的早期工作并没有考虑到接触角的滞后性（真实固体表面在一定程度上粗糙不平或者化学组成不均一，这就使得实际物体表面上的接触角取值不唯一，而是在相对稳定的两个角度之间变化，这种现象称为接触角滞后现象，上限为前进接触角，下限为后退接触角，二者的差值定义为接触角滞后）和钉扎，以及最终聚结液滴的平衡形状不是球冠状。Diez 和 Kondic[23]研究了液滴间距的影响，得出的结论为随着液滴间距的减小，液滴表面能会增加，从而加快液滴的聚结运动。所以液滴间距越小，颈部区域的宽度越大。Sellier 和 Trelluyer[19]通过一个实验扩展了他们的工作，他们在衬底表面放置一滴某种颜色的液滴，然后扩大除颜色以外其他属性都相同的第二个液滴，直到两个液滴开始聚结。拍摄的实验图像显示，在液滴聚结的早期颈部区域形成阶段，两液滴之间几乎没有发生混合。

9.3.2　墨滴碰撞后聚结

在喷墨打印中，墨滴碰撞衬底后仍然会扩散，此时两墨滴会发生聚结。较少文献研究了一个或两个墨滴在聚结过程中的运动情况。

Roisman 等[24]使用毫米大小的水滴，研究了液滴连续滴落的过程。他们研究的两个液滴中心偏移量不同，沉积的时间间隔也不同。使用直径为 2.5mm、速度为 3.36m/s 的水滴连续碰撞衬底，左右水滴偏移量为 8.4mm，水滴碰撞衬底的时间间隔为 0.9ms，从上面和侧面对液滴碰撞过程进行拍摄，成像结果如图 9.7(a) 和 (b) 所示。由于碰撞速度高和液滴尺寸大，该研究使用的碰撞体系与喷墨打印中墨滴的碰撞有很大不同，而且液滴碰撞后会飞溅并喷射出一大块液体。他们使用了一个类似于 Sellier 和 Trelluyer[19]的几何模型来跟踪液滴与大块溅射液滴之间碰撞线的运动，两者实验结果非常一致。

Li 等[25]最近的工作扩展了这项研究成果。他们通过控制液滴以较小的速度碰撞，使液滴碰撞后不会发生飞溅，然后研究了液滴间距对聚结液滴最终位置的影

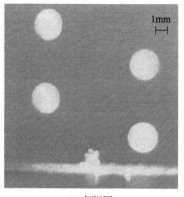
(a) 侧视图

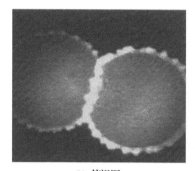
(b) 俯视图

图 9.7 水滴连续碰撞衬底过程[24]

响。这项研究成果也适用于打印行业，因为打印线条的厚度和稠密度也会受到液滴间距的影响。当第二个液滴靠近相邻的静止液滴时，线条会产生凸起的"缺陷"。他们在实验中使用了毫米大小的水滴和乙二醇(ethylene glycol, EG)，第一个液滴用注射器喷出，等待液滴沉积至平衡。在第二个液滴以 0.2~1m/s 的碰撞速度撞上相邻的第一个固着液滴前，衬底将被移动一段可控的距离。液滴聚结过程通过2000 帧/s 的摄像机进行拍摄，由于拍摄帧率不够大，无法详细捕获颈部区域的形成过程。该系统中出现了网状结构的组合液滴，所以存在最大和最小扩散长度，如图 9.8 所示。

Li 等[25]使用重叠率 λ 描述两液滴间的重叠量，其定义为

$$\lambda = 1 - \frac{\Delta x}{D_s} \tag{9.5}$$

式中，D_s 为第一个静止液滴的直径；Δx 为两液滴中心的偏移量(图 9.8)，所以 $\lambda = 1$ 说明两个液滴正面碰撞并完全重叠，$\lambda = 0$ 说明两液滴的边缘刚好接触。

无量纲扩散长度 ψ 定义为

$$\psi = \frac{D_y}{D_s + \Delta x} \tag{9.6}$$

式中，D_y 为两液滴聚结后测得的长度。

最大和最小无量纲扩散长度的定义如式(9.7)和式(9.8)所示。$D_{y,\max}$ 是两液滴聚结期间测得的最大扩散长度，$D_{y,\min}$ 是测得的最小扩散长度。

$$\psi_{\max} = \frac{D_{y,\max}}{D_s + \Delta x} \tag{9.7}$$

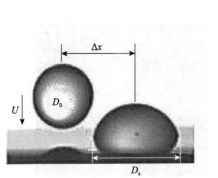

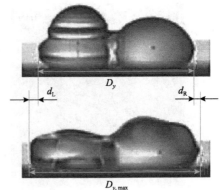

(a) 入射液滴直径 D_0 和静止液滴直径 D_s(侧视图)　　　(b) 扩散长度 D_y 和最大扩散长度 $D_{y,\max}$

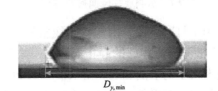

(c) 最小扩散长度 $D_{y,\min}$

图 9.8　液滴碰撞和聚结实验结果

$$\psi_{\min}=\frac{D_{y,\min}}{D_s+\Delta x} \tag{9.8}$$

两液滴完全聚结后在平衡状态下的形状为一个球冠状，此时 $D_y=\sqrt[3]{2}D_s$。将 D_y 代入式(9.6)得到平衡扩散长度为

$$\psi_e=\frac{\sqrt[3]{2}}{2-\lambda} \tag{9.9}$$

理想的液滴扩散长度 $\psi_i=1$。当第二个液滴滴落后不会使第一个液滴收缩且接触线不会向内移动时，才有 $D_y=D_s+\Delta x$，因而有 $\psi_i=1$。

图 9.9 显示了两液滴聚结的三种可能结果。当组合液滴的最大扩散长度大于理想扩散长度($\psi_{\max}>\psi_i$)时，在表面张力的作用下，组合液滴的边缘接触线会收缩，使得最小扩散长度小于理想扩散长度($\psi_{\min}<\psi_i$)，这种液滴的聚结机制称为组合液滴收缩造成的缺陷，如图 9.9(a)所示。当组合液滴的最大扩散长度大于理想扩散长度($\psi_{\max}>\psi_i$)时，如果表面张力不足以克服黏性力，那么组合液滴的边缘接触线会轻微收缩甚至不会收缩，使得最小扩散长度仍大于理想扩散长度($\psi_{\min}<\psi_i$)，这种液滴的聚结机制称为额外扩散，如图 9.9(b)所示。当组合液滴

的扩散长度不超过理想扩散长度时，这种液滴的聚结机制称为组合液滴非收缩造成的缺陷，如图 9.9(c)所示。这三种可能结果可用于计算两液滴聚结后液滴扩散直径的上限和下限。

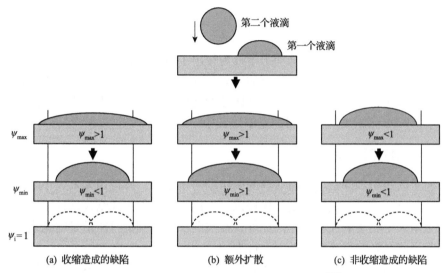

图 9.9　两液滴聚结后三种可能结果示意图[25]

当组合液滴的边缘接触线没有发生收缩时，对应的 ψ 是最适合喷墨打印的长度。通过图 9.10 可以估计缺陷会在何种情况下出现。该图主要可分为三个部分：由于组合液滴收缩造成的缺陷（ψ_e 线以上的浅灰色区域）；不是由于组合液滴收缩

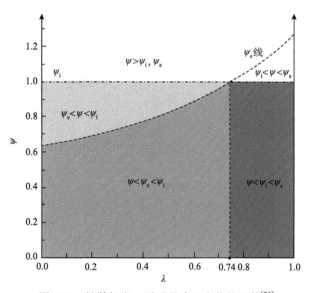

图 9.10　扩散长度 ψ 随重叠率 λ 变化的函数[25]

造成的缺陷（ψ_e 线以下的深灰色区域）；额外扩散（白色区域）。最终的扩散长度与韦伯数和奥内佐格数有关。

Li 等[25]定义了打印连续线条所需的临界扩散长度：

$$\psi_c = \frac{2(1-\lambda)}{2-\lambda} \tag{9.10}$$

这项工作为理解液滴聚结动力学行为作出了重要贡献。虽然此工作研究了液滴间距对液滴聚结的影响，但研究的液滴尺寸太大，以至于研究结果无法直接应用于喷墨打印，而且它也忽略了颈部区域的变化，并没有考虑该变化对液滴扩散的影响。9.3.3 节的实验研究目的是解决其中一些问题。

9.3.3　喷墨打印墨滴的聚结

前文已经初步探索了碰撞液滴的聚结动力学模型，并使用毫米大小的液滴进行了实验验证。虽然这些早期工作提供了有用帮助，但上述结果远远无法适用于使用微米大小墨滴的喷墨打印。此外，在实践中观察到的打印质量问题表明，液滴间距可能会影响液滴聚结动力学行为。

如前所述，当两个液滴在衬底表面开始聚结时，会在两个液滴之间形成一个液桥，颈部区域以 $\tau^{1/2}$ 的速率急剧扩张。由图 9.6 可知，通过基本的几何关系可以得到两个静止液滴间颈部区域的位置。液体黏度和接触角决定了固着液滴聚结时的扩散长度。对液滴聚结的研究表明，第二个液滴的碰撞速度十分重要，它会影响组合液滴最终形态是扩张还是收缩，可以根据两个液滴之间的偏移量（重叠或分离）估算组合液滴最大和最小扩散长度，如图 9.11 所示。

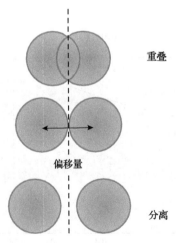

图 9.11　液滴聚结的重叠和分离示意图

下面介绍喷墨打印出的两个墨滴实时聚结过程，主要探讨两个墨滴的偏移量和早期颈部区域形成阶段对墨滴聚结的影响。

1. 实验装置

墨滴聚结实验使用的墨滴直径为 39μm，使用两个不同帧率的摄像机进行拍摄，墨滴碰撞阶段使用 500000帧/s 的摄像机，墨滴扩散润湿阶段使用 20000 帧/s 的摄像机。连续打印了两个墨滴，第二个墨滴在第一个墨滴旁边沉积之前，第一个墨滴要先碰撞衬底并扩散，其碰撞速度恒为 2.7m/s。将衬底安装在一个线性运动的工作台上，通过改变工作台的移动速度，可以精确控制墨滴的偏移量。选取视频的某一帧可以验证墨滴的实际偏移量，即已沉积的第一个墨滴中心点到即将落地的第二个墨滴中心点的距离。可以通过改变打印头的打印频率来控制两个墨滴的沉积时间间隔。

2. 颈部区域形成阶段的动力学行为

在墨滴碰撞阶段，使用摄像机以 2μs 的时间间隔拍摄两个墨滴聚结和扩散时颈部区域形成的动态过程。图 9.12 显示了在早期颈部区域形成阶段，第一个墨滴和第二个墨滴的偏移量慢慢增加的过程。

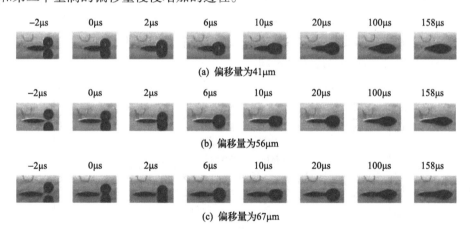

图 9.12 三种偏移量对应的墨滴聚结图（墨滴碰撞的时间延迟为 12ms）

通过测量组合墨滴的左右边缘距离可以确定墨滴长度。对碰撞墨滴直径归一化处理后得到复合扩散系数 $\xi = D_y / D_0$，其中 D_y 是组合墨滴的总宽度，D_0 是碰撞墨滴的直径。正如预测的那样，ξ 随着两个墨滴偏移量的增加而增加。

与 Sellier 和 Trelluyer[19]的几何模型结果相比，即便对于较小的墨滴偏移量，第二个墨滴的早期运动阶段也具有合理的一致性。总体来说，模型预测的准确性在后期弛豫阶段显著提高，如图 9.13 所示的在颈部区域形成阶段复合扩散系数 ξ 与无量纲时间 $t^* = t U_0 / D_0$ 的关系图，U_0 为墨滴碰撞初速度。

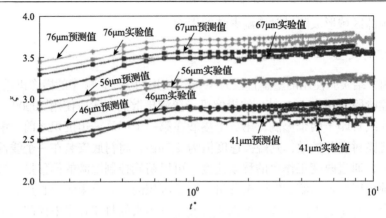

图 9.13　不同偏移量墨滴的复合扩散系数 ξ 与无量纲时间的关系

如图 9.14 所示，测量具有不同偏移量的两个墨滴(实线)碰撞衬底与单个墨滴(虚线)碰撞衬底在聚结时颈部区域形成期间的墨滴高度(墨滴的高度经过归一化处理)，可以发现对于不同偏移量的墨滴，其组合墨滴的最大高度相似。碰撞或聚结期间的墨滴最大高度主要与第二个墨滴的断裂和扩散有关，这说明在早期颈部区域形成阶段，两个墨滴的偏移量不会影响第二个墨滴的扩散。记录的组合墨滴最大高度与扩散阶段不同时刻的单个墨滴撞击干燥衬底表面得到的最大高度相似，这一事实进一步支持了上述结论。只有在最后润湿阶段，单个墨滴撞击衬底后的高度与组合墨滴的高度才会不同。

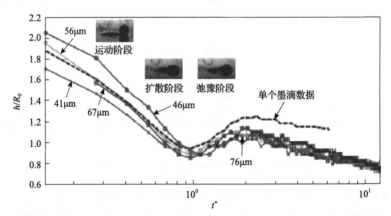

图9.14　具有不同偏移量的两个墨滴(实线)碰撞衬底与单个墨滴(虚线)碰撞衬底的墨滴高度变化

为了判断哪个墨滴对组合墨滴长度变化的影响最大，进行了以下实验。从视频某一帧中提取组合墨滴的左右边缘位置以获得墨滴长度。当第二个墨滴碰撞和扩散时，组合墨滴的长度在第二个墨滴处显著增加。对于所有不同偏移量的两个墨滴，第二个墨滴在碰撞第一个墨滴期间，第一个墨滴的左侧不会发生移动，此外，两个墨滴的偏移量不会显著影响组合墨滴接触角的大小，如图 9.15 所示。

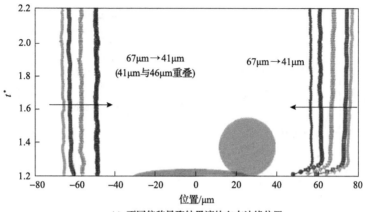

(a) 不同偏移量聚结墨滴的左右边缘位置

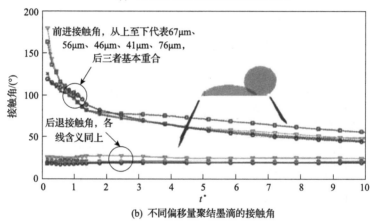

(b) 不同偏移量聚结墨滴的接触角

图 9.15　不同偏移量的组合墨滴的左右边缘位置和接触角

　　根据几何模型计算每个墨滴中心点到颈部区域的距离，结果如图 9.16 所示，d_1 和 d_2 分别代表第一个墨滴中心和第二个墨滴中心到颈部区域的距离。结果显示，随着两个墨滴偏移量的增加，第一个墨滴中心点到颈部区域的距离 d_1 显著减小，d_1 的减小可能是颈部区域向第一个墨滴移动或第一个墨滴的顶部向颈部区域移动造成的结果。由于第一个墨滴的半径(半径由墨滴顶部到左边缘的距离确定)增加幅度不如 d_1 的减小幅度大，所以 d_1 的减小很有可能是颈部区域向第一个墨滴移动造成的。该几何模型无法像实验那样动态预测 d_1 的快速减小，因此会过高估计 d_1 的大小，尤其是在后期扩散阶段该现象更为显著。此外，该模型也没能显示出第二个墨滴中心点到颈部区域的距离 d_2 大幅增加。从图 9.16 可以看出该几何模型能较好地预测了两个墨滴的半径变化过程，所以通过该几何模型可以判断出墨滴聚结时 d_2 的增加很有可能是颈部区域逐渐远离第二个墨滴造成的。

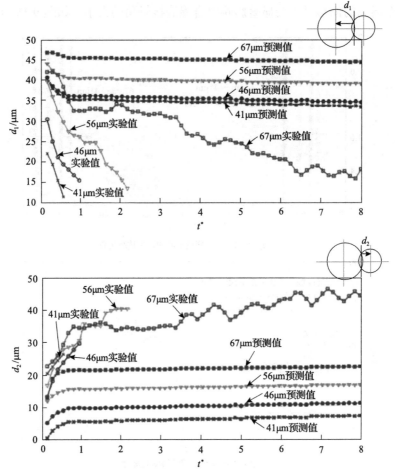

图 9.16　不同偏移量的组合墨滴中心点到颈部区域的距离变化

3. 讨论

实验结果表明，组合墨滴的复合扩散系数 ξ 与偏移量直接相关。对于较小的墨滴重叠量，这种相关性符合实验预期，但随着重叠量的增加，这种相关性会越来越不准确。具体而言，具有非常小偏移量的两对墨滴复合扩散系数 ξ 几乎相同，尽管偏移量有显著差异。该结果的潜在含义为当两个墨滴的偏移足够大，以至于允许第二个墨滴在目标表面上消散其冲击动能时，喷墨打印墨滴的聚结将由初始惯性力主导，而不受墨滴间距和其他墨滴相互作用的影响。

4. 小结

为了对众多工业打印和涂层印刷的打印质量进行优化，从打印头上喷射出的墨滴必须可控地与周围墨滴发生扩散和聚结，这样才能打印出连续且具有一致膜厚的线条。墨滴间距对墨滴聚结的影响很大，要想通过最小体积的墨滴获得最佳打印质量，对偏移量进行优化将十分重要。

后一个墨滴碰撞邻近且先前沉积墨滴的成像结果表明，墨滴间的相互作用不会影响第二个墨滴的扩散。采用一个简单的几何模型来模拟墨滴聚结早期阶段动力学过程，该模型假设第一个墨滴的直径在第二个墨滴的撞击过程中保持不变，并且第二个墨滴的直径扩散速率与单个墨滴撞击干净衬底表面的直径扩散速率相同。该模型本质上是假设第一个墨滴和第二个墨滴在碰撞及聚结期间没有发生相互作用。在第二个墨滴的碰撞、扩散和弛豫阶段，对于延时 12ms 的两个墨滴碰撞，预测得到的组合墨滴高度和长度与两个墨滴碰撞获得的实验结果具有良好的一致性，但是在扩散的后期润湿阶段，模型预测结果和实验数据之间的一致性出现显著下降。

在润湿阶段，墨滴长度的扩展速率会随着两墨滴偏移量的变化而变化。如果偏移量足够大，能够使第二个墨滴在聚结前撞击衬底并扩散，此时墨滴长度扩散速率会增加。总体来说，第一个墨滴和第二墨滴的偏移量越大，最终的复合扩散系数 ξ 也越大。对于延时 12ms 的两个墨滴碰撞，墨滴长度的增加主要取决于两个墨滴的偏移量。

9.4　打印二维特征和线条

上述实验工作表明，可以通过墨滴间距预测喷墨打印墨滴的聚结特性，此外，组合墨滴颈部区域的侧向移动表明，两个墨滴间的流体会择优选择一个方向移动。当使用喷墨打印机打印线条或二维特征时，这一特殊现象非常明显。

如前所述，在功能材料打印应用中，打印线条中形成的凸起和不均匀打印特征会对打印质量带来重要影响。衬底表面被拉长的液珠的稳定性（或不稳定性）是一个极具研究价值的课题，Duineveld[7]首次对喷墨打印线条的动力学特征进行了系统性研究。针对凸起不稳定现象，他提出凸起的形成是因为当沿液体管线的压力流（驱动流体流动的压力）足够大时，会将流体输送到具有规则间距的凸起中，这种压力流来自于液体表面的局部曲率变化，因为新沉积的墨滴局部曲率变化大，所以流体会优先从新沉积的墨滴流向已有液珠。虽然该机制类似于一对组合墨滴颈部区域周围的流体传输，但由于初始条件大不相同，直接类比并不合适。从本质上来说，Duineveld[7]研究的线条凸起发生在过多墨滴快速沉积的情况下，形成凸起的频率会随着墨滴间距减小或沉积速率增大而增加，这一现象能够帮助打印出具有最大稳定线宽的线条。但业界总是更希望能够打印出小且精确的功能材料，即打印出更小线宽的线条。通过使用体积守恒模型和假设墨滴接触线钉扎，

Stringer 和 Derby[11]探究了当墨滴间距小到能够避免产生扇形线条时如何打印出具有最小线宽的稳定线条。通过结合 Duineveld[7]的发现，他们进一步绘制了由平衡接触角、墨滴间距和打印速度确定的打印线条稳定区域图。

虽然上述工作已经建立了打印稳定线条的基本标准，但先前大多数分析和实验并没有充分研究线条形成的瞬态动力学特性。具体而言，虽然在大多数研究中使用墨滴间距和打印速度(即墨滴沉积时间间隔)来定义线条稳定区域，但很少有人研究新沉积墨滴和现有液珠之间相互作用的动力学行为。Soltman 和 Subramanian[10]已经提供了一个简单的模型来研究这种动力学行为，通过假设新滴落墨滴中的流体将优先流入已经存在并接触的液珠且液固接触线不会收缩(零后退接触角)，然后将衬底表面上自由扩散墨滴的半径与液珠的半径进行比较，确定了形成扇形线条的墨滴间距阈值。他们的模型概念较为简单，且只通过模拟仿真验证该模型，但没有通过实验验证。

下面概述一项最新的研究，主要验证 Soltman 和 Subramanian[10]的经验模型。Hsiao 等[26]通过在玻璃表面使用水溶性液体(水和乙二醇混合物)进行喷墨打印，研究了墨滴间距和打印时间间隔对液珠稳定性的影响。此外，与接触线单向钉扎(即接触线不能收缩)的一般先决条件相比，液体在固体衬底上后退接触角不为零的应用更为广泛。

9.4.1　墨滴-液珠聚结模型

Soltman 和 Subramanian[10]提出了一个模型，该模型假设存在一个几何结构，能够使连续沉积的墨滴在非吸收性表面上形成线性液珠，如图 9.17 所示。

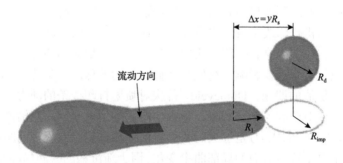

图 9.17　沉积墨滴形成线性液珠示意图[26]

进一步假设接触线不会后退，以便于重叠墨滴中的流体流入已有液珠。Soltman 和 Subramanian[10]提出了一个几何模型用于描述碰撞墨滴与先前沉积墨滴形成液珠的过程。如果半径为 R_d 的墨滴在衬底表面与已有液珠合并会形成一个半径为 R_l 的圆柱形液珠，可以得到 R_l 与墨滴间距 Δx 的平方根成反比的函数：

$$R_1 = \sqrt{\frac{8}{3} \frac{R_d^3 \psi}{\Delta x}} \tag{9.11}$$

式中，ψ 为与表观静态接触角 θ_s 相关的函数：

$$\psi = \frac{\pi}{2} \frac{\sin^2\theta_s}{\theta_s - \sin\theta_s\cos\theta_s} \tag{9.12}$$

假设液珠尾部的半径为 R_1，则新滴落的墨滴在接触已有液珠之前，它可以扩散的最大接触半径为

$$R_{imp} = \Delta x - R_1 \tag{9.13}$$

由式(9.11)和式(9.13)可知，随着 Δx 的大幅增加，R_1 会减小，R_{imp} 会增加。当 R_{imp} 大于 R_1 时，可能会打印出扇形线条。随着 Δx 进一步增加，R_{imp} 会接近其稳态(最大)值 R_s，滴落的墨滴在最终形成单个孤立的沉积墨滴前，仍然会成对合并。通过绘制无量纲半径 $R_1^* = R_1/R_s$ 和 $R_{imp}^* = R_{imp}/R_s$，以及无量纲墨滴间距 $y = \Delta x/R_s$ 的对比图，Soltman 和 Subramanian[10]确定了打印线条的四种理论形态：具有平滑边界的连续线、鳞状纹线、成对墨滴和单个沉积墨滴。

尽管 Soltman 和 Subramanian[10]根据 Flow-3D 得到的仿真结果支持了他们的模型，但没有实验数据能证明他们提出的墨滴与液珠相互作用动力学行为是有效的。虽然他们观察到打印线条的形态通常符合预测的打印线条形态，但考虑到干燥和撞击惯性的影响，需要对线条打印进行定性调整。此外，他们的模型没有考虑到后续墨滴中的流体流动对已有液珠形态造成的影响，Duineveld[7]观察到这一因素可能在打印较短线条或减小凸起形成方面具有重要作用。下面进行的研究将对墨滴与液珠的相互作用动力学行为进行实时可视化，并考虑接触线移动的情况，该研究的主要目的是验证 Soltman 和 Subramanian 模型中的假设，并扩展喷墨打印的应用，使其在任何疏水表面都能打印出连续的线条。

9.4.2　实验和观察

乙二醇和去离子水混合物(质量分数为 82.5%的乙二醇)从 MicroFab 打印头喷出，MicroFab 打印头由毛细玻璃管外表面黏合环形压电材料组合而成，毛细玻璃管一端的倒锥形孔口是喷头的喷嘴，孔径为 80μm。使用定制的气动控制器来调节储液罐中的压力，进而控制喷嘴处弯月面的位置。使用专用控制器放大双极性波形，产生名义直径(又称平均外径)为 75μm、速度为 2m/s 的墨滴。喷嘴出口和衬底之间的距离保持在 1.5mm。使用的衬底为标准载玻片，使用洗涤剂手洗衬底后，

再依次用去离子水、过滤的丙酮和异丙醇冲洗衬底，最后在 120℃烘箱中最少干燥 2h。Hsiao 等[26]列出乙二醇和去离子水混合物（质量分数为 82.5%的乙二醇）在清洁玻璃表面上的流体性质以及测得的静态、前进和后退接触角，三个接触角分别为 θ_s、θ_A 和 θ_R，如表 9.1 所示。

表 9.1　乙二醇和去离子水混合物在清洁玻璃衬底上流体性质和界面性质

$\rho / (\mathrm{kg/m^3})$	$\mu / (\mathrm{mPa \cdot s})$	$\gamma / (\mathrm{N/m})$	$\theta_s /(°)$	$\theta_A /(°)$	$\theta_R /(°)$	ψ	$R_s /\mu\mathrm{m}$
1016	10	0.054	34±5	44±5	20±5	0.26	70±3

使用定制的打印和成像仪器进行打印实验。打印头安装在一个温控支架上，支架固定在一个行程为 50mm 并装有电机的线性运动工作台上。衬底安装在移动范围为 55mm×75mm 的手动 x-y 轴工作台上。打印头和衬底工作台安装在旋转底座上，两者相互分离，因此在打印头移动期间，衬底会避免受到装有电机的线性运动工作台振动的影响。成像区域由金属卤化物灯背光照明。以 21052 帧/s 的摄像机持续记录 308ms 线条形成的影像图，然后使用具有高倍率光学系统（美国 Navitar 公司的 12 倍变焦镜头和日本 Mitutoyo 公司的长工作距离明场物镜 15 倍 Plan Apo）的高速摄像机（Phantom v7.3, Vision Research）以 1000 帧/s 的帧率持续记录 3.5s 影像。

五个墨滴按照一定的时间间隔从打印头喷出，打印头喷射的墨滴会在衬底上形成打印线条。改变打印头速度和墨滴喷射频率可以分别调整墨滴间距和打印时间间隔。在使用 MATLAB 程序处理前，需要将高速摄像机拍摄的视频转换为单个图像。

1. 液滴间距的影响

图 9.18 显示了 5 个液滴在标准载玻片上沉积线条的形成过程，这 5 个液滴是乙二醇-水混合物，并具有不同的液滴间距。拍摄这些图像的透镜光轴入射角不为零，因此在每一帧图像中都可以在衬底表面看到液珠和液滴的倒影。

液滴间距 Δx 从 50μm 增加到 130μm，液滴沉积时间间隔 Δt 恒为 40ms。液滴碰撞衬底后，衬底会向左移动一个液滴间距，以便下一个液滴滴落。在较小的液滴间距（Δx =50μm 和 75μm）下，尽管接触线会移动，但沉积液滴仍能在载玻片表面形成连续线条。在打印期间和打印后，可以观察到打印线条的右边缘（"尾部"）会出现收缩现象，然而，液滴间距越小，后续滴落的液滴与已有液珠间越容易形成液桥，形成的液桥能够消除间隙，从而保持打印线条的连续性。由于接触线收缩，以及第五个液滴与已有液珠的间距较大，导致无法消除液滴间隙，在 Δx = 105μm 处达到打印线条连续性阈值。更有趣的是，当液滴间距进一步增加到 130μm 时，打印线条再次变得稳定和连续。这种动力学机制将在后续章节进一步讨论。

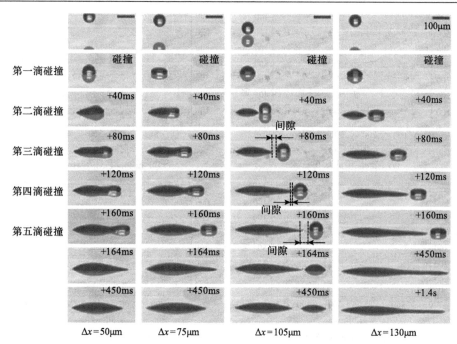

图 9.18　在不同液滴间距下得到的线条形成动力学图[26]（液滴沉积时间 Δt =40ms，
比例尺为 100μm）

　　为了量化观察结果，对打印线条形成动力学行为进行了分析。图 9.19 显示了
打印线条边缘的运动（左对应线条头部，右对应线条尾部），以及打印线条与接触
角动力学特征的关系。需要注意的是，打印线条边缘向外扩展的标志是尾部边缘
X_T 长度的增加，或头部边缘 X_L 长度的减少。如预期的那样，尾部边缘 X_T 会随
着每个液滴的滴落和碰撞而逐步增加。另外，除了第一个液滴最初的扩张（第一个
液滴的扩散）以及在较小液滴间距（Δx =50μm 和 75μm）下第二个液滴碰撞后造成
的较小变动外，头部边缘 X_L 在大部分情况下都保持稳定。头部边缘和尾部边缘
的接触线移动表明，撞击惯性影响局部（尾部边缘）流体的运动，而不是全局（头部
边缘）流体的运动，这一假设得到边缘接触角动力学的进一步支持，因为只有尾部
接触角 θ_T 在每次液滴碰撞时变动最大。

　　此外，对于任何间距的两个液滴，其打印线条尾部边缘的收缩都清晰可见。
一般来说，直到第四个液滴，尾部边缘收缩才变得非常显著，因为在 Δx =105μm 处
观察到不连续的打印线条。与同一时刻较小液滴间距对应的打印线条类似，Δx =
130μm 对应的打印线条尾部接触线也会保持钉扎，但在 1s 后会开始收缩。该打印
线条的尾部边缘在 1s 前不发生收缩的原因，可以通过尾部接触角 θ_T 动力学特性
来解释。在较小液滴间距下，每个碰撞液滴的尾部接触角 θ_T 都迅速下降，当 θ_T 小
于或等于后退接触角 θ_R 时，尾部边缘才开始收缩。对于液滴间距 Δx =130μm，

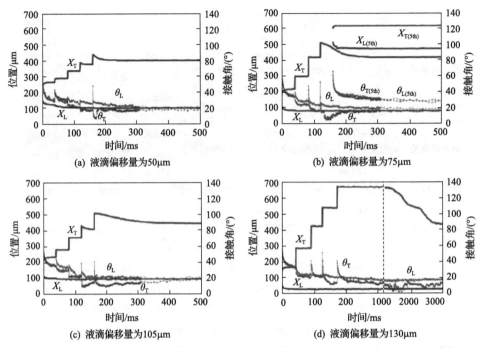

图 9.19　线条边缘(头部边缘 X_L 和尾部边缘 X_T) 和接触角(θ_L 和 θ_T)的动态变化图[26]

整个打印过程中前 1s 内 θ_T 不可能小于 θ_R，所以前 1s 不会出现接触线收缩现象。

虽然 X_T 和 θ_T 之间的相关性解释了上述观察结果，但它们并没有揭示内在机理。在图 9.18 所示四种不同液滴间距下，5 个液滴碰撞衬底过程中尾部边缘 X_T、头部边缘 X_L、尾部接触角 θ_T 和头部接触角 θ_L 的动态变化过程如图 9.19 所示。从图中可以看出，X_T 的增长梯度明显不均匀。具体而言，第二个液滴碰撞第一个液滴造成 X_T 的增长明显小于后续液滴碰撞前一个液滴造成 X_T 的增长。尚不清楚这是否是由于"第一个液滴作用"或液滴和液珠间的相互作用造成了液滴位置的变化，为了详细研究液滴的滴落过程，需要重新处理图像数据。图 9.20 显示了液滴的滴落位置，以及在液滴聚结过程中液滴和液珠连接处的图像。通过液滴的尾部边缘 X_T 和滴落位置之差可以确定液滴的瞬时半径 R_1，绘制 X_T 和 θ_T 随时间变化的图像，并标出 R_1 的最大值 $R_{1,max}$，式(9.13)中定义了 R_1 和 R_{imp} 的关系。

通过对液滴滴落位置的分析，可以确定 X_T 的增量变化并不是液滴滴落位置抖动引起的(因为液滴间距变化的标准差小于 5.6μm)，该数据表明液滴和液珠间的相互作用会直接影响后续碰撞液滴的扩散。

Hsiao 等[26]展示了四种不同液滴间距下每个液滴从滴落到聚结的 40ms 内，液珠和液滴形态以及液滴的瞬时半径和尾部接触角(R_1 和 θ_T)的动态变化过程，如图 9.20 所示。在 $\Delta x = 50$μm 时，图 9.20 (a)显示了液滴瞬时半径 R_1 随线条增长的变化关系。具体而言，第二个液滴在滴落后扩散，但第三个液滴的半径保持不变。图像显示第二个液滴直接落在第一个液滴上(图中第二个液滴对应的竖线所示)，所以未消散的撞击惯性会造成第二个液滴的扩散。相比之下，第三个液滴首先落在干燥的衬底表面(图中第三个液滴对应的竖线所示)，它的撞击惯性大部分被消

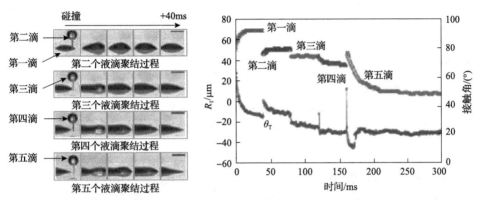

(a) Δx=50μm对应的液珠和液滴形态和R₁-θ₁的动态变化图

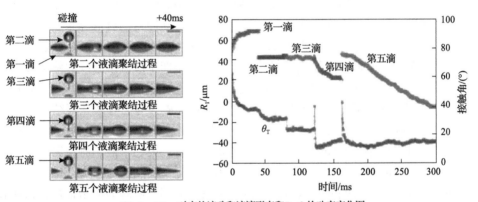

(b) Δx=75μm对应的液珠和液滴形态和R₁-θ₁的动态变化图

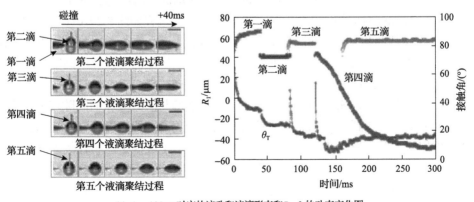

(c) Δx=105μm对应的液珠和液滴形态和R₁-θ₁的动态变化图

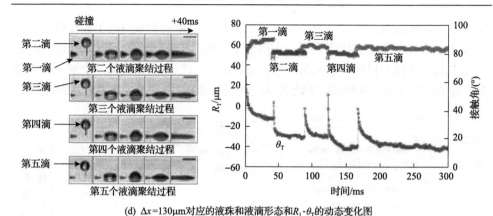

(d) $\Delta x=130\mu m$ 对应的液珠和液滴形态和 R_1-θ_T 的动态变化图

图 9.20　液珠和液滴形态以及液滴的扩散半径和接触角[26](R_1 和 θ_T)的动态变化过程
（比例尺为 100μm）

散，所以第三个液滴的半径能够达到最大扩散半径 R_{max}。当液珠的 θ_T 接近 θ_R 且接触线还未收缩时，第四个液滴的滴落过程几乎与第三个液滴的滴落过程相同（因为它们具有相似的初始瞬时半径 R_1）。对于 $\Delta x=50\mu m$ 和 $\Delta x=75\mu m$，第二个和第三个液滴在碰撞已有液珠时或碰撞已有液珠后，会立即与已有液珠聚结，接触线收缩很小或不会收缩。但第四个液滴滴落后，会有 θ_T 小于 θ_R，从而接触线会收缩，导致第四个液滴的瞬时半径 R_1 会逐渐降低。因为第四个液滴接触线收缩会导致第五个液滴与已有液珠的间隙增大，所以第五个液滴的接触线来不及快速收缩（对应其 θ_T 来不及大幅下降），就能达到更大的瞬时半径 R_1 并与已有液珠聚结。

$\Delta x=75\mu m$ 对应的液滴瞬时半径 R_1 的动态变化过程如图 9.20(b) 所示，该 R_1 的动态变化过程与 $\Delta x=50\mu m$ 基本相似。主要区别有：第二个液滴碰撞第一个液滴后，$\Delta x=75\mu m$ 对应的第二个液滴扩散较小；第五个液滴碰撞已有液珠后，$\Delta x=75\mu m$ 对应的第五个液滴收缩较慢。这两个观察结果都与液滴的撞击惯性在衬底表面上会发生更大消散，以及液滴间距越大流体流动需要时间越长的结论一致。

$\Delta x=105\mu m$ 对应的液滴瞬时半径 R_1 的动态变化过程如图 9.20(c) 所示，可以看出 R_1 上下交替变化，五个液滴都落在干燥的衬底表面。如图 9.18 所示，五个液滴与已有液珠的间隙大小也是交替变化的。第二个液滴与已有液珠的间隙刚好足以使第二个液滴达到最大扩散半径 R_{max} 后，能够立即接触到已有液珠。第二个液滴的扩散在其半径接近 R_{max} 时停止，由于第三个液滴与已有液珠的间隙较大，第三个液滴的半径在达到 R_{max} 后，与先前沉积的液滴仍有一段间隙，它的表面会在毛细力作用下扩散，最终它的半径会超过 R_{max}。第三个液滴扩散半径较大导致第四个液滴的滴落位置与已有液珠的间隙较小，从而限制了第四个液滴的扩散。如果在第五个液滴滴落之前，第四个液滴的接触线没有收缩，R_1 会一直以上述方式交替变化。

$\Delta x = 130\mu m$ 对应的液滴瞬时半径 R_1 的动态变化过程如图 9.20(d) 所示。此时液滴间距足够大，所有碰撞液滴在接触已有液滴或液珠前，都会在毛细力作用下扩散，因此第二个液滴和第四个液滴的扩散程度明显大于较小间距下的液滴。从图中也可以看出，与较小液滴间距下的第二个液滴和第四个液滴瞬时半径 R_1 相比，$\Delta x = 130\mu m$ 对应的第二个液滴和第四个液滴的瞬时半径 R_1 明显较大。尽管 R_1 仍然像前面描述的那样上下交替变化，但这种变化的幅度大约减少了一半。虽然此液滴间距下液滴的 θ_T 在第二个液滴和第四个液滴滴落后会剧增，但后续过程中 θ_T 不会降至接近 θ_R，而上述较小液滴间距下的 θ_T 会接近 θ_R。如图 9.18 所示，在 θ_T 弛豫期间，$\Delta x = 130\mu m$ 对应的液珠右侧边缘弯曲部分从未变为凹面，而在较小液滴间距下，弯曲部分易变为凹面然后接触线收缩，这种现象与液滴中流体到液珠的流动减少有关，这可能对打印线条稳定性具有重大影响。

2. 液滴沉积时间间隔的影响

相关经验和证据表明，打印线条的形成和稳定性与碰撞液滴中的流体流向已有液珠这一过程有关。但没有数学公式推导出的解析解能够预测这种流动，通常通过不均匀线条的压力变化来近似估计流体流动的方向和大小。Duineveld[7]描述了当液滴碰撞已有液珠时，造成打印线条尾部的曲率过大(较小半径)使得液滴在滴落终点会受到较高压力，此压力会驱动液滴中流体的流动，导致线条末端凸起的增长。这表明可通过减少液滴表面的曲率差异，来降低液滴中流体到液珠的流动，从而提高打印线条的稳定性和对称性。一种可能的方法是缩短液滴的沉积时间间隔，使聚结过程中连续沉积液滴的形状差异最小。

Hsiao 等[26]展示了液滴沉积时间间隔分别为 40ms 和 1ms 对应的打印线条形态，如图 9.21 所示。图 9.21(a) 和 (b) 分别显示了两条打印线条，它们液滴间距($\Delta x = 130\mu m$)相同而沉积时间间隔(40ms 和 1ms)不同。对于较短的沉积时间间隔，所有液滴在合并前都会形成单个固着的沉积液滴，如图 9.21(b) 所示。此外，第一次合并不是发生在最早的一对液滴上(第一个液滴和第二个液滴)，而是第二个液滴和第三个液滴最先发生合并，紧接着是第一个液滴，然后第四个液滴和第五个液滴依次合并。结果显示液滴沉积时间间隔越短，形成的线条对称性越好，如图 9.21(a) 和 (b) 所示。在打印线条形成过程中不能确定流体的流动方向，9.4.3 节将对此问题展开论述。

9.4.3 稳定体系和讨论

在标准载玻片上，液滴最大扩散半径 R_S 的平均值约为 70μm，无量纲液滴间距 y 在实验中的取值范围为 0.71~1.86。如图 9.22 所示，Hsiao 等[26]将后续液滴(第

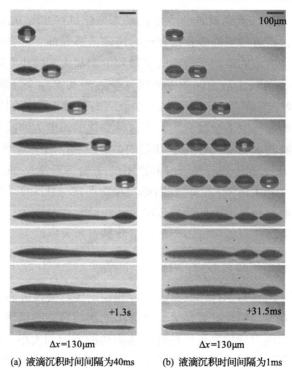

(a) 液滴沉积时间间隔为40ms　　(b) 液滴沉积时间间隔为1ms

图 9.21　液滴沉积时间间隔分别为 40ms 和 1ms 对应的打印线条形态[26]（比例尺为 100μm）

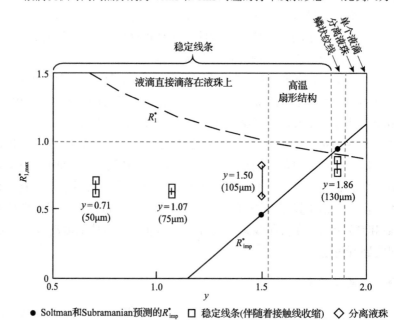

图 9.22　实验结果映射至 Soltman 和 Subramanian 定义的线条稳定条件图[10]

二个到第五个液滴)打印线条的形态和无量纲半径 $R_{1,\max}^* = R_{1,\max} / R_s$ 的值直接映射到 Soltman 和 Subramanian 提出的线条稳定条件图上[10]，图中 R_{imp}^* 为液滴与液珠接触前的无量纲扩散半径，y 为无量纲液滴间距，$R_{1,\max}^*$ 为无量纲化后的液滴瞬时扩散半径 R_1 的最大值。

对于 Δx =50μm 和 75μm(相应的 y=0.71 和 1.07)，通过线条稳定条件图预测出可能会形成一条连续的打印线条，实际观测结果与预测结果一致。因为载玻片表面使用的液体后退接触角 θ_R 不为零，所以可以预想到在打印线条形成期间和形成后，其尾部接触线(CL)会收缩，该现象与液滴中的流体优先流向液珠的假设一致。然而，由于 $R_{1,\max}^*$ 的平均值明显大于模型预测值 R_{imp}^*，Soltman 和 Subramanian[10] 承认他们的模型在定性预测线条形态方面是有效的，但由于未考虑撞击惯性等因素，该模型可能不足以预测线条尺寸(如线宽)等。高速成像得到的结果清晰地证实了他们的观点，证明了在打印过程中沉积液滴最初的扩散(通常是最大的扩散)除了受到液滴间距影响，还受到撞击惯性的影响。

对于 Δx =105μm(对应的 y=1.50)，通过实验得到的 $R_{1,\max}^*$ 和预测的 R_{imp}^* 很接近。液滴聚结动力学结果(即第二个和第四个液滴的 $R_{1,\max}^*$ 之差、第三个和第五个液滴的 $R_{1,\max}^*$ 之差)符合 Soltman 和 Subramanian[10]提出的成对液珠形成机制。由于接触线收缩的影响，打印线条呈现出分离的珠状形态，而不是预想的稳定线条或轻微鳞状纹线。如果接触线被快速钉扎，即打印线条在高温下快速干燥，则很容易出现由于成对液滴聚结而形成的鳞状纹线。

实验结果与模型之间最有趣的对比出现在 Δx =130μm(对应的 y=1.86)。当以较小液滴间距 Δx 打印所有线条时，会出现接触线收缩失稳现象，当 Δx =130μm 时，可以观察到 $R_{1,\max}^*$ 和 R_{imp}^* 有良好的匹配，但不会形成稳定线条。虽然打印线条最终在超过 1s 后会收缩，但其稳定期比使用较小液滴间距 Δx 得到的打印线条稳定期长一个数量级，这说明液滴和液珠间的相互作用发生了变化。

为了解释上述疑问，一种潜在的方法是探究 R_1^* 和 R_{imp}^* 是如何确定的。具体而言，R_1^* 是基于体积守恒确定的，它的确定需要一条移动接触线，Soltman 和 Subramanian[10]提出确定 R_{imp}^* 的先决条件是接触线不会收缩。接触线假设状态的差异可以解释基于后退接触线和移动接触线的实验结果始终大于 R_{imp}^* 而接近 R_1^* 的趋势。当 Δx =130μm(对应 y=1.86)时，预测的 R_{imp}^* 线和 R_1^* 线会相交，接触线收缩造成的影响最小。

根据对液滴和液珠间聚结动力学行为的观察，可能还涉及另一种稳定机制。如图 9.20(d)所示，与较小液滴间距相比，Δx =130μm 对应液滴在聚结期间的颈部

区域更薄。对于平面上液膜中的泊肃叶流动，沿颈部区域每单位长度黏性压力损失为

$$\Delta P_1 \propto \frac{\mu U}{h^2} \tag{9.14}$$

式中，μ、U 和 h 分别为动力黏度、流速和液膜厚度。因此，液膜厚度越小，颈部区域黏性压力的损失越大，所以可以通过减少液滴和液珠间的流体流动，使打印线条更稳定。

液珠和沉积液滴间的内部流体流动似乎会影响打印线条的稳定性，这可能是一个优化打印线条几何结构的机会。根据 Duineveld[7]的模型，液珠内部的流体流动主要与区域曲率差有关，减少或调整区域曲率差应该能控制液珠内部的流体流动，从而控制打印线条的形态。这一假设得到了以下观察结果的支持，当具有类似固着形状的两液滴聚结时，它们会形成形态对称的稳定线条，如图 9.21 所示，此时液滴的沉积时间间隔为 1ms。虽然目前的研究只能得到一个初步结果，而且主要研究了液滴间距对打印线条的影响，但更重要的是接触线后退对打印线条的影响似乎很小，这可能是未来研究的一个领域。

虽然分别讨论了颈部区域的黏性耗散和曲率变化对打印线条的影响，但两者很有可能会协同影响打印线条的稳定性和几何形状。此外，将颈部区域近似为无限薄膜，并仅考虑液滴和液珠接合处轮廓的曲率，这可能过分简化了液滴和液珠间的相互作用。对这种相互作用进行量化超出了本书的范围，但这可能是一个值得详细探讨的领域。具体而言，未来令我们感兴趣的领域是在打印过程中同时观察底部和侧面轮廓，在三维空间中定义液滴和液珠接合处的曲率，并使用流体中示踪粒子的全息成像等技术量化液滴中流体到液珠的流动。

9.4.4　结论

高速成像是为了在后退接触角不为零表面上研究液滴线条形成的动态过程，以探究 Soltman 和 Subramanian 提出的线条稳定性模型的有效性。研究发现，在较小液滴间距下，沉积液滴在撞击过程中早期惯性驱动阶段和弛豫扩散阶段发生聚结，聚结后形成的线条可能与预测模型的线条一致。在打印期间和打印后，接触线收缩会使打印线条变得不稳定。小液滴间距下，沉积液滴的接触线收缩方向一致，证实了液滴中的流体流向已有液珠这一假设。该模型能很好地预测打印线条形成的动态过程并提供打印线条不稳定的机理，但研究结果表明，如果不考虑液滴撞击惯性的影响，该模型明显低估了沉积液滴的扩散和打印线条增长的瞬时宽度影响。经验数据最接近模型预测结果的部分出现在从连续线到鳞状纹线的过渡处。经验数据和模型预测结果可以获得较好匹配的情况有：在某一液滴间距下，

液滴与先前沉积的液珠接触前可以完全消散表面的撞击惯性；接触线收缩造成的影响最小。此外，这些经验数据也证实了通过模型预测的最大液滴扩散半径的成对变化。对于更大的液滴间距，降低液滴中流体到液珠的流动速度可能会形成稳定的打印线条。颈部区域越薄，则黏性耗散越大，沉积液滴和先前沉积液珠之间曲率变化越小，则驱动压力越小。较大的黏性耗散和较小的驱动压力，都会降低液滴中的流体到液珠的流动速度。后一种假设得到了很好的支持，因为在较短的液滴沉积时间间隔下，可以观察到稳定且对称的打印线条，这说明相似形状的液滴能够在颈部区域曲率变化最小的情况下发生聚结。打印时间间隔(独立于液滴间距)对液滴稳定性具有重要影响，应该被进一步研究。

9.5　本　章　小　结

喷墨打印在复杂图案设计和增材制造领域具有巨大的潜力，但是设计师必须充分了解喷墨打印有关的物理知识和喷墨打印的局限性。喷墨打印的优势在于非接触性，所以它的应用范围广，但也存在一定的局限性，当材料离开喷嘴后，就必须控制墨滴的滴落位置。虽然墨滴的位置精度受到许多因素的影响(如墨滴的喷射、墨滴的形成和衬底表面特性等)，但人们对更高的打印分辨率(更小的墨滴间距)和打印功能材料(重叠墨滴)的需求越来越大，意味着对沉积墨滴之间相互作用的研究会变得越来越重要。

两个液滴的聚结是这些相互作用的基础，本章研究了液滴聚结的动力学行为和潜在机制。这些研究有助于我们更好地理解墨滴聚结过程所涉及的物理知识，这些过程通常是在较大的时间和空间尺度上进行的。概述还包括了如何将结果应用于喷墨打印。此外，本章还介绍了工业喷墨打印中对墨滴聚结具体参数的研究，探究了墨滴间距(偏移量)和打印时间间隔(延迟)对沉积墨滴的聚结动力学特征的影响。结果表明，墨滴间的颈部区域对墨滴聚结有很大的影响。由于沉积墨滴的堆叠，颈部区域的较早出现极大地限制了单个液滴的扩散范围和速率。此外，通过组合墨滴颈部区域的移动，可以得出较晚(第二个)墨滴中的流体会进入较早(第一个)墨滴。这种墨滴聚结的动力学行为不仅对图像打印质量具有重要意义，而且对功能性材料的应用(如线条打印)也有重要意义。

能够成功地喷墨打印出具有一致几何形状的线条对于许多涂料、功能材料打印和增材制造应用至关重要。文献回顾表明，虽然通过大量研究得出的经验确定了打印无凸起连续线条的工艺规范，如打印导电线路等，但是很少有人关注凸起形成和线条失稳的机制。形成的共识是：对于粗线条，即宽度远大于打印墨滴直径的线条，自由液面曲率变化驱动流体流动是形成凸起的原因；对于细线条，即宽度近似于打印墨滴直径的线条，已有液珠和沉积墨滴之间的相互作用决定了打印线条是连续的、鳞状的，还是不连续的。虽然存在一个几何模型能预测细的打印线条的状态，但经验上表明它的数据是不完整的。当液固接触线未钉扎时，对液滴和液珠相互作用的实时动力学行为进行实验研究，研究结果证实了沉积墨滴中的流体优先流入液珠，这会破坏和扭曲打印线路。令人惊讶的是，当液滴间距增加到阈值以上时，打印线路重新变得稳定。将结果映射到已拟定的线条稳定条件图中，可以看出打印线路重新稳定在基于体积守恒(移动接触线)和几何模型(接触线钉扎)预测获得的交点处，即接触线移动影响最小的点。此外，有证据表明，无论是在较薄液桥内黏性耗散的增加，还是颈部区域曲率差的减小，都减小了液滴和液珠间流体的流动，并稳定了打印线条。后一种机制已被证明有助于在减少打印间隔(即液滴沉积时间)时产生具有均匀宽度的稳定线条。

9.6 思 考 题

思考题 1 选择一个当代工业喷墨打印头(如 Xaar 1002 和 Dimatix StarFire)，将它安装在一台单程喷墨打印机上，在聚合物材质的非吸收性衬底上打印 300dpi(1 英寸长度上有 300 个像素点)的标签。假设沉积 UV 油墨墨滴的直径将在 100ms 内扩散到初始直径的 3 倍，并且打印机的衬底移动速度为 2m/s。您需要将 UV 固化灯放置在多远的位置才能阻止液滴扩散，以避免两液滴的聚结？根据所选的打印头规格给出您的答案。

思考题 2 您可以尝试使用带有银纳米颗粒的墨水打印聚合物太阳能电池的背面电极。座滴法测量结果表明，墨滴在工作表面上有一条移动接触线和 32° 的静态接触角。为了将由于接触线收缩造成线条不连续的风险降至最低，您将选择多大的墨滴直径来打印导电线路？

参 考 文 献

[1] Hebner T R, Wu C C, Marcy D, et al. Ink-jet printing of doped polymers for organic light emitting devices[J]. Applied Physics Letters, 1998, 72(5): 519-521.

[2] Shimoda T, Kanbe S, Kobayashi H, et al. Multicolor pixel patterning of light-emitting polymers by ink-jet printing[C]. SID Symposium Digest of Technical Papers, Oxford, 1999, 30(1): 376-379.

[3] Sirringhaus H, Kawase T, Friend R H, et al. High-resolution inkjet printing of all-polymer transistor circuits[J]. Science, 2000, 290(5499): 2123-2126.

[4] Gao F, Sonin A A. Precise deposition of molten microdrops: The physics of digital microfabrication[J]. Proceedings of the Royal Society of London. Series A: Mathematical and Physical Sciences, 1994, 444(1922): 533-554.

[5] Schiaffino S, Sonin A A. Formation and stability of liquid and molten beads on a solid surface[J]. Journal of Fluid Mechanics, 1997, 343: 95-110.

[6] Davis S H. Moving contact lines and rivulet instabilities[J]. Journal of Fluid Mechanics, 1980, 98(2): 225-242.

[7] Duineveld P C. The stability of ink-jet printed lines of liquid with zero receding contact angle on a homogeneous substrate[J]. Journal of Fluid Mechanics, 2003, 477: 175-200.

[8] van den Berg A M J, de Laat A W M, Smith P J, et al. Geometric control of inkjet printed features using a gelating polymer[J]. Journal of Materials Chemistry, 2007, 17(7): 677-683.

[9] van Osch T H J, Perelaer J, de Laat A W M, et al. Inkjet printing of narrow conductive tracks on untreated polymeric substrates[J]. Advanced Materials, 2008, 20(2): 343-345.

[10] Soltman D, Subramanian V. Inkjet-printed line morphologies and temperature control of the coffee ring effect[J]. Langmuir, 2008, 24(5): 2224-2231.

[11] Stringer J, Derby B. Formation and stability of lines produced by inkjet printing[J]. Langmuir, 2010, 26(12): 10365-10372.

[12] Meakin P. Droplet deposition growth and coalescence[J]. Reports on Progress in Physics, 1992, 55(2): 157.

[13] Narhe R, Beysens D, Nikolayev V S. Contact line dynamics in drop coalescence and spreading[J]. Langmuir, 2004, 20(4): 1213-1221.

[14] Andrieu C, Beysens D A, Nikolayev V S, et al. Coalescence of sessile drops[J]. Journal of Fluid Mechanics, 2002, 453: 427-438.

[15] Case S C, Nagel S R. Coalescence in low-viscosity liquids[J]. Physical Review Letters, 2008, 100(8): 084503.

[16] Wu M, Cubaud T, Ho C M. Scaling law in liquid drop coalescence driven by surface tension[J]. Physics of Fluids, 2004, 16(7): 51-54.

[17] Menchaca-Rocha A, Martínez-Dávalos A, Nunez R, et al. Coalescence of liquid drops by surface tension[J]. Physical Review E, 2001, 63(4): 046309.

[18] Kapur N, Gaskell P H. Morphology and dynamics of droplet coalescence on a surface[J]. Physical Review E, 2007, 75(5): 056315.

[19] Sellier M, Trelluyer E. Modeling the coalescence of sessile droplets[J]. Biomicrofluidics, 2009, 3(2): 022412.

[20] Eggers J, Lister J R, Stone H A. Coalescence of liquid drops[J]. Journal of Fluid Mechanics, 1999, 401: 293-310.

[21] Ristenpart W D, McCalla P M, Roy R V, et al. Coalescence of spreading droplets on a wettable substrate[J]. Physical Review Letters, 2006, 97(6): 064501.

[22] Wang H, Liao Q, Zhu X, et al. Experimental studies of liquid droplet coalescence on a gradient

surface[J]. Journal of Superconductivity and Novel Magnetism 2010, 23 (6): 1165-1168.

[23] Diez J A, Kondic L. Computing three-dimensional thin film flows including contact lines[J]. Journal of Computational Physics, 2002, 183 (1): 274-306.

[24] Roisman I V, Prunet-Foch B, Tropea C, et al. Multiple drop impact onto a dry solid substrate[J]. Journal of Colloid & Interface Science, 2002, 256 (2): 396-410.

[25] Li R, Ashgriz N, Chandra S, et al. Coalescence of two droplets impacting a solid surface[J]. Experiments in Fluids, 2010, 48 (6): 1025-1035.

[26] Hsiao W K, Martin G D, Hutchings I M. Printing stable liquid tracks on a surface with finite receding contact angle[J]. Langmuir, 2014, 30 (41): 12447-12455.

第10章 液滴在衬底表面的干燥过程

Emma Talbot、Colin Bain、Raf De Dier、Wouter Sempels 和 Jan Vermant

10.1 引　　言

我们每天都可以看到液滴在物体表面干燥的自然现象，人们也已经将它应用于诸多技术领域，如喷涂、喷墨打印、农药喷洒和喷雾冷却。液滴干燥过程的描述涉及许多不同方面，不同的具体应用所关注的研究重点也有所不同。例如，样品表面的蒸发冷却过程需要准确预测干燥时间，这取决于液滴的接触角以及接触线能否自由移动。对于涂层应用，液滴的聚结和沉积膜的均匀性同样重要。对于喷墨打印，需要控制沉积物形态、颗粒分布和表面光洁度，因为这些都决定了打印质量和打印设备的性能。对于图文应用，需要在给定的颜色密度下用最少量的墨水实现均匀沉积。沉积受到冲击后接触线运动(液滴是否扩散到衬底的适当区域)、干燥过程(接触线是否收缩并拖动材料)以及内部流动的影响，其中内部流动实现了液滴内悬浮颗粒的输运。液滴内的组装(如胶体晶体)和微操控(如尺寸分选[1]或 DNA 拉伸[2])技术的实现也依赖于内部流动。

可打印液体的应用场景远远超出了办公室喷墨打印机的范畴，因此没有"通用墨水"。打印墨水的介质包括用于微电路的金属纳米颗粒[3,4]、用于有机电子器件的导体/半导体聚合物[5,6]、用于微量测定的生物样品[7,8]，以及用于 3D 打印的陶瓷[9,10]。许多墨水都是含有多种溶剂的复杂液体，而这些溶剂通常含有表面活性剂、聚合物以作为颗粒颜料的分散剂。传热、溶剂混合物、表面活性剂，甚至相邻液滴或障碍物都可能形成液滴表面张力梯度，从而引起内部流动(马兰戈尼效应)[11]。颗粒在液滴内部的输送过程很大程度上依赖于其内部流动，不同的内部流动会产生一系列沉积物形貌和微观结构，包括环斑、均匀薄膜、柱形物和拱形物。本章主要关注具有固定接触线的液滴蒸发引起的径向对流流动(咖啡环效应)和由液滴表面张力梯度引起的马兰戈尼流动。

喷墨打印中使用的衬底结构可以是多孔的或不可渗透的、粗糙的或光滑的、刚性的或柔性的、平面的或三维的。衬底的润湿行为、热性能、温度和图案结构都会影响最终的沉积效果。液滴扩散后以固定半径保持固定接触线可以在沉积物上形成明确的边界，但这也可能形成光密度差的环斑。干燥过程中接触线的收缩难以控制，并且会导致沉积物不规则。然而，通过正确的衬底润湿方法、受控的接触线收缩过程能够形成具有高度周期性和可重复的结构(如光子晶体[12])。

　　为了优化干燥液滴的性能，需要仔细选择墨水和与其匹配的衬底。颗粒-颗粒和颗粒-衬底相互作用可能会引起墨水特性的意外变化。在干燥过程中控制墨水的稳定性并考虑局部颗粒或聚合物浓度、黏度和弹性的变化，可以改变最终的沉积结构。类似地，仔细选择混合物中的溶剂组合或添加表面活性剂可形成循环流动，从而抑制环斑。

10.2　单一溶剂的蒸发

　　考虑液滴的几何形状和接触线运动，本节阐释一个简单而精确的小液滴蒸发模型。模型中使用的是轴对称固着液滴，液滴形状中的顶点高度 h_0、液-气界面高度 $h(r, t)$、接触半径 R、接触角 θ、蒸气浓度 c_{vap}(等于在液-气界面的饱和蒸气浓度 c_{sat})以及远离自由表面的环境蒸气浓度 c'_{vap}(与相对湿度 RH 相关)，如图 10.1(a)所示。除非液滴在重力作用下显著变形，否则静态固着液滴呈球冠形状。重力效应与表面张力效应的比值由邦德数(Bo)决定：

$$Bo = \rho g h_0 R / \sigma \tag{10.1}$$

式中，ρ 为流体密度；g 为重力加速度；σ 为表面张力。

　　如果 $Bo \ll 1$，则可以忽略重力。因为喷墨液滴满足此条件，所以通常可以用球冠形状建模。此外，在液滴蒸发过程中还必须考虑动力学效应。毛细管数 Ca 表示黏性力与表面张力的比值：

$$Ca = \mu u / \sigma \tag{10.2}$$

式中，μ 为流体黏度；u 为特征流速。

　　低毛细管数有利于液滴的内部流动，此时表面张力确保干燥过程中液滴在气-液界面处始终具有球形曲率。然而，流体的高黏度或者干燥过程中颗粒/聚合物黏度的增加可能会导致 $Ca > 1$。在这种情况下，内部流动速率小于蒸发速率，液滴几何形状就可能偏离球冠形状。

　　对于 $Bo \ll 1$ 和 $Ca \ll 1$，在径向距离 r 处接触角为 θ 的液滴高度为[14]

$$h(r, t) = \sqrt{\frac{R^2(t)}{\sin^2 \theta(t)} - r^2(t)} - r(t) \cot \theta(t) \tag{10.3}$$

式中，$h(r, t)$ 为 t 时刻径向坐标为 r、角度为 θ 处的界面高度(图 10.1(a))。液滴接触角 θ 和体积 V 可表示为

$$\theta = 2\arctan\left(\frac{h_0}{R}\right) \tag{10.4}$$

和

$$V = \frac{\pi h_0}{6}(3R^2 + h_0^2) = \pi R^3 \frac{\cos^3\theta - 3\cos\theta + 2}{3\sin^3\theta} \tag{10.5}$$

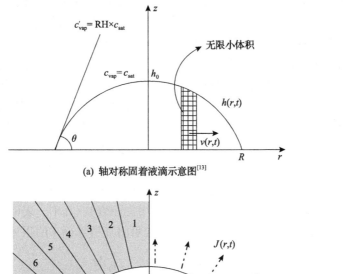

(a) 轴对称固着液滴示意图[13]

(b) 固着液滴蒸发模型

图 10.1　固着液滴受限扩散蒸发模型

　　蒸发是一个吸热过程（从液体到蒸气的相变需要能量）。从液体转化为蒸气，分子必须具有足够的动能来克服这个相变能垒。具有较高热能的分子本身具有较高的动能，从而具有较高的相变概率。蒸发冷却就是液滴随着较高热能的分子因相变被耗尽而变冷的过程。界面附近的分子在获得足够的能量转化为气相之前，整个液滴系统内部需要向液-气界面传热。蒸发速率可能受到扩散、分子在界面的转移动力学特征或液-气界面热传递的限制[15,16]。

　　分子通过蒸发和冷凝转移进出液体。蒸发和冷凝的速率在平衡状态下相等。与液体碰撞的蒸气分子既可以进入液体也可以停留在蒸气中。可以用适应系数 γ 来描述进入液体的分子比例（其中，$0 < \gamma < 1$）。当 $\gamma = 0.05$ 时相当于 5% 的分子与液体发生碰撞。进入（或离开）处于平衡状态液体的通量为

$$J_Z = Z_w \gamma \tag{10.6}$$

其单位为 $1/(m^2 \cdot s)$，其中，Z_w 为碰撞通量：

$$Z_w = \frac{1}{4}\bar{u}\frac{N}{V} = \frac{1}{4}\bar{u}\frac{p^*}{k_B T} = \frac{1}{4}\frac{p_f p^*}{k_B T}\sqrt{\frac{8R_u T}{\pi M}} = p^* N_A \sqrt{\frac{1}{2\pi R_u T M}} \tag{10.7}$$

式中，$\bar{u}$ 为平均速度；k_B 为玻尔兹曼常数；R_u 为通用摩尔气体常数；N_A 为阿伏伽德罗常数；N/V 为单位体积的分子数；p^* 为液体的平衡蒸气压；M 为摩尔质量。温度为 293K 的水滴最大蒸发通量(即 $\gamma = 1$)为 $J_Z \approx 10^{22} p^*$。

接下来的问题是探究远离液-气界面通过弹道输运[17]或扩散输运[18,19]的蒸气输送(有时也会与周围蒸气的对流有关[20,21])。大气压下宏观液滴的扩散几乎都存在速率限制。仅在克努森数 $Kn > 1$ 时发生的弹道蒸发需要纳米级液滴或降低压力。克努森数的定义为 $Kn = \lambda/R$，其中，λ 是平均自由程长度，R 是液滴半径。对于常温常压下的氮气，$\lambda = 68nm$。$Kn \gg 1$ 的情况下无法发生冷凝过程，因为分子在与其他气体分子碰撞之前已经行进了数倍液滴尺寸的距离，几乎没有重新进入液滴的可能性。而扩散则是将分子从液-气界面输运出去，但气相中必须存在浓度梯度。

蒸气压力随着液-气界面径向距离的增加而衰减(其中，表面蒸气压为 p_{surf})。在距离液滴中心 r 处，根据菲克第一定律可将通过球面 s 的积分通量表示为

$$\int J_D ds = -4\pi r^2 D\frac{dc}{dr} \tag{10.8}$$

在稳定状态下，$\int J_D ds$ 与 r 无关。对式(10.8)积分，并在边界条件为 $c|_{r=\infty} = 0$ 和 $c|_{r=R} = c_{surf}$ 时得到蒸发通量：

$$J_D = \frac{c_{surf} D}{R} = \frac{p_{surf} D}{R k_B T} \tag{10.9}$$

温度为 293K 的水滴蒸发通量为 $J_D \approx 10^{15} p_{surf}/R$。如果蒸发是受限扩散的，则液滴表面的局部处于平衡状态且 $J_D \approx 10^{15} p^*/R$。蒸发仅在 $J_D > J_Z$ 时受到动力学限制，这需要液滴半径在常温常压下小于 100nm。因此，除非总环境压力(不是蒸气压力)降低，否则蒸发受到宏观液滴扩散的限制。

为了获取液滴内部的高度与平均径向流速 $\bar{v}$ 之间的关系，需要考虑液滴无限小环形部分上(图 10.1 (a))的质量平衡，其中单位时间单位表面积上累积的液体质量等于液体的净流入量减去从表面蒸发的溶剂质量[22]：

$$\rho\frac{dh}{dt} = -\rho\frac{1}{r}\frac{d}{dr}(rh\bar{v}) - J_s(r,t)\sqrt{1 + \left(\frac{dh}{dr}\right)^2} \tag{10.10}$$

　　为了求解上述平均速度方程，需要研究蒸发速率 J_s 和随时间变化的液滴高度分布。对于受限扩散的蒸发，蒸发通量在液滴边缘附近显著增强($\theta < 90°$)[23]。为了解其原因，将液滴上方的区域划分为面积相等的部分(图 10.1(b) 中的 1~9)，每个部分由于蒸气浓度梯度的作用(从界面处的 c_{sat} 到远离界面处的 RH×c_{sat})都具有垂直于液-气界面的扩散传输。对于中心区域(图 10.1(b) 中区域 1)，法向扩散(在编号区域之间)可以补充由于界面蒸发而损失的分子。当 $\theta=90°$ 时，每个区域都相同而其蒸发也是均匀的。但是当 $\theta < 90°$ 时，存在一个区域(图 10.1(b) 中的区域 9)的法线与液面不相交。因此，蒸气从邻近区域 8 扩散到该区域中，该区域浓度梯度的增加使得蒸发速率同时增加。而从区域 7 扩散到区域 8 的分子有助于补充区域 8 损失(扩散到区域 9 中)的分子，以此类推。由于扩散沿着径向浓度梯度，沿法线方向的蒸发向区域 1~8 提供蒸气。发生在区域 9 的扩散导致靠近接触线的蒸气浓度梯度增大，蒸发速率 $J_s(r,t)$ 增强。因此，蒸发速率从接触线到顶点单调递减。

　　在蒸发过程中，液-气界面的位置会随着液滴收缩而发生变化。液-气界面附近随时间变化的蒸气浓度由非定常扩散方程控制：

$$\frac{\mathrm{d}c}{\mathrm{d}t} = D\nabla^2 c \tag{10.11}$$

式中，c 为蒸气浓度；D 为蒸气在周围大气中的扩散系数；t 为时间。如果在液-气界面上形成浓度分布所需的时间远小于干燥的时间，则可认为扩散是准稳态过程。在这种情况下，式(10.11)中的时间相关项可以忽略，且蒸气浓度分布服从拉普拉斯方程：

$$\nabla^2 c = 0 \tag{10.12}$$

　　求解拉普拉斯方程的边界条件是：①远离液滴表面处，蒸气浓度等于环境蒸气浓度(若液体是水，则由环境的相对湿度定义)；②液-气界面处的蒸气浓度为饱和浓度。因此，接触角小于 90° 的蒸发速率可近似为[22,24,25]

$$J_s(r,t) = J_0 \left[1 - \left(\frac{r}{R} \right)^2 \right]^{-\lambda} \tag{10.13}$$

式中，$\lambda=(\pi-2\theta)/(2\pi-2\theta)$ 是接触角的函数。

　　值得注意的是，因子 $[1-(r/R)^2]^{-\lambda}$ 会导致蒸发速率在接触线处发散。实际上，扩散控制蒸发的假设在非常接近接触线处(大致为平均自由程的距离内)失效，并且蒸发通量受到蒸发动力学特征的限制。前因子 J_0 是在修正了有限接触角的条件下球状液滴的蒸发速率，其可以很好地近似为

$$J_0 = \frac{Dc_{sat}(1-RH)}{R}(0.27\theta^2 + 1.30)\left[0.6381 - 0.2239\left(\theta - \frac{\pi}{4}\right)^2\right] \quad (10.14)$$

式中，RH 为相对湿度[14]。

一旦蒸发速率已知，液滴的高度轮廓就可以作为时间的函数进行计算。液滴质量的变化等于蒸发损失率[22]：

$$\rho\frac{dV}{dt} = \rho\frac{d}{dr}\int_0^R 2\pi r' h(r',t)dr' = -\int_0^R 2\pi r' J_s(r',t)\sqrt{1+\left(\frac{d}{dr'}h(r',t)\right)^2}\,dr' \quad (10.15)$$

结合式（10.10）、式（10.13）和式（10.15），液滴内液体的高度-平均径向速度关系可表示为[24,26]

$$\bar{v} = \frac{R^2}{4r(t_f - t)}\left\{\left[1-\left(\frac{r}{R}\right)^2\right]^{-\lambda} - \left[1-\left(\frac{r}{R}\right)^2\right]\right\} \quad (10.16)$$

式中，t_f 为干燥时间。

图 10.2 显示了预测模型中蒸发液滴的平均速度。图中，初始半径为 1mm，初始接触角为 20°。由于液滴的钉扎，产生了速度为正的向外流动，因此速度在接触线附近发散。要计算完整的三维速度场，需要求解一组偏微分方程或用有限元模型模拟液滴[24,27,28]。由于不存在解析解，求解仅限于数值或近似描述（如图 10.3 所示的液滴向外流动模型）。

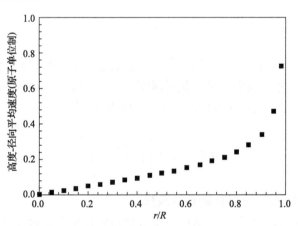

图 10.2　蒸发液滴高度-径向平均速度的模拟结果

蒸发可以界定为两种模式：恒定接触角模式（后退接触线）和恒定接触面积模式（固定接触线）。对于恒定接触角模式，接触半径在蒸发过程中减小（图 10.4(a)）。

对于恒定接触面积模式,液滴在蒸发时接触半径固定而接触角逐渐减小(图 10.4(b))。同时也存在中间模式,如接触线黏滑衰退[29]。通常,当接触角低于后退接触角时,蒸发会从恒定接触面积模式过渡到恒定接触角模式。

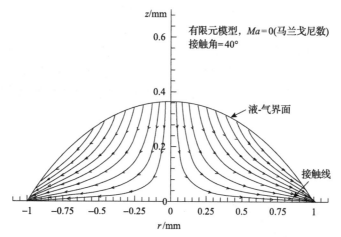

图 10.3　接触角为 40°的液滴由于内部蒸发所形成流场的有限元模型流线图[24]
(版权归属美国化学学会)

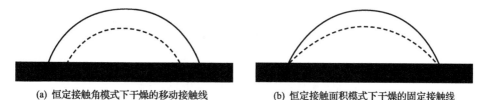

(a) 恒定接触角模式下干燥的移动接触线　　　　(b) 恒定接触面积模式下干燥的固定接触线

图 10.4　固着液滴的蒸发模式(虚线表示经过一段时间蒸发后新的液-气界面)

如果液滴干燥时接触线钉扎,则液滴直径不会减小。液滴内部需要产生径向流来补充在接触线处蒸发的溶剂(以保持钉扎)以及保持由表面张力形成的球冠形状[30-32](图 10.3)。液滴中心的液体充当向外流动的储存器。对于具有移动接触线的液滴,从上方观察的内部对流不再总是朝向接触线[33]。

基于受限扩散蒸发的假设,研究人员已经为研究上述两种蒸发模式(和中间模式)提出了许多蒸发模型[18,19,24,30,34,35]。这些模型假设液滴等温且具有球冠形状。Popov[19]求解了拉普拉斯方程,得到了固着液滴的质量损失率随时间的变化函数:

$$\frac{\mathrm{d}M}{\mathrm{d}t} = -4\pi R(t)D(n_s - n_\infty)\left(\frac{\sin\theta(t)}{4(1+\cos\theta(t))} + \int_0^\infty \frac{1+\cosh(2\theta(t)\tau)}{\sinh(2\pi\tau)}\tanh(\pi-\theta(t)\tau)\mathrm{d}\tau\right)$$

(10.17)

式中,M 为质量;n_s 为饱和蒸气密度;n_∞ 为环境蒸气密度($n_\infty = n_s \times \mathrm{RH}$)。

大括号外的项描述了球状液滴的蒸发速率，大括号内的项是指沿液-气界面的非均匀蒸发速率。

液滴在衬底上的润湿行为会显著影响干燥时间(图 10.5)。通常，单溶剂的固着液滴比那些接触线可以自由移动的液滴干燥得更快(直到接触角达到大约 140°)。由疏水性衬底导致的更大接触角也会延长干燥时间。在接触角小于 90°的亲水性衬底上，不同蒸发模式之间的干燥时间差异会减小。当接触角小于 90°时(即液滴具有固定接触线)，质量损失随时间的变化是线性的。对于移动接触线(或者 $\theta > 90°$)，质量损失随时间的变化是非线性的(蒸发速度在干燥快结束时减慢)。

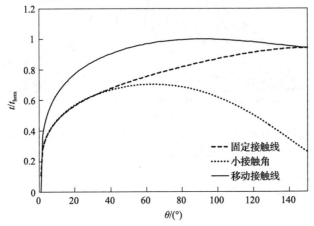

图 10.5　采用固定或移动接触线模式受限扩散干燥过程的干燥时间预测
(干燥时间通过等效体积的自由半球干燥时间 t_{hem} 标准化)

受限扩散蒸发的上述方程(以及图 10.5 中的模型预测结果)仅在等温情况下有效：当蒸发冷却显著时，由于较低温度下饱和蒸气压的降低，模型预测的液滴蒸发时间可能显著低于实际蒸发时间。此外，衬底热导率对蒸发速率有显著影响[34,36-38]。若衬底是良好的热导体，则衬底和液滴接触区域之间的热传递可以抵消蒸发冷却损失的热量。如果衬底是热绝缘体(如特氟龙)，那么相同流体的液滴可能会有显著的蒸发冷却过程和更长的干燥时长。

10.3　混合溶剂的蒸发

10.3.1　二元溶剂混合物的蒸发与拉乌尔定律

二元溶剂混合物的蒸发与单一组分溶剂的蒸发有很大不同[39]。对于各组分溶剂蒸发速率有很大不同的混合物，其初始蒸发速率通常与较易挥发组分溶剂的蒸发速率非常接近。随后是一个过渡期，然后蒸发速率与挥发性最小的组分溶剂蒸

发速率非常接近。对于自由移动的接触线，若混合物的表面张力随着挥发性组分
(低表面张力)的损失而增加，则在干燥过程中接触角也可能增大。

在液-气界面，受扩散控制的蒸发过程会使得蒸气与液体处于平衡状态。蒸气
对液相施加的压力称为蒸气压。在溶剂混合物中，总蒸气压取决于各组分的分蒸
气压。可以用拉乌尔定律(Raoult's law)描述理想混合物(其中每个组分流体都与自
身和其他组分进行同等相互作用)的总蒸气压，其中，总蒸气压 p_s 取决于各组分
流体的摩尔比(x_A 和 x_B)，例如：

$$p_s = p_A + p_B = p_A^* x_A + p_B^* x_B \tag{10.18}$$

式中，p_A 和 p_B 分别是组分 A 和组分 B 的分蒸气压；p_A^* 和 p_B^* 分别是组分 A 和组
分 B 的蒸气压。值得注意的是，蒸发通量 J_A 与 $p_A D_A$ 呈正比例关系，因此扩散系
数与蒸气压在估算组分的相对蒸发率时同样重要。

很少有混合物表现出接近理想的状态，因此像拉乌尔定律这样的简单关系不
能用于模型预测。例如，共沸物是偏离拉乌尔定律产生组分蒸气压的最大或最
小值的混合物。乙醇-水混合物是在乙醇的摩尔分数 x_e 为 0.90 下存在的共沸物(在
室温和常压下)。图 10.6 显示了拉乌尔定律下分蒸气压和总蒸气压与实际值的偏
差。注意，乙醇的蒸发由于偏离拉乌尔定律而增强，特别是在低乙醇浓度条件下。

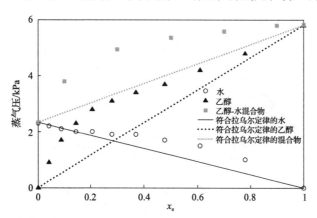

图 10.6 乙醇-水混合物在不同乙醇摩尔分数 x_e 下分蒸气压和总蒸气压的变化[40,41]
(线条表示根据拉乌尔定律预测的结果)

10.3.2 马兰戈尼流

马兰戈尼流源于液滴自由表面的表面张力不平衡，自古典时期以来就被称为
"酒的眼泪" [42]。在固着液滴中，沿液-气界面的表面张力梯度驱动液滴内部的马
兰戈尼再循环单元。流体从低表面张力区流向高表面张力区，以平衡液-气界面处

的切向应力并导致液滴内涡旋单元的产生。沿液-气界面的表面张力梯度 $d\sigma/d\hat{t}$ 导致沿界面速度为 u 的流动，假设润滑近似，速度由式（10.19）确定：

$$\frac{d\sigma}{d\hat{t}} = -\mu\frac{du}{d\hat{n}} \tag{10.19}$$

式中，$\hat{t}$ 为与液-气界面相切的单位矢量；$\hat{n}$ 为垂直于液-气界面向外的单位矢量。

1. 热马兰戈尼流

液滴内的温度梯度产生了热马兰戈尼流，从而导致再循环单元形成（图 10.7）。Hu 和 Larson[28]使用轴对称液滴的有限元方法计算了水滴中的热马兰戈尼流。通过对热方程应用有限元分析得到温度场以及表面温度分布。尽管流动和温度之间没有耦合，但模型结果与实验结果吻合得较好[43]。由于液滴上的蒸发通量不均匀（$\theta < 90°$），接触线上蒸发作用的增强使得该区域比液滴顶部更容易蒸发冷却。由此沿液-气界面产生的温度梯度驱动了马兰戈尼流。然后，通过蒸发驱动的径向流输送到接触线的颗粒沿着液-气界面被输送回液滴中心，减少了环斑的积累。

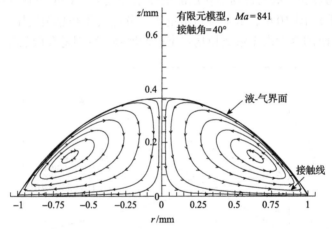

图 10.7　结合马兰戈尼应力边界条件的有限元模型求解得到的水滴内部流场[28]

（版权归属美国化学学会）

Ristenpart 等[25]研究了接触角和衬底热导率（κ_S）相对于液体热导率（κ_L）对热马兰戈尼流动方向的影响。如果衬底相对于液体的热导率（$\kappa_R = \kappa_S/\kappa_L$）高于临界值（$\kappa_R > 2$），则衬底传递到液滴上的能量使得液滴在接触线处温度最高（传导路径最短）并且在液滴顶点处温度较低（传导路径最长）。如果衬底是热的不良导体并且相对热导率低于临界值（$\kappa_R < 1.45$），则能量传递无法维持液滴温度，并且接触线温度因为蒸发通量最大变得比液滴的其余部分低。在这种情况下，马兰戈尼流沿着液-气界面从顶点流向接触线。热导率的临界比率为

$$\kappa_{R} = \tan\theta_{C}\cot\left(\frac{\theta_{C}}{2} + \frac{\theta_{C}^{2}}{\pi}\right) \qquad (10.20)$$

式中，θ_{C} 为临界接触角。

对于 κ_{R} 的中间值（即 $1.45 < \kappa_{R} < 2$），马兰戈尼流的方向取决于接触角并在 θ_{C} 处反转。

在许多工业环境中，加热衬底也会产生热梯度[44,45]。红外热像仪揭示了与蒸发液滴（在加热的衬底上）相关的热传递、温度梯度以及蒸发冷却明显的区域[45-47]。值得注意的是，Hu 和 Larson[28]的模型由于假设液滴是轴对称的而未考虑热传递的影响。由于液滴周围存在热传递，液滴会出现一个冷却中心（图 10.8(a)～(c)），深色表示较冷的区域、浅色表示较暖的区域。在一些情况下（如细小液滴中），图中蜂窝结构的长度尺度取决于局部厚度。

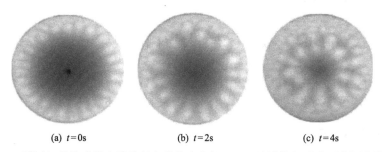

(a) $t = 0\mathrm{s}$　　　　(b) $t = 2\mathrm{s}$　　　　(c) $t = 4\mathrm{s}$

图 10.8　通过红外热成像在钛基板上蒸发毫米级 FC-72 液滴期间观察到的图案演变[46]
（版权归属美国物理联合会出版社有限责任公司）

2. 溶质马兰戈尼流

液-气界面的组分变化也会导致溶质马兰戈尼流。接下来给出一个二元溶剂混合物的例子（图 10.9），其中各组分（具有不同的表面张力）的蒸发差异导致了表面张力梯度。高挥发性乙醇的优先蒸发以及接触线处的蒸发增强（$\theta < 90°$）导致与顶点相比接触线处的乙醇消耗较多。然后，富含水的接触线具有比顶点处更高的表面张力，液滴沿着液-气界面产生从顶点向接触线的马兰戈尼流。图中，A−表示

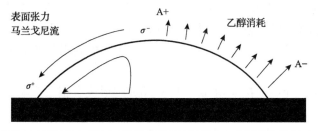

图 10.9　沿乙醇-水滴的液-气界面乙醇消耗的示例（其中乙醇更易挥发且表面张力更低）

乙醇浓度较低的区域，A+表示接触线上乙醇浓度较高的区域。

表面活性剂或表面活性聚合物也可引起溶质马兰戈尼流[11,48-51]。在毫米级的水滴中，Still 等[48]观测到即使当表面活性剂浓度超过临界胶束浓度（在此浓度之上会出现单分子层）时，在接触线附近也会出现表面活性剂涡流。通过水滴内的蒸发驱动将表面活性剂输送到接触线，导致表面活性剂在接触线附近积聚而降低了该区域的表面张力。Sempels 等[52]通过使用产生表面活性剂的细菌开启或关闭这些马兰戈尼流驱动的涡流。

在多组分液滴的打印线条中，每个液滴沉积之间的时间延迟使得在沿着打印线条的方向存在表面张力梯度。若挥发性最小的组分具有较大的表面张力，则第一个液滴将比第二个液滴（未耗尽的液滴）具有更大的表面张力。组合液滴中的表面张力梯度将导致第二个液滴的流体流向初始液滴，这一效应会导致早期打印的液滴比后续液滴干燥时间更长。

10.4　液滴干燥过程中的颗粒输运

前面几节讨论了溶剂液滴内的蒸发和流动，本节介绍液滴内颗粒输运的影响，并讨论由此产生的沉积现象，特别值得注意的是咖啡环效应。

10.4.1　咖啡环效应

液滴的干燥过程是一个简单实验，但其涉及的一些物理问题在其他应用中也会遇到，如涂层流动过程和薄膜干燥过程。尽管该实验很简单，但影响干燥过程的物理现象实际上有很多。众所周知的咖啡污渍（一个标志着液滴原始形状的浓密暗环（图 10.10））却是由各种现象的相互作用引起的。边界处达到过饱和状态的咖啡浓度导致从液滴边缘析出溶质产生暗环。"咖啡环"这一日常现象直到 1997 年才得到科学的解释[18,22]。当然，环形图案的产生并不局限于咖啡的蒸发过程，相反，许多衬底（如玻璃、金属、铂和粗糙的聚四氟乙烯（PTFE））和溶剂（如水、丙酮、甲醇、甲苯和乙醇）都已证明能够产生咖啡环效应[22]。含有悬浮颗粒的水滴蒸发时间分辨显微实验表明，液滴内部有从中心向接触线的径向流动（图 10.3），这种流动将各种悬浮颗粒或溶解的溶质输送到接触线并形成一个集中的环[24,27]。集中在接触线上的物质包括从微米级大小的细胞和胶体[18,53,54]到纳米级颗粒[55]甚至是单个分子[48,52,53,56]。在所有情况下，蒸发速率控制引起环斑的向外流动，并决定最终沉积图案。

固定接触线（即后退接触角 $\theta_R=0°$）对环斑的形成有很大影响。杨氏方程表明平衡接触角由 $\cos\theta = (\sigma_{sv}-\sigma_{sl})/\sigma_{lv}$ 给出，其中，下标 s、v 和 l 分别指固体、蒸气和液体。如果液体和固体之间存在强吸引相互作用，则杨氏方程中的分子很大而

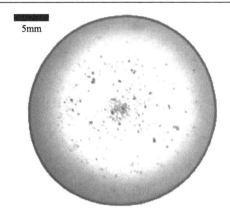

5mm

图 10.10　咖啡污渍：环状咖啡渣沉淀物的俯视图

接触角很小或为零。很少有液滴表面会显示出单一热力学接触角，相反，更常见的是接触角会因液滴在表面上是前进状态还是后退状态而发生变化。前进接触角和后退接触角之间的差值称为接触角滞后（contact angle hysteresis, CAH），通常表示为 $\cos\theta_R-\cos\theta_A$。CAH 越大，后退接触角为零并且接触线被钉扎的可能性越大。对于给定的 CAH，$\theta_R=0$ 的可能性随着平衡接触角 θ_{eq} 的降低而增大。因此，即使对于非润湿衬底（$\theta_A>0$），液体和衬底之间的强吸引力相互作用也有利于接触线钉扎[57-59]。导致 CAH 增加的其他因素有孔隙率、粗糙度和化学性质不均匀性。多孔表面由于小尺寸孔隙所带来的负拉普拉斯压力而能够保留液体。粗糙表面上的接触角是由 Wenzel 方程[60]$\cos\theta=r_w(\sigma_{sv}-\sigma_{sl})/\sigma_{lv}$ 给出的，其中，$r_w(>1)$ 是真实表面积与几何面积之比。对于平衡接触角小于 90° 的表面，粗糙度增加（$\cos\theta$ 增加）从而减小接触角。粗糙表面也会导致 CAH 的增加：表面的局部斜率是朝向液滴还是远离液滴决定了微观接触角和宏观接触角之间的关系。此外，脊线和压痕往往会钉扎后退接触线[61]。对于化学异质表面，最易润湿的斑块决定了 θ_R 而最不易润湿的斑块决定了 θ_A[62]。沉积在接触线上的颗粒通常会形成粗糙的多孔表面，并且即使在光滑、均匀的衬底上也往往会将接触线钉扎。这种"自锁"增加了咖啡环效应的产生概率，即使溶剂和表面之间的吸引力不是很强[18,22,63]。

　　蒸发液滴常用来图案化样品表面。液滴蒸发是一种低成本且简单的输送悬浮物质到衬底的技术，但是它具有沉积材料分布不均匀的问题。通常情况下，液滴蒸发技术的一大问题是由此产生的圆形沉积物，不过，一些应用已将此特性转变为有价值的优点。

1. 咖啡环图案的缺点

1）喷墨打印和涂层

喷墨打印是一种与工业涂料涂装工艺不同的技术，其过程是首先将含有颜料的小液滴沉积在样品表面，再在衬底上完成墨水的干燥[64-66]。由于墨水本身非常昂贵(单位体积墨水的价格甚至可能高于同等体积的香槟)，在打印薄膜用作保护涂层或仅具有美观功能时应使用最少量的墨水或颜料。而均匀性决定了打印薄膜的性能和寿命，故而不均匀的薄膜会损害涂层表面的功能性。通过了解咖啡环效应并知道如何控制或抑制它，可以降低墨水中的固形物含量以及涂层工艺的成本[67]。

2)3D 打印

3D 打印是一种用于快速成型或陶瓷部件制造的技术，其过程是将含有陶瓷或聚合结构的小液滴以分层方式在衬底上相互叠加从而形成实体[68,69](某些情况下也会采用溶液或悬浮液)。打印对象三维结构中材料的连续分布，以及各个液滴间接触和黏附的控制[70]对确保打印对象的形状和适当机械强度至关重要(不均匀的扩散会使层状结构变形)。

3)DNA 嫁接

DNA 嫁接是一种将 DNA 链中的特定序列替换为其他 DNA 序列以用于基因改造的技术。在嫁接过程中，成千上万微小皮升体积的液滴作为单独的纳米反应器沉积在衬底上，每个液滴与相邻液滴的 DNA 溶质略有不同。液滴中的溶剂蒸发可以浓缩 DNA(显微技术可对该现象进行观测)，进而提高嫁接速度。而咖啡环斑中的不均匀沉积物不利于数据处理以及对嫁接结果的解释[71,72]。

2. 利用咖啡环效应

1)纳米线组装

非均匀沉积为生成具有圆形甚至线性图案的一维结构提供了新方法[73,74]。由于致密的颗粒堆积形成导电环形图案，金属颗粒卡在接触线上产生的"纳米线"电导率可达块体材料的15%[75]，这使得低成本电子器件的微制造具有与现代光刻技术制造相同的尺寸精度。此外，通过多个金属环的重叠(该重叠可覆盖整个涂层区域)可以获得透明导电层：相互接触的环可以导通电流，而且因为涂层表面金属材料的不均匀分布，光线能够穿透该透明涂层[76]。

2)纳米色谱

医疗诊断需要准确检测病原体，利用咖啡环效应使生物材料(如细胞)按尺寸进行分离可以提升检测效率。径向流会将最小的细胞拖向接触线直至到达尺寸效应的极限。然而，由于接触线附近的高度限制，更大的细胞被排除在更远处[1]，这种尺寸隔离称为限制效应(confinement effect)。这一效应使得液滴边缘多个环中的细胞实现分离(图 10.11)，图中较小的颗粒(灰色)通过蒸发驱动的流动被输送到更靠近接触线的地方(液滴高度相比更小)形成外圈，而较大的颗粒(黑色)由于液-气界面高度的大小限制而仍处于内部(形成内圈)，因此有助于检测特定的生物标记，所有与感兴趣标志物大小不同的非相关颗粒都收集在不同的环斑中并可以忽略不计，从而提高目标标志物的信噪比[53]。

(a) 液滴的侧面轮廓　　　　　**(b) 顶部观测的液滴**

图 10.11　液滴干燥过程中的粒度分选示意图

3）DNA 拉伸

光学基因图谱是一种确定 DNA 链完整序列的技术，因为其能够提供有关 DNA 结构和性质的信息。通过不同酶与 DNA 基本序列的特异性结合测试实验，并可视化其在链上的位置可以完全映射整个 DNA 链序列。为了精确确定酶的特异性结合位置，需要完全拉伸 DNA 分子。利用蒸发液滴中向外流场施加的拉伸剪切流可以"拖拽"DNA 分子，因而当含有 DNA 分子的液滴沉积在适合黏附的衬底上时，DNA 分子就会被拉伸，进而可以进行 DNA 分子的序列分析[2,77]。

3. 避免咖啡环效应

要产生咖啡环效应必须满足两个条件：①接触线必须钉扎；②液滴必须在接触线区域附近蒸发。如果不满足其中任何一个条件，就有可能得到偏离环形图案的颗粒沉积物。

当液滴的接触线未钉扎时，不需要补充沿接触线蒸发的液体来保持球冠形状。具有后退接触线的液滴没有径向向外的内部流动[33]，因而颗粒不会在液滴边缘聚集(除非有后退接触线的黏附作用)。可以使用电润湿方法避免接触线钉扎：在电场力的作用下，固着液滴沿着电场方向伸长，从而抵消了表面张力(形成液滴球冠形状的原因)的影响[78]。电润湿技术通过插入电极尖端对液滴施加交流电压产生接触线的振荡运动，而液滴边缘的运动能够消除液滴的钉扎[79]。然而，电润湿技术中需要的高频交流电压条件难以在工业规模上实现。

另外，可以改变第二个条件来避免咖啡环效应的产生：在自由蒸发状态下，接触线附近的蒸发较强($\theta<90°$)，进而在液滴内部产生向外流动，故而减少接触线附近的蒸发通量能够改变内部流场。例如，在液滴中心上方有一个孔的封闭环境中，对液滴蒸发的观测可以发现顶点处的蒸发速率增加而边缘的蒸发速率减小。

随着中心蒸发速率的增加，可能会出现退化的、不太明显的咖啡环图案，甚至产生液滴内部的向内流动从而出现颗粒向中心堆积[22,80]。

在保持咖啡环效应先决条件的同时去除环斑的另一种方法是改变液滴的内部流动来削弱径向流动。例如，通过添加表面活性剂在液-气界面引入的表面张力梯度可以使液滴内的颗粒再循环，并防止颗粒（或聚合物）在接触线的环斑中融合[50,64,81]。另外，如果在干燥期间马兰戈尼流动消失，或者对流流动比马兰戈尼流动更强，则径向流动将再次将颗粒输送到接触线而形成环斑。

液滴尺寸也会影响液滴的沉积模式。研究结果发现非常小的液滴（在直径小于等于 $10\mu m$ 的量级上）的干燥过程未观察到咖啡环效应。液滴寿命和溶质自钉扎时间决定了沉积模式的不同。足够小液滴的蒸发时间很短，以至于颗粒在通过向外流动开始运动之前液滴已经蒸发，从而导致随机均匀沉积。另外，颗粒大小也影响并决定了溶质自钉扎时间。在蒸发期间，界面处积聚的颗粒在接触线的自钉扎效应对固定接触线的形成非常重要：若液滴中的颗粒足够小，则相对于蒸发时间，两个邻近颗粒碰撞并形成障碍物（该障碍物能够促进固定接触线的产生）的时间太长。因此，对于非常小的颗粒，如果障碍物液滴的钉扎强烈依赖于障碍物，则观察不到咖啡环效应[82]。

10.4.2　颗粒迁移

除了沿着流体流线的流动，颗粒也可以在外力作用下穿过流线。例如，皮升的乙醇-水液滴（含有体积分数小于 50%的乙醇）在干燥过程中颗粒表现出向液滴中心的迁移[50]。在马兰戈尼流动期间，迁移形成一个集中的中心基团并损耗接触线。这种潜在的迁移机制包括热泳、化学电泳和剪切诱导。

10.5　复杂流体的干燥

干燥的胶体液滴可以产生漂亮且复杂的图案[83]，这些图案的形态受到许多变量的影响。本节讨论接触线运动（钉扎、移动或黏滑运动）、颗粒特征（尺寸、形状、体积分数）、干燥过程中的固体分离（表皮形成、开裂和屈曲效应）、黏度、弹性、局部环境（相对湿度和局部湿度梯度）以及干燥过程中胶体不稳定性的影响。

10.5.1　接触线的运动

接触线的速度（与颗粒浓度相结合）会对所得的精细结构产生很大的影响。例如，Deegan[84]观察到的不同环、网格状结构、径向辐条或锯齿（三角形）图案取决于接触线是否保持完全钉扎，在某些地方移动但在其他地方保持钉扎，或者在较高颗粒浓度下沿移动接触线形成多层结构（图 10.12）。在接触线钉扎期间，流向接

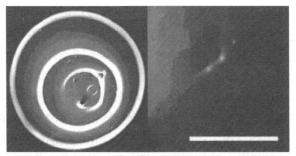

(a) 体积分数为1%的微球沉积结构(右侧为500μm比例尺放大图像)

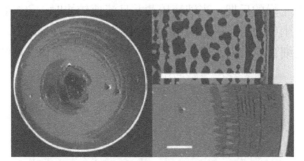

(b) 体积分数为0.25%的微球沉积结构(右侧为500μm比例尺放大图像)

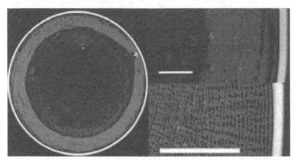

(c) 体积分数为0.13%的微球沉积结构(右侧为500μm比例尺放大图像)

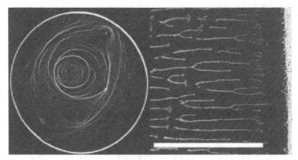

(d) 体积分数为0.063%的微球沉积结构(右侧为250μm比例尺放大图像)

图 10.12 不同体积分数下 0.1μm 微球的沉积结构，每个整体沉积物的直径约为 6mm[84]
（版权归属美国物理学会）

触线的径向流会形成环形沉积物。若在整个干燥过程中接触线保持恒定的半径，则所得沉积物是单环斑。连续的钉扎和脱钉过程会导致接触线的黏滑运动，并在液滴被钉扎的地方形成圆环。这会导致生成由多个同心环或以接触线的单个点为中心的内切环组成的沉积物，这些环在整个干燥过程中保持钉扎。

　　接触线与沉积物中心的颗粒堆积之间可能会出现较大的结构差异(图10.13)。通常，接触线呈现出高度有序的"结晶"沉积结构，而沉积中心的结构可能较松散。这是由在整个干燥过程中径向流动的速度变化造成的：在干燥开始时，流向接触线的颗粒速度较慢[85]，这使得颗粒有更多的时间重组并在接触线处排列成紧密的结构[26]；在干燥的后期，当液滴较薄并且流速较快时，更多颗粒向接触线的运动会在中心产生更大的无序结构(其中沉积物向内积聚)。随着液滴变薄，由于干燥过程中的毛细管浸入力，液滴会在中心最终形成"花边"精细结构。

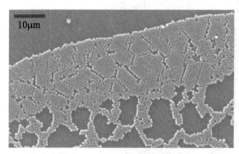 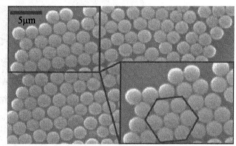

(a) 体积分数为1%、200nm PS微球沉积结构示意图　　(b) 体积分数为0.1%、1μm PS微球沉积结构示意图

图 10.13　水滴接触线附近 PS 微球的沉积结构

　　通常，后退的接触线会导致不可预测的干燥过程，并且拖拽颗粒形成具有不规则边缘的沉积物。然而，如果可以控制接触线的后退，那么这种运动可以用于自组装高度有序结构：光子晶体就是一个由喷墨液滴形成高度周期性结构的例子[64]。在特殊情况下，接触线的运动可以实现液滴在干燥过程中"爬上"沉积物，例如，研究表明在特定浓度下的干燥过程中，聚环氧乙烯溶液会堆积成整体结构[86]。

10.5.2　颗粒特征

　　液滴内颗粒的形状、大小和硬度可在沉积结构中发挥重要作用，另外，颗粒-颗粒和颗粒-衬底的相互作用也可用于改变沉积形态。颗粒的压紧或堆积亲和性反映在由于咖啡环效应产生环斑的高度和宽度上。Hodges 等[87]注意到圆盘状颗粒在接触线上的堆积形成了比类似尺寸球形颗粒更大的环斑，更高的环是由于圆盘状颗粒的堆叠亲和性增强引起的。

　　在液-气界面，颗粒的形状起着另一个作用：由颗粒形状决定的毛细管相互作用能够抑制咖啡环效应[88,89]，使高度细长的颗粒实现完全均匀的沉积。各向异性颗粒(如椭球状颗粒)一旦被径向流输运到液-气界面，就会引起自由界面的显著变形，从而产生强烈的长程颗粒间相互作用。这些颗粒间的相互作用导致在液-气界面形成松散堆积的团聚结构，使颗粒保持在筏状结构中并防止其在接触线上积聚。这个筏状结构延伸穿过液-气界面，横跨自由表面并在衬底上干燥产生均匀沉积。同样，Bigioni 等[55]利用表面活性球形颗粒之间的吸引力相互作用在液-气界面上生长薄膜，该薄膜之后会在衬底上垂直向下逐渐降低高度完成干燥过程，与不存在颗粒相互作用时观察到的环斑相比形成更均匀的沉积。

由于尺寸限制效应，粒径大小可以使液滴发生偏析(见 10.4.1 节)。较大的颗粒也可能沉降，而不跟随内部流体流动。沉降速度 v_s 可以通过平衡颗粒的浮力和斯托克斯阻力来确定：

$$v_s = \frac{2(\rho_p - \rho_f)ga^2}{9\mu} \tag{10.21}$$

式中，a 为球形颗粒的半径；ρ_f 为流体密度；ρ_p 为颗粒密度。

颗粒-衬底相互作用对沉积物形态也起着关键作用(如范德瓦耳斯相互作用和静电相互作用)[90]。若颗粒和衬底的电荷符号相反，则颗粒流动性的降低会减少咖啡环效应的产生，相反，颗粒会"黏附"到衬底上并在接触线处形成无序结构[91]。当颗粒具有与衬底相同的电荷时，它们之间就没有吸引力，径向流动形成具有有序结构的环斑。

10.5.3　固体的分离

当液滴蒸发时，自由表面的向下移动使得液滴内物质在液-气界面处聚集。若材料不能从自由表面扩散，则其浓度可达到形成表皮或"外壳"的水平。通常，这些钉扎在接触线上的颗粒会随着液滴继续蒸发，导致曲率半径 r_c 减小。具有球冠形状的液滴内部压力 P 可由拉普拉斯方程确定：

$$P = 2\sigma / r_c \tag{10.22}$$

当液滴内的压力过低时，外壳会弯曲并在表皮最薄的中心处向内凹陷[51]。另外，如果聚合物浓度足够高，则外皮会经历玻璃化转变并且发生屈曲失稳，形成"墨西哥帽"沉积(其在干燥过程中顶点高度升高)[92]。

表面薄膜或表皮中可能出现裂缝来释放应力[93,94]，这些裂缝通常有规则的间距。对于弹性材料，通过弛豫获得的弹性能必须至少等于形成新表面所需的能量。这种表皮的开裂会导致表面光洁度较差(图 10.14(b)和(c))。

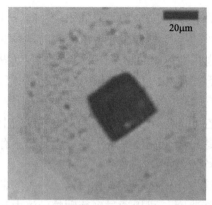

(a) 从一滴0.3mol的NaCl溶液中
沉积的立方晶体

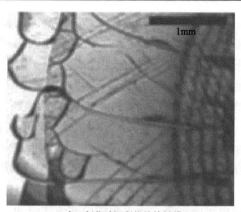

(b) 在二氧化硅沉积物的接触线上
呈规律间隔开的裂缝

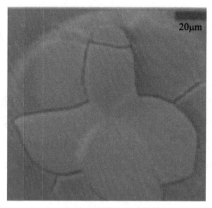

(c) 在二氧化硅悬浮液干燥的过程中
由于表皮形成产生的开裂

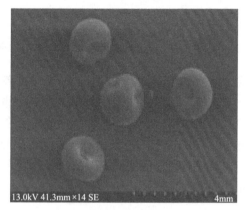

(d) 由于邻近液滴的局部湿度升高，胶体氧
化铝液滴干燥后留下的拱形沉积物

图 10.14　不同溶液的蒸发因固体分离产生的沉积物样貌[10]（版权归属美国化学学会）

　　由于咖啡环效应，固体的分离也可能发生在接触线处，这可能会提高局部黏度、弹性或引起过饱和，从而导致结晶过程。如果黏度变得足够大，那么球冠形状的液滴轮廓可能会发生变形以避免受到表面张力的影响，此时，为了保持固定接触线，贯穿液滴的径向流动也会消失从而抑制环斑的形成。类似地，Talbot 等[95]利用接触线区域具有较大蒸发通量的性质，在接触线上使用不同浓度的 Laponite（一种人工合成片状硅酸镁钾）溶液来诱导溶胶-凝胶转变，凝胶的弹性能够克服朝向接触线的毛细流动。故而通过调节初始 Laponite 溶液浓度，可以控制径向运动输运的颗粒量，从而使形成的沉积物从环斑转变为均匀沉积物甚至圆顶型沉积物。

10.5.4　局部环境

　　通过控制局部相对湿度来有意地控制局部蒸发速率，会形成很多不同结构（如拱形、船形和杯形）。在初始液滴附近放置一个壁面或一个液滴可以提高局部湿度并降低该侧的蒸发速率。然后，由于蒸发驱动的流动，颗粒向接触线的输送在壁侧处减小而形成空腔(图 10.14(d))。

Deegan 等[22]通过改变液滴上的局部湿度确定了蒸发通量对沉积的影响，具体方法是将液滴放置在被水池包围的衬底上来获得均匀的蒸发通量。与造成接触线上蒸发增强的周围环境相似，所得沉积物也为环斑。通过将液滴包含在液滴中心上方具有小开口的腔室中，液滴中心处的蒸发通量与边缘处相比(具有类似于液滴形状的轮廓)显著增强。由于接触线处的蒸发相比于顶点大大减少，液滴内部的径向流动显著降低从而形成均匀沉积。

10.5.5　衬底图案化

通过对具有亲水和疏水区域的衬底进行图案化，可以控制液滴在同一衬底不同区域上的润湿过程，以形成直线(没有膨胀的失稳)或从单个液滴形成各种形状，如正方形[96]、菱形或蝴蝶形[97]。

样品表面的几何形状与图案化表面的润湿一样重要。液滴在表面的扩散会受到各种尺寸和形状凸起的阻碍[98]。也有研究表明可使用高于衬底表面的柱状结构以获得非圆形接触线[99]。

10.5.6　干燥过程中胶体的不稳定性

干燥过程中液滴内的溶质浓度会降低德拜长度 r_D，从而导致墨水不稳定：

$$r_D = \sqrt{\frac{\varepsilon_r \varepsilon_0 k_B T}{2 N_A e^2 I}} \tag{10.23}$$

式中，N_A 为阿伏伽德罗常数；e 为元电荷；I 为离子强度；ε_r 为介电常数；ε_0 为自由空间的相对介电常数；k_B 为玻尔兹曼常数；T 为温度。德拜长度越小表示双电层屏蔽颗粒间的排斥距离越短，因而颗粒能够越紧密地靠近彼此，这可能会最终导致颗粒的聚集。由溶剂蒸发引起的盐浓度升高会增加离子强度，从而缩短德拜长度。在某些情况下，盐会在沉积物中结晶形成立方晶体或类似分形的指状物[56](图 10.14(a))。溶剂混合物也可以通过消耗更易挥发的溶剂来影响德拜长度，例如，在乙醇-水混合物中，介电常数随着乙醇的消耗在整个干燥过程中增加(如 $\varepsilon_{r,ethanol} < \varepsilon_{r,water}$)，导致德拜长度增加并使得混合物的稳定性增强。

颗粒墨水的絮凝过程(絮凝是指水或液体中悬浮微粒集聚变大形成絮团并最终沉降的过程)可以通过聚合物的桥接絮凝、吸附聚合物的电荷-贴片相互作用、非吸附聚合物的耗尽絮凝等方法来实现。喷墨墨滴的不稳定状态通常是不利的，但在某些情况下，这可以用于将结构"锁定"在单个聚集体中或导致聚集体沉淀以产生更均匀的沉积物（而不是通过径向流动输运来形成环斑）。凝聚和互连的网络结构可以呈现不同的流变行为，这对于直写应用很有益[100]。

　　综上所述，钉扎液滴的干燥过程是一个涉及传热和传质的复杂过程。在固着液滴中，由蒸发驱动的径向流动常导致环斑。通过使用马兰戈尼流动、各向异性颗粒、液-气界面与黏度相关的变形或流体的弹性可以获得均匀的沉积。固体的分离可能导致表皮开裂或屈曲，影响沉积的质量控制。衬底的热性能、润湿性能、图案化、粗糙度都有助于干燥形成优良的沉积物结构。因此，需要仔细考虑如何为给定应用定制墨水并提供所需的沉积物结构。

10.6　思　考　题

　　思考题 1　固着水滴在玻璃衬底上以 25℃的温度干燥时，计算引起马兰戈尼流换向的临界接触角。当接触角为 20°时，马兰戈尼流沿液-气界面向哪个方向流动？

　　计算过程　根据玻璃热导率（0.96W/(m·K)）和水热导率（0.58W/(m·K)）求得相对导热系数 κ_R = 1.66。使用式(10.20)绘制并找到当临界接触角为 22°(0.39rad)时的解。在接触角为 20°时，接触线将变冷，使马兰戈尼流从顶点沿着液-气界面流向接触线。

　　思考题 2　聚苯乙烯微球被用作示踪粒子跟踪水滴内的流动（在 25℃时）。当流速等于沉降速度时，以 5μm/s 速度流动的流体中的粒径限制是多少？这和乙醇液滴有何不同？

　　计算过程　聚苯乙烯、水和乙醇的密度分别为 1050kg/m^3、998kg/m^3 和 790kg/m^3。水和乙醇的黏度分别为 0.89mPa·s 和 1.09mPa·s。根据式(10.21)，水滴中的颗粒半径极限为 6.3μm，乙醇液滴中的颗粒半径极限为 3.1μm。

参 考 文 献

[1] Monteux C, Lequeux F. Packing and sorting colloids at the contact line of a drying drop[J]. Langmuir, 2011, 27(6): 2917-2922.

[2] Abramchuk S S, Khokhlov A R, Iwataki T, et al. Direct observation of DNA molecules in a convection flow of a drying droplet[J]. Europhyscs Letters, 2001, 55(2): 294-300.

[3] Fuller S B, Wilhelm E J, Jacobson J M. Ink-jet printed nanoparticle microelectromechanical systems[J]. Journal of Microelectromechanical Systems, 2002, 11(1): 54-60.

[4] Kim D, Moon J. Highly conductive ink jet printed films of nanosilver particles for printable electronics[J]. Electrochemical and Solid State Letters, 2005, 8(11): J30-J33.

[5] Hebner T R, Wu C C, Marcy D, et al. Ink-jet printing of doped polymers for organic light

emitting devices[J]. Applied Physics Letters, 1998, 72 (5): 519-521.

[6] Sirringhaus H, Kawase T, Friend R H, et al. High-resolution inkjet printing of all-polymer transistor circuits[J]. Science, 2000, 290 (5499): 2123-2126.

[7] Okamoto T, Suzuki T, Yamamoto N. Microarray fabrication with covalent attachment of DNA using Bubble Jet technology[J]. Nature Biotechnology, 2000, 18 (4): 438-441.

[8] Roth E A, Xu T, Das M, et al. Inkjet printing for high-throughput cell patterning[J]. Biomaterials, 2004, 25 (17): 3707-3715.

[9] Mott M, Song J H, Evans J R G. Microengineering of ceramics by direct ink-jet printing[J]. Journal of the American Ceramic Society, 1999, 82 (7): 1653-1658.

[10] Chen L F, Evans J. Arched structures created by colloidal droplets as they dry[J]. Langmuir, 2009, 25 (19): 11299-11301.

[11] Hamamoto Y, Christy J R E, Sefiane K. The flow characteristics of an evaporating ethanol water mixture droplet on a glass substrate[J]. Journal of Thermal Science & Technology, 2012, 7 (3): 425-436.

[12] Kuang M X, Wang J X, Bao B, et al. Inkjet printing patterned photonic crystal domes for wide viewing-angle displays by controlling the sliding three phase contact line[J]. Advanced Optical Materials, 2014, 2 (1): 34-38.

[13] Larson R G. Transport and deposition patterns in drying sessile droplets[J]. Aiche Journal, 2014, 60 (5): 1538-1571.

[14] Hu H, Larson R G. Evaporation of a sessile droplet on a substrate[J]. The Journal of Physical Chemistry B, 2002, 106 (6): 1334-1344.

[15] Cazabat A M, Guéna G. Evaporation of macroscopic sessile droplets[J]. Soft Matter, 2010, 6 (12): 2591-2612.

[16] Murisic N, Kondic L. On evaporation of sessile drops with moving contact lines[J]. Journal of Fluid Mechanics, 2011, 679: 219-246.

[17] Smith J D, Cappa C D, Drisdell W S, et al. Raman thermometry measurements of free evaporation from liquid water droplets[J]. Journal of the American Chemical Society, 2006, 128 (39): 12892-12898.

[18] Deegan R D, Bakajin O, Dupont T F, et al. Capillary flow as the cause of ring stains from dried liquid drops[J]. Nature, 1997, 389 (6653): 827-829.

[19] Popov Y O. Evaporative deposition patterns: Spatial dimensions of the deposit[J]. Physical Review E, 2005, 71 (3): 036313.

[20] Shahidzadeh-Bonn N, Rafai S, Azouni A, et al. Evaporating droplets[J]. Journal of Fluid Mechanics, 2006, 549: 307-313.

[21] Kelly-Zion P L, Pursell C J, Vaidya S, et al. Evaporation of sessile drops under combined

diffusion and natural convection[J]. Colloids and Surfaces A: Physicochemical and Engineering Aspects, 2011, 381(1-3): 31-36.

[22] Deegan R D, Bakajin O, Dupont T F, et al. Contact line deposits in an evaporating drop[J]. Physical Review E, 2000, 62(1): 756-765.

[23] Poulard C, Guéna G, Cazabat A M. Diffusion-driven evaporation of sessile drops[J]. Journal of Physics Condensed Matter, 2005, 17(49): S4213-S4227.

[24] Hu H, Larson R G. Analysis of the microfluid flow in an evaporating sessile droplet[J]. Langmuir, 2005, 21(9): 3963-3971.

[25] Ristenpart W D, Kim P G, Domingues C, et al. Influence of substrate conductivity on circulation reversal in evaporating drops[J]. Physical Review Letters, 2007, 99(23): 234502.

[26] Marín Á G, Gelderblom H, Lohse D, et al. Order-to-disorder transition in ring-shaped colloidal stains[J]. Physical Review Letters, 2011, 107(8): 085502.

[27] Fischer B J. Particle convection in an evaporating colloidal droplet[J]. Langmuir, 2002, 18(1): 60-67.

[28] Hu H, Larson R G. Analysis of the effects of Marangoni stresses on the microflow in an evaporating sessile droplet[J]. Langmuir, 2005, 21(9): 3972-3980.

[29] Shanahan M, Sefiane K, Moffat J. Dependence of volatile droplet lifetime on the hydrophobicity of the substrate[J]. Langmuir, 2011, 27(8): 4572-4577.

[30] Picknett R G, Bexon R. Evaporation of sessile or pendant drops in still air[J]. Journal of Colloid and Interface Science, 1977, 61(2): 336-350.

[31] Birdi K S, Vu D T, Winter A. A study of the evaporation rates of small water drops placed on a solid surface[J]. Journal of Physical Chemistry, 1989, 93(9): 3702-3703.

[32] Bourgès-Monnier C, Shanahan M E R. Influence of evaporation on contact angle[J]. Langmuir, 1995, 11: 2820-2829.

[33] Masoud H, Felske J D. Analytical solution for inviscid flow inside an evaporating sessile drop[J]. Physical Review E, 2009, 79(1): 016301.

[34] Talbot E L, Berson A, Brown P S, et al. Evaporation of picoliter droplets on surfaces with a range of wettabilities and thermal conductivities[J]. Physical Review E, 2012, 85(6): 061604.

[35] Stauber J M, Wilson S K, Duffy B R, et al. On the lifetimes of evaporating droplets[J]. Journal of Fluid Mechanics, 2014, 744: R2.

[36] David S, Sefiane K, Tadrist L. Experimental investigation of the effect of thermal properties of the substrate in the wetting and evaporation of sessile drops[J]. Colloids and Surfaces A: Physicochemical and Engineering Aspects, 2007, 298(1-2): 108-114.

[37] Dunn G J, Wilson S K, Duffy B R, et al. The strong influence of substrate conductivity on droplet evaporation[J]. Journal of Fluid Mechanics, 2009, 623: 329-351.

[38] Sefiane K, Bennacer R. An expression for droplet evaporation incorporating thermal effects[J]. Journal of Fluid Mechanics, 2011, 667: 260-271.

[39] Sefiane K, Tadrist L, Douglas M. Experimental study of evaporating water-ethanol mixture sessile drop: Influence of concentration[J]. International Journal of Heat and Mass Transfer, 2003, 46(23): 4527-4534.

[40] Washburn E W. The International Critical Tables[M]. New York: McGraw-Hill Book Company, 1928.

[41] D'Avila S G, Silva R S F. Isothermal vapor-liquid equilibrium data by total pressure method. Systems acetaldehyde-ethanol, acetaldehyde-water, and ethanol-water[J]. Journal of Chemical and Engineering Data, 1970, 15(3): 421-424.

[42] Thompson J. On certain curious motions observable at the surface of wines and other alcoholic liquors[J]. The London, Edinburgh, and Dublin Philosophical Magazine and Journal of Science, 1855, 10(67): 330-333.

[43] Hu H, Larson R G. Marangoni effect reverses coffee-ring depositions[J]. Journal of Physical Chemistry B, 2006, 110(14): 7090-7094.

[44] Girard F, Antoni M, Faure S, et al. Evaporation and Marangoni driven convection in small heated water droplets[J]. Langmuir, 2006, 22(26): 11085-11091.

[45] Sefiane K, Fukatani Y, Takata Y, et al. Thermal patterns and hydrothermal waves (HTWs) in volatile drops[J]. Langmuir, 2013, 29(31): 9750-9760.

[46] Sefiane K, Moffat J R, Matar O K, et al. Self-excited hydrothermal waves in evaporating sessile drops[J]. Applied Physics Letters, 2008, 93(7): 074103.

[47] Girard F, Antoni M, Sefiane K. Infrared thermography investigation of an evaporating sessile water droplet on heated substrates[J]. Langmuir, 2010, 26(7): 4576-4580.

[48] Still T, Yunker P J, Yodh A G. Surfactant-induced Marangoni eddies alter the coffee-rings of evaporating colloidal drops[J]. Langmuir, 2012, 28(11): 4984-4988.

[49] Truskett V N, Stebe K J. Influence of surfactants on an evaporating drop: Fluorescence images and particle deposition patterns[J]. Langmuir, 2003, 19(20): 8271-8279.

[50] Talbot E L, Berson A, Yang L, et al. Internal flows and particle transport inside picoliter droplets of binary solvent mixtures[C]. NIP and Digital Fabrication Conference, Seattle, 2013, 2013: 307-312.

[51] Kajiya T, Nishitani E, Yamaue T, et al. Piling-to-buckling transition in the drying process of polymer solution drop on substrate having a large contact angle[J]. Physical Review E, 2006, 73(1): 011601.

[52] Sempels W, de Dier R, Mizuno H, et al. Auto-production of biosurfactants reverses the coffee ring effect in a bacterial system[J]. Nature Communications, 2013, 4(1757): 1-8.

[53] Wong T S, Chen T H, Shen X, et al. Nanochromatography driven by the coffee ring effect[J]. Analytical Chemistry, 2011, 83(6): 1871-1873.

[54] Kruglova O, Demeyer P J, Zhong K, et al. Wonders of colloidal assembly[J]. Soft Matter, 2013, 9(38): 9072-9087.

[55] Bigioni T P, Lin X M, Nguyen T, et al. Kinetically driven self assembly of highly ordered nanoparticle monolayers[J]. Nature Materials, 2006, 5(4): 265-270.

[56] Kaya D, Belyi V A, Muthukumar M. Pattern formation in drying droplets of polyelectrolyte and salt[J]. The Journal of Chemical Physics, 2010, 133(11): 114905.

[57] Sefiane K. Effect of nonionic surfactant on wetting behavior of an evaporating drop under a reduced pressure environment[J]. Journal of Colloid & Interface Science, 2004, 272(2): 411-419.

[58] Innocenzi P, Malfatti L, Falcaro P. Water Droplets to Nanotechnology: A Journey through Self-assembly[M]. London: Royal Society of Chemistry, 2014.

[59] Wei X, Choi C H. From sticky to slippery droplets: Dynamics of contact line depinning on superhydrophobic surfaces[J]. Physical Review Letters, 2012, 109(2): 024504.

[60] Adamson A W, Gast A P. Physical Chemistry of Surfaces[M]. 6th ed. New York: John Wiley & Sons, 1997.

[61] Oliver J F, Huh C, Mason S G. Resistance to spreading of liquids by sharp edges[J]. Journal of Colloid & Interface Science, 1977, 59(3): 568-581.

[62] Raphaël E, de Gennes P G. Dynamics of wetting with nonideal surfaces[J]. Journal of Chemical Physics, 1989, 90(12): 7577-7584.

[63] Weon B M, Je J H. Self-pinning by colloids confined at a contact line[J]. Physical Review Letters, 2013, 110(2): 028303.

[64] Park J, Moon J. Control of colloidal particle deposit patterns within picoliter droplets ejected by ink-jet printing[J]. Langmuir, 2006, 22(8): 3506-3513.

[65] Prevo B G, Velev O D. Controlled, rapid deposition of structured coatings from micro- and nanoparticle suspensions[J]. Langmuir, 2004, 20(6): 2099-2107.

[66] Mix A W, Chen Z B, Johnson L M, et al. Blotching in roll coating[J]. Journal of Coatings Technology and Research, 2011, 8: 67-74.

[67] Cawse J N, Olson D, Chisholm B J, et al. Combinatorial chemistry methods for coating development[J]. Progress in Organic Coatings, 2003, 47(2): 128-135.

[68] Derby B. Inkjet printing ceramics: From drops to solid[J]. Journal of the European Ceramic Society, 2011, 31(14): 2543-2550.

[69] de Gans B J, Duineveld P C, Schubert U S. Inkjet printing of polymers: State of the art and future developments[J]. Advanced Materials, 2004, 16(3): 203-213.

[70] Dou R, Derby D B. Formation of coffee stains on porous surfaces[J]. Langmuir, 2012, 28(12): 5331-5338.

[71] Dugas V, Broutin J, Souteyrand E. Droplet evaporation study applied to DNA chip manufacturing[J]. Langmuir, 2005, 21(20): 9130-9136.

[72] Fang X, Li B, Petersen E, et al. Drying of DNA droplets[J]. Langmuir, 2006, 22(14): 6308-6312.

[73] Huang J, Tao A R, Connor S, et al. A general method for assembling single colloidal particle lines[J]. Nano Letters, 2006, 6(3): 524-529.

[74] Cuk T, Troian S M, Hong C M, et al. Using convective flow splitting for the direct printing of fine copper lines[J]. Applied Physics Letters, 2000, 77(13): 2063-2065.

[75] Magdassi S, Grouchko M, Toker D, et al. Ring stain effect at room temperature in silver nanoparticles yields high electrical conductivity[J]. Langmuir, 2005, 21(23): 10264-10267.

[76] Layani M, Gruchko M, Milo O, et al. Transparent conductive coatings by printing coffee ring arrays obtained at room temperature[J]. ACS Nano, 2009, 3(11): 3537-3542.

[77] Levy-Sakin M, Ebenstein Y. Beyond sequencing: Optical mapping of DNA in the age of nanotechnology and nanoscopy[J]. Current Opinion in Biotechnology, 2013, 24(4): 690-698.

[78] Vancauwenberghe V, di Marco P, Brutin D. Wetting and evaporation of a sessile drop under an external electrical field: A review[J]. Colloids and Surfaces A: Physicochemical and Engineering Aspects, 2013, 432: 50-56.

[79] Eral H B, Mampallil Augustine D, Duits M H G, et al. Suppressing the coffee stain effect: How to control colloidal self-assembly in evaporating drops using electrowetting[J]. Soft Matter, 2011, 7: 4954-4958.

[80] Tamaddon A H, Mertens P W, Vermant J, et al. Role of ambient composition on the formation and shape of watermarks on a bare silicon substrate[J]. ECS Journal of Solid State Science and Technology, 2014, 3(1): N3081-N3086.

[81] Kajiya T, Kobayashi W, Okuzono T, et al. Controlling the drying and film formation processes of polymer solution droplets with addition of small amount of surfactants[J]. Journal of Physical Chemistry B, 2009, 113(47): 15460-15466.

[82] Shen X Y, Ho C M, Wong T S. Minimal size of coffee ring structure[J]. The Journal of Physical Chemistry B, 2010, 114(16): 5269-5274.

[83] Takhistov P, Chang H C. Complex stain morphologies[J]. Industrial & Engineering Chemistry Research, 2002, 41(25): 6256-6269.

[84] Deegan R D. Pattern formation in drying drops[J]. Physical Review E, 2000, 61(1): 475-485.

[85] Marín Á G, Gelderblom H, Lohse D, et al. Rush-hour in evaporating coffee drops[J]. Physics of Fluids, 2011, 23(9): 091111.

[86] Baldwin K A, Granjard M, Willmer D I, et al. Drying and deposition of poly(ethylene oxide) droplets determined by Péclet number[J]. Soft Matter, 2011, 7(17): 7819-7826.

[87] Hodges C S, Ding Y, Biggs S. The influence of nanoparticle shape on the drying of colloidal suspensions[J]. Journal of Colloid & Interface Science, 2010, 352(1): 99-106.

[88] Yunker P J, Still T, Lohr M A, et al. Suppression of the coffee-ring effect by shape-dependent capillary interactions[J]. Nature, 2011, 476(7360): 308-311.

[89] Dugyala V R, Basavaraj M G. Control over coffee-ring formation in evaporating liquid drops containing ellipsoids[J]. Langmuir, 2014, 30(29): 8680-8686.

[90] Jung J Y, Kim Y W, Yoo J Y, et al. Forces acting on a single particle in an evaporating sessile droplet on a hydrophilic surface[J]. Analytical Chemistry, 2010, 82(3): 784-788.

[91] Yan Q, Gao L, Sharma V, et al. Particle and substrate charge effects on colloidal self-assembly in a sessile drop[J]. Langmuir, 2008, 24(20): 11518-11522.

[92] Pauchard L, Allain C. Buckling instability induced by polymer solution drying[J]. Europhysics Letters, 2003, 62(6): 897-903.

[93] Sobac B, Brutin D. Desiccation of a sessile drop of blood: Cracks, folds formation and delamination[J]. Colloids & Surfaces A Physicochemical & Engineering Aspects, 2014, 448: 34-44.

[94] Routh A F. Drying of thin colloidal films[J]. Reports on Progress in Physics, 2013, 76(4): 046603.

[95] Talbot E L, Yang L, Berson A, et al. Control of the particle distribution in inkjet printing through an evaporation-driven sol-gel transition[J]. ACS Applied Materials & Interfaces, 2014, 6(12): 9572-9583.

[96] Fan F, Stebe K J. Assembly of colloidal particles by evaporation on surfaces with patterned hydrophobicity[J]. Langmuir, 2004, 20(8): 3062-3067.

[97] Léopoldès J, Dupuis A, Bucknall D G, et al. Jetting micron-scale droplets onto chemically heterogeneous surfaces[J]. Langmuir, 2012, 19(23): 9818-9822.

[98] Alam P, Toivakka M, Backfolk K, et al. Impact spreading and absorption of Newtonian droplets on topographically irregular porous materials at short time scales[J]. Chemical Engineering Science, 2007, 62(12): 3142-3158.

[99] Vrancken R J, Blow M L, Kusumaatmaja H, et al. Anisotropic wetting and de-wetting of drops on substrates patterned with polygonal posts[J]. Soft Matter, 2013, 9(3): 674-683.

[100] Lewis J A. Direct-write assembly of ceramics from colloidal inks[J]. Current Opinion in Solid State & Materials Science, 2002, 6(3): 245-250.

第11章 衬底表面墨滴的模拟

Mark C. T. Wilson 和 Krzysztof J. Kubiak

11.1 引　言

本章探讨使用数值方法模拟液滴与固体表面相互作用。模拟的优势在于提供辅助手段以完善实验结果，探索新思路以指导实验(并非所有结果都十分可靠)和提供一种优化工具，开发形式化的数学模型/数值优化方法或自动化方法，确定最优系统设计和实验参数。

考虑到模拟墨滴形成的成功和准确性(详见第 7 章)，读者可能会认为模拟简单、不飞溅墨滴在平滑、均匀固体表面上的扩散是一项简单的工作。实际上，即使是这个看似简单的案例建模也相当具有挑战性，现在仍然没有较好实现对这类现象的预测模拟，其中的关键问题在于如何处理移动接触线(即液滴表面与固体表面的相交线)，这点将在后面进行详细讨论。

模拟建立在数学模型的基础上，试图得到控制目标系统行为的物理规律。实际上，模拟本质上是数学模型的实现，它通过采用方程(如有限差分法)或方程解(如有限元法)的合适数值近似描述复杂几何图形，并求解非线性方程和边界条件等。为保证模拟的可靠性，根据实验观测对模拟结果进行验证是至关重要的。如果系统能够以可靠的方式被模拟，就说明基本理论中的物理机制和模型是正确的(即我们已经充分理解了这个系统)，那么模拟就可以作为前面提到的探索、设计和优化的工具。

模拟主要有两个误差来源：第一，在数值求解相关方程时所做的近似会产生离散误差，大多数模拟都涉及由单元或元素组成的某种形式的计算网格，这些网格的大小、形状和分布会对模拟的结果产生显著影响；第二，也是更基本的误差来源于数学模型本身，也就是说，模型中是否含有足够的物理量关系来描述所要研究的问题。移动接触线给数值模拟带来的困难在于，这种行为是在分子和宏观尺度上同时作用的结果，换而言之，液滴在固体表面的润湿过程是一种多尺度现象。

11.2　基于连续体的液滴动力学建模

模拟流体流动的常用方法是将所研究的流体视为连续介质，即忽略流体内部的潜在分子组成。分子尺度和运动时间尺度在连续介质假设中为零，因此液滴表面(液-气界面)在数学上表现为零厚度。实际上，这个界面的厚度是非零的(通常为几个分子大小)，但即使是在微小喷墨液滴的尺度上，这个厚度仍然非常小。正如第 2 章所解释的，液-气界面上的分子受到不对称分子间作用力从而产生表面(或界面)张力，故而在连续体模型中，表面张力(记作 γ)是零厚度表面的属性。

在大部分液体中，流体的速度场 $u(x)$ 和压力场 $p(x)$ 由第 2 章中描述的纳维-斯托克斯方程和连续方程控制，其中 $x = (x, y, z)$ 是流体在空间中的位置。通过使用有限元法或有限体积法等将这些连续非线性偏微分方程离散成一个大的联立代数方程组进行数值求解，其中包括将模拟的几何体对象(或"域")划分成小的元素或单元，求解这个大型矩阵系统就可以得到整个流体域内所有"节点"上的速度分量和压力值。

11.2.1　有限元分析

最适合零厚度"尖锐"界面模型的数值模拟方法是有限元法(详见第 2 章)。在这种方法中，液体区域被划分成具有线性(或弯曲)边缘和表面的连续单元，图 11.1(a)显示了这种划分方法的二维截面。在每个单元上，速度分量和压力场由低阶(通常为线性或二次)多项式函数近似，并在单元中的节点之间进行插值。与液体自由表面相邻单元的边缘(二维)或表面(三维)实际上限定了该表面，因此有限元网格始终与液滴的形状相匹配(即随液滴的形状而变化)。需要注意的是，由于喷墨打印通常在空气中进行，而空气的密度和黏度比墨滴低得多，因此通常将墨滴周围的空气设置成恒定压力的无黏性被动环境介质而没有单独建模，如 Fukai 等[1]使用有限元法分析液滴冲击和扩散的工作。

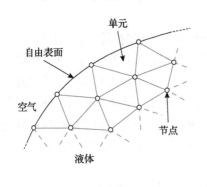
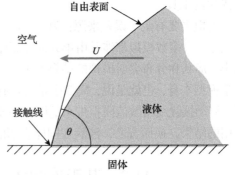

(a) 通过拟合自由表面形状的有限元　　　　(b) 液体在固体表面上从右向左
　　网格来表示液体体积　　　　　　　　　　扩散，θ 为接触角

图 11.1　有限元法的单元划分示意图

11.2.2　自由表面的有限元边界条件

为了说明模型的边界条件，以二维情形下液体自由表面的流动为例，液体以速度 U 在固体表面从右向左运动(图 11.1(b))。假设所有变量都是无量纲的，把所有的长度除以特征长度 L，所有速度除以 U，时间除以 L/U，压力除以 $\mu U/L$(其中 μ 表示液体动力黏度)得到液体自由表面动力学条件为

$$(\boldsymbol{u} - \dot{\boldsymbol{x}}_{\mathrm{fs}}) \cdot \hat{\boldsymbol{n}} = 0 \tag{11.1}$$

式中，$\dot{\boldsymbol{x}}_{\mathrm{fs}}$ 为自由表面上任意一点的坐标；$\hat{\boldsymbol{n}}$ 为自由表面的法线。

这种动力学条件通常用于在模拟过程中更新自由表面的位置，自由表面的应力条件可以写为

$$\hat{\boldsymbol{n}} \cdot \boldsymbol{\sigma} = \frac{1}{Ca} \frac{\mathrm{d}\hat{\boldsymbol{t}}}{\mathrm{d}s} \tag{11.2}$$

式中，$\boldsymbol{\sigma}$ 为由 $\sigma_{\alpha\beta} = -p\delta_{\alpha\beta} + \partial u_\alpha / \partial x_\beta + \partial u_\beta / \partial x_\alpha$ 组成的无量纲应力张量；$\hat{\boldsymbol{t}}$ 为自由表面的切线；s 为沿表面的距离(弧长)；$Ca = \mu U / \gamma$ 为毛细管数。

式(11.2)既包含了法向应力条件(即界面处压力突变与表面张力和曲率之间的关系遵从拉普拉斯定律(Laplace law))，也包含了切应力为零的条件。请注意，这里系统中界面的压力通常是指相对于环境压力而言，也就是假定液滴外部 $p = 0$。式(11.2)很容易采用有限元法进行求解，其有限元方程(即联立代数方程组)的推导涉及对流体体积的积分，继而又涉及对计算域表面上 $\hat{\boldsymbol{n}} \cdot \boldsymbol{\sigma}$ 的积分，因此可以用式(11.2)替换表面被积函数。

11.2.3　移动接触线问题

在模拟流体与固体表面的接触时，标准流体力学中常用的边界条件是无滑移条件(no-slip condition)，即固体表面附近的流体速度与固体速度相等。在喷墨打印中，虽然打印衬底可能正在移动，但是如果把衬底作为参照系，那么模拟中的固体表面就变成了(相对)静止的表面(即 $\boldsymbol{u} = 0$)。然而，如 11.1 节所述，接触线是液滴自由表面与固体表面的相交线，在考虑衬底上墨滴的冲击和扩散时，接触线必然会在静止衬底上移动，因此接触线处的速度不遵从无滑移条件。为了进一步探讨这个著名的流体力学问题，更简单的方法是改变参照系使其随着接触线移动。而为了进一步简化这个问题，现在来研究一个二维稳态流的例子，如图 11.2 所示。

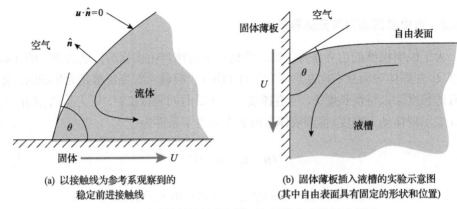

(a) 以接触线为参考系观察到的　　　　　(b) 固体薄板插入液槽的实验示意图
　　　稳定前进接触线　　　　　　　　　　　（其中自由表面具有固定的形状和位置）

图 11.2　移动接触线的实际模型与假设实验模型示意图

　　这里，接触线在钉扎位置表现为一个点，固体表面相对于接触线的速度为 U。这种设定实际上可以通过将固体薄板平稳地插入液槽中来实现[2,3]，此时，液体自由表面具有稳定的形状，式(11.1)可简化为

$$\boldsymbol{u} \cdot \hat{\boldsymbol{n}} = 0 \tag{11.3}$$

无滑移条件为

$$\boldsymbol{u} = U\hat{\boldsymbol{t}}_{s} \tag{11.4}$$

式中，$\hat{\boldsymbol{t}}_{s}$ 是固体表面的切线。此时，液体速度在自由表面上都沿着切线方向。若接触角 θ 为 180°，则自由表面与固体会在切点相遇（即两切线重合），液体沿着自由表面平稳加速直到等于固体薄板速度。然而，如果（通常情况下）$\theta < 180°$，在液体自由表面和固体薄板表面之间就会存在一个有限角使得它们的切线不平行，这样显然不可能满足式(11.3)和式(11.4)，在接触线处液体速度会始终小于固体薄板速度，两者速度不相等会导致出现剪切力的奇异性问题。

　　避免这个问题的常用方法是将式(11.4)替换为某种允许液体和固体之间存在滑移的速度条件，可以采用特定速度分布的形式，如 $\boldsymbol{u} = U\left(1 - \exp(-x/\lambda)\right) \cdot \hat{\boldsymbol{t}}_{s}$，其中 x 为液体表面一点到接触线的距离，λ 为指定的"滑移长度"。也可以用纳维边界条件将固体表面的液体速度与剪切力联系起来：

$$u - U = \frac{\mu}{\beta} \frac{\partial u}{\partial y} \tag{11.5}$$

式中，μ 为液体黏度；β 为滑动摩擦系数。

　　尽管在压力场中仍然存在可积奇异性问题[4]，但这些条件消除了边界条件不相容的问题以及与之相关的剪切力奇异性问题。

1. 接触角作为边界条件

为了实现所描述的数学模型，需要指定接触角的大小。在有限元方程中，可以使用接触线处自由表面的切线信息[5]或利用切线信息来更新接触线位置的方法来得到接触角。注意，接触角是将液体和固体特殊表面化学特性代入数学模型的唯一途径。然而，接触角作为仿真的输入量时会大大降低仿真模型的预测能力，特别是当接触角可能表现出复杂行为时(详见 11.3 节)。

2. 界面形成模型

Shikhmurzaev[6]提出的"界面形成模型"是移动接触线建模的重要进展。该模型认为，当接触线在固体表面前进时，先前的固-气界面将被固-液界面取代(即生成了新的固-液界面)。假设这个界面上的分子需要时间来达到平衡状态，那么由于新界面从接触线处开始形成并沿固体表面移动，这就意味着固-液界面的界面张力在接触线处不平衡，并在远离接触线的地方向平衡弛豫。实验[7]表明，当接触线在固体表面移动时，液体在固体表面的"滚动"使得部分液-气界面的液体分子通过接触线区域进入固-液界面。因此，当这些分子接近接触线时，它们失去液-气界面处的平衡状态而开始变为液-固界面分子的一部分(这是从一个简单的、基于整体的角度进行分析的结果。实际上单个液体分子在动态平衡中不断地在界面和液体内部之间交换，从而产生一些可以观察到的界面特性，如表面张力)。此时，平面上静态液滴的接触角满足杨氏方程，即接触线上平行于固体表面的力的平衡状态：

$$\gamma\cos\theta = \gamma_{SG} - \gamma_{SL} \tag{11.6}$$

式中，θ 为接触角；γ_{SG} 和 γ_{SL} 分别为固-气界面和固-液界面的界面张力；γ 为液-气界面的表面张力。

界面形成模型的前提是假设式(11.6)在动态情况下(即接触线移动时)成立。如前所述，接触线移动时接触线处界面张力值与平衡时界面张力值不同，通过式(11.6)就可以确定接触角。

界面形成模型包括了界面上的附加边界条件(作为界面形成/破坏过程的一部分，解释界面和实体之间的净质量通量)、标准边界条件的推广以及界面状态方程(说明不同界面张力的影响)，它们一起构成了润湿过程的完整模型，这是唯一一种不需要将接触角指定为边界条件的尖锐界面模型。鉴于模型的数学复杂性，界面形成模型只有在有限元框架内才能将自由界面完整地表示出来，更多信息详见文献[8]和文献[9]。近年来，界面形成模型已被用于研究轴对称液滴的冲击和扩散问题[10]。

11.2.4 流体体积法

模拟液体自由表面流动的常用方法是流体体积法[11]。在有限元法中，计算网格与自由表面形状相匹配，而在流体体积法中则是自由表面在固定网格中移动。自由表面的位置用函数 F 表示，空间中有流体的点取值为 1，反之为 0。对网格内的一个单元进行平均可以得到填充有液体的单元体积分数，因此每个单元都有一个与它关联的体积分数 $C(0 \leqslant C \leqslant 1)$，如图 11.3(a) 所示。

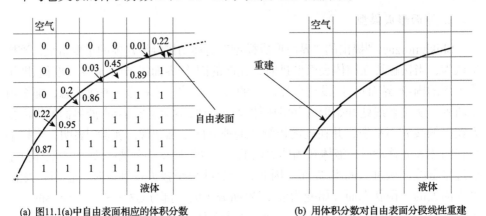

(a) 图11.1(a)中自由表面相应的体积分数　　　(b) 用体积分数对自由表面分段线性重建

图 11.3　自由表面的流体体积表达(通过固定网格定义单元的体积分数，
表明单元中有多少被液体占据)

液体自由表面的运动由流动的平流决定：

$$\frac{\partial F}{\partial t} + \nabla \cdot (\boldsymbol{u}F) = 0 \tag{11.7}$$

流动控制方程是纳维-斯托克斯方程，通常采用有限体积法求解。在计算上可以用体积分数的集合表示界面位置，但这样会丢失自由表面形状的详细信息。因此，流体体积法的一个关键步骤就是重构界面形状，从而确定和应用应力边界条件(特别是应力边界条件"自由边界上的压力等于边界曲率乘以表面张力")。在填充单元内将自由表面近似为直线，并用相邻单元的体积分数来确定这条直线的斜率(图 11.3(b))，然后在单元内定位该直线以匹配其体积分数，最后综合不同单元的直线斜率得到自由表面的曲率。此外，在流体体积法中接触角可以直接用作界面的几何约束条件。

流体体积法自出现以来得到了很多发展，通常是采用双流体模型对液体和周围流体进行建模，并通过连续表面力(continuum surface force, CSF)法[12]将表面张力包含在内。在这种方法中，表面张力作为源项包含在纳维-斯托克斯方程中[13]：

$$f_\gamma = \gamma \left(-\nabla \cdot \frac{\nabla C}{|\nabla C|} \right) \nabla C \tag{11.8}$$

体积分数 C 的梯度在远离自由表面时为零，因此式(11.8)只适用于自由表面附近的建模。

目前已经有很多研究人员使用流体体积法模拟液滴的冲击和扩散，如 Šikalo 等[13]、Pasandideh-Fard 等[14]、Bussmann 等[15]、Nikolopoulosn 等[16]和 Yokoi 等[17]的工作且都在各自方法中指定了接触角。虽然流体体积法具有很多缺点：需要基于液-气面的尖锐界面表征，基于单元的体积分数也会不可避免地导致多个单元之间界面模糊，可解析自由表面特征的大小会受到网格中单元大小的限制。这都使得界面重建和平流流体体积计算变得相当复杂，但流体体积法模拟通常比有限元模拟计算量小，特别是在进行三维模拟时。商业软件 Flow-3D 是基于流体体积法开发的，其中包括了单流体模型和双流体模型。其他商业和开源流体动力学计算程序也同样具有两相流流体体积功能，如 ANSYS Fluent、STAR-CCM+和 OpenFOAM。

11.3　接触角现象

成功且有效模拟的关键是根据同一系统的实验观测结果验证模拟预测的结果。鉴于前面描述的模拟方法需要把接触角作为输入参数，本节探究一些与接触角相关的特征和现象，它们使得表面墨滴的模拟预测十分具有挑战性。

11.3.1　表观接触角

在比较模拟和实验的结果时需要注意的第一点是，虽然尖锐界面数学模型包括特定点的精确接触角，但在实验中因为分辨率的限制，不可能如此精确地测量出接触角。因此，直接测量接触角的方法实际上测量的是自由表面接近接触线处的切线，得到的接触角称为表观接触角(apparent contact angle)，这也说明了测量结果受到分辨率的限制(图 11.4(a))。

另一种方法是测量自由表面关键特征的位置，然后通过假设表面特定的几何形状来推断接触角。假设在衬底上处于平衡状态墨滴的自由表面为球盖形，因为重力在长度尺度上对墨滴形状的影响可以忽略不计，通过测量墨滴的高度 H 和它与衬底接触的直径 D 可以计算出表观接触角(图 11.4(b))：

$$\theta_a = 2\arctan\left(\frac{2H}{D}\right) \tag{11.9}$$

读者可以验证式(11.9)并用(L, D, θ)计算误差$\theta-\theta_a$作为练习。即使几何假设非常合理，这种方法也仍然会存在误差，因为有时很难清楚确定接触线位置从而无法准确测量接触直径D。当接触线移动时，"真实"接触角、"数学"接触角以及表观接触角之间的差异就会变得更加明显，如11.3.3节所述。

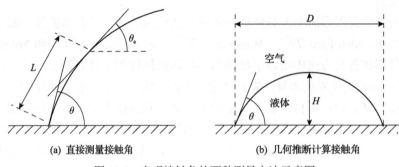

(a) 直接测量接触角　　　　　　　　　　(b) 几何推断计算接触角

图 11.4　表观接触角的两种测量方法示意图

11.3.2　接触角滞后

当墨滴在固体平面上处于平衡状态时，观察到的接触角称为静态接触角θ_s或平衡接触角(static or equilibrium contact angle)。对给定流体，这个值取决于给定固体表面的材质。然而，静态接触角很少是唯一的——大多数固体表面是非均匀的，从而导致静态接触角在一定范围内变化，因此观察到的静态接触角与墨滴的干燥过程(即它是如何沉积在固体表面上的)有很大关系，这种现象称为接触角滞后(contact angle hysteresis)，可以观测到的静态接触角极限值称为前进接触角(advancing contact angle)θ_A和后退接触角(receding contact angle)θ_R。

接下来用如图 11.5(a)所示的控制实验来说明这一现象的重要性。液体在实验中通过水平衬底上的小圆孔缓慢喷射到固体表面，当孔口出现液体后，接触线将保持在边缘钉扎的状态，直到自由表面和水平表面的接触角达到临界值。如果喷射的速度非常缓慢，液滴将一直以相同的接触角沿着固体表面膨胀并扩散(1~4)，这个接触角就是前进接触角。假设随后喷射停止，液滴将保持这个最终状态(5)，此时观察到的静态接触角为前进接触角θ_A。

现在假设通过这个孔从扩散的液滴中抽取液体，液滴高度减小的同时接触角减小，但接触线不会后退，而是在接触角减小到另一个临界值之前保持钉扎，这个临界值就是后退接触角θ_R。如果液滴抽取的速度非常缓慢，接触线将在接触角保持为θ_R的条件下收缩并从表面后退(5~8)。若抽取再次停止，则液滴将保持在接触角等于后退接触角θ_R的状态(8)。

图 11.5(b)采用液滴沉积实验说明了接触角滞后与表面液滴沉积之间的关系。在液滴与衬底接触后，液滴首先以大于或等于θ_A的接触角扩散，当液滴扩散到最

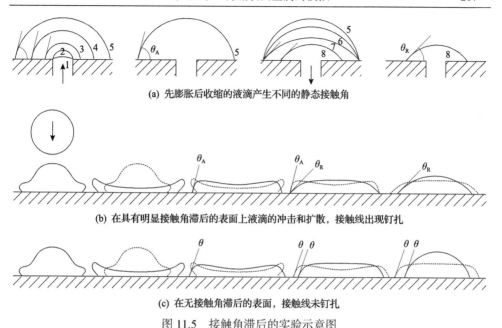

(a) 先膨胀后收缩的液滴产生不同的静态接触角

(b) 在具有明显接触角滞后的表面上液滴的冲击和扩散，接触线出现钉扎

(c) 在无接触角滞后的表面，接触线未钉扎

图 11.5　接触角滞后的实验示意图

大限度时，接触线就会被钉扎，但表面张力导致液滴的自由表面上升使得接触角减小。如果液滴的接触角始终大于 θ_R，那么接触线将一直保持钉扎。如果接触角小于 θ_R，那么接触线在自由表面动力学的作用下将收缩后退。如果 $\theta_A = \theta_R = \theta$（即没有接触角滞后现象），接触线将立即开始收缩并最终产生接触角为 θ 的固着液滴，如图 11.5(c) 所示。此外，接触角滞后在连续打印的墨滴聚合中尤为重要[18]。实际上，两个打印间距很短的墨滴最终形成的聚合墨滴是"花生"状，若不考虑接触角滞后则会错误模拟出圆形的聚合墨滴。

11.3.3　动态接触角

当接触线移动时，表观接触角通常会从静态接触角开始变化，观察到的角度称为动态接触角（dynamic contact angle）。如果接触线在固体上前进（如液滴扩散），动态接触角通常随接触线移动速度的增大而增大，相反，动态接触角在接触线后退时会减小。几十年间研究人员在各类文献中广泛研究了液滴的动态接触角，建立了各种动态接触角随润湿速度变化的经验和理论模型。

Hoffman[19]对各种油液沿着玻璃毛细管的扩散情况做了系统的实验，通过测量弯液面上特定点的位置并假设曲率半径恒定得到了较大毛细管数范围内的表观动态接触角 θ_d。对数据结果的图像绘制拟合表明不同油液的动态接触角数据与毛细管数之间呈单一曲线关系，虽然 Hoffman 没有给出这个曲线的明确数学表达式，但是后来 Kistler[20]将其表示为

$$\theta_d = f_H(Ca) = \arccos\left(1 - 2\tanh\left(5.16\left(\frac{Ca}{1+1.31Ca^{0.99}}\right)^{0.706}\right)\right) \tag{11.10}$$

它适用于理想润湿系统，即静态接触角 θ_s 为零的系统。Hoffman 认为在 $\theta_s > 0$ 时加入一个移位因子，那么这条通用曲线也同样适用，此时数学表达式为

$$\theta_d = f_H(Ca + f^{-1}(\theta_s)) \tag{11.11}$$

Jiang 等[21]给出了另一种 Hoffman 数据的表达式：

$$\frac{\cos\theta_s - \cos\theta_d}{\cos\theta_s + 1} = \tanh(4.96Ca^{0.702}) \tag{11.12}$$

并对其他公布的数据进行了测试验证。研究发现这些依据实验数据推导的表达式在 Ca 值较小时与假设 $Ca \ll 1$ 时纯理论计算结果一致，进而得出 Hoffman-Voinov-Tanner 定律：

$$\theta_d^3 - \theta_s^3 \approx c_T Ca \tag{11.13}$$

式中，c_T 的值大约为 72。

Cox[22]对液体扩散过程中的动态接触角进行了全面的渐近分析，得到了 $\theta_d = f(U, \cdots)$ 的各种函数形式。

注意，上述所有表达式都源于对本质上是理想二维润湿过程的研究，其中，接触线在衬底上的稳定移动使得黏滞效应占主导地位。在墨滴下落冲击和扩散的过程中，惯性、黏性和表面张力都可能对接触线运动产生影响，并且在此期间对表观接触角的测量会表现出非常复杂的特性（即使是在轴对称液滴的冲击和扩散过程中[23,24]）。实际上，Šikalo 等[24]的实验表明动态接触角不仅是润湿速度的函数，也是接触线附近流场的函数。也有研究表明非局部流体动力学在连续润湿系统中会对动态接触角产生一定影响[4,25]，这显然会给基于公式（如式(11.10)~式(11.13)）的模拟预测带来难题。

另外两种理解动态接触角现象的方法同样值得注意。一种是 Blake 和 Haynes[26]最先提出的"分子动力学"理论，这是一种基于接触线附近区域（在分子尺度上更像是一个区域）以及接触线移动时每种流体分子吸附和解吸过程的分子统计动力学方法。该理论推导出的接触线速度与动态接触角关系表达式为

$$\cos\theta_d = \cos\theta_s \mp \frac{2kT}{\gamma\lambda^2}\text{arcsinh}\left(\frac{U}{2\kappa_0\lambda}\right) \tag{11.14}$$

式中，k 为玻尔兹曼常数；T 为热力学温度；κ_0 为分子位移的平均频率；λ 为每

次位移的平均值；"∓"号指接触线的后退或前进。

另一种方法是 Shikhmurzaev[6]提出的"界面形成模型"（详见 11.2.3 节）。该方法将完整模型中的动态接触角作为整个流体全部解的一部分，因此不涉及 θ_d 和 U 之间的具体关系，这使得模型有可能捕捉到前文所述 θ_d 的非局域效应(nonlocal effect)。Shikhmurzaev[27]通过推导该模型的渐近形式得出了 θ_d 的表达式，但有意思的是，这个表达式也包含了一个涉及液体在远离接触线有限距离(即非局部)自由表面上的速度项。

11.3.4 数值模拟中的动态接触角

如前所述，在尖锐表面的模拟中必须将接触角作为边界条件。确定动态接触角最简单的方法就是令其等于静态接触角，虽然由于接触线区域附近的黏滞效应自由表面将会发生大量"弯曲"（实验观察到的表观接触角特性正是这种效应的结果），但是在低实验分辨率下可以忽略这些"弯曲"对接触角产生的影响（即无法捕捉到黏性效应产生的"弯曲"）。然而，Wilson 等[4]为捕捉这种"黏性弯曲"而进行的高分辨率有限元计算表明，在他们考虑的连续润湿问题中使用条件 $\theta_d = \theta_s$ 得到的仿真结果与实验观测的表观接触角差异很大。

处理打印墨滴全尺寸三维模拟（如模拟连续打印墨滴或打印到不均匀衬底上）的难点是动态接触角会沿着接触线发生变化，事实上，接触线的某些部分可能在"前进"而其他部分则可能在"后退"。Bussmann 等[15]对液滴冲击台阶边沿过程进行三维模拟的结果与实验吻合较好，该模型使用了根据实验照片插值得到的动态接触角数值，但不具备预测能力。为了提高模拟的预测能力，他们还测试了一个接触角模型：计算前进接触线上的所有点应用典型的前进接触角值，计算后退接触线上的所有点应用典型的后退接触角值，他们宣称模拟与实验观测结果虽然不太一致，但总体上"合情合理"。

在轴对称水平集——流体体积模拟中，Yokoi 等[17]测试了几种不同的接触角模型，包括基于式(11.13)的接触角模型以及基于最大/最小动态接触角和平衡接触角的模型。他们的仿真结果表明预测结果对接触角模型的敏感性：基于最大/最小动态接触角和平衡接触角的模型与实验观测结果吻合较差，而基于式(11.13)来近似实验测量的模型结果与实验结果具有良好的一致性。

处理动态接触角变化的常用方法是选择 11.3.3 节中的一种数值模型并将其应用于模拟中，同时考虑瞬时接触线速度。然而，确定正确的接触线速度需要考虑接触线本身的细微变化，例如，Roisman 等[28]证实了使用接近接触线的某一质点速度来近似接触线速度是不可靠的。有几篇文献也表明，液滴沉积的模拟预测结果对施加的接触角十分敏感，并且模拟只有在使用实验观察得到的接触角时才能和实验结果保持良好的一致性。

11.3.5　弛豫时间效应

处理接触角的另一个难点在于固着液滴的前进接触角和后退接触角可能是液滴与固体接触时间的函数。Tadmor 等[29]进行了详细的实验来测量液滴在固体表面的保持力，即液滴在表面上发生滑动所需的力。实验通过将液滴沉积在水平面上并等待不同的时间(同时采取适当措施避免液滴蒸发)，然后倾斜表面直到液滴开始移动，通过液滴体积和密度以及沿表面的重力加速度分量确定横向保持力(与前进接触角和后退接触角有关)。实验结果表明，对于玻璃/云母表面，保持力通常在 10～15min 内显著增加，而在特氟龙表面，该力的显著增加需要更长的时间。运动点前进接触角和后退接触角测量结果表明，前进(后退)接触角随着表面倾斜前静置时间的增加而增加(减少)，这是表面张力法向分量或表面分子重新分布引起的固体表面变形造成的。上述实验的时间尺度比典型的喷墨时间尺度要长得多，但喷墨打印中保持力的初始变化率很大，在将墨滴打印到已沉积墨滴上时，这可能会导致当前墨滴向已沉积墨滴偏移[30,31]。在这种情况下，它们之间液桥(或"液颈")中的表面张力会将两个墨滴拉到一起(第一个液滴仍在原位，第二个液滴被拉入其中[32])，这对连续打印具有重要影响[33]。

11.4　扩散界面模型

与 11.2 节中描述的尖锐界面模型不同，扩散界面模型认为液体界面具有有限厚度，并且热力学变量由于界面厚度在两相体积之间平滑而迅速地变化。图 11.6 比较了采用尖锐界面和扩散界面表示的界面密度分布。van der Waals 在他提出的状态方程基础上引入了第一个扩散界面理论，用来解释为什么界面具有表面张力，这些观点在随后的一个多世纪中得到了发展。

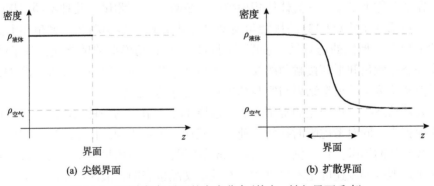

图 11.6　不同液-气界面的密度分布(其中 z 轴与界面垂直)

扩散界面模型与尖锐界面模型的一个关键区别在于前者需要考虑液-气两相，

这意味着为了模拟液滴与表面的碰撞及相互作用，必须扩展计算域使其包含足够的环境空间，从而使得计算耗时更长。用单一流体在计算域中的不同相(气相或液相等)来对液体和周围流体建模，并通过"序参数"识别不同的相，序参数可以是流体密度(对于单组分液-气系统)、成分或质量分数(对于双组分系统)，或者在两相内具有恒定值(如+1 和–1)且在界面处变化平稳且迅速的"相场"函数[34](必要时也可以使用相场函数的局部值插值获得流体性质(如黏度))。实际上，扩散界面法也称为相场法(phase field method)。描述两相系统的偏微分方程来源于系统的比自由能，表达式可写为[35]

$$f = \frac{1}{4}\beta c^4 - \frac{1}{2}\alpha c^2 + \frac{1}{2}\varepsilon\left|\nabla c\right|^2 \tag{11.15}$$

式中，c 为组分的质量分数；α、β、ε 为常数(对于等温系统)。右边的前两项是Ginzburg-Landau 自由能，代表具有两种共存稳态系统的均匀自由能，梯度项来自于平均场近似[36]，用于计算有限范围的分子间作用力。对于处于平衡状态的平面界面，界面的浓度分布具有以下形式：

$$c(z) = \pm\sqrt{\alpha / \beta}\,\tanh\left(\frac{z}{\sqrt{2\varepsilon / \alpha}}\right) \tag{11.16}$$

式中，z 为界面的坐标；数值 $\sqrt{\varepsilon/\alpha}$ 是界面厚度的测量值。

界面的表面张力为[37]

$$\gamma = \varepsilon\int_{-\infty}^{+\infty}\left(\frac{\mathrm{d}c}{\mathrm{d}z}\right)^2\mathrm{d}z \tag{11.17}$$

由式(11.15)可以推导出控制界面动力学的方程以及纳维-斯托克斯方程的力学项。这里没有给出这些推导的复杂过程，但在 Khatavkar 等[35,38]的文章中可以找到模拟衬底表面液滴动力学相关实例的应用和讨论。

"润湿势"可作为固体处浓度梯度的边界条件，通过修改其自由能可以表征计算域中的固体表面。选择不同的润湿势可以引入不同的接触角，因此在扩散界面法中，(静态)接触角是根据平衡表面能而不是自由表面的几何约束来施加的。注意，基于界面的扩散特性可以在固体表面施加无滑移条件，并且接触线可以通过扩散进行移动，从而避免了移动接触线问题中的应力奇异性[39]。相场法和流体体积法模型均使用固定的计算网格，界面在网格中移动。商用基于有限元的模拟软件 COMSOL Multiphysics 中包含二维或三维两相流(包括润湿流)相场公式。

11.5　液滴动力学的格子玻尔兹曼模拟

到目前为止，本章所描述的所有数值模拟方法都是将连续纳维-斯托克斯方程以某种形式离散成（非常）大规模的代数方程组，从而求解计算网格中每个节点的速度分量和压力值，这种基于连续偏微分方程的宏观可观察变量方法称为"自上而下"的方法。在另一个"极端"中，通过分子动力学（molecular dynamics, MD）在原子尺度上模拟液体，能够捕获单个原子的运动，但 MD 模拟不可避免地会在可应用的长度和时间尺度上受到严重限制，并且不能用于模拟真实液滴，即使是很微小的墨滴。

介于这两个"极端"之间的是一类称为介观分析法（mesoscopic method）的模拟方法，这种方法在保留流体某些分子特性的基础上采用统计力学方法使模拟获得比 MD 更大的长度和时间尺度。在介观分析法中最流行的是格子玻尔兹曼（lattice Boltzmann, LB）法，该方法已广泛应用于液滴动力学和润湿现象的研究。本章的剩余部分将介绍一些基于这种方法的液滴动力学模拟。

11.5.1　方法的背景和优点

格子玻尔兹曼法与离散纳维-斯托克斯方程法有很大的不同，离散纳维-斯托克斯方程法源于气体的动力学理论，而格子玻尔兹曼法源于连续玻尔兹曼方程（continuous Boltzmann equation）：

$$\frac{\partial f}{\partial t} + \boldsymbol{\xi} \cdot \nabla f + \boldsymbol{F} \cdot \left[\frac{\partial f}{\partial \boldsymbol{\xi}} \right] = \Omega(f) \tag{11.18}$$

该式描述了单粒子概率分布函数 $f(\boldsymbol{x}, \boldsymbol{\xi}, t)$ 的演变，这个函数代表 t 时刻，在 $\boldsymbol{x}$ 附近找到移动速度接近 $\boldsymbol{\xi}$ 的流体粒子的概率。$\Omega(f)$ 是碰撞函数，它描述的是系统向局域（麦克斯韦方程）平衡分布的弛豫过程，$\boldsymbol{F}$ 是系统所受的外力。由 Bhatnagar 等[40]提出的碰撞算子一般形式为

$$\Omega(f) = -\frac{1}{\tau}(f - f^{\text{eq}}) \tag{11.19}$$

式中，τ 为弛豫时间。平衡分布函数为

$$f^{\text{eq}} = \frac{\rho}{\sqrt{(2\pi RT)^3}} \exp\left(-\frac{(\boldsymbol{\xi} - \boldsymbol{u})^2}{RT} \right) \tag{11.20}$$

式中，ρ 和 $\boldsymbol{u}$ 分别为流体的宏观密度和速度；R 为通用气体常数；T 为热力学温度。

这种局部平衡分布弛豫发生在分子运动碰撞的时间尺度上，弛豫时间与流体黏度有关，宏观量由时间相关的 f 决定：

$$\rho(\boldsymbol{x},t) = \int f(\boldsymbol{x},\boldsymbol{\xi},t)\mathrm{d}\boldsymbol{\xi}, \quad \rho(\boldsymbol{x},t)u(\boldsymbol{x},t) = \int \boldsymbol{\xi} f(\boldsymbol{x},\boldsymbol{\xi},t)\mathrm{d}\boldsymbol{\xi} \tag{11.21}$$

该式也就是对速度空间的积分，并且这些积分可以使用正交近似，例如：

$$\int \omega(\boldsymbol{\xi})f(\boldsymbol{x},\boldsymbol{\xi},t)\mathrm{d}\boldsymbol{\xi} = \sum_i W_i \omega(\boldsymbol{\xi}_i)f(\boldsymbol{x},\boldsymbol{\xi}_i,t) \tag{11.22}$$

式中，ω 为任意函数；W_i 为权值。

该过程通过在式(11.22)中引入一组特定分子速度 $\boldsymbol{\xi}_i$ 来离散分子速度的连续谱并产生"格子"结构(因为"格子"节点之间的链路与 $\boldsymbol{\xi}_i$ 一一对应)。

等温三维模拟中常用的(也是最稳定的) $\boldsymbol{\xi}_i$ 集合包含 19 个向量,如图 11.7 所示。这些向量由任意节点到其所有最邻近点和所有次邻近点的位移加上零向量给出(注意，图 11.7 中的编号从零(对应于零向量)开始)。格子中每个链路 $\boldsymbol{\xi}_i$ 都与一个离散分布函数相关联，即 $f_i \equiv W_i f^{\mathrm{eq}}$，因此格子中每个节点都是 19 个 f_i 值的集合,并且这些值在每个时间步长 Δt 中都沿着关联链路传播到下一个节点。注意，格子玻尔兹曼法的计算网格正则笛卡儿格子(Cartesian lattice)除了像其他方法一样可以离散空间外，还可以体现分子速度的离散化，因此格子间距 Δx 会影响运动黏度 ν ，从黏度与弛豫时间的关系可以看出

$$\nu = \frac{1}{6}(2\tau - 1)(\Delta x)^2 / \Delta t \tag{11.23}$$

从式(11.18)和式(11.20)可以得出离散分布函数表达式为

$$f_i(\boldsymbol{x} + \boldsymbol{\xi}_i \Delta t, t + \Delta t) = f_i(\boldsymbol{x},t) - \frac{1}{\tau}\Big(f_i(\boldsymbol{x},t) - f_i^{\mathrm{eq}}(\boldsymbol{x},t)\Big) \tag{11.24}$$

$$f_i^{\mathrm{eq}} = W_i \rho \left(1 + \frac{(\boldsymbol{\xi}_i \cdot \boldsymbol{u})}{RT} + \frac{(\boldsymbol{\xi}_i \cdot \boldsymbol{u})^2}{2(RT)^2} - \frac{(\boldsymbol{u} \cdot \boldsymbol{u})}{2(RT)}\right) \tag{11.25}$$

f_i 的值是格子玻尔兹曼法的原始变量，即每个时间步需确定的未知数。宏观量密度和速度通过式(11.26)计算：

$$\begin{cases} \rho(\boldsymbol{x},t) = \sum_{i=0}^{18} f_i \\ \boldsymbol{u}(\boldsymbol{x},t) = \dfrac{1}{\rho(\boldsymbol{x},t)}\sum_{i=0}^{18} f_i \boldsymbol{\xi}_i \end{cases} \tag{11.26}$$

压强则由密度和速度表达式以及状态方程来共同确定。

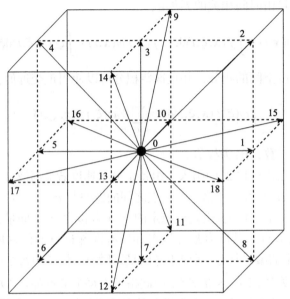

图 11.7　"D3Q19"结构的格子节点连接方案（该格子为三维模拟中使用的标准格子）

　　值得注意的是，基于式（11.24）～式（11.26）在"Chapman-Enskog"方法的特殊展开中引入克努森（Knudsen）数，可以得到不可压缩纳维-斯托克斯方程[41]（该方程具有格子玻尔兹曼法可压缩性产生的"误差"项）。通过选择合适的格子间距、时间步长和弛豫时间，这些误差可以忽略不计，因此格子玻尔兹曼法可以看成"求解"纳维-斯托克斯方程的一种替代方法（事实上，这种方法通过适当选择平衡分布函数和格子结构可以模拟任何基于平流-扩散的偏微分方程所控制的动力学过程）。

　　与传统的纳维-斯托克斯法不同，格子玻尔兹曼法在算法上非常简单：模拟初始化后（设置 $f_i = f_i^{eq}$ 并选择适当的 ρ 和 $\boldsymbol{u}$），本质上在每个时间步中只需要重复如下两个主要步骤：

　　（1）流动，即每个 f_i 的值沿着关联链路移动到下一个节点；

　　（2）碰撞，即在每个节点，f_i 的值向局部麦克斯韦分布弛豫。

　　这两个步骤可以分别看成分子的运动和碰撞。"碰撞"步骤中，用式（11.26）更新每个格子节点的宏观量而用式（11.25）更新 f_i^{eq}，然后计算式（11.24）右边的项（即每个节点上 f_i 的新值）。接着通过将 f_i 的新值分配给相应邻近节点的格子链路，就可以完成"流动"步骤。

　　注意，这个算法是高度局部化的：信息交换只发生在相邻节点之间，而且不需要求逆矩阵。这种局部化特性显示了格子玻尔兹曼法的一个关键优势，即它可以以高度并行的方式实现，从而具有多核计算的高扩展性。实际上，在图形处理单元(graphical processing unit, GPU)上执行格子玻尔兹曼模拟非常普遍,因为 GPU 的高度并行架构非常适合格子玻尔兹曼算法(执行速度比基于 CPU 的执行速度快几百倍)。

11.5.2 多相流和润湿

有几种方法可以将上述格子玻尔兹曼法的基本结构扩展到两相流应用中,其中大多数用扩散界面表征液-气界面(流体性质在(通常)大约四个或更多格子节点上变化)。最常见的两种方法可能就是 Swift 等[42]开发的"自由能模型"、Shan 和 Chen[43]开发的"伪势模型",其他方法大多都是这两种方法的变体。

自由能模型与 11.4 节讨论的扩散界面法物理原理相同,由自由能泛函导出的压力张量通过约束 f_i 的力矩与格子玻尔兹曼系统耦合,以确保质量、动量和能量守恒。与 11.4 节中提到的方法类似,引入固体表面导致系统总自由能的增加,从而产生一个新的边界条件使得垂直于表面的密度梯度由"润湿势"确定,因此可以通过选择润湿势来得到所需的静态接触角[44]。

伪势模型是计算效率最高的多相格子玻尔兹曼法,并且依据我们的经验,该方法模拟液滴撞击已沉积液滴的结果和实验观测结果最匹配。在这个模型中,流体相互作用力为

$$F(x,t) = -G\psi(x,t)\sum_{i=0}^{18} W_i(x,\xi_i,t)\xi_i \tag{11.27}$$

用来解释速度场中的粒子间作用力。这里,G 是粒子间势强度参数,当流体间作用力为引力(斥力)时 G 为正值(负值),ψ 是依赖于流体密度的势函数:

$$\psi(\rho) = \rho_0\left(1 - \exp(-\rho / \rho_0)\right) \tag{11.28}$$

式中,$\rho_0 = 1$。

此外,该模型产生了一个允许重相密度 ρ_h 和轻相密度 ρ_l 共存的非理想状态方程。为了捕获两相流体的黏度,对每一相使用不同的弛豫时间即 τ_h(液体)和 τ_l(气体),并在界面处利用基于局部密度的线性插值法来实现两者黏度之间的平滑过渡。

还需要引入表面润湿模型来模拟固-液相互作用。为了便于处理 11.5.3 节所描述的接触角滞后问题,采用"表面亲和度"(该参数在 0~1 取值)[45,46]计算固体表面上的流体密度,其定义为

$$\eta = \frac{\rho_s - \rho_l}{\rho_h - \rho_l} \tag{11.29}$$

式中,ρ_s 为固体表面密度。

参数 η 用于控制表面密度以得到静态接触角 θ（数值位于 $0°(\eta=1)\sim$ $180°(\eta=0)$）。然而，$\theta=f(\eta)$ 不是线性函数，实际上在该模型中（与自由能模型不同）无法用解析表达式来表征 θ 与 f 之间的关系，但可以对固着液滴进行校准模拟，生成表格或图形来表征，并为以后的模拟做准备。图 11.8 是使用 Shan-Chen 模型对不同粒子间相互作用参数 G 进行校准模拟的结果，通过采用不同的表面亲和度，可以得到对应的静态接触角。

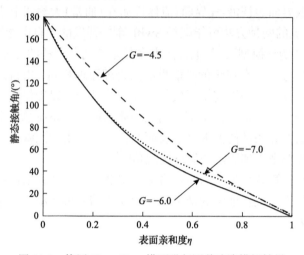

图 11.8　使用 Shan-Chen 模型进行固着液滴模拟结果

　　多相 Shan-Chen 格子玻尔兹曼模型的局限性主要在于表面张力和密度由相同的液-液相互作用参数 G 控制，这使得实验参数的匹配变得十分困难。该模型与其他扩散界面方法类似，很难在两相之间的密度比很大时实现稳定模拟。有研究人员进一步扩展了该模型[47]，通过控制表面张力扩大了该模型稳定模拟的密度比范围。Yuan 和 Schaefer[48]对状态方程提出了各种修正来扩大密度比范围，如通过使用 Carnahan-Starling 状态方程：

$$p = \rho RT \frac{1+(b\rho/4)+(b\rho/4)^2-(b\rho/4)^3}{(b\rho/4)^3} - a\rho^2 \qquad (11.30)$$

式中，p 为压力；a 和 b 为指定的常数。该方法将密度比 ρ_h/ρ_l 扩展到 1000（达到水和空气的密度比）。

　　注意，格子玻尔兹曼润湿模型的一个关键特征是表面润湿性是根据静态接触角确定的（通过相关"润湿参数"，如表面亲和度或润湿势），而不需要指定动态接触角作为边界条件，这与需要指定动态接触角的方法相比是一个显著优势，因为静态接触角可以更容易使用与目标流无关的实验测量出来。例如，基于图 11.5(a)

的实验可用于确定静态接触角,然后利用得到的结果来模拟液滴冲击和扩散过程。此外, 基于扩散界面的格子玻尔兹曼模型也不会受到 11.2.3 节所述应力奇异性的影响。

11.5.3　捕获接触角滞后

11.5.2 节中描述的润湿模型可以模拟完全光滑、无滞后表面上的液滴。然而, 如 11.3.2 节所述, 大多数表面存在接触角滞后现象, 这会严重影响固体表面液滴的动力学特性和最终打印形状。处理接触角滞后有两种基本方法:①通过使用表面化学和物理不均匀性表征来捕获接触角滞后现象的原因(以及由此产生的结果);②仅仅确定接触角滞后的结果。大多数润湿模型模拟采用第二种实用方法。

在传统方法(如流体体积法)中(动态接触角必须作为边界条件), 处理接触角滞后需要计算接触线速度来确定液-气界面是前进还是后退, 以及当前接触角是否超过滞后范围, 然后采取适当的措施(包括在必要时人为"固定"接触线以保证接触线钉扎)。

以格子玻尔兹曼模型为基础出现了很多更简单的方法, 如 Castrejón-Pita 等[18,32]提出的模型。该模型不需要确定液-气界面的角度和速度, 而是基于识别固体表面最近被润湿或去润湿的部分(基于 11.5.2 节表面亲和力模型, 只需计算固体表面密度的法向梯度就可以轻易确定固体表面哪些部分被液体覆盖)。由于界面的密度介于液体和气体密度之间, 当固体表面的未润湿部分被润湿时, 表面密度在一定时间内增大, 即密度梯度为正的固体部分被润湿;相反, 当固体表面的润湿部分去润湿时, 表面密度在一定时间内减小, 即密度梯度为负的部分没有被润湿(图 11.9)。具体方法为首先将表面亲和力 η 设置为与前进接触角 θ_A 对应, 当给定位置的表面被润湿后, 局部 η 的值随着时间 T_a 变化以对应后退静态接触角 θ_R, 其中时间 T_a 代表保持力(见 11.3.5 节)达到饱和所需的物理时间。另外, 如果某个位置开始去润湿, 那么这个位置的表面就开始恢复其初始特性, 即调整 η 使局部

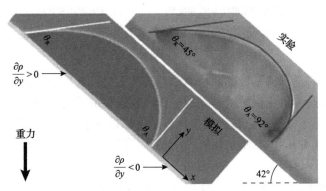

图 11.9　水滴在倾斜聚碳酸酯塑料表面开始运动时的实验图像以及相应格子玻尔兹曼模拟图像

静态接触角在一段时间 T_e 内恢复到 θ_A，其中时间 T_e 对应于液体分子从去润湿表面蒸发所需的物理时间。另外，可以使用线性插值法在必要时调整 η。

　　对于给定液体和固体，可以通过模拟测量表面接触角滞后的实验条件来确定迟滞模型中的参数。例如，前文所述逐渐增大平板倾斜角直到液滴开始移动的实验可以用模拟来实现，图 11.9 所示模拟校准示例的结果与实验得到的液滴形状非常吻合。对这种液体和固体组合进行校准后，该模型就可以用于模拟其他过程，如液滴在固体表面的沉积和扩散。

　　在将墨滴打印到预沉积固着墨滴(该墨滴中心有一定偏移)上的过程中，接触角滞后现象会对该过程产生很大影响，如图 11.10(a)所示。如果预沉积固着墨滴中心偏移量不大，那么两个墨滴将合并为复合墨滴，但合并后的墨滴形状由于受到接触角滞后的影响不是呈圆形而是花生状。在合并过程中，两个原始墨滴之间"颈部"区域的接触线前进，第二个墨滴最远端处的接触线后退。当局部接触角在滞后范围内时，这两个过程就会停止且接触线会被钉扎并形成拉长的形状，因此模拟这个过程可以很好地测试迟滞模型。

(a) 墨滴撞击先前沉积固着墨滴模拟的初始状态　　(b) 墨滴撞击先前沉积固着墨滴模拟的最终状态(侧视图)

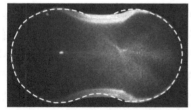 

(c) 通过有机玻璃衬底从下方观察的最终状态实(仰视图)　　(d) 对照模拟预测的最终状态(俯视图)

图 11.10　墨滴撞击先前沉积固着墨滴的模拟及实验对比

(图来源于剑桥大学的 Castrejón-Pita 等)

　　需要注意的是，格子玻尔兹曼模型与其他人为钉扎接触线的方法相比没有任何干预机制和人为阻止接触线移动的操作。校准完成后无须进一步调整就可使用该模型，并且任何接触线钉扎的模拟预测结果都是基于墨滴已达到局部平衡状态。

　　图 11.10(c)显示了甘油-水(85%∶15%)墨滴与相同预沉积墨滴结合后，通过实验观察到的最终打印形状，白色虚线表示预测的复合墨滴形状。其中墨滴中心横向间距为 3.8mm，(下落墨滴的)直径为 2.38mm，冲击速度为 1.1m/s，墨滴密度为

1222kg/m³，黏度为 100mPa·s，墨滴表面张力为 64mN/m，衬底为有机玻璃，前后接触角分别为 85°和 54°，该图像是从衬底下方观察到的复合墨滴形状，这项实验由剑桥大学的 Castrejón-Pita 等进行。图 11.10(d)是相应模拟预测的最终复合墨滴俯视图，模拟结果与实验结果非常吻合。Castrejón-Pita 等[18]对模拟和实验做了进一步比较，两者结果表现出很好的一致性。

如 11.3.5 节所述，当连续打印墨滴合并时第二个墨滴趋向于被拉入第一个墨滴，而第一个墨滴的接触线仍然钉扎在与碰撞相对的一侧，导致复合墨滴中第二个墨滴相应部分的直径略小于第一个墨滴相应部分的直径，如图 11.10 所示。图 11.11 进一步探究了这种"缺陷"现象，图中显示了墨滴冲击以及冲击墨滴与固着墨滴合并过程的一系列横截面侧视图(与图 11.10 所示条件有所不同，选择这种条件是为了更好地说明上述"缺陷"现象)。

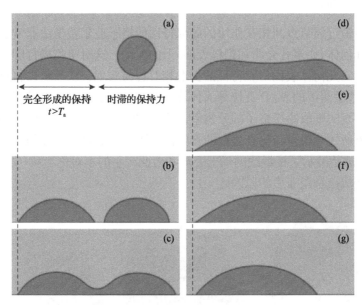

图 11.11　模拟墨滴撞击在预沉积固着墨滴附近并合并的不同阶段示意图

在图 11.11(a)中，左侧墨滴的沉积使其下表面具有对应于后退接触角的表面亲和度，固体表面的干燥部分具有对应于前进接触角的表面亲和度。第二个(同体积的)墨滴在第一个墨滴的右侧撞击固体的干燥部分，随着它的扩散，新湿润固体表面亲和度会根据所描述迟滞模型逐渐调整，但调整所需要的时间比第二个墨滴接触到第一个墨滴所需的时间长。当两墨滴接触时，"颈部"迅速扩大(图 11.11(c)和(d))，在图 11.11(d)阶段，复合墨滴的形状对称。随着复合墨滴中心进一步变高，墨滴左右两侧的接触角减小，而此时左侧边缘的表面亲和度仍高于右侧(右侧静态接触角更大)，因此右侧接触角先降至局部后退接触角以下，墨滴右侧边缘开始向左侧后退（图 11.11(e)）。此时，左侧接触角仍大于局部后退接触角，因此接触线左侧边缘仍保持钉扎。然而，复合墨滴内部动力学特性最终导致左侧接触角小于局部后退接触角，但墨滴左侧边缘从最初位置后退的距离非常小（图 11.11(f)），由此产生的结果（图 11.11(g)）就是第二个墨滴被拉入第一个墨滴。

需要再次强调的是，在图 11.11 所示格子玻尔兹曼模拟中，没有人为或有意钉扎接触线。当固体表面变得湿润时，这个过程由于局部静态接触角的变化会自然地进行，这也是相对于其他方法（如流体体积法）的一个显著优势。因为流体体积法需要始终指定局部动态接触角，而格子玻尔兹曼模型参数是根据独立校准实验确定，无须进一步调整即可用于确定给定液体和固体表面的接触角滞后量。

11.5.4　粗糙表面

节点与最近邻节点间相互作用的局部特性使格子玻尔兹曼法非常适合模拟流体在复杂几何体（如多孔介质和粗糙表面）上的流动，这对于喷墨打印的某些应用很有帮助。对几何体表面形貌特征的提取相对容易实现，从而可以将真实表面图（如通过干涉法测得的表面）直接导入计算机并与格子节点对齐以模拟真实表面。表面构造的真实度取决于格子的分辨率，使用 128×128×128 节点的三维空间就可以确保本节所述喷墨打印仿真过程的真实性。图 11.12 是模拟在粗糙表面上打印的案例，它清楚展示了接触线的局部变形和由此产生的不对称形状（实际上，表面粗糙度是造成接触角滞后的原因之一）。

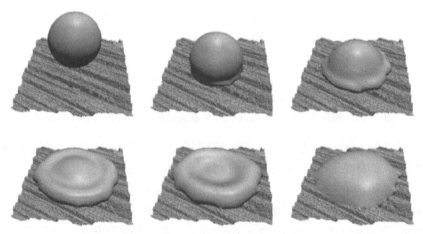

图 11.12　格子玻尔兹曼法模拟墨滴撞击真实粗糙陶瓷表面

Kubiak 等[49]特意将陶瓷表面以各向异性的方式粗糙化，以研究接触线运动与表面形貌参数之间的相关性，如图 11.12 所示。接触线在粗糙表面上的局部钉扎会影响液滴的扩散运动，当主要粗糙度为单方向时，毛细作用促使液滴沿粗糙槽扩散，而粗糙峰的存在则阻碍了接触线的横向运动。

11.5.5　化学性质不均匀表面

另一个造成接触角滞后和影响墨滴沉积动力学特性的因素是衬底表面化学性质分不均匀，这导致表面能和润湿性随空间变化，因此局部固有静态接触角可能在整个表面发生显著变化，从而影响墨滴在该表面上的宏观行为。与表面粗糙度一样，格子玻尔兹曼法也能够模拟表面化学性质的不均匀性，可以通过在每个晶格节点设置不同的值来代表不同表面润湿参数（如表面亲和力或润湿势）。

图 11.13 是使用随机图案生成器创建的化学性质不均匀表面：将具有随机表面能和大小的圆放置在固体表面的随机位置，形成如图 11.13 所示的表面，表面上的阴影表示每个斑块的润湿性，较暗的斑块对应较高的静态接触角。注意，该模拟未使用 11.5.3 节中所描述的迟滞模型，每个圆块都有一个固定的 η 值。从图中可以看出接触线存在局部变形，其周围的接触角也发生局部变化，这种效果与表面粗糙度的结果类似，但产生机制完全不同。化学性质不均匀性也是造成接触角滞后的一个原因。

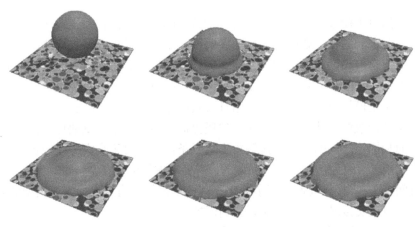

图 11.13　格子玻尔兹曼法模拟液滴撞击化学性质不均匀表面

在图 11.12 和图 11.13 所示的情况下，表面不均匀性的长度尺度比墨滴尺寸更大，此时很难用接触角特性的宏观或"平均"表示来表征墨滴动力学。如图 11.12 和图 11.13 所示，接触线周围（特别是不同接触角区域之间的过渡区）接触角的显著变化凸显了使用其他方法模拟复杂表面上三维墨滴动力学行为的难度，因为这些方法需要始终给定接触线上所有点的局部动态接触角。

借助能够预测复杂表面上墨滴动力学行为的模拟工具可以探索提高打印效果的方法。最后一个例子如图 11.14 所示，在衬底上创建了规则的化学图案来引导打印墨滴的分布，从而控制连续线条打印并生成目标导电线路。灰色小正方形衬底的静态接触角比周围白色衬底的小（有助于墨滴的扩散），这使得接触线沿着图案的水平方向被钉扎，从而使打印线条保持一条笔直细轨迹。

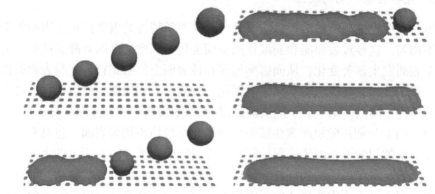

图 11.14　格子玻尔兹曼法模拟一连串墨滴撞击化学图案化表面并在表面上的合并过程

11.6　本 章 小 结

　　本章探讨了模拟固体表面液滴动力学特征的各种方法，并强调了这类系统预测建模的关键问题在于如何捕捉移动接触线和相关接触角的复杂特性。

　　在传统自由表面动力学建模方面，尖锐界面模型具有自由表面定义明确的优点，特别适合用有限元法进行数值分析，并且它已广泛用于模拟喷墨液滴的形成。流体体积法是模拟自由表面流体常用且有效的方法（特别是在三维空间中）。但是对涉及移动接触线流体进行模拟时，尖锐界面模型有一个严重缺点，即必须给定自由表面和固体之间的（动态）接触角为边界条件。这对于真实的模拟预测来说是不可能实现的，因为正如本章所强调的，需要考虑接触角复杂特性，包括滞后（可能与时间有关）、接触线速度复杂变化，甚至是接触线附近流场等对模型的影响，一些研究也证实接触角特性会显著影响模拟结果。

　　更理想的方法不用明确指定动态接触角，如在 11.5 节中提到的格子玻尔兹曼法，除了算法上的优点使该方法非常适合大规模并行计算之外，该方法还有一个明显优势，即只需要给定静态接触角，通过仿真就可以得到动态接触角。因为对于目标液体和固体组合，静态接触角（更准确地说就是前进和后退静态接触角）可以在独立实验中（如倾斜液滴法）确定并校准模型中的参数，然后就可以在不需要进一步调整参数的情况下对目标流体（如液滴的冲击和扩散）进行模拟。格子玻尔兹曼法的模拟结果与实验结果吻合较好，特别是在模拟沉积墨滴的最终形状方面。

　　本章只讨论了墨滴沉积的流体动力学模拟，而事实上墨滴沉积下来后就会干燥或固化，模拟这些结果显然会涉及其他复杂情况，特别是在模拟胶体悬浮液组成的墨滴时。这一领域相关模拟研究仍然是基于尖锐界面连续体框架模型，如使用一些简化（如纳维-斯托克斯方程润滑近似[50-52]）或假设（如假设墨滴为球形），以及采用质量参数守恒[53]方法，也有研究结合流体动力学和热质传递并采用轴对称有限元法模拟单个墨滴蒸发过程[54,55]，但这些研究都需要对接触角和接触线动力学特性进行一定简化。

尽管近年来取得了一些鼓舞人心的进展，如成功开发了用于模拟蒸发和核沸腾的 Shan-Chen 多相模型[56]，Albernaz 等[57]也利用格子玻尔兹曼模型模拟了自由悬浮/下落正己烷液滴的蒸发，但使用格子玻尔兹曼法模拟墨滴干燥的模型目前还没有建立起来。

显然，对墨滴完整冲击、扩散、合并和干燥过程的真实预测和直接数值模拟还没有实现，但是最近的研究发展表明这些模拟的关键部分正逐渐成熟，完整过程模拟应该在不久的将来就会实现。

致　　谢

本章介绍的格子玻尔兹曼法相关工作是由英国工程和物理科学研究委员会资助的"工业喷墨技术创新计划拨款(Innovation in Industrial Inkjet Technology(I4T) Programme Grant)"（EP/H018913/1)的一部分。

参 考 文 献

[1] Fukai J, Zhao Z, Poulikakos D, et al. Modeling of the deformation of a liquid droplet impinging upon a flat surface[J]. Physics of Fluids A Fluid Dynamics, 1993, 5(11): 2588-2599.

[2] Blake T D, Ruschak K J. A maximum speed of wetting[J]. Nature, 1979, 282(5738): 489-491.

[3] Benkreira H. The effect of substrate roughness on air entrainment in dip coating[J]. Chemical Engineering Science, 2004, 59(13): 2745-2751.

[4] Wilson M C T, Summers J L, Shikhmurzaev Y D, et al. Nonlocal hydrodynamic influence on the dynamic contact angle: Slip models versus experiment[J]. Physical Review E, 2006, 73(4): 041606.

[5] Bach P, Hassager O. An algorithm for the use of the Lagrangian specification in Newtonian fluid mechanics and applications to free-surface flow[J]. Journal of Fluid Mechanics, 1985, 152: 173-190.

[6] Shikhmurzaev Y D. Capillary Flows with Forming Interfaces[M]. New York: Chapman & Hall/CRC, 2007.

[7] Elizabeth B D V, Davis S H. On the motion of a fluid-fluid interface along a solid surface[J]

Journal of Fluid Mechanics, 1974, 65(1): 71-95.

[8]　Sprittles J E, Shikhmurzaev Y D. Finite element simulation of dynamic wetting flows as an interface formation process[J]. Journal of Computational Physics, 2013, 233: 34-65.

[9]　Sprittles J E, Shikhmurzaev Y D. Finite element framework for describing dynamic wetting phenomena[J]. International Journal for Numerical Methods in Fluids, 2012, 68(10): 1257-1298.

[10]　Sprittles J E, Shikhmurzaev Y D. The dynamics of liquid drops and their interaction with solids of varying wettabilities[J]. Physics of Fluids, 2012, 24(8): 082001.

[11]　Hirt C W, Nichols B D. Volume of fluid(VOF) method for the dynamics of free boundaries[J]. Journal of Computational Physics, 1981, 39(1): 201-225.

[12]　Brackbill J U, Kothe D B, Zemach C. A continuum method for modeling surface tension[J]. Journal of Computational Physics, 1992, 100(2): 335-354.

[13]　Šikalo Š, Wilhelm H D, Roisman I V, et al. Dynamic contact angle of spreading droplets: Experiments and simulations[J]. Physics of Fluids, 2005, 17(6): 62103.

[14]　Pasandideh-Fard M, Qiao Y M, Chandra S, et al. Capillary effects during droplet impact on a solid surface[J]. Physics of Fluids, 1996, 8(3): 650-659.

[15]　Bussmann M, Mostaghimi J, Chandra S. On a three-dimensional volume tracking model of droplet impact[J]. Physics of Fluids, 1999, 11(6): 1406-1417.

[16]　Nikolopoulos N, Theodorakakos A, Bergeles G. Three-dimensional numerical investigation of a droplet impinging normally onto a wall film[J]. Journal of Computational Physics, 2007, 225(1): 322-341.

[17]　Yokoi K, Vadillo D, Hinch J, et al. Numerical studies of the influence of the dynamic contact angle on a droplet impacting on a dry surface[J]. Physics of Fluids, 2009, 21(7): 072102.

[18]　Castrejón-Pita J R, Kubiak K J, Castrejón-Pita A A, et al. Mixing and internal dynamics of droplets impacting and coalescing on a solid surface[J]. Physical Review E, 2013, 88(2): 023023.

[19]　Hoffman R L. A study of the advancing interface. I. Interface shape in liquid-gas systems[J]. Journal of Colloid and Interface Science, 1975, 50(2): 228-241.

[20]　Kistler S F. The Hydrodynamics of Wetting, in Wettability(ed J.C. Berg), Marcel Dekker[M]. Boca Raton: CRC Press, 1993.

[21]　Jiang T S, Soo-Gun O H, Slattery J C. Correlation for dynamic contact angle[J]. Journal of Colloid & Interface Science, 1979, 69(1): 74-77.

[22]　Cox R G. The dynamics of the spreading of liquids on a solid surface[J]. Journal of Fluid Mechanics, 1986, 168: 169-194.

[23]　Vadillo D C, Soucemarianadin A, Delattre C, et al. Dynamic contact angle effects onto the maximum drop impact spreading on solid surfaces[J]. Physics of Fluids, 2009, 21(12): 12202.

[24] Šikalo Š, Tropea C, Ganic E N. Dynamic wetting angle of a spreading droplet[J]. Experimental Thermal & Fluid Science, 2005, 29(7): 795-802.

[25] Blake T D, Bracke M, Shikhmurzaev Y D. Experimental evidence of nonlocal hydrodynamic influence on the dynamic contact angle[J]. Physics of Fluids, 1999, 11(8): 1995-2007.

[26] Blake T D, Haynes J M. Kinetics of liquid/liquid displacement[J]. Journal of Colloid and Interface Science, 1969, 30(3): 421-423.

[27] Shikhmurzaev Y D. The moving contact line on a smooth solid surface[J]. International Journal of Multiphase Flow, 1993, 19(4): 589-610.

[28] Roisman I V, Opfer L, Tropea C, et al. Drop impact onto a dry surface: Role of the dynamic contact angle[J]. Colloids & Surfaces A: Physicochemical and Engineering Aspects, 2008, 322(1-3): 183-191.

[29] Tadmor R, Chaurasia K, Yadav P S, et al. Drop retention force as a function of resting time[J]. Langmuir, 2008, 24(17): 9370-9374.

[30] Lee M W, Kim N Y, Chandra S, et al. Coalescence of sessile droplets of varying viscosities for line printing[J]. International Journal of Multiphase Flow, 2013, 56: 138-148.

[31] Li R, Ashgriz N, Chandra S, et al. Drawback during deposition of overlapping molten wax droplets[J]. Journal of Manufacturing Science and Engineering, 2008, 130(4): 041011.

[32] Castrejón-Pita J R, Betton E S, Kubiak K J, et al. The dynamics of the impact and coalescence of droplets on a solid surface[J]. Biomicrofluidics, 2011, 5(1): 014112.

[33] Hsiao W K, Martin G D, Hutchings I M. Printing stable liquid tracks on a surface with finite receding contact angle[J]. Langmuir, 2014, 30(41): 12447-12455.

[34] Anderson D M, McFadden G B, Wheeler A A. Diffuse-interface methods in fluid mechanics[J]. Annual Review of Fluid Mechanics, 1998, 30(1): 139-165.

[35] Khatavkar V V, Anderson P D, Duineveld P C, et al. Diffuse-interface modelling of droplet impact[J]. Journal of Fluid Mechanics, 2007, 581: 97-127.

[36] Cahn J W, Hilliard J E. Free energy of a non-uniform system. I. Interfacial energy[J]. Journal of Chemical Physics, 1958, 28(2): 258-267.

[37] Rowlinson J S, Widom B. Molecular Theory of Capillarity[M]. Oxford: Clarendon Press, 2013.

[38] Khatavkar V V, Anderson P D, Duineveld P C, et al. Diffuse interface modeling of droplet impact on a pre-patterned solid surface[J]. Macromolecular Rapid Communications, 2005, 26: 298-303.

[39] Jacqmin D. Contact-line dynamics of a diffuse fluid interface[J]. Journal of Fluid Mechanics, 2000, 402: 57-88.

[40] Bhatnagar P L, Gross E P, Krook M K. A model for collision processes in gases. I. Small amplitude processes in charged and neutral one-component systems[J]. Physical Review, 1954,

94(3): 511-525.

[41] Nourgaliev R R, Dinh T N, Theofanous T G, et al. The lattice Boltzmann equation method: Theoretical interpretation, numerics and implications[J]. International Journal of Multiphase Flow, 2003, 29(1): 117-169.

[42] Swift M R, Osborn W R, Yeomans J M. Lattice Boltzmann simulation of nonideal fluids[J]. Physical Review Letters, 1995, 75(5): 830-833.

[43] Shan X, Chen H. Simulation of nonideal gases and liquid-gas phase transitions by the lattice Boltzmann equation[J]. Physical Review E, 1994, 49(4): 2941-2948.

[44] Briant A J, Wagner A J, Yeomans J M. Lattice Boltzmann simulations of contact line motion. I. Liquid-gas systems[J]. Physical Review E, 2004, 69(3): 031602.

[45] Iwahara D, Shinto H, Miyahara M, et al. Liquid drops on homogeneous and chemically heterogeneous surfaces: A two-dimensional lattice Boltzmann study[J]. Langmuir, 2003, 19(21): 9086-9093.

[46] Davies A R, Summers J L, Wilson M C T. On a dynamic wetting model for the finite-density multiphase lattice Boltzmann method[J]. International Journal of Computational Fluid Dynamics, 2006, 20(6): 415-425.

[47] Kuzmin A, Mohamad A A. Multirange multi-relaxation time Shan-Chen model with extended equilibrium[J]. Computers & Mathematics with Applications, 2010, 59(7): 2260-2270.

[48] Yuan P, Schaefer L. Equations of state in a lattice Boltzmann model[J]. Physics of Fluids, 2006, 18(4): 042101.

[49] Kubiak K J, Wilson M, Mathia T G, et al. Dynamics of contact line motion during the wetting of rough surfaces and correlation with topographical surface parameters[J]. Scanning, 2011, 33(5): 370-377.

[50] Fischer B J. Particle convection in an evaporating colloidal droplet[J]. Langmuir, 2002, 18(1): 60-67.

[51] van Dam D B, Kuerten J G M. Modeling the drying of ink-jet-printed structures and experimental verification[J]. Langmuir, 2008, 24(2): 582-589.

[52] Siregar D P, Kuerten J G M, Van D G, et al. Numerical simulation of the drying of inkjet-printed droplets[J]. Journal of Colloid & Interface Science, 2013, 392: 388-395.

[53] Deegan R D, Bakajin O, Dupont T F, et al. Contact line deposits in an evaporating drop[J]. Physical Review E, 2000, 62(1): 756-765.

[54] Bhardwaj R, Fang X, Attinger D. Pattern formation during the evaporation of a colloidal nanoliter drop: A numerical and experimental study[J]. New Journal of Physics, 2009, 11(7): 075020.

[55] Fukai J, Kubo K, Tanigawa T, et al. Numerical simulation on drying process of an inkjet droplet

using Lagrangian FEM[C]. The 10th International Conference on Heat Transfer, Fluid Mechanics and Thermodynamics, Orlando, 2014: 1475-1479.

[56] Márkus A, Házi G. Simulation of evaporation by an extension of the pseudopotential lattice Boltzmann method: A quantitative analysis[J]. Physical Review E, 2011, 83(4): 046705.

[57] Albernaz D L, Do-Quang M, Amberg G. Lattice Boltzmann method for the evaporation of a suspended droplet[J]. Interfacial Phenomena and Heat Transfer, 2013, 1(3): 245-258.

第 12 章　可视化与测量

Kye Si Kwon、Lisong Yang、Graham D. Martin、Rafael Castrejón-Garcia、
Alfonso A. Castrejón-Pita 和 J. Rafael Castrejón-Pita

12.1　引　　言

　　墨滴形成过程对喷墨打印工业有着重大影响。尽管这个领域的相关研究可以追溯到 18 世纪 Rayleigh 的研究工作，但是研究者仍然认为我们对这个领域的认识还不够深入，因为大多数模拟和预测墨滴形成过程的方法通常不够准确，或者没有被完全验证。事实上，很多数值方法还无法准确预测墨滴的形成，这限制了数值方法在工业中的应用。而如同数值模拟受到计算机计算能力、计算成本和计算精度的限制一样，相关实验研究也受到现有技术的限制。目前，许多实验研究依赖于高速成像技术，其空间分辨率和时间分辨率成反比，例如，大多数高速摄像机可以以较高拍摄速度拍摄低分辨率照片，或者以较低拍摄速度拍摄高分辨率照片。实验中一个主要难点是，需要使用高时空分辨率摄像机来拍摄高速运动宏观事件中的细小特征。同时，在墨滴边界及其动力学的有限元建模中，采用高时空分辨率意味着要消耗大量宝贵的计算时间[1]。事实上，墨滴表面动力学理论研究也很复杂，虽然墨滴从聚结点到断裂点的流体动力学过程可用连续介质方程(纳维-斯托克斯方程)来描述，但墨滴的断裂点和聚结点被描述为数学上的奇点[1]，因而大多理论模型只处理渐近特性，而不会考虑奇点处的过渡过程。这些局限限制了我们对打印过程中墨滴现象的理解，而这具有重要的工业意义，也就导致了业界对喷墨打印产品的发展和优化往往依赖于经验性试错测试。目前为了克服这些问题，墨滴动力学大部分研究都集中在开发实验设备来表征和拍摄墨滴的形成、聚结、混合和飞溅过程。毫无疑问，新一代技术的发展(包括更好的传感器和更快的计算能力)以及科学家的奇思妙想正在克服其中的一些限制，这些努力都是为了提供一个可靠的实验平台来验证数值和理论模型。

　　目前，各种各样的技术被用来研究墨滴。可视化技术的进步使研究人员能够观察到墨滴中快速发生的现象(如墨滴掐断或聚结过程)，不过这些方法大多仍需在实际条件下验证。运算速度提高使得对墨滴聚结过程的快速建模成为可能，然而还需要进行大量验证工作来获得一套可靠的预测方法。可视化领域使用的实验

技术包括传统摄像方法、高速成像以及全息技术等，这些方法大多并不直接提供定量数据，而是需要结合图像分析或其他方法来获得测量值，从而可以与数值模型或理论模型进行比较。另外，人们也通常结合成像和仪器检测来进行验证实验。本章的目的是为读者概述一些目前广泛应用于墨滴领域的可视化与测量技术，更多内容详见相关文献。

12.2　墨滴和射流的基本成像

通过对图像进行记录和分析，人们对墨滴形成、混合以及在衬底上吸收和飞溅等过程的研究有了进一步发展。阴影成像是最简单的可视化技术之一，该技术将研究对象放置在光源和传感器(通常是摄像机或电荷耦合器件(charge-coupled device, CCD))之间。事实上，在墨滴领域采用阴影成像技术的工作是开创性的，1891 年研究者利用这项技术拍摄了第一张水滴的照片[1]。阴影成像装置基本布置如图 12.1 所示，其中照明装置通常由两个重要部分组成：漫射器、准直器(或聚光元件)。准直器的作用是收集尽可能多的光并将其引向漫射器，从而产生一个均匀光学背景。准直器和漫射器的位置及特性对于开发一个有效的装置来说至关重要，特别是对于需要可视化对象与背景间具有高对比度的图像分析，更多技术细节可以在文献[2]中找到。

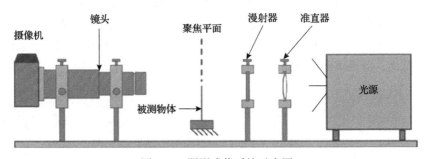

图 12.1　阴影成像系统示意图

与其他方法一样，阴影成像技术在特定应用场景下也并不是没有缺点：虽然阴影成像技术利用了光源提供的大部分光线，并在物体和背景之间产生良好颜色反差，但这种方法无法区分具有不同光学性质或者不同颜色的流体或物体，因为这种方法只能获得目标物的阴影。图 12.2 很清楚地说明了这一情况，其中无色墨滴清晰显示在浅灰色背景中。在图像分析中，需要目标物和背景间良好的光学对比度来确定流体或物体的边界，并且充足照明对低灵敏度传感器来说至关重要。然而，无法区别墨水间差异意味着会失去大量特征信息，阻碍了对墨水流体动力学其他方面的研究(如墨滴混合过程或其化学特性)。

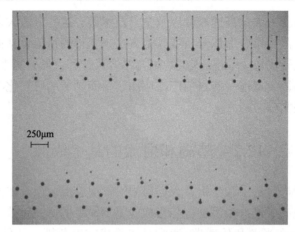

图 12.2　　50μm 墨滴以大约 5m/s 的速度喷射的阴影成像[3]

　　阴影成像技术最适合用于墨滴在固体衬底上的前进或后退接触线动力学特性研究，液体、固体及周围气体性质都会对接触线动力学特性产生影响，而最重要的影响因素是衬底表面质量。该过程中固、液、气三相动力学特性完美契合阴影成像技术的要求：需要以较快速度拍摄这种快速现象（即短曝光时间和弱光条件），并且所有相具有截然不同的光学特性。图 12.3 中显示了阴影成像技术拍摄的墨滴冲击两种衬底的图像。该实验使用黏度为 100cP、直径为 2.5mm 的甘油与水混合墨滴以1.0m/s 的速度冲击两种衬底。高速摄像机（本例为 Phantom V310）收集到来自光源的大部分光（100W 发光二极管（light-emitting diode, LED）产生的连续光），因而可以在曝光时间为 1μs 的情况下轻松获得清晰图像。因此，阴影成像技术在以下条件可以使用：低光、低灵敏度传感器以及折射率差异较大的两相系统（如空气中的墨滴）。

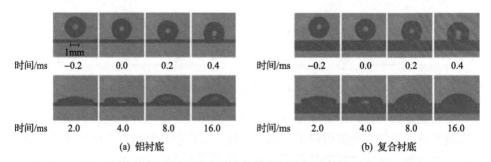

图 12.3　　墨滴冲击两种衬底的阴影成像

　　另一种需要研究的过程是基于扩散原理的墨滴混合现象（该过程持续几百毫秒），彩色成像技术（如高速成像技术）已经证实可以用于跟踪墨滴沉积和聚结混合过程，如图 12.4 所示。在彩色成像技术的系统中，光源放在目标物体的前面而非后面，这样传感器接收的光就会被反射而不会被散射。这种方法的主要缺点是传感器只能收集到小部分光，事实上，彩色摄像机灵敏度通常比单色同类产品低（通常为其 1/3），所以彩色成像只在高强度照明或长曝光时间条件下适用。如图12.4 所示，使用黏度为 100cP、直径为 2.5mm 的甘油与水混合墨滴以 1.4m/s 的速度碰撞一个 2 倍于其大小的无色墨滴，该墨滴停留在一个润湿性分明的固体基质上，基材左侧是可润湿的而右侧是疏水的。为了得到合理的结果，此实验相比阴影成像技术将曝光时间增加 100 倍。尽管存在上述限制，彩色成像技术在活性喷墨领域仍然是一项具有广阔应用前景的技术，其可以向墨滴中加入酸性指示剂或pH 指示剂来监测化学反应进程，也可以使用一种或多种彩色荧光染料和示踪粒子增强效果并追踪墨滴中不同流体"包裹体"的迁移。

高速单帧成像装置需要很多非常专业的设备，因为其通常在高强度光源或快速频闪场景下使用。研究墨滴动力学特征的可视化技术还有很多，但这些技术在特定应用场景下也都有各自的优缺点，其中一些技术将在后面进行讨论。

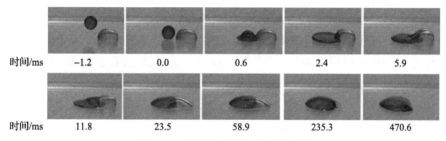

图 12.4 墨滴混合现象的彩色成像

12.3 频 闪 照 明

喷墨打印应用范围的扩大使得打印头需要精确喷出各种类型的墨水，因此如何正确测量打印头喷出的墨滴特性以评估和控制喷墨过程变得越来越重要。基于频闪照明的视觉测量技术通过采集墨滴图像来获得喷射过程的物理特征，该技术能够从墨滴图像中测得墨滴喷射速度和墨滴体积等喷射性能参数[4-7]。频闪照明的优点是可以低成本实现墨滴可视化，并且可以通过实时图像处理来分析喷射过程，但是该技术无法像高速成像技术那样测量喷射过程中单个墨滴的演变[6]。

图 12.5 展示了基于频闪照明的视觉测量系统示意图，该装置使用每秒几十帧的低成本通用 CCD 摄像机来获取墨滴图像。墨滴直径大小根据喷射条件和喷嘴直径的不同在 20～100μm 变化，因而必须使用放大系数为 4～8 倍的变焦镜头来放大墨滴图像。由于高倍率放大小视场会减少进光量，该设备需要提供足够的照明来保证图像清晰度，例如，在频闪照明中，使用一个与发射信号同步且持续时间较短(小于几微秒)的 LED 光源来获得清晰的墨滴图像。

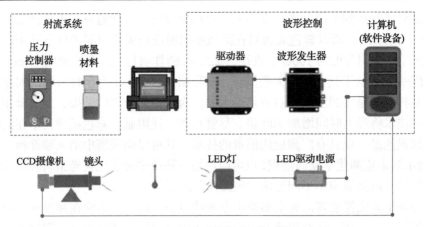

图 12.5 基于频闪照明的视觉测量系统示意图

为了实现灯光与喷墨信号同步，LED 灯的驱动脉冲电压信号由一个延时可调喷射触发信号触发，如图 12.6 所示的 t_1 和 t_2。可以通过调控延迟时间来获得不同的墨滴图像，进而进行其他墨滴参数的分析，例如，基于图 12.7 中不同时间段内墨滴行进的距离可以得到喷射速度[4,5,8]。此外，通过将 LED 光的触发时间从零增

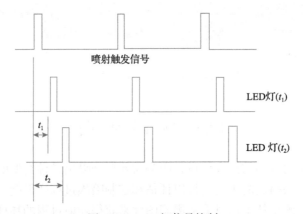

图 12.6 LED 灯信号控制

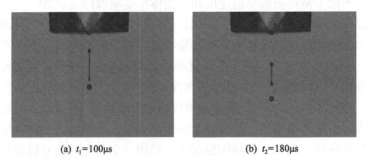

(a) t_1=100μs   (b) t_2=180μs

图 12.7 具有不同触发延迟的图像

加到给定时长（约 500μs）并设置一定时间间隔（约 10μs），可以拍摄获得一系列墨滴滴落图像[6,7,9]。

除了触发延迟，LED 灯的导通时间(T_{on})也很重要，一般使用较短的导通时间（如小于 1μs）以避免 LED 灯照射期间由于墨滴移动导致的墨滴图像模糊。但是，LED 灯占空比较低、导通时间短，在低频喷射情况下会导致图像较暗。占空比可以用 T_{on}/T 来定义，取值范围为 0～1，其中，T 是 LED 灯的光照周期（即喷射频率的倒数）。导通时间和喷射频率都会影响拍摄图像的质量，如图 12.8 展示了三种不同频闪照明（图 12.9）条件下拍摄的墨滴图像，较长导通时间（5μs）可以产生更亮的图像，但是墨滴图像清晰度由于在 LED 灯照射期间墨滴移动的影响而下

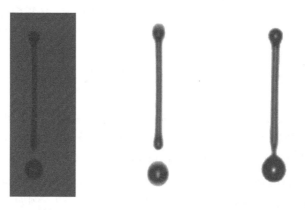

(a) 1kHz喷射$(T_{on}=1μs)$　　(b) 1kHz喷射$(T_{on}=5μs)$　　(c) 5kHz喷射$(T_{on}=1μs)$

图 12.8　不同控制条件拍摄图像

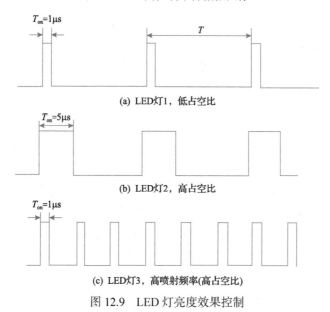

(a) LED灯1，低占空比

(b) LED灯2，高占空比

(c) LED灯3，高喷射频率(高占空比)

图 12.9　LED 灯亮度效果控制

降。图像亮度与喷射频率也有关：较高喷射频率可以增加 LED 灯的占空比，从而为视觉测量提供更明亮的光照条件。图 12.8(a) 和 (c) 显示了喷射频率在导通时间一定 $(T_{on}=1\mu s)$ 时对图像亮度的影响，需要注意的是 5kHz 的喷射频率比 1kHz 具有更高的占空比而获得更亮的喷射图像。但是相比较短 LED 导通时间 $(T_{on}=1\mu s)$，图 12.8(b) 中使用较长导通时间 $(T_{on}=5\mu s)$ 会观察到模糊图像。

实际上，喷射频率小于 500Hz 的墨滴图像可能难以测量，原因如下：①所得图像由于 LED 灯占空比较低（在 $T_{on}=1\mu s$ 的情况下小于 1×10^{-4}）而亮度不够，除非 LED 灯光照强度足够高；②由于采用低频照明，每幅图像中 LED 灯的光脉冲数量（或照明量）可能会有所不同，因此所得图像可能会闪烁。一般来说，使用频闪照明的图像分析方法更适合墨滴喷射频率高于 500Hz 的情况，还需要注意：由于许多后续图像会出现在图片中，对高频喷射（超过 5kHz）的图像分析可能会很复杂[9]。

12.4 全 息 技 术

如本章其他部分所述，传统可视化技术存在很多缺点，其中包括：

(1) 所得为二维图像，不容易获得墨滴和射流在透镜轴向的位置和速度信息。

(2) 为了实现墨滴位置或尺寸的高精度测量，只能使用很小的视场，因此很难同时比较多个墨滴（通常情况下，每次拍摄只有一滴或几滴墨滴同时在视野内）。成像系统为了收集更多的信息必须相对于打印机进行移动，例如，为了分析打印头的性能，一次通常只观察一个喷嘴的墨滴，然后移动到下一个喷嘴继续观察直至拍摄完所有喷嘴。

(3) 小景深可能会导致测量不准确，如特定喷嘴射出的墨滴轨迹偏离镜头轴线方向会导致低精度。

(4) 对墨滴位置特别是墨滴大小（体积）的评估取决于墨滴边缘估计是否准确。

(5) 如果在一帧范围内评估墨滴和墨滴轨迹，那么镜头系统中的光学畸变可能会引起误差。

然而，全息摄影提供了另一种可供选择的技术，并且可以解决上述某些问题[10]。如下所述，它尤其适用于同时测量大量墨滴，并且通过合适方法可以在小视场（几厘米）中提供高精度（亚微米）位置和尺寸测量。全息图是在摄影胶片或数字传感器上记录的干涉图，干涉图包含了有关物体反射光或透射光的强度、相位信息。系统通过将相干光束分裂成两条路径来实现信息的记录：一束光在前往记录设备时将目标物照亮（照明光束），而另一束光直接指向记录器而不与物体相互作用（参考光束），这些光束相互干涉并最终由传感器记录下结果。照明光束通常是具有足够相干性以产生所需干涉图的可见激光，并且干涉图案包含重建一个三维图像需要的足够目标物信息。若系统中含有感光片，则可以通过仅使用参考光束照射显影板来进行光学重建，并且可以利用全息成像过程的理论分析结果对数字记录进行数字化重建。

前述内容说明了一般全息技术系统的工作过程，但是在某些特定条件下可以使用更简单的设置来完成图像获取。如果拍摄对象仅占据被探测体积的小部分，照明光束就可以当作参考光束使用(喷墨打印头喷射的墨滴区域就满足这个条件)。如今一般使用带有数字传感器的在线数字全息技术，如图 12.10 所示短脉冲准直相干激光照射在待拍摄样品区域的墨滴上，与样品相互作用的光会与未受干扰(未与样品相互作用)的光发生干涉并在传感器上形成图案，每一个墨滴都会产生一个环形图案从而对其位置(在三维空间中)和大小进行编码。因为墨滴以几米每秒的速度移动，所以脉冲持续时间需要非常短(通常是几纳秒)以避免图像模糊。由于光束是平行光，传感器所得视野大小就是传感器本身的大小。然而，由于传感器也可以感应到拍摄区域外墨滴的散射光并记录下干涉图案，系统也有可能获得拍摄区域外墨滴的信息。

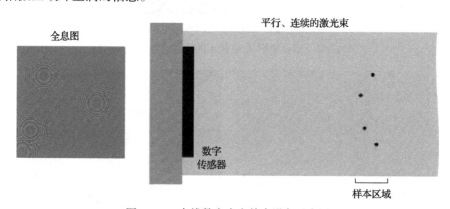

图 12.10　在线数字全息技术设备示意图

图 12.11 展示了一个实验装置，该实验装置可以分别得到全息技术和传统阴影成像技术的结果以便进行对比。此实验中，使用分光镜将光传输到一个用来捕捉全息图的传感器，以及一个带有 1:1 放大镜头的普通摄像机来产生样品区域真实大小阴影图像。从图 12.11 阴影成像技术得到的墨滴图像即图 12.11(a)和数字全息重建得到的墨滴图像即图 12.11(b)对比可以看出阴影图像只有几个像素点，因此被测物体的位置精度特别是尺寸测量精度不会很高。

墨滴的数字重建是分析的第一步，其可以确保测量墨滴位置和大小精度达到亚微米级。图 12.12 展示了一个全息图(图 12.12(a))及其三维重建中垂直于光轴 x-y 平面上的结果(图 12.12(b))，每个墨滴在全息图(图 12.12(a))中产生的环形图案对应于图 12.12(b)中一个重建的墨滴图像，完整重建包括沿光轴(z 轴)间隔均匀排列的多个平面。该图像显示了 Dimatix Spectra SE-128 打印头 10 个喷嘴(加上一个额外用于定位的喷嘴)以 5kHz 频率喷墨的结果，在这种特定的布置中，喷嘴阵列与 z 轴大约成 45°，所以重建图即图 12.12(b)中的墨滴有一部分较为清晰而另一部分较为模糊。对重建中的其他平面进行检测，将会得到每个墨滴的 z 轴位置。

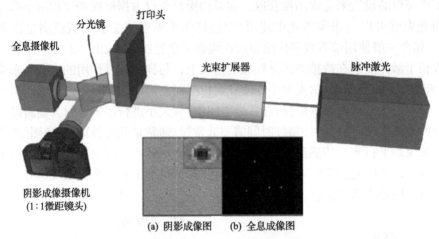

图 12.11　组合阴影-全息技术的成像设备示意图[11]

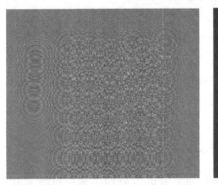

(a) Dimatix Spectra SE-128打印头的10个喷嘴　　　　　(b) 在x-y平面上的重建结果
(以5kHz速度连续打印8次得到的墨滴全息图)

图 12.12　全息图的处理

　　通过增强在线全息技术功能，可以得到更多墨滴信息或提高测量精度。若两幅图像之间时间间隔较短，则可以根据两幅图像间墨滴移动距离获得墨滴的大致速度信息。显然，这需要激光系统能够快速连续产生两个脉冲，实现这一目标的一种方法是放置两个激光器沿同一轴线发射激光。另外一个方法是摄像机需要能够快速连续拍摄至少两幅图像。幸运的是，著名的粒子成像测速技术(这是一个特殊的例子)已经促进了这种摄像机的发展。通过删除在捕获到墨滴前几秒拍到的"空白"全息图，可以大大提高辨别墨滴图案的能力，这可以消除图像中的瑕疵，如光学元件上的灰尘颗粒。

除了喷嘴附近正在形成的墨滴(墨水"被挤出"形成墨滴)，可以合理假设墨滴是圆形的，如果再已知墨滴的位置和直径，就可以精确计算出全息图中每个墨滴所产生的图案。因此，如果把"近似"位置和大小作为一个起点(如通过执行如图 12.13 所示的标准全息重建)，则可以进行迭代搜索，以此找到实际全息图与根据位置、尺寸计算所得全息图之间的最佳拟合[11,12]。只要找到最佳拟合，那么用于生成全息图的参数就非常接近于真实墨滴的参数。

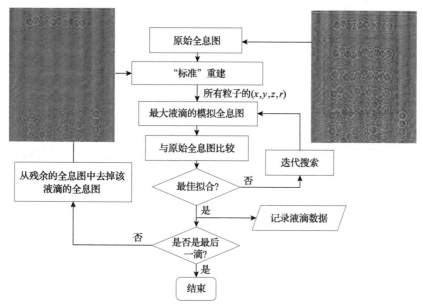

图 12.13　高分辨率标准全息重建的反问题优化

图 12.13 显示了所采用的算法，算法中的标准全息重建是在原始全息图经过背景剪切后进行的。选中最大的墨滴图像，并以其位置和大小为起点寻找合适的拟合点。一旦找到拟合点就记录下墨滴参数信息，并将计算出的图案从真实全息图中减去(即在再次循环前将其去除)，然后循环直到找到所有墨滴。在图 12.13 中，右侧的全息图是原始图，其中一个区域可以看到由虚线框标记的墨滴，左侧的全息图是减去所有计算出的墨滴衍射图后得到的全息图。

虽然这种技术可以很好地估计墨滴在 x、y 方向的位置和墨滴尺寸(尺寸大于1μm)，但是墨滴 z 轴的位置不好确定。解决这个问题的方法是添加另一台摄像机，该摄像机与第一台摄像机垂直，如图 12.14 所示。在这种布置中，分光镜将部分激光束通过另一个路径传输，第二台摄像机记录了由这个光束最终产生的全息图，并与第一束激光成直角穿过样品区域。

这样布置有几个好处：

(1)可以用第二台摄像机得到更精确的 x 轴估值来替代第一台摄像机得到的 z

轴估值。

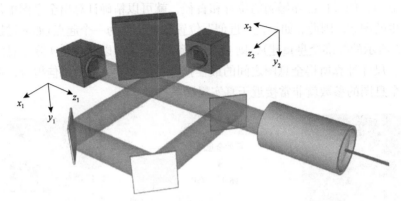

图 12.14　全息技术的双摄像头布置

(2) y 轴估值可用于发现两台摄像机拍摄结果之间的系统性误差。

(3) 每次实验可以获得每个墨滴大小的四个估值，每台摄像机拍摄两幅粒子图像测速 (particle image velocimetry, PIV) 样图，这样就提高了精度。

虽然这种技术可以同时提供墨滴位置和尺寸的较好估值，但它也存在一些缺点：

(1) 通过这种方式无法测量喷嘴周围的不规则形状墨滴。

(2) 从任意打印头喷出的连续墨滴处于"生命周期"的不同位置，因此比较起来存在一定困难。

(3) 完成重建和分析需要大量时间，因此无法在现有计算机计算能力下进行实时分析或近实时分析。

(4) 设备价格昂贵，需要小心操作。

此类系统的潜在应用包括：

(1) 研究墨滴序列中墨滴大小和速度随墨滴位置的变化情况。

(2) 连续墨滴之间的差异对墨滴尺寸和速度的影响（即第一滴效应）。

(3) 阵列中喷嘴的尺寸变化影响。

(4) 定位的变化，包括那些通常忽略的变化（即在光轴方向）。

(5) 喷嘴阵列性能随时间的变化。

12.5　共聚焦显微镜

频闪法通常用于研究快速射流中与脉冲照明同步的墨滴形成过程。研究表明，采用 20ns 高强度闪光的单闪光灯成像技术可以得到模糊度较小的静态图像[13]。另外，可使用分辨率为 100 万像素、帧率为 100 万帧/s 的高速摄像机研究单个墨滴的演变[14]。随着传感器和摄像机技术的进步，喷墨成像的速度和分辨率也在不断提高。然而，传统显微镜总是用于放大微米级射流或墨滴的图像：空间横向分辨率 RL 取决于显微镜的光学系统，传统显微镜的衍射极限为 $0.61\lambda L/\mathrm{NA}$（其中，$\lambda L$是光源波长，NA 是物镜孔径），属于典型的亚微米级分辨率。近年来，共聚焦显微镜用于研究墨水微射流的不稳定性[15]，共聚焦成像系统时间分辨率受光电倍增管响应时间（通常为 1ns）和示波器带宽的限制。另有研究表明，使用分辨率为 4nm 的共聚焦成像系统可观察到周期性扰动射流从喷嘴喷出到断裂的过程从而确定其表面轮廓。

共聚焦显微镜是由 Minsky[16]发明的，图 12.15 显示了共聚焦显微镜的原理：通过将一个针孔放置在与物镜焦点共轭的位置上来实现离焦信号的有效抑制和深度识别功能。理论分析表明，共聚焦显微镜横向分辨率比传统显微镜高 30%，即共聚焦显微镜的空间横向分辨率 $\mathrm{RL}=0.44\lambda L/\mathrm{NA}$[17]（注：横向分辨率是水平方向上区分两个相邻物体最小距离的能力，以长度为单位）。

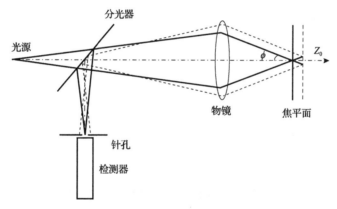

图 12.15　共聚焦显微镜原理

图 12.16 显示了理想镜面扫过光轴时的轴向响应，峰值对应镜面处于焦平面时的位置。无限小针孔孔径下共聚焦系统的理论半峰全宽（full-width half-maximum, FWHM）大约为 $0.4\lambda L/\mathrm{NA}$。共聚焦成像为我们提供了一种深度识别方法，通过干涉和非干涉方法以纳米级分辨率来剖析表面粗糙度[18,19]。

图 12.17 显示了通过共聚焦成像和常规成像来测量射流不稳定性的实验装置示意图。加压墨水从储存器进入分配头，开始时层流射流从分配头以 6m/s 的平均速度垂直喷出。另外对分配头施加一个频率为 10～12kHz 的扰动信号，分配头中一般含有内径小于 100μm 的圆形漏斗状玻璃喷嘴，喷射装置安装在一个三轴电动平台上。共聚焦成像系统和传统成像系统具有相同的物镜和镜筒透镜，并通过一个回转镜在两种模式之间切换。共聚焦成像以激光器作为光源，激光首先聚焦于射

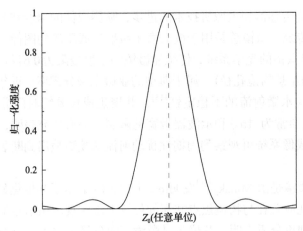

图 12.16　共聚焦显微镜中理想镜面的轴向响应（虚线表示焦平面所在位置）

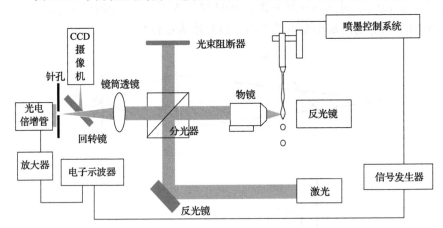

图 12.17　用于研究微射流的共聚焦装置和常规成像装置的示意图

流上，来自样品的背散射光被物镜收集，然后通过镜筒透镜聚焦到针孔上。针孔的位置与物镜的焦点共轭，以便从焦点产生的信号能够通过针孔，而来自焦点以外区域的信号则基本被阻断。针孔大小与聚焦光束的艾里斑相匹配，以实现最佳的信噪比。将光电倍增管检测出来的信号传输到示波器中进行数据处理。另外可使用白光作为常规成像的光源，一台曝光时间为 1μs 的 CCD 摄像机能够以单次拍摄的方式记录射流的阴影图像。

图 12.18 显示了扰动频率 $f = 11.8 \text{kHz}$、诱导扰动波长 $\lambda = 480 \mu\text{m}$、曝光时间为 1μs、时间间隔为 42μs、比例尺为 100μm 的水射流常规图像，施加于射流的扰动频率会使射流产生膨胀和颈部。由于拉普拉斯压力与射流的曲率半径成反比，内部压力在颈部增大，而在膨胀处减小，导致流体从颈部流向膨胀处。这种流动加剧了不稳定性，最终导致射流在颈部断裂并形成墨滴。

(a) 聚焦于膨胀表面的透镜和光束

(b) 聚焦于颈部表面的透镜和光束

图 12.18　传统用于确定射流增长速率的图像，说明如何通过共聚焦显微镜确定射流增长速率

　　根据 Rayleigh[20]的线性稳定性分析，如果 $2\pi a/\lambda < 1$（其中，a 是未受干扰射流的半径，λ 是扰动波长），那么不可压缩无黏性墨水圆柱形射流的径向位移（振幅）δ 受表面无限小轴对称振荡的影响会呈指数增长。其表达式为

$$\delta(z,t) = \delta\cos\big(k(z - u_0 t)\big) = \delta_0 e^{\alpha t}\cos\big(k(z - u_0 t)\big) \tag{12.1}$$

式中，δ_0 为扰动的初始振幅；$u_0 = \lambda f$ 为喷射速度；α 为增长率系数；$k = 2\pi/\lambda$ 为波数。Donnelly 和 Glaberson[21]通过测量相邻膨胀和颈部间半径差的一半来确定连续振荡的振幅 δ，进而推导出增长速率，其研究还发现表面寿命 τ 与墨滴到喷嘴的距离有关，关系式为 $\tau = z/u_0$。研究表明，墨滴从射流脱离的一个波长内，振荡振幅以指数形式增长，增长率在 Rayleigh 线性理论预测值的 10%以内。Bellizia 等[22]指出，为了消除增长速率测量的二阶影响，应该在射流的相同轴向位置测量颈部和膨胀处的半径，但这在图 12.18 中显示的单一静态图像中是不可能实现的。

　　通过共聚焦成像技术，当振幅在几微米时，可以在同一射流轴向位置对膨胀和颈部进行定位，其原理如图 12.18 所示。可以沿着共聚焦成像系统的光轴扫描射流来得到共聚焦响应曲线，如图 12.19 中的插图所示。实验时应调整示波器的时基和平台的移动速度，以避免波形混叠。如图 12.19 的主图所示，从共聚焦针孔中提取信号顶部包络线，并对两个最大值进行多项式拟合得到膨胀和颈部的位置，测量精度可达到 0.2μm。此外，可以使用与光轴位置相关的共聚焦响应准线性斜率来提高表面轮廓分辨率。图 12.20 显示，在未受干扰射流反射图像的-7～-4μm 范围内，共聚焦成像系统收集到射流反射光的强度信号非常近似于 Z_0 的线性函数。在这个线性范围内，膨胀和颈部表面之间的距离 ΔD 与检测到的信号强度差 ΔI 成正比，即 $\Delta D = \Delta I/S$，其中 S 是图 12.19 中的曲线梯度。分辨率受喷嘴机械稳定性、光源波动和电子噪声的限制。当相应颈部和膨胀的表面位移小于线性动态范围的表面位移时(通常代表微射流中前四个波长的情况)，则可以将射流前表面放置在物镜的焦平面上，使得颈部和膨胀都处在准线性强度响应范围内。

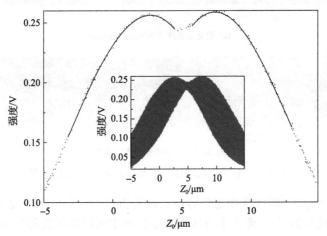

图 12.19　共聚焦扫描法测定膨胀和颈部位移的原理(插图为振荡射流的共聚焦响应)

如图 12.20 所示，在 $Z_0=1\mu m$ (小振幅波)和 $Z_0=2\mu m$ (大振幅波)时，在时域中检测到振荡波，正弦波的波峰和波谷分别对应于同一射流轴线上的膨胀和颈部。振幅 δ 根据公式 $\Delta I/(2S)$ 可以很容易得出，其中 ΔI 是波峰和波谷之间的强度差。对于一个理想的正弦振荡，快速傅里叶变换(fast Fourier transform, FFT)的幅值与其振荡振幅成正比，可以通过记录基波信号 FFT 幅值来得到位移的分辨率 2δ，最小等于 4nm[15]。

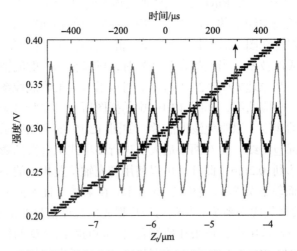

图 12.20　受扰动射流的振荡为时间(上刻度)的函数，未受扰动射流的准线性
共聚焦响应(点)为沿表面位置(下刻度)的函数

图 12.21 用三种共聚焦方法绘制了 2δ 与 Z_0 的函数关系(在半对数图上),其中振荡振幅超过两个数量级,实线是对 $2.5\mu m < Z_0 < 3.9\mu m$ 的数据线性拟合的结果。根据式(12.1),该曲线的斜率为 $\ln(\alpha/u_0)$(其中 α 是增长速率,$u_0 = Z_0/t$ 是射流速度),对于恒定速度射流,斜率与 Z_0 无关(详见第 4 章),并且,从图中可看出数据在 $Z_0 = 2.5 \sim 4\mu m$ 范围内是精确线性关系。其次,根据现有线性、轴对称、常物性模型,可以使用瑞利不稳定性中的增长率推导出墨水的动态表面张力[23]。根据表面寿命为 $0.6 \sim 0.9ms$ 时测得的增长率得到纯水和乙醇-水混合物的动态表面张力(dynamic surface tension,DST)[15]。也有研究得到了表面活性剂溶液的初步数据,其中 DST 不能被假定为常数[24]。

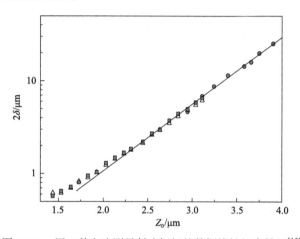

图 12.21　用三种方法测量射流振幅的数据线性拟合结果[15]

空心三角形代表共聚焦方法,实心正方形代表共聚焦方法 1+FFT 处理,实心圆形代表共聚焦方法 2

12.6　图像分析

一般而言,CCD 摄像机拍摄的墨滴图像具有 8 位深度,可以获得强度值 $0 \sim 255$ 的灰度图像,并且最终灰度值由图像亮度决定[8]。大多数喷墨图像分析通常利用二值墨滴图像来提取墨滴的位置和尺寸信息。当使用频闪阴影照明时,墨滴在较浅色背景下显示为黑色物体。为了提取基于二值图像的墨滴信息,最好是将墨滴的值设为 1,背景值设为 0。因此,建议在转化后的二值图像中,将高于二值转换阈值的图像值映射为 0,而低于阈值的图像值映射为 1[4],正确选择阈值对根据二值图像提取墨滴的位置和大小等信息十分重要。使用二值图像的优点在于,在存在图像噪声或其他物体的情况下,可以利用形态学方法来删除和改进二值图像并以此来获得墨滴图像。

　　通过使用二值化墨滴图像分析，可以计算出喷射速度以及墨滴形成曲线（或墨滴轨迹）[9]。另外，可以通过假设墨滴形状为球形，从二值图像分析中获得墨滴体积[4]。然而，墨滴形状由于通常具有很长的系带而不太可能是球形。另一个关键问题是，由于 CCD 摄像机分辨率有限，并且墨滴图像大小对照明条件和将灰度图像转换为二值图像的阈值非常敏感，因此难以精确测量墨滴体积。接下来，在 LabVIEW 和 MATLAB 中给出两个测量墨滴体积的方法实例。

　　1. 边缘检测方法（使用 LabVIEW 软件计算墨滴体积）

　　如上所述，若墨滴有系带，则使用二值图像分析可能难以测量墨滴体积。2006 年，Hutchings 等[25]开发了几种图像处理技术来获得带有系带墨滴的体积。如图 12.22 所示，可以使用墨滴图像的横向系带切片宽度进行墨滴体积测量。

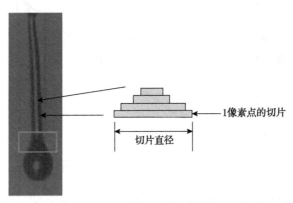

图 12.22　具有长系带的墨滴体积测量示意图[25]

　　可以使用边缘检测技术检测墨滴边界信息来获得切片宽度。首先使用一组水平感兴趣区域（region of interest, ROI）线来定义图像处理区域并获得墨滴的边缘信息，然后使用检测到的边缘信息来计算每个圆柱体的直径，墨滴体积就是所有切片圆柱体体积的总和。

　　本节使用 LabVIEW 通过提取边界信息（边缘位置）来计算带有长系带墨滴的体积。为方便编程，建议 LabVIEW 的初学者使用 Vision Assistant 工具（Vision Assistant 可以轻松获得 LabVIEW 提供的各种视觉功能），有关详细信息，读者可参考相关书籍[10]。

　　启动 Vision Assistant 后，可以从图像文件中或直接从摄像机中获取需要用来分析的墨滴图像。下一步，选择 Processing Function: Machine Vision 中的 Clamp（Rake）函数（图 12.23①）。如图 12.24①所示，可以使用 Vision Assistant 操作窗口中的 ROI 来选择图像处理区域（目标墨滴）。从 Clamp 设置菜单中，可以选择适当的边缘检测参数（图 12.24②）。例如，可以进一步减小垂直方向的间隙（当前值为

5)以增加 ROI 内水平线的数量。作为 Clamp(Rake)函数的结果,检测到的边缘是沿着水平 ROI 线分布的,在图像上表示为一个黄色小圆圈,如图 12.24 中 ROI 竖线部分所示。

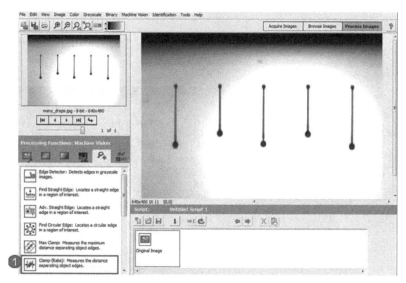

图 12.23　用 Vision Assistant 打开墨滴图像

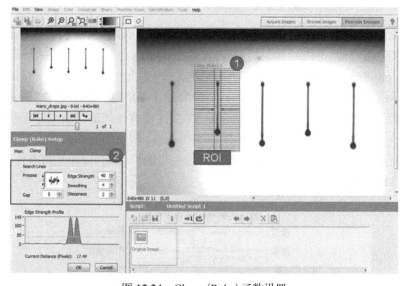

图 12.24　Clamp(Rake)函数设置

若检测到的边缘在误差范围内,则可以在 Vision Assistant 菜单栏的 Tools 中选择 Create LabVIEW VI 来创建一个标准 VI 文件。当运行此 VI 文件时,可自动显示标准 VI 文件的边缘检测结果,如图 12.25 所示。实际上,可以将图像放大来确认边缘检测点。

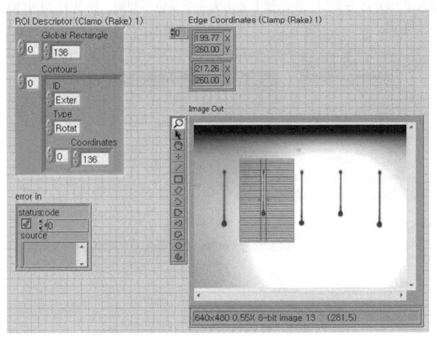

图 12.25　使用 Vision Assistant 创建标准 VI 文件

　　请注意，用 Vision Assistant 创建的 VI 文件并不提供最终解决方案，而应根据特定需求进行修改。例如，如果要从 VI 文件获取边缘点，需要修改一个名为"IVA Gauge Algorithm Max.vi"（图 12.26）的子 VI 文件。为此，双击子 VI 文件（图 12.26）后会显示所有的边缘信息，包括 Array（阵列）的详细信息。如图 12.27 所示，该指示器连接到输出端，请注意，最初创建的 VI 文件没有任何输出端来输出所有边缘信息。下一步，通过将所有切片圆柱体积加在一起，利用所有的边缘位置（图 12.27中的阵列）计算墨滴体积。本节不涉及任何进一步的编程细节，而是将其作为习题。有关信息详见文献[8]。

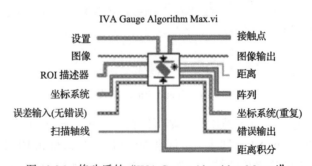

图 12.26　修改后的"IVA Gauge Algorithm Max.vi"

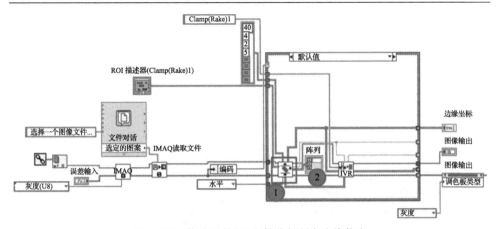

图 12.27　修改后的 VI 文件获得所有边缘信息

2. 边缘检测方法(使用 MATLAB 进行阈值检测)

虽然 MATLAB 用户界面没有那么友好,但是同样可以使用它来检测墨水或物体边界。这种方法已成功用于墨丝断裂的研究,将此方法与高速成像结合可以获得亚微米级分辨率图像。下面给出一个完整的例子,第一步对变细的墨丝上部图像进行数字扫描,如图 12.28(a)所示。完整算法代码如图 12.29 所示,算法步骤如下:将原始图像(Im)加载到 MATLAB 中,然后将其转换为灰度强度图像(G)。为了提高该方法的准确性,可以增加一个简单背景去除步骤来删除任何可能持续存在的无关特征(与所考虑的现象无关)和背景照明中的不均匀性。在本案例中,背景图像(BGND)正如它的名称那样,是没有任何墨丝的系统图像,由于实际原因,这个背景图像也可能是空白图像。与之前一样,首先将该图像从彩色 RGB 图像转换为灰度图(一个额外的可选步骤包括应用某一程度的模糊度(一个变量),这在处理不均匀照明图像时特别有用),接下来,减去两个灰度图获得无背景图像

(a) 高速阴影成像法拍摄的变细的墨水细丝

(b) 图12.29中算法输出的边界检测结果

图 12.28　用于图像分析的图片

```
Im = imread('Image_filename'); %Original Image
BGND=imread('Backround_filename'); %Image of the backround, without obstructions
G = rgb2gray(Im);
BGND = rgb2gray(BGND);
mIM=imfilter(BGND,fspecial('average',30),'replicate'); %Smoothing of the background
sIM=mIM-G;        %Background substraction
level = 0.10;    %setting a threshold for the grey scale to B&W conversion
bww = im2bw(Im2,level);
bw=(~bww);
Im3a = bwareaopen(bw, 30);    %removing holes
boundary=bwboundaries(Im3a)
d=10000; % set an initial value, d will be shorter for the line we want to find
point1=0; % initialize the points to check later if we found the points
point2=0;
ab=boundary{1}; % first boundary
bb=boundary{2}; % second boundary
%cb=boundary{3}; % third boundary, in case it is needed
for k=1:size(bb,1) % loop through all points on first boundary
    for i=1:size(ab,1) % loop through all points on second/third or 'n' boundary
        dist=sqrt((ab(i,1)-bb(k,1))^2+(ab(i,2)-bb(k,2))^2); % calculate distance
        if(dist<d) % check if distance found is shorter than previously found
            d=dist; % save new shortest distance
            point1=k; % save index of point on first boundary
            point2=i; % save index of point on second boundary
        end
    end
end
distance=d    %Minimum Neck
figure(1)    %Showing the position of the minimum neck
imshow(Im)
hold on
plot(ab(:,2),ab(:,1), 'b', 'LineWidth', 2)
plot(bb(:,2),bb(:,1), 'b', 'LineWidth', 2)
plot(ab(point2,2),ab(point2,1),'-ro')
plot(bb(point1,2),bb(point1,1),'-ro')
```

图 12.29　边界检测的 MATLAB 代码示例

（sIM），然后选择合适的强度阈值将得到的灰度图像转换成黑白二值图像（bw）从而获得精准真实的墨丝二值图像。由于光学聚焦和背景光照射到摄像机传感器上产生了不必要的反射，具有弧度的物体（墨滴和墨丝）中会观察到"亮点"。为了消除这些被算法误检为"真实"边界的"虚假"结构，需要首先增加一个消除图像孔洞的步骤（Im3a），然后提取剩余物体图像的边界（即边界上每个点的坐标），如图12.28（b）墨水轮廓所示。最后，计算边界上每一对点之间的欧氏距离（由双搜索循环表示），最小值对应颈部直径。图 12.28（b）展示了算法的有效性示例，不仅可以提取最小颈部直径，还可以提取其沿对称轴的位置。

参 考 文 献

[1] Eggers J, Villermaux E. Physics of liquid jets[J]. Reports on Progress in Physics, 2008, 71(3): 036601.

[2] Settles G S. Schlieren and Shadowgraph Techniques: Visualizing Phenomena, in Transparent Media[M]. Berlin: Springer Science and Business Media, 2001.

[3] Castrejón-Pita J, Martin G, Hutchings I. Experimental study of the influence of nozzle defects on drop-on-demand ink jets[J]. Journal of Imaging Science and Technology, 2011, 55(4): 40305.

[4] Kwon K S. Speed measurement of ink droplet by using edge detection techniques[J]. Measurement, 2009, 42(1): 44-50.

[5] Kipman Y, Mehta P, Johnson K. Three methods of measuring velocity of drops in flight using jetxpert[C]. NIP and Digital Fabrication Conference, Kentucky, 2009, 25: 71-74.

[6] Kwon K S. Vision Monitoring, in Inkjet-nased Micromanufacturing[M]. Berlin: Wiley-VCH 2012.

[7] Kwon K S. Experimental analysis of waveform effects on satellite and ligament behavior via in situ measurement of the drop-on-demand drop formation curve and the instantaneous jetting speed curve[J]. Journal of Micromechanics and Microengineering, 2010, 20(11): 115005.

[8] Kwon K S, Ready S. Practical Guide to Machine Vision Software: An Introduction with LabVIEW[M]. Berlin: Wiley-VCH, 2015.

[9] Kwon K S, Jang M H, Park H Y, et al. An inkjet vision measurement technique for high-frequency jetting[J]. Review of Scientific Instruments, 2014, 85(6): 065101.

[10] Gabor D. A new microscopic principle[J]. Nature, 1948, 161: 777-778.

[11] Gire J, Denis L, Fournier C, et al. Digital holography of particles: Benefits of the "inverse problem" approach[J]. Measurement Science & Technology, 2008, 19(7): 074005.

[12] Soulez F, Denis L, Thiébaut E, et al. Inverse-problem approach for particle digital holography: Accurate location based on local optimization[J]. Journal of the Optical Society of America A, 2007, 24(4): 1164-1171.

[13] Martin G D, Hoath S D, Hutchings I M. Inkjet printing-the physics of manipulating liquid jets and drops[C]. Journal of Physics: Conference Series, London, 2008, 105: 012001.

[14] Etoh T G, Son D V T, Akino T K, et al. Ultra-high-speed image signal accumulation sensor[J]. Sensors, 2010, 10(4): 4100-4113.

[15] Yang L, Adamson L J, Bain C D. Study of liquid jet instability by confocal microscopy[J]. Review of Scientific Instruments, 2012, 83(7): 073104.

[16] Minsky M. Microscopy apparatus[P]: US, US3013467, 1961.

[17] Wilson T, Sheppard C J R. Theory and Practice of Scanning Optical Microscopy[M]. London: Academic Press, 1984.

[18] Hamilton D K, Matthews H J. The confocal interference microscope as a surface profilometer[J]. Optik, 1985, 71(1): 31-34.

[19] Lee C H, Wang J. Noninterferometric differential confocal microscopy with 2-nm depth resolution[J]. Optics Communications, 1997, 135(4-6): 233-237.

[20] Rayleigh L. On the capillary phenomena of jets[J]. Proceedings of the Royal Society of London,

1879, 29(196-199): 71-97.

[21] Donnelly R J, Glaberson W. Experiments on the capillary instability of a liquid jet[J]. Proceedings of the Royal Society of London Series A, 1966, 290(1423): 547-556.

[22] Bellizia G, Megaridis C M, McNallan M, et al. A capillary-jet instability method for measuring dynamic surface tension of liquid metals[J]. Proceedings of the Royal Society of London, Series A, 2003, 459(2037): 2195-2214.

[23] Weber C. Zum zerfall eines fluessigkeitssrahles[J]. Zeitschrift fur Angewandte Mathematik und Mechanik, 1931, 11(2): 136-154.

[24] Yang L, Bain C D. Liquid jet instability and dynamic surface tension effect on breakup[C]. NIP25 and Digital Fabrication Conference, Kentucky, 2009, 25: 79-82.

[25] Hutchings I M, Martin G D, Hoath S D. High speed imaging and analysis of jet and drop formation[J]. Journal of Imaging Science and Technology, 2006, 22: 91-94.

第13章 喷墨流体特征

Malcolm R. Mackley、Damien C. Vadillo 和 Tri R. Tuladhar

13.1 引　　言

本章主要介绍喷墨流体特征的表征方式。喷墨加工需要让喷墨流体强行通过一个非常小的喷嘴(孔径通常为 30μm)。喷墨流体的驱动力可以由气泡喷射溶剂蒸发(Vaught 等[1]和 Hawkins[2])、连续喷墨技术[3]中的压电调制以及按需喷墨技术[4,5]中的压电激活提供。然而，各种驱动力都相对较低，因此为了获得米级每秒的喷射速度，喷墨流体的黏度通常需要低于 40mPa·s，这种低黏度的流体通常被认为是牛顿流体，但是喷嘴的喷射速度很高，喷射过程也会发生显著的拉伸变形，所以非牛顿性效应、惯性效应和黏弹性效应在受控的高质量喷射过程中很重要。

喷墨流体的整个喷射过程非常脆弱，容易受到各种变量的影响，其中一些变量总结如下：

(1)喷射驱动装置。包括喷嘴整体结构的几何形状和材料、喷射阵列中相邻射流的影响、喷射驱动力的时间尺度和特征、外部喷射环境、喷射温度曲线；

(2)喷墨墨水的配方。包括声速和体积模量、喷墨流体流变学特性和喷墨流体历史特性、流体表面张力(静态和动态)、粒子大小和浓度、流体接触角。

最近出现了一些在喷墨喷头(inkjet printhead, PH)设计方面能够提高打印速度、质量和分辨率的创新想法，并且随着喷墨墨水在化学和物理方面的进步，喷墨技术已经扩展到新兴市场和新的应用，如显示器、陶瓷组件、用于生物筛选的微阵列、可控释药物递送、防伪和 3D 打印。目前各个领域的应用都需要增加滴速、提高打印频率、控制墨滴尺寸和改善打印的方向性。然而，墨雾的增加和卫星墨滴的形成会产生可靠性问题，可能不利于实现这些要求。

尽管最近关于油墨化学和物理方面的研究已经取得了一定进展，但油墨配方面临的主要挑战之一仍然是开发出性能一致的油墨。保持油墨配方一致性是为了使关键参数符合规格，但是人们经常注意到在批次或系列之间，即使油墨的配方相同，它们的喷射性能也存在显著差异。因此，需要对每批次或每个系列的油墨进行重新配制和验证(优化和/或单独的驱动波形设计)以实现令人满意的喷射效果，而这个过程工作量大且耗时。当开发商用油墨时，这个问题会变得更加复杂，因为其可能包含具有高负载浓度和密度的特殊颜料/颗粒、高分子量的聚合物/黏合剂以及具有不同物理和化学性质的载体流体，任何成分的变化都可能改变现有喷头的流体物理性质（如密度、表面张力、黏弹性、声速）。

为了达到打印所需的墨滴尺寸，减少卫星墨滴/墨雾的形成，提高打印速度、频率和打印可靠性，有必要了解油墨的化学性质，以及油墨及其组成成分对其动态流动行为的影响。

13.2　油墨性能对打印头和喷射效果的影响

油墨在工作中会受到各种动态扰动和热扰动的影响。在按需喷墨系统中，无论是通过重力供给瓶还是复杂的供墨系统，油墨供应都有两个主要目的，即将墨水输送到打印头入口并控制弯月面压力。入口处的歧管将墨水分配到通道，并通过优化设计歧管来确保每个通道具有相同的压力和流速。通道大小决定最终的墨滴体积，而通道的几何形状可以决定其操作模式，并最终确定可以使用的墨水种类，而通道壁的变形方式决定了喷射墨滴的类型。喷嘴在不打印时将墨水储存在喷射腔内，并在墨滴喷射时控制墨滴形成过程[6]。

墨水喷射和随后墨滴的形成过程均受到流体物理性质的影响。在压电式喷墨设备中，高频电压脉冲（波形）被施加到压电元件上，这导致充满墨水的通道变形从而产生波动的压力分布。根据流体声学原理，两个或多个连续的波形叠加会将压力脉冲引向喷嘴[7]。通过调节压电驱动器的电信号，如波形频率、电压幅度和脉冲持续时间[8]，可以实现所需波形的叠加，但这种操作会使喷嘴内部的流体产生剧烈加速现象，并克服黏性耗散和消耗形成新表面所需的能量，从而使流体高速喷射。声压力波的传播和反射与墨滴流体性质、打印头设计及其组成材料相关。通过改变所施加电压脉冲的幅值来改变通道中的流体速度，进而改变打印头喷射出流体的速度。任何溶解于流体的气体或存在的气泡都会减慢声波传播，并因此降低喷射性能。此外，声速、体积模量、密度、颜料颗粒的尺寸和分布都会影响声波性能，因此它们是优化驱动波形的重要参数。表面张力也是与墨滴形成相关的另一个非常重要的因素，但本章只关注一个领域，即喷墨流体的流变学特性。

13.3　喷墨流体的流变学特性

在载液中加入颜料会产生与牛顿学原理相悖的现象，这是由流动期间的颗粒缔合（通过化学键和/或物理相互作用）造成的。颜料颗粒的大小和浓度不仅会影响油墨的黏度，还可能堵塞喷嘴，因此需要加入分散剂以稳定颜料。树脂和聚合物等添加剂通常用来结合油墨的其他成分，以此提高油墨在衬底上的性能（如握持/

黏合性、光泽、耐热性、耐化学品性和防水性)。所有添加剂都会影响油墨的性能，且流体的黏度和弹性会因添加剂潜在的聚合性质受到影响。

在喷墨打印期间，流体在驱动过程中不仅受到通道内高频波动压力，并且在喷嘴壁处也受到高剪切力。当流体从喷嘴喷出时，黏度和弹性应力会阻碍系带的颈缩运动，而表面张力和惯性力会影响墨滴的成形过程和最终形状。上述相反的力会导致射流产生显著拉伸变形，随后形成球形墨滴进而滴落，而为使喷墨流体在上游(通道中)和下游(滴落过程中)发生预期行为，需要表面张力和黏弹力达到最优值。

13.3.1　基础黏度

喷墨流体的表征从流体牛顿黏度开始，如果流体服从式(13.1)所述的线性关系，那么流体就是牛顿流体：

$$\tau = \eta \dot{\gamma} \tag{13.1}$$

式中，τ 为剪切力；η 为牛顿黏度；$\dot{\gamma}$ 为施加的剪切速率。水是牛顿流体，室温下的黏度约为 1mPa·s。大多数有机喷墨溶剂也是牛顿流体，它们的牛顿黏度与水相似或略高于水(3~6mPa·s)。

一些流体是非牛顿流体，其表观黏度 η_a 取决于所施加的剪切速率：

$$\tau = \eta_a(\dot{\gamma}) \dot{\gamma} \tag{13.2}$$

式中，$\dot{\gamma}$ 为施加的剪切速率。非牛顿流体在表征方面稍微复杂一些，大多数喷墨流体具有有限的"零剪切速率"牛顿黏度，即在低剪切速率条件下黏度与剪切速率无关。图 13.1 给出了牛顿流体和典型非牛顿剪切稀化流体黏度随剪切速率变化示意图。在大多数情况下，喷墨流体(如果不是牛顿流体)会遵循式(13.3)中给出的交叉方程：

$$\tau = \eta_\infty \dot{\gamma} + \frac{\eta_0 - \eta_\infty}{1 + \dot{\gamma}^n} \dot{\gamma} \tag{13.3}$$

式中，η_0 和 η_∞ 分别为低剪切速率黏度的最低极限值和高剪切速率黏度的最高极限值；n 为控制表观黏度在黏度上下极限之间变化的幂指数。

向喷墨流体中添加颜料颗粒等添加剂将增加流体黏度，并且可使用爱因斯坦方程(式(13.4))获得黏度增强的下限，但该方程仅适用于非相互作用的低浓度球体颗粒：

$$\eta = \eta_0(1 + 2.5\phi) \tag{13.4}$$

式中，η_0 为基础溶剂的黏度；ϕ 为加入颗粒的体积分数。

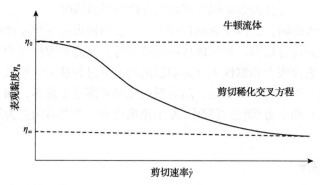

图 13.1　牛顿流体和典型非牛顿剪切稀化流体的表观黏度随剪切速率变化的示意图

式 (13.4) 曲线绘制在图 13.2 中，可以看出体积分数为 10% 的颗粒仅能使油墨黏度增强约 1.3 倍，虽然这可能显著影响喷射性能，但即使将体积分数增加至 20%，预计黏度也不会增强超过 2 倍。爱因斯坦关系适用于牛顿溶剂中非相互作用的低浓度球体颗粒，即对于低浓度颗粒，爱因斯坦关系预测悬浮液流变学特征符合牛顿流体特性，并且与颗粒尺寸无关。若将颗粒负荷增加到 10% 以上，则会导致悬浮液黏度的非线性增加量远高于爱因斯坦方程的预测值。然而，向流体中添加聚合物将会产生更显著的效果，同时颗粒间相互作用也会极大地影响流体的基本黏度行为。

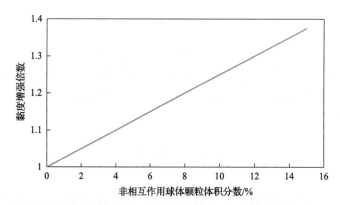

图 13.2　非相互作用球体颗粒体积分数与符合爱因斯坦方程的黏度增强倍数之间的关系

黏度通常依据简单剪切流进行测量，简单剪切是在毛细管内和在喷嘴平行部分中产生的一种流动类型，其速度变化方向垂直于流动方向。然而，当流体进入和离开喷嘴以及在墨滴拉伸和断裂期间，存在第二种重要的流体变形，即拉伸变形。这两种变形类型在图 13.3 中示出，并且其速度沿流动方向发生变化。同时存在拉伸黏度 η_ε，其与牛顿流体剪切黏度的比值定义为特劳顿比 (TR)，取值为 3：

$$TR = \frac{\eta_\varepsilon}{\eta_0} = 3 \tag{13.5}$$

喷墨流体的剪切黏度值通常较低，所以一般不采用直接测量法。此外，喷墨流体的黏度对温度非常敏感。在商业应用上，喷墨流体的剪切黏度通常使用下面总结的多种技术进行测量。

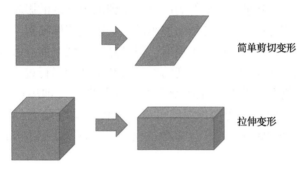

简单剪切变形

拉伸变形

图 13.3　简单剪切变形和拉伸变形示意图

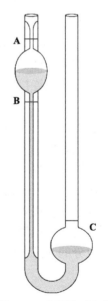

图 13.4　奥斯特瓦尔德黏度计示意图

通常，对近水黏度（1mPa·s）进行测量是很困难的。测量"水状"流体黏度的经典方法是使用图 13.4 中展示的奥斯特瓦尔德黏度计，这种"飞行时间"装置能准确测量牛顿流体的黏度，然而为其配置一个简易的读取装置并不容易。诸如 Seta KV6 黏度计（https://www.stanhope-seta.co.uk）等商业仪器需要大量恒温水槽来实现等温条件，并且也不容易实现自动化。滚珠黏度计如 Kittiwake FG-K1、Grabner Minivis 和 Anton Paar Lovis（https://www.anton-paar.com）测量结果更精细，并且可以在低黏度水状体系中工作。此外，hydramotion.com 设计了一种便携手持式剪切波黏度计 Viscolite，它也可以测量较低的黏度。许多旋转流变仪很难测量非常低的黏度，然而如 malvern.com、tainstruments.com、anton-paar.com 和 brookfieldengineering.cn 都声称拥有可在喷墨系统中操作的不同形式的旋转流变仪。基于混合微流体和 MEMS 传感器的仪器，如 mVrocTM 黏度计（www.rheosense.cn）能够在 $1 \sim 10^6 s^{-1}$ 的剪切速率范围内测量黏度。

13.3.2　黏弹性

喷墨流体流变学特性只是影响整个喷墨过程的参数之一，而且流变学特性可通过复杂的方式与其他参数相互作用，因此将喷墨打印认为是一门艺术就不足为奇。然而，在过去的十年中，喷墨打印的系统性科学研究得到了应用，科研人员也逐步加深了对喷墨打印的科学理解。喷墨流变学已成为这一发展的一部分，本节主要回顾当前对喷墨特征的理解，以此来辅助工业喷墨工艺的定量表征和建模。

在按需喷墨中，引起墨滴喷射的声波会受到油墨黏度的影响，并且声波随着油墨黏度的增加而减弱，因此必须增加驱动能量以使流体喷射。如果通道中油墨黏度太高，油墨可能无法从打印头喷射，但是黏度太低可能导致油墨直接从打印头泄漏。一旦射流脱离喷嘴，高黏度的墨滴有利于减少飞行过程中卫星墨滴的形成，也有利于避免在滴落时产生墨滴飞溅或弹跳现象。油墨黏度主要取决于载液和颜料负载的选择，改变操作温度可以使流体黏度降至大多数喷墨系统的最佳操作范围(3~40mPa·s)。对于大多数按需喷墨打印头，流体黏度控制在 10~20mPa·s 为宜。

众所周知，少量聚合物的加入会使油墨弹性产生细微变化，因此油墨的喷射行为会受到显著影响(详见 Hoath 等[9]和 Tuladhar 等[10]的研究)。高弹性会影响喷射速度并形成细小的连接线，它可能在多个点处发生断裂从而产生许多卫星墨滴(或墨雾)。喷流在极端情况下不会从喷嘴上脱落，而是被拉回喷嘴或者包裹喷嘴。低弹性或无弹性油墨在高喷射速度下形成卫星墨滴，因此墨滴需要获得一定弹性，使得与主墨滴连接的墨水系带在从喷嘴断开后立即被拉入主墨滴，从而无卫星墨滴产生。

黏弹性效应在喷墨打印中具有重要意义，流体弛豫时间 λ 通常为毫秒级或更短，而这超出了大多数流变仪的正常测量范围，因此要获得低黏度喷墨流体的黏弹性特性并不容易。

使黏弹性可视化的一个有效方法是使用麦克斯韦弹簧和缓冲器模型，其中弹簧弹性模量 g 代表流体的弹性分量，黏性阻尼 η 代表流体的黏性分量。图 13.5 显示了麦克斯韦模型的示意图，模型的总应力 τ 和应变响应 γ 由式(13.6)控制，同时组成成分的弛豫时间 λ 也由其给出：

$$g\frac{\mathrm{d}\gamma}{\mathrm{d}t} = \frac{\mathrm{d}\tau}{\mathrm{d}t} + \frac{\tau}{\lambda} \tag{13.6}$$

对小应变振荡黏弹性进行测量是获得流体线性黏弹性数值的有效方法。如果产生了小正弦应变位移(其中应变 γ 由 $\gamma = \gamma_0\sin(\omega t)$ 给出，ω 是振荡的角频率)，那么根据扭矩响应信息，可以测量三个关联的特性，如式(13.7)所示：

$$G' = \frac{g\lambda^2\omega^2}{1+\lambda^2\omega^2}, \quad G'' = \frac{g\lambda\omega}{1+\lambda^2\omega^2}, \quad \eta^* = \frac{g\lambda}{(1+\lambda^2\omega^2)^{1/2}} \tag{13.7}$$

式中，G'为弹性模量；G''为黏性损耗模量；η^*为复数黏度。

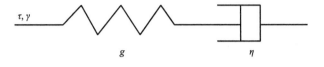

弛豫时间$\lambda = \dfrac{\eta}{g}$

图 13.5　麦克斯韦弹簧和缓冲器模型示意图

图 13.6 显示了麦克斯韦模型流体的 G'、G''和 η^* 数值变化，此处取 $\lambda = 80\mu s$，$g = 2364Pa$，$\eta = 0Pa\cdot s$。从图中三条曲线的变化趋势可以看出黏性损耗模量 G''在低频率下占主导地位，而弹性模数 G'在高频率占主导地位。麦克斯韦流体的复数黏度 η^* 在低频时保持不变，在高频时呈减小趋势。

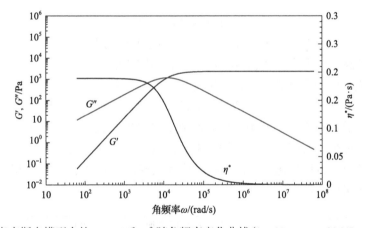

图 13.6　麦克斯韦模型中的 G'、G''和 η^* 随角频率变化曲线（$\lambda = 80\mu s$，$g = 2364Pa$，$\eta = 0Pa\cdot s$）

有时复数黏度比稳定的剪切黏度更容易测量，两者在大多数情况下是相近的。如果遵循 Cox-Merz 规则[11]，角频率与复数黏度的关系将和剪切速率函数与表观黏度的关系相同。在某些情况下，可以将牛顿溶剂与附加麦克斯韦模型进行线性组合而实现对喷墨流体的建模[12]。在这种情况下，振荡线性黏弹性或线性黏弹性响应将具有如图 13.7 所示的形式。取 $\lambda = 80\mu s$、$g = 2364Pa$ 和 $\eta = 10mPa\cdot s$，图 13.7 表明在低频和高频下，黏度项 G''占主导地位；而在中频处，弹性项 G'会变得很显著。由于喷墨流体的黏度较低，流体的相关弛豫时间非常短（毫秒级或更短），这就需要特定的流变仪来测量如此高的剪切速率和振荡频率。

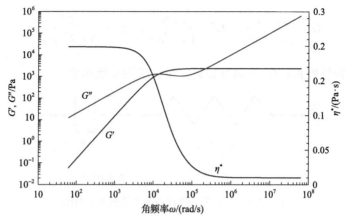

图 13.7　附加黏性的麦克斯韦模型中的 G'、G'' 和 η^* 随角频率变化曲线

（$\lambda = 80\mu s$，$g = 2364Pa$，$\eta = 10mPa\cdot s$）

13.4　喷墨流体线性黏弹性的测量

喷墨流体的稳态剪切黏度流动曲线很难获得。图 13.8 显示了在一定剪切速率范围内，25℃条件下，使用 ARES 流变仪用于低剪切力实验(空心符号)和 MPR 流变仪用于高剪切力实验(实心符号)[13]时，不同浓度梯度单分散 PS 在 DEP 溶剂体系[13]的表观剪切黏度数据。在低浓度下，其基础黏度非常低并且基本上是牛顿式的。图 13.8 所示的数据来自两种不同的流变仪，低剪切速率数据来自 ARES 流变仪[13]，高剪切速率数据使用剑桥多通流变仪[14]的小孔毛细管流动压降法测量。数据表明两种机器所能达到的剪切速率范围具有合理的一致性，但仅在较高浓度的溶液中发现了剪切稀化现象，而喷墨流体表现出与 DEP 溶剂基本相同的行为，没有发现剪切稀化现象。

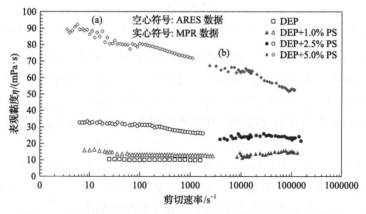

图 13.8　PS 浓度对 DEP 溶剂和 DEP-PS 溶液表观剪切黏度的影响

振荡喷墨流体的 G'、G'' 和 η^* 数据通常比稳态剪切流动曲线更容易获得，但传统的振荡流变仪通常无法在超过 50Hz 的频率上工作。尽管传统的振荡流变仪适用于许多聚合物系统和结构化流体，但对于黏度极低的喷墨流体，仪器检测不到任何黏弹性效应。

来自乌尔姆大学的 Pechold 教授花了很多年时间开发出一种压电轴向振动器（piezo axial vibrator, PAV）流变仪[15]，它能够在很高的喷射频率下测量线性黏弹性。图 13.9 显示了该设备的照片和示意图，该设备将少量流体保留在平面圆盘之间，其中一个盘由压电驱动器振荡，同时使用其他压电元件跟踪系统的整体响应，根据响应信息可确定 G'、G'' 和 η^*。图 13.10 显示了使用 ARES 流变仪和 PAV 测量聚合物溶液的线性黏弹性响应[16]（流体使用 DEP-10% 的 210kg/mol 单分散聚苯乙烯。■和□代表 η^*、●和○代表 G''、▲和△代表 G'）。两种流变仪之间的自洽性良好，并且可发现 PAV 获得的数据响应频率范围更广。

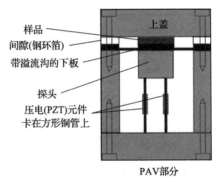

图 13.9　PAV 流变仪的照片和示意图

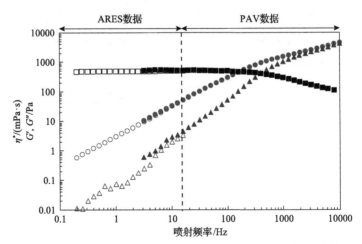

图 13.10　ARES 数据（空心符号）和 PAV 数据（实心符号）随着角频率变化的线性黏弹性响应

　　PAV 可用于得到喷墨流体的线性黏弹性响应，两种墨水数据如图 13.11 所示。如果油墨的喷射效果令人满意，则称为"好"油墨。为进行比较，图 13.11 也展示了从喷射效果来看定义为"坏"墨水的油墨。在这两种情况下复数黏度 η^* 变化非常相似，然而它们的弹性 G' 响应存在差异，这可能与观察到的油墨工作过程的行为差异有关。

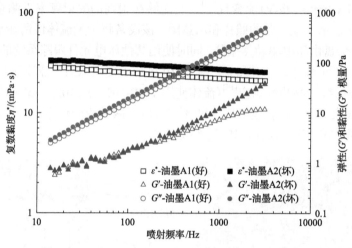

图 13.11　"好"和"坏"印刷油墨的线性黏弹性响应

　　另一个 PAV 喷墨数据的例子如图 13.12 所示，在本例中研究员测试了纤维素对着色油墨的影响，发现将少量弹性纤维素溶液添加到油墨中时，尽管非弹性的黏性 G'' 行为非常相似，弹性 G' 行为仍存在明显差异。

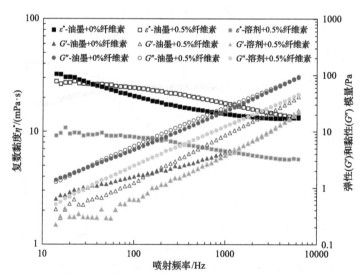

图 13.12　存在和不存在纤维素的印刷油墨的线性黏弹性响应

目前也存在用于测量高频线性黏弹性响应数据的其他装置。压电驱动扭转谐振器[16]与 PAV 相比可以用于测量更高的频率，然而它是一个单频器件且很难获得可靠和准确的数据。最近，有人开发了多重光散射的扩散波光谱仪(diffusive-wave spectrometer, DWS)[17]来获取高频数据，但是这些装置通常在透射光中工作，这使得它们不适合大多数不透明的着色油墨。目前，PAV 似乎是唯一能够测量喷墨流体的低黏度、高频率线性黏弹性数据的设备。

13.5　喷墨流体拉伸性能的测量

当墨水离开喷墨打印机喷嘴时，新出现的墨水会被拉伸而形成墨滴。该过程的射流速度一般为米级每秒，并且主要产生拉伸流动变形。喷墨流体的流变性能在该过程对拉伸和断裂的行为非常敏感，同时人们希望能够测量喷墨流体在这种变形下的特性。通过拉伸流体系带来测量拉伸黏度的方式可以追溯到 Trouton[18]的开创性工作，Trouton 研究了高黏度焦油的拉伸行为，后来 McKinley 和 Sridhar 又对聚合物体系的拉伸行为进行了广泛研究[19,20]，但现有研究的所有对象与喷墨流体相比具有非常高的黏度。Bazilevsky 等[21]提出了利用毛细管稀释法来表征结构性流体的拉伸行为，同时开发了一种涉及快速拉伸流体系带的装置，可以对后续毛细管稀释的时间演变进行追踪。

喷墨流体拉伸行为的有用信息都可以从其拉伸和稀化行为中获得。实验变形情况如图 13.13 所示，其中流体最初位于两个活塞之间，如图 13.13(a)所示，然后移动一个或两个活塞并进行拉伸，如图 13.13(b)所示。在此期间，可以依据位于

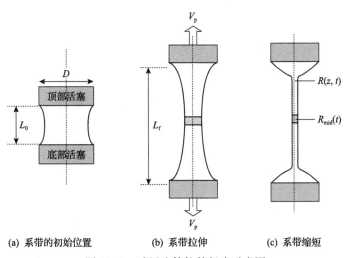

(a) 系带的初始位置　　　(b) 系带拉伸　　　(c) 系带缩短

图 13.13　喷墨流体拉伸行为示意图

系带中心的毛细管稀化信息来确定流体瞬时拉伸黏度[22]。如图 13.13（c）所示，当活塞停止运动时毛细管因表面张力而变薄，并且瞬态黏度也可以从该稀化信息得到[23]。

系带断裂行为对许多因素非常敏感，包括流体流变学特性和活塞分离速度。高黏度流体通常在拉伸过程中被保留，而系带稀化将在几秒钟的时间内发生。流体的喷射发生在更短的时间尺度内，取决于流体和操作边界条件，其在拉伸或系带松弛阶段可能发生断裂。

目前唯一可用的商用墨水系带拉伸和稀化设备是 Caber Apparatus，Rodd 等[24]报道了使用该设备的测量结果。与之类似且可用于表征喷墨流体特性的另一个选择是剑桥大学开发的 Trimaster 系列设备[25]，Mk2 Trimaster 的示意图如图 13.14（a）所示，实物照片在图 13.14（b）中。该装置具有两个沿相反方向移动的活塞，从而使系带的中心保持在相同的中心位置。Mk2 Trimaster 的活塞运动如图 13.15 所示（菱形表示活塞速度 10mm/s，空心方块表示 100mm/s，三角形表示 500mm/s），其运动周期基本上是线性的且最后拉伸位置保持不变，该型号设备可达到的最大有效速度约为 500mm/s。

使用 Mk2 Trimaster 获得的典型图像序列如图 13.16 所示。对于所有情况，活塞运动均在 1.5ms 停止，活塞停止运动后的轮廓演变如照片所示。图 13.16（a）代表了一种牛顿 DEP 溶剂，在这种情况下系带两端会产生稀化以及末端挤压，最终由末端挤压的流体形成单独的墨滴。图 13.16（b）～（e）显示了聚合物浓度逐渐增加后的影响，可发现断裂时间随着聚合物浓度的增加而增加，也随断裂形式的增

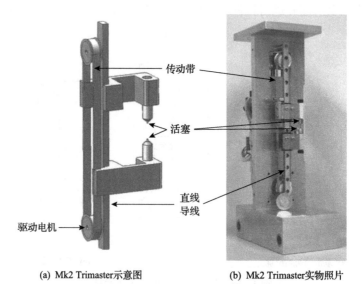

(a) Mk2 Trimaster示意图　　　　　　(b) Mk2 Trimaster实物照片

图 13.14　Mk2 Trimaster 商用墨水系带拉伸设备

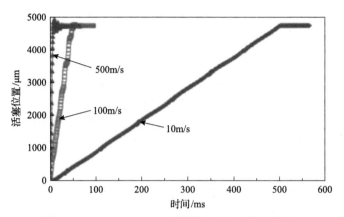

图 13.15　Mk2 Trimaster 不同活塞速度下的活塞位置

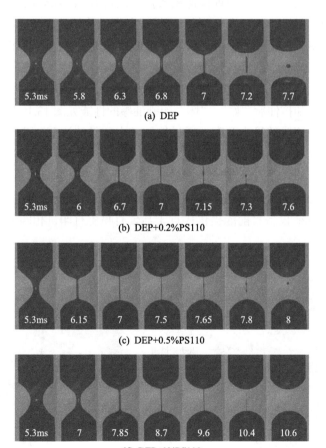

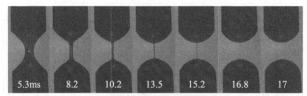

(e) DEP+2.5%PS110

图 13.16 五种浓度下用 Mk2 Trimaster 捕获的系带断裂照片[25]（初始间隙尺寸为 0.6mm，拉伸距离为 0.8mm，拉伸速率为 150mm/s，活塞直径为 1.2mm）

加而增加，同时末端挤压的影响逐渐减弱，并产生具有较长寿命的平行系带。在较高浓度下，系带内的流体被集中到末端而未能形成中心墨滴，尽管这些溶液的黏度大于喷墨流体的黏度，但端部挤压或形成系带是所有喷墨墨水的通性。

最近，研究人员开发了一种快速系带拉伸设备 Mk4 Trimaster，该装置的示意图和实物照片如图 13.17(a) 和(b)所示。该设备中的旋转轮加速后与两个金属臂接触，这两个金属臂被轮上的楔子分开。通过使用该设备可以达到如图 13.18 所示的 2m/s 的活塞分离速度，该速度已经接近喷墨印刷速度。由于活塞直径的影响，喷射流体在活塞运动期间或之后过程中会产生断裂，当使用直径为 1.0mm 的活塞时，拉伸过程中和拉伸后"好"、"坏"印刷油墨的性能如图 13.19 所示，其描绘了系带中心区域中细线的最小宽度。通过使用较小直径的活塞，可观察到发生在商业喷墨流体运动拉伸阶段中的断裂现象。

通过对少量流体进行流变学性能测试，研究人员发现 Mk4 Trimaster 设备在系带拉伸和系带稀化实验表现出显著潜力。尽管实现接近喷墨加工的环境并不容易，但 Mk4 Trimaster 设备目前能提供接近于与现有喷墨打印机相匹配的控制速度和拉伸变形。

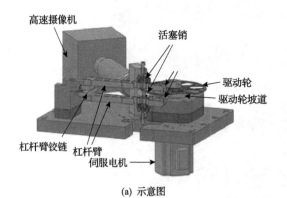

(a) 示意图

(b) 实物照片

图 13.17 Mk4 Trimaster 的示意图和实物照片

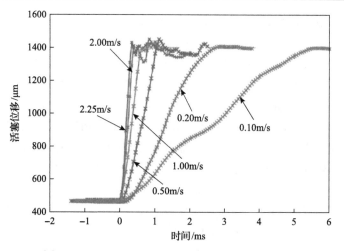

图 13.18 Mk4 Trimaster 的活塞位移与时间的关系

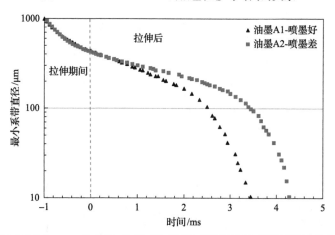

图 13.19 使用 Mk4 Trimaster 绘出的"好"和"坏"的商用陶瓷喷墨印刷油墨在拉伸期间和拉伸后系带直径变化(初始样品高度为 0.5mm，系带拉伸速率为 1m/s，最终样品高度为 1.5mm)

13.6 喷墨流变学特性与打印头性能的关系

低黏度(<50mPa·s)喷墨油墨中聚合物添加剂的微小变化(浓度和/或分子量)会对喷墨印刷行为产生不利影响，即使油墨整体性能相同，但喷嘴可能因这种变化而无法喷射。所有喷墨配方都明显具有相同基础组成和物理性质，但最初设计的喷墨配方可能仍无法令人满意，通过对配方进行几次细微修改，便能喷射出最小的卫星墨滴形态。

详细了解油墨动态特性、打印头操作范围和驱动波形信息有助于形成更大范围且具有良好喷射特性(较少的卫星墨滴/墨雾和良好的可靠性)的油墨包络,并且这些信息也显示其对温度波动和驱动波形不敏感。

图 13.20 显示了黏度为 17mPa·s 的五种单分散聚苯乙烯 PS110(摩尔质量为110000g/mol)溶液在不同聚合物质量分数(0%～1.0%)下的喷射性能,通过改变高黏度邻苯二甲酸二辛酯(DOP)(50mPa·s)和低黏度 DEP(10mPa·s)的比例以获得相匹配的体积黏度。实验使用具有标准波形的 Xaar 1001 PH 在 25℃温度下进行油墨喷射,同时调节驱动振幅以在距离喷嘴 1mm 处实现 5m/s 的下落速度,尽管整体物理性质几乎相同,但喷射行为差异很大。卫星墨滴的数量随着聚合物浓度增加而减少,在 0.2% PS110 时卫星墨滴的数量可忽略不计甚至为零,如图 13.20(c)所示。然而,PS 浓度的进一步增加会导致墨滴无法喷射,即使显著增加驱动振幅也同样如此。聚合物浓度和分子结构对单分散聚苯乙烯 PS110 的影响可能与其弹性差异有关。

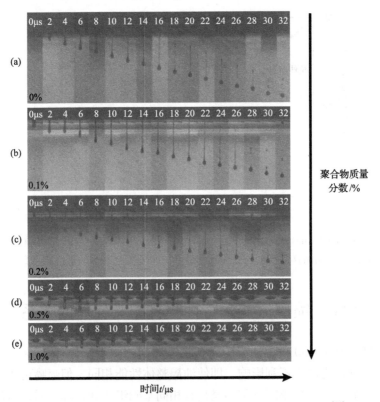

图 13.20　喷射五种不同浓度的 17mPa·s PS110 溶液的照片[10]
(使用 Spark Flash Rig 从 Xaar 1001 PH 获得飞行喷射图像)

图 13.21 显示了五种 PS110 聚合物浓度对溶液动态流变学性能的影响。虽然所有五种溶液的流变学性能和黏性模量是相同的(图 13.21(a)和(b)),但在较高喷

射频率下弹性模量存在显著差异(图 13.21(c))。所有溶液在 100Hz 以下时几乎没有任何弹性模量,对于 0% PS110 溶液,G' 在 10kHz 以下时无法量化。而在 1kHz 以上时 G' 随 PS 浓度增加产生显著变化,这表明这些流体在印刷条件下(10~100kHz)性能不完全相同,因此会表现出不同的印刷行为。从 PAV 测量获得的弹性(G')与复数模量(G^*)的比值,可以推导溶液在高频时的弹性,图 13.22 显示了在 5kHz 频率下获得的无量纲弹性(G'/G^*)。图 13.20 显示了牛顿型(无弹性)0% PS110(摩尔质量为 110000g/mol)溶液在喷射过程中产生明显的卫星墨滴,尽管增加驱动电压,但高弹性的 0.5%~1.0% PS110 溶液仍未从喷嘴脱离。一定弹性程度的 0.1%~0.2% PS110 溶液所获得的卫星墨滴数量较少可忽略不计,其数量小于 0.5% PS110 溶液所获得的卫星墨滴,这表明在这些 PH 条件中,实现无卫星墨滴喷射所需溶液的最佳弹性比值为 2%~8%。

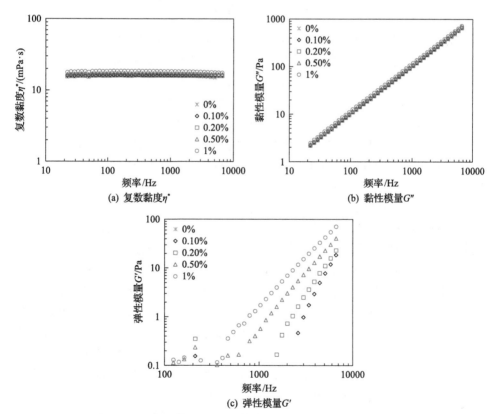

图 13.21 PAV 振荡的不同浓度(0%~1%)PS110 溶液线性黏弹性响应

系带拉伸已被用作质量控制工具[13,25],以关联和匹配系带拉伸行为与喷墨流体的喷墨印刷行为。仔细检查在墨滴分离之前的墨丝系带形状,可以将其与墨水喷射和断裂机制联系起来。

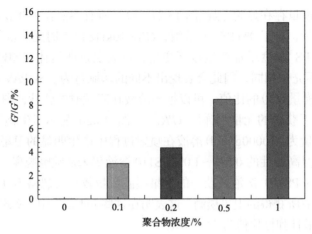

图 13.22　不同 PS110 浓度的五种溶液在 5kHz 下的 G'/G^*

图 13.23 显示了五种不同浓度的 PS110 溶液的系带断裂模式，使用 Mk2 Trimaster 获得的 PS 溶液的典型图像序列。按需喷墨墨滴的"最佳"断裂行为与系带形成和断裂有着非常微妙的平衡关系。添加牛顿型 DEP/DOP 溶剂的质量分数为 0%的 PS110 溶液(图 13.23(a))中所生成的墨水系带先是快速变薄，然后其两端受末端挤压并形成单独墨滴。图 13.23(b)～(e)显示了聚合物质量分数逐渐增加对系带的影响效果，断裂时间随聚合物浓度和断裂形式的增加而增加，如图 13.16 所示。尽管所有这些溶液的黏度几乎相同，但在 1% PS110 条件下，系带被集中到末端但并未形成中心墨滴。

Vadillo 等[25]说明了理想情况是首先在尾部发生断裂，随后尾部系带缩回到主墨滴中以避免形成不必要的卫星墨滴。若系带的两端在稀化期间发生末端挤压，则其会形成一个中心墨滴，同时系带在喷射过程中可能会分解成一个或多个卫星墨滴。若系带稀化分裂时间太长，则有可能沿着尾随线产生瑞利不稳定性并随后分裂成卫星墨滴。最后，若流体黏弹性太强，则随后产生的墨滴将会是系带的形状，其可能导致：①伸展而不会断裂；②缩回到喷射装置中；③不能从打印头释放。

与黏度不同，使用标准工具难以量化喷墨流体的拉伸行为和弹性程度(由于分散剂、黏合剂和其他添加剂的影响)，这对溶液配制过程也提出了要求。显然，高频和拉伸流变学特性有利于评估在装入打印头之前的喷墨流体特性，同时可作为批次间质量评估工具或作为墨水配方开发的辅助手段。

Hoath 等[9]和 Tuladhar 等[10,26]提供了其他实例，其可将复杂流变学和喷射行为联系起来。进一步的测量技术能够在类似于喷射过程中的条件下检测油墨性质的细微变化，如通道中的高频率($10\sim100$kHz)、喷嘴中的高剪切速率($10^5\sim10^6s^{-1}$)、喷出时的大范围扩散以及滴落时的强冲击。这些测量技术将使人们可以通过模拟真实喷射过程中的流体行为来预测喷射行为的细微差别。

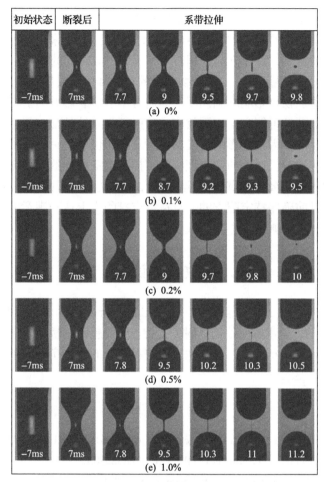

图 13.23　Mk2 Trimaster 捕获的系带拉伸和断裂的照片(初始间隙尺寸为 0.6mm,拉伸距离为 1.6mm,拉伸速率为 150mm/s)

13.7　本 章 小 结

本章概述了控制喷墨打印机墨滴形成的一些因素,着重讲解了流体流变学的影响。喷墨流体的黏度和黏弹性不容易测量,因为其基础黏度较低(接近于水的黏度),此外,其黏弹性难以测量是因为喷墨流体黏弹性的弛豫时间一般为亚毫秒级。另一个困难是测量喷墨流体的拉伸行为,其中所涉及的低黏度和小时间尺度意味着需要一种特殊测量设备。

为了表征喷墨流体的流变学特性,有必要开发一种特殊的实验装置以获得这些流体所对应的黏度和时间范围。本章的作者发现 Pechold 研发的 PAV 设备[15]特别适用于测量喷墨和模型流体的复杂黏度和弹性模量组分。此外，研究人员还开发了两种可以遵循拉伸行为的 Trimaster 系带拉伸装置[25]。来自两种设备的信息有助于表征不同的流体，并建立起过程行为和不同配方之间的联系。

通常，任何具有显著分子量聚合物组分的存在都可对喷墨行为产生深远影响。类似于颗粒的添加物会影响基础黏度，但通常不会显著影响喷射行为，然而在聚合物存在下添加颗粒可能产生协同效应。喷射行为对油墨配方很敏感，并且打印头的最终性能受许多因素的影响。成功的喷墨打印仍然是一种艺术形式，这也意味着目前尚未实现对该过程的完全理解和掌控。本章所述的喷墨流体高级流变学表征以及该过程的高级数值模拟（详见文献[27]和文献[28]的研究）推进了该领域的发展，但是目前确保特定配方的喷流在特定打印头上达到满意的效果，其唯一方法仍然是进行实验测试。

致　　谢

本章描述的大部分工作都是在 EPSRC/Industry 项目"工业喷墨技术创新（I4T）"中进行的，非常感谢他们的财务支持。还要感谢剑桥大学化学工程和生物技术系的 Simon Butler 博士，感谢他在为获得本章的许多实验结果方面付出的耐心和技巧。

参 考 文 献

[1] Vaught J L, Cloutier F L, Donald D K. Thermal inkjet printer[P]: US, US4490728A, 1984.

[2] Hawkins W G. Bubble jet printing device[P]: US, US4532530A, 1985.

[3] Sweet R. Fluid droplet recorder[P]: US, US3596275A, 1971.

[4] Fischbeck K H, Wright A T. Shear mode transducer for drop-on-demand liquid ejector[P]: US, US4584590A, 1986.

[5] Brünahl J, Grishin A M. Piezoelectric shear mode drop-on-demand inkjet actuator[J]. Sensors and Actuators A: Physical, 2002, 101(3): 371-382.

[6] Massucci M, Boltryk P, Tuladhar T, et al. From ink bottle to ink drop: The flow environment in an inkjet printhead[C]. NIP and Digital Fabrication Conference, Minneapolis, 2011, 27: 54-58.

[7] Beulen B, Jong J, Reinten H, et al. Flows on the nozzle plate of an inkjet printhead[J]. Experiments in Fluids, 2007, 42(2): 217-224.

[8] Reis N, Ainsley C, Derby B. Ink-jet delivery of particle suspensions by piezoelectric droplet ejectors[J]. Journal of Applied Physics, 2005, 97(9): 094903.

[9] Hoath S D, Hutchings I M, Martin G D, et al. Links between ink rheology, drop-on-demand jet formation, and printability[J]. Journal of Imaging Science and Technology, 2009, 53(4): 041208.

[10] Tuladhar T, Harvey R, Tatum J, et al. Understanding inkjet inks and factors influencing the jetting behaviour[C]. NIP and Digital Fabrication Conference, Louisville, 2009: 423-426.

[11] Cox W P, Merz E H. Correlation of dynamic and steady flow viscosities[J]. Journal of Polymer Science, 1958, 28(118): 619-622.

[12] Yu J D, Sakai S, Sethian J A. Two-phase viscoelastic jetting[J]. Journal of Computational Physics, 2007, 220(2): 568-585.

[13] Tuladhar T R, Mackley M R. Filament stretching rheometry and break-up behaviour of low viscosity polymer solutions and inkjet fluids[J]. Journal of Non-Newtonian Fluid Mechanics, 2008, 148(1-3): 97-108.

[14] Mackley M R, Hassell D G. The multipass rheometer a review[J]. Journal of Non-Newtonian Fluid Mechanics, 2011, 166(9-10): 421-456.

[15] Kirschenmann L. Construction of two piezoelectric probes(PRV/PAV)for the viscoelastic properties of soft substances in frequencies 0.5 Hz-2 kHz and 0.5 Hz-7 kHz[D]. Ulm: University of Ulm, 2003.

[16] Vadillo D C, Tuladhar T R, Mulji A C, et al. The rheological characterization of linear viscoelasticity for ink jet fluids using piezo axial vibrator and torsion resonator rheometers[J]. Journal of Rheology, 2010, 54(4): 781-795.

[17] Mason T G, Weitz D A. Optical measurements of frequency-dependent linear viscoelastic moduli of complex fluids[J]. Physical Review Letters, 1995, 74(7): 1250-1253.

[18] Trouton F T. On the coefficient of viscous traction and its relation to that of viscosity[J]. Proceedings of the Royal Society of London. Series A: Containing Papers of a Mathematical and Physical Character, 1906, 77(519): 426-440.

[19] McKinley G H. Rheology Reviews[M]. Cambridge: The British Society of Rheology, 2005.

[20] McKinley G H, Sridhar T. Filament-stretching rheometry of complex fluids[J]. Annual Review of Fluid Mechanics, 2002, 34(1): 375-415.

[21] Bazilevsky A V, Entov V M, Rozhkov A N. Liquid filament microrheometer and some of its applications[C]. The Third European Rheology Conference and Golden Jubilee Meeting of the British Society of Rheology, Edinbrugh, 1990: 41-43.

[22] Sridhar T, Tirtaatmadja V, Nguyen D A, et al. Measurement of extensional viscosity of polymer solutions[J]. Journal of Non-Newtonian Fluid Mechanics, 1991, 40(3): 271-280.

[23] Anna S L, McKinley G H. Elasto-capillary thinning and breakup of model elastic liquids[J]. Journal of Rheology, 2001, 45(1): 115-138.

[24] Rodd L E, Scott T P, Cooper-White J J, et al. Capillary break-up rheometry of low-viscosity elastic fluids[J]. Applied Rheology, 2005, 15(1): 12-27.

[25] Vadillo D C, Tuladhar T R, Mulji A C, et al. Evaluation of the inkjet fluid's performance using

the "Cambridge Trimaster" filament stretch and break-up device[J]. Journal of Rheology, 2010, 54(2): 261-282.

[26] Tuladhar T, Tatum J, Drury P. Influence of printhead geometry, print conditions and fluid dynamic properties on the jetting behaviour[C]. NIP and Digital Fabrication Conference, Minneapolis, 2011: 70-73.

[27] Tembely M, Vadillo D, Mackley M R, et al. The matching of a "one-dimensional" numerical simulation and experiment results for low viscosity Newtonian and Non-Newtonian fluids during fast filament stretching and subsequent break-up[J]. Journal of Rheology, 2012, 56(1): 159-183.

[28] Vadillo D C, Tembely M, Morrison N F, et al. The matching of polymer solution fast filament stretching, relaxation, and break up experimental results with 1D and 2D numerical viscoelastic simulation[J]. Journal of Rheology, 2012, 56(6): 1491-1516.

第14章　衬底表面表征

Ronan Daly

14.1　引　　言

几乎所有喷墨打印应用的最终目标都是为现有材料的表面提供新的功能或结构。第一个也是最成功最流行的商业应用是打印装饰图片和文字。如第1章所述，该领域的制造规模迅速发展，广泛应用于各种材料表面，如纸张、塑料、箔、织物和瓷砖等。近20年来，喷墨打印应用变得多样化，打印功能的复杂性也在不断增加，包括用于打印场效应晶体管（field effect transistor, FET）、MEMS 和 MEMS 设备中的导电线路，聚合物、蜡和金属，生物传感的酶和抗体，再生医学中的细胞，以及用于组合化学和药物开发的高通量筛选。如本章所述，随着每次喷墨打印技术的发展，材料表面功能对于确保成功实现打印的预期功能，变得越来越关键。喷墨打印技术早期的应用，如图文打印，要求材料表面具有适当的特性，以达到目标打印分辨率，并且拥有合适的颜料或染料附着力。而喷墨打印技术最近的应用，如药物打印，则要求材料表面具有适当的机械、化学特性以及生物相容性，以确保高质量可重复结晶过程的发生。所以，材料表面不再是一个被动的底层，而是一个需要对其进行主动控制的组件，必须仔细监控，以确保实现预期的功能调控。

表面科学和表面表征是一个广阔的分析技术研究领域。本章向读者提供一种系统的方法来分析喷墨打印的各个应用场景对材料表面功能的需求，并提供一套最常用技术的工具集，用于选择正确的方法来实现一个稳定且可重复的打印过程。

在当前喷墨打印的研究和制造文献中，图文打印、3D 制造、电子/设备制造、生物打印以及药物打印领域迅速发展。图 14.1 中的流程图展示了确定喷墨打印应用表面表征技术的步骤。整个打印过程包含五个内容：①原始表面特性；②液滴与表面的相互作用；③液滴到表面功能的传递；④最终表面特性；⑤功能化表面的长期稳定性。其中表面起着关键作用，每个内容都有其特定的表征要求。该图从底层基材涂覆开始涵盖了整个制造流程，可用于确定每个阶段需要监控的一系列特性，使喷墨打印初学者能够找到每个应用所对应的关键问题，然后选出最合适的表面表征技术。

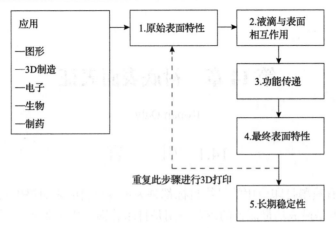

图 14.1　喷墨打印应用表面表征技术步骤

本章将对每个步骤进行讨论，并对主要表征类型进行描述，即化学、物理/机械、电/热、光学和生物表征。相关的表征技术背后的理论基础将在 14.3 节中进行详细解释。

14.2　确定表征需求的流程图

本节逐一介绍图 14.1 中所示的五个内容，而忽略墨滴的配方、喷射和调制，这些都已在第 3～7 和第 13 章中讨论过。本节重点在于表征喷墨打印墨滴与衬底表面的相互作用。首先需要讨论如何定义喷墨打印表面的适用性。

14.2.1　预喷表面质量

作为适用于任何应用场景的涂层技术，喷墨打印必须确定墨滴下落所需的精度、分辨率和可重复性。随着对墨滴精确下落需求的增加，确保表面质量可预测变得越来越重要。在文献中，通常不会详细讨论初始材料的预筛选，但实际上这是研究的关键步骤。为了确保表面处于可接受的质量范围内，需要定义表征的技术和标准。在研究和大规模制造中，这一步发生在表面功能化的增值过程之前，因此它非常重要，在此阶段或之后的任何误差都将会降低产量并增加整体制造成本。接下来将先讨论图文打印这一传统应用，然后讨论与电子器件和高通量筛选相关的应用示例。

1. 示例 1：图文打印

在纤维材料上进行图文喷墨打印具有巨大的商业价值，因此首先考虑该应用，在示例 2 中考虑在平坦无孔的样品上进行打印。在纸张和卡片等纤维材料上打印是惠普等公司的主要业务。随着服装行业逐渐认识到后期定制的重要性(如批量的最小化及其对市场的响应力),喷墨印花面料的重要性也在不断增加。这些都是多孔纤维状材料,特别是纸张,其纤维素纤维、木质素和功能涂层的结构组合非常随机。纸张是从稀释的水基悬浮液中用金属丝网分离出来后,通过纤维的缠结与黏合,再经过压制和干燥而制成。其他工艺包括用疏水材料涂层提高防水性和漂白提高亮度。纸张的喷墨打印是日常生活中主要行业的基础,有着非常丰富的历史。因此,造纸业制定了相关质量标准来表征纸张对喷墨打印应用的适用性。本节确定了在喷墨打印前验证表面时需要面临的问题以及应考虑的表面化学、物理/机械、光学测试。

1)表面化学测试

纸张上的图文喷墨打印,关键是控制墨滴的吸收,尤其是墨滴在多孔体材料中的横向扩散。这受材料的润湿性和微观结构的影响。在图 14.2(a)中可以很直观地看出墨滴和纤维的大小基本处于相同的数量级。通过增加单位面积上墨滴的体

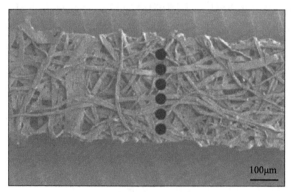

(a) Whatman 1级色谱纸的扫描电镜(SEM)图像
(其中黑色圆圈显示标准墨滴在纸上的近似尺寸)

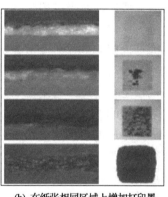

(b) 在纸张相同区域上增加打印墨滴的体积后观察到的渗透现象

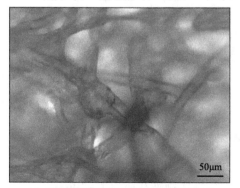

(c) 打印单行黑色墨水后的光学显微图像

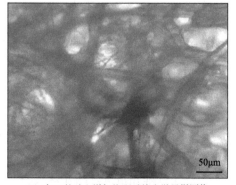

(d) 在(c)基础上增加物距后的光学显微图像

图 14.2　纸张图文喷墨打印图像((a)来自 Ronan Daly,
(b)~(d)来自 Sze Xian Lim,剑桥大学工程系)

积，可在纸张的垂直方向和水平方向上观察到渗透现象，如图 14.2(b)所示。再结合纸张随机的结构，可以明显得到墨滴的最小控制剂量。图 14.2(c)和(d)展示了纸张表面打印单行黑色墨水的末端。从图 14.2(c)到图 14.2(d)图像位置相同，但显微镜物距增加。这表明由于纸张的多孔结构，墨滴首先会穿过纸张表面的上部纤维，沿着纤维扩散，最后扩散出线条的边缘轮廓。

因此，纸张的吸水性是一个需要表征和监测的重要参数。如 14.3.1 节所述，这是由孔隙率和纤维的表面化学性质决定的。这在制造过程中可能会有很大差异，因为造纸工业通常会在纤维表面涂上一层稀释的疏水材料，如烷基乙烯酮二聚体 (alkyl ketene dimer, AKD)。这种材料干燥后会与纤维共价结合，使疏水基团暴露在空气中，用于降低纸张的天然高吸水性。

在工业中，有两种测试纸张表面化学性质和润湿性的标准方法。第一种是测量水沿 8mm 宽、40mm 长的纸条被芯吸(干燥的多孔材料与流体接触时，由于毛细力作用，多孔材料吸收流体的现象)所需的时间。例如，当从桦木纸换成亚麻纸时，完成这种芯吸过程会有 220s 的时间差异[1]。因为测试通道尺寸明显大于纤维尺寸，所以可以假设表面是各向同性的。而且，因为吸水可以避免由于材料折射率改变而引起的显著光散射导致纸张呈现半透明现象，该系统非常容易成像，所以这是一种很容易在工业环境中实现的技术。第二种方法是测量液滴在纸张表面上的接触角，可以看出在 Whatman 1 级色谱纸上，逐渐增加 AKD 的浓度，墨滴和表面之间的接触角逐渐增加，如图 14.3 所示。14.3.1 节详细介绍了用液滴与纸张表面形成的自然接触角来定义表面能。与墨滴的直径不同，这里所使用的液滴直径通常为 1mm 左右。由于纸张具有很强的吸水性，通常通过压实的方法来使其表面变得致密，从而确保接触角是与纸张表面接触形成的，而不是与多孔介质流形成的。

图 14.3　墨滴在 Whatman 1 级色谱纸上逐渐增加的接触角

2)物理/机械测试

标准印刷纸和色谱纸的孔径不同，其中标准印刷纸孔径为 1～10μm，色谱纸孔径为 10～100μm。在文献中，传统上孔径大小由汞孔隙率测定法确定：该方法通过测量将汞吸入孔隙中所需的压力来确定孔径大小(压力大小与孔径大小成反比)。随后，研究者开始采用无损 X 射线层析成像方法对孔径进行测量[2]。但在工业上，标准做法是通过观察纸张的空气渗透性来推断孔隙率是否发生变化(ISO 5636-3:2013)，即在规定条件下，测量单位时间内单位压差下通过单位面积的平均空气流量。当纸张的空气渗透性发生变化时，所测孔隙率与标准孔隙率就会产生偏差。为了保证密度一致，还需记录纸张的厚度和克重(单位面积质量)(ISO 534:2011、ISO 536:2019)。通过标准拉伸实验测量出的纸张湿度可以确保即使在墨水尚未干燥时，也能对纸张进行处理。纸张的耐用性随纤维长度和制造工艺而变化。同样，识别与标准打印时纸张的位置偏差也至关重要，因为它可以避免纸张机械损伤或打印质量差的问题，这些问题都可能会导致后期阶段打印质量严重下降。

3) 光学测试

对着光举起纸张时，会观察到斑驳现象或光密度的变化，这种现象是由于纸张纤维分布不均引起了局部密度的变化。然而，正是这种密度变化会影响打印时纸张的强度和性能，因此必须使用标准技术对其进行量化。射线照相技术(指用 X 射线或 γ 射线来检测材料和工件，并以射线照相胶片作为记录介质和显示方法的一种无损检测方法)通常用于描述纸张的这种"构造"。此外，光学测试也用于记录反射时纸张的亮度(ISO 2470-2:2008)，以确保不同材料类型结果的一致性与可比性。这种密度变化对于图文打印(如对比度差可能导致条形码读取失败)和新应用(如生物传感器制造[1])来说都是一个关键的因素，因为在这些应用中都需要足够的亮度才能清晰地读取颜色的变化。纸张的亮度受散射光的层数(至少 10 层纤维[1,3])、孔径(至少是光波长的 2 倍[3])以及在制浆过程中添加荧光增白剂的综合影响[4]。因为光谱仪可以量化给定波长范围内光的反射水平，所以可以使用光谱仪来对其进行测量。

2. 示例 2：电子印刷

从在衬底表面上制造导电线路的初步研究[5]和主要应用(如英国印刷电子有限公司(Printed Electronics Ltd.))上看，喷墨打印已经在电子领域取得了飞跃性的进展。通过喷墨打印制造 MEMS 和场效应晶体管处于集成到制造的早期阶段，但也是一个非常活跃的研究领域。因为喷墨打印有利于制造行业向数字制造转移，以实现小批量利基应用(指企业发现自身优势，在缝隙市场中找到发展路径，服务于更个性化、更小众的消费者需求的应用)，所以它变得越来越重要。更小的墨滴尺寸和功能墨水开发的进步，包括石墨烯和碳纳米管等先进材料，使得打印电子产品的复杂性和应用范围都会增加。这些器件的目标表面包括标准硅晶片表面、蓝宝石涂层半导体表面、柔性聚合物表面甚至是瓷砖表面。依赖标准的光学和电子束光刻方法的硅制造行业已经有了一套用于表征这些应用领域初始衬底表面的技术。这些技术为喷墨打印奠定了坚实的基础，因为先前很多报告都已经在类似的材料上使用喷墨打印，而且这些技术也已经在适当的制造规模下进行了测试。在硅制造行业中，功能墨水和衬底表面都是高价值材料，因此在打印前需要仔细表征表面以最大限度地减少损失。

1) 表面化学测试

就纸张而言，表面化学特性是了解可预测液滴扩散行为的一个重要组成部分。14.3.1 节详细地介绍了液体在平面上接触角的光学测量，这是确定表面特性的关键技术之一。但本质上，此类平面上的接触角是固-气、液-气和固-液三种表面能平衡下所产生的铺展的表现，可以用哈金斯铺展系数来描述液体在表面上的铺展性，如式 (14.1) 所示：

$$S_{在固-液界面的液体} = \gamma_{固-气} - \left(\gamma_{液-气} + \gamma_{固-液} \right) \tag{14.1}$$

这为系统通过扩大或收缩三相区域来降低其总能量的方式提供了定量的结果。这种方法的复杂之处在于它不是一种正向验证技术，而接下来的光学测试方法则属于正向验证技术。

对于电子产品的喷墨打印，衬底表面的润湿性必须能使墨滴发生扩散并且要避免墨水流瑞利不稳定性的产生和打印线条的破坏。如图 14.4 (a) 所示，铺展性不足使得墨水流产生瑞利不稳定性和断裂，导致衬底上的墨滴收缩形成球形帽。如图 14.4 (b) 所示，稍微减小接触角，就可以形成稳定的打印线条。在图 14.4 (c) 中，通过使其暴露于强烈的紫外线辐射下来提高表面的润湿性，从而达到近乎完美的润湿效果，但因为此时扩散起主导作用，打印线条再次消失。正如 Hsiao 等[6]所

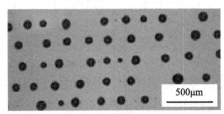

(a) 1∶1水-甘油墨水打印在　　　　　　　　　(b) 相同墨水打印在显微镜载
具有二氧化硅表面层的硅片上　　　　　　　　玻片上形成的稳定线条

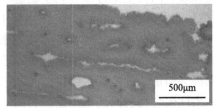

(c) 对第一块硅片进行紫外线照射处理，使其具有更好的润湿性，
并在其上打印相同的墨水(Yoanna Shams，剑桥大学工程系)

图 14.4　喷墨打印线条稳定性与衬底润湿性、接触角紧密相关

指出的，线条的稳定性不仅与表面有关，还与其他因素有关，如墨滴间距、墨滴撞击速度和墨滴打印频率等。

2）光学测试

初始衬底表面的微粒污染是标准制造设备产量低的主要原因之一。如图14.5(a)所示，其中 1：1 水-甘油墨滴打印在玻璃显微镜载玻片上，由于清洁不当导致的微粒污染使线条出现额外扩散和钉扎现象。如果在多个位置出现这种偏差，则会导致两条线合并，如图 14.5(b)所示。虽然这对于在平面上的图文打印（如塑料包装）来说不是一个严重的误差，但是在电子应用领域中这会造成短路现象。即使是极低水平的颗粒污染也会造成反射光的干扰或散射，因此先进的激光散射技术被开发出来，用于电子产品打印之前的表面表征。

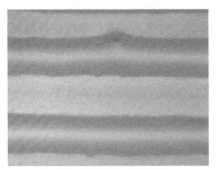 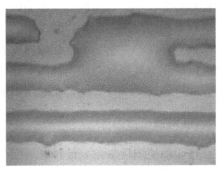

(a) 微粒物污染会导致线钉扎　　　　　　(b) 相邻钉扎太靠近可能发生聚结
　　　　　　　　　　　　　　　　　　　　　(Yoanna Shams，剑桥大学工程系)

图 14.5　微粒污染对 1：1 水-甘油墨滴打印的影响

如果纳米级和微米级的介电或导电材料层已经存在于衬底表面，喷墨打印则可用来制备额外的功能组件，光学技术可用于验证这一过程。例如，椭偏仪通过测量入射光源在反射时的偏振态变化来确定其穿透的层厚及其他属性，如结晶度、粗糙度或掺杂浓度等。红外、紫外/可见光和拉曼光谱也是必不可少的光学工具，它们用于探测和分析材料，甚至可以在更小尺度内确定衬底表面的化学成分。打印电子产品还需要非常干净的初始衬底表面，甚至需要单层功能材料以提高电子迁移率或表面附着力。光学技术可以通过键振动、电子跃迁甚至电子发射等方式吸收的能量来确定这些层的存在或质量。拉曼光谱还经常用于半导体行业，不仅用于获取表面信息，还可用于确定微粒污染，帮助追踪问题的根源所在。

3）电学技术

在待打印的表面上通常附着导电或绝缘材料薄层，其品质非常重要，可以使用标准欧姆表测量欧姆到兆欧范围内材料的电阻，方法是在两个触点之间通入恒定电流并记录其电压降，但这种方法对薄半导体或高导电材料不够敏感。电导率是材料允许电子和空穴流动的能力[7]，而电阻率与此相反，是抵抗电导的能力。

这两种度量的关键在于它们是按单位长度定义的。然而，在测量硅衬底、带有离子注入的半导体层或单层功能材料[7]（如导电轨道和碳纳米管传感层）时，薄层电阻更为有用。它是电阻率除以样品或单层的厚度，以"欧姆每平方毫米（Ω/mm^2）"来衡量，可以应用到任意大小的样本上。通常使用四点探针方法来对其进行测量，详见 14.3.3 节。测量得出的值不仅可以用于评估初始衬底表面的质量，还可用于评估自然氧化层清洁阶段的质量。

3. 小结

因为确保初始衬底表面是否适合打印是能否最大限度减少损失的关键，所以该步骤须高度重视。此外，当出现缺陷或打印问题时，若初始衬底表面已经过充分表征和验证，则更容易进行根本原因的分析，从而可以快速确定需要在何种程度上进行批次控制或召回。需要考虑的关键是控制墨滴扩散、吸收以及材料表面化学和物理特性的完整。一旦初始衬底表面已经过表征和验证，打印时墨滴的行为就可以简化为其自身的基本行为。这样，其行为就可以通过理解前几章中讨论的配方和打印过程以及表征表面的作用来进行控制，如 14.2.2 节所述。

14.2.2　液滴撞击行为

在打印前使用接触角表征衬底表面时通常需要将毫米级液滴低速沉积在相应表面上。然而，在喷墨打印中，非常小的墨滴（皮升级）具有非常高的速度，通常在第一滴到达衬底表面之前，下一滴墨滴就已经离开了喷嘴，因此墨滴间的很多行为都会对墨滴撞击过程产生影响。最常见的一组行为如下：

(1) 墨滴完全从表面反弹；

(2) 墨滴可能扩散至平衡接触角；

(3) 墨滴可能发生相变，在非平衡接触角下固化（如蜡印、UV 固化油墨）；

(4) 墨滴可能会与已经在表面上的第一滴合并，然后收缩形成单个球帽或稳定为线条的一部分；

(5) 若表面多孔且润湿，则可能发生渗吸现象；

(6) 在液体上打印时，液滴可能从表面反弹、聚结或作为稳定胶体的形式保留在本体或液-气界面（如打印到含有缓冲溶液和抗体的高通量筛选孔板中）。

通过参考下面的应用示例可知，除了墨水配方，了解衬底表面特性对于液滴撞击行为的控制也至关重要。这些示例的表征技术主要集中应用在动态过程发生时的成像和样本后期打印过程中。

1. 示例 1：3D 打印

通过喷墨打印进行增材制造的方法是基于数字图案将粉末暂时黏合到结构中

然后进行烧结，或者直接打印结构，再进行液滴堆叠使每层发生相变或交联固化。现在通过喷墨打印的增材制造是一种能够进行高清制造的成功商业工具，但还需要更深入地研究表面表征技术，以应对标准快速成型以外更广泛的应用，如 3D 电子设备制造[8]。

墨滴跟踪和实时撞击行为监测的正向验证技术很难在制造中实现。最初的研究和产品开发中涉及的一系列技术包括：①使用短时频闪进行图像捕获的阴影成像技术；②高速成像技术。这些技术都可以通过白光或激光全息技术来实现[9]。对于 3D 打印，印后分析仍然是开发阶段最有用的方法。如图 14.6 所示，通过分析一行蜡滴的撞击和相变行为，来找到能确保蜡滴直线和蜡壁完整的最佳蜡滴间距。UV 固化油墨也需要类似的方法进行分析。图 14.6(a) 展示了线条膨胀导致的不稳定性，由于凝固，瑞利不稳定性在线条破坏之前停止，蜡滴由于相变而固定。当蜡滴打印频率过高时，开始在凝固过程中出现瑞利不稳定性。如图 14.6(b) 所示，在垂直方向上打印多层蜡滴时每层都出现了类似的不稳定性。图 14.6(c) 和 (d) 展示了蜡滴打印频率降低时，重复上述操作后蜡滴的实验情况。

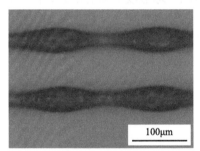
(a) 使用直径20μm的喷墨喷嘴以5μm的蜡滴间距打印的蜡滴

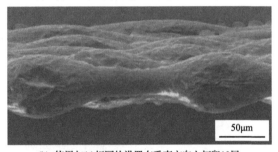
(b) 使用与(a)相同的设置在垂直方向上打印10层

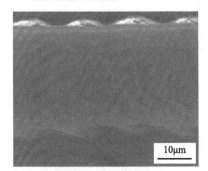
(c) 以15μm的间距打印单层蜡滴会形成更直的线条

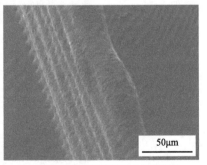
(d) 以相同设置在垂直方向上打印10层显示出形状更规则的蜡壁

图 14.6 蜡滴的撞击和相变行为分析

表面的化学特性可以促进熔化过程中蜡的扩散，因此该特性是影响衬底表面打印的关键。然而，在 3D 打印中，已打印层的固相蜡会成为当前打印层的下表面，后续层必须扩散到正确的角度才能在与固相蜡相互作用时继续固化，这是对3D 打印表面进行控制的主要困难之处。以下两种情况会导致热积聚的发生：①热蜡高频沉积到表面；②UV 固化油墨(通常在高温下打印)会吸收强烈的光能。任何以温度变化形式积累的热能都会影响相变行为并加速蜡滴的扩散，因此必须对其进行控制，确保表面温度保持恒定。

2. 示例2：活性喷墨打印和高通量筛选

1995 年，Protogene 实验室的一项专利[10]研究了药物开发检测的小型化。从那时起，喷墨打印一直是开发高通量药物的研究重点[11]。对于药物开发等关键应用，严格的监管环境要求墨滴撞击行为的精确数据。

光学成像技术对于验证喷墨打印应用来说至关重要。对固体表面上的喷墨打印进行检测时，需要确定墨滴是因为电荷效应被表面排斥，还是由于润湿性差导致墨滴反弹后落在其他地方，这在开发高通量药物筛选应用中特别重要。在这种情况下，后续墨滴的作用表面通常是液体，呈液滴、球冠或平面的形式，需要确定当墨滴落在表面上时，它是会聚结、落下并保持分离，还是反弹。又如，在组合化学中，正在探索喷墨打印用于大量新分子的小规模平行合成。图 14.7(a) 显示

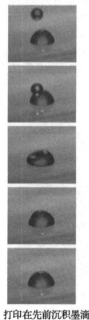
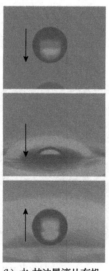

(a) 打印在先前沉积墨滴　　(b) 水-甘油墨滴从有机　　(c) 线条打印过程中聚结以及打印后线条
　　上的水-甘油墨滴(张庆新，　　溶剂表面反弹　　　　断开图像(Wen-Kai Hsiao，剑桥大学工
　　剑桥大学工程系)　　　　　　　　　　　　　　　　程系喷墨研究中心)

图 14.7　墨滴聚结、反弹现象

了液滴(水-甘油)与先前打印的相同液滴之间的聚结，即使在这种情况下，从弯月面也可以清楚地看出液滴不会发生即时混合。和文献[12]中毫米级液滴的工作类似，图 14.7(b)显示了由于液滴的非凝结性而导致液滴被表面排斥的现象。由于液体表面之间存在气垫，水-甘油墨滴从有机溶剂表面反弹。

在以图案的形式打印材料时，墨滴撞击会导致线条的不稳定。图 14.7(c)显示了墨滴打印及其随后的聚结合并过程。如图 14.7(c)所示，所选的打印间距和打印频率也可能会导致线条的不稳定。打印线条的稳定性还受到表面特征、接触角和墨滴边缘钉扎的显著影响。

3. 小结

如 14.2.2 节所述，液滴撞击会导致一系列行为，其结果将最终决定涂层过程的成功与否。液滴以非常高的速度发生撞击，并且发生在各种制造环境中，这使得我们在对其使用正向验证技术进行表征时难以预测，也难以观察，所以需要新的测量系统来对其撞击行为进行表征。液滴撞击的潜在影响主要是和材料的表面张力、黏度和弹性有关。这表明在温度和材料的相空间中研究液滴的撞击行为，将有利于获得预期表面特性对应的稳定工艺边界。因此，在制造过程中需要了解热传递的过程和维持局部条件来控制衬底表面的相关特性。

14.2.3　功能传递

当液滴落在衬底表面上时，它们还必须传递预期功能。本节将介绍衬底表面在液滴传递功能方面的作用。这可以通过简单的液滴干燥来实现，在其中溶剂蒸发会使功能材料沉淀到衬底表面。如果想要将聚合物凝胶黏附到表面(如在图文打印应用中)，则需要发生交联反应促进固化。对于生物传感器或药物开发，其功能通常是将活性生物分子转移到表面或储液罐中进行后续反应。这些领域的文献都对墨滴配方的作用进行了研究，但对于制造业，还需要在适当条件下确保表面稳定才能实现功能化。

1. 示例 1：图文打印

UV 固化油墨，通常是含引发剂和单体的丙烯酸酯聚合物体系。由于该油墨的稳定性、对多种无孔材料良好的附着力以及打印分辨率高的优点，是喷墨打印行业一种极其重要的油墨。该配方结合了高黏度和快速固定的特点，确保实现扩散最小化和高打印分辨率。

1)化学技术

如果有水或者其他溶剂滞留在基材中，特别是在衬底表面，即使含量非常低，这些溶剂也可能会在墨滴的传递过程中挥发出来。而 UV 固化反应过程对挥发出来的化学物质敏感，这通常会抑制固化过程。用于验证的两种技术是差示扫描量热 (differential scanning calorimetry, DSC) 法和热重分析 (thermogravimetric analysis, TGA)。差示扫描量热法分析了样品的比热容受其纯度的影响，而热重分析能够通过加热的方法将材料分解和去除，并准确地记录这一过程是如何随温度变化的，从而识别出不同的捕获溶剂和其他杂质。

2) 光学技术

高速成像等光学技术非常适合分析凝固过程。同样，这不是一种正向验证技术，但首先需要确认在非平衡接触角下墨滴进行固化时的可重复打印性如何。这受表面化学、热导率以及环境条件的影响，因此可能与墨滴行为变化有关。

2. 示例 2：先进功能材料

在文献中，生物或药物材料以及功能微纳米材料的喷墨打印都具有极其重要的意义。纳米金属油墨、碳纳米管、石墨烯和抗蚀刻蜡等材料的实际喷射过程非常简单，但是其与衬底表面的相互作用和向衬底表面传递功能这两个方面要复杂得多且难以控制。功能的传递可以通过材料从溶液到表面的缓慢吸附 (化学或物理)、沉淀或者结晶来实现。

1) 物理/机械技术

质量随时间变化的超灵敏测量可用于量化液滴的沉积过程[13]。然而，功能传递过程需要更高的测量灵敏度，如石英晶体微量天平研究可用于观察蛋白质在表面的吸附过程[14]。这些表面吸附层虽然不属于典型的原位印刷，但能够提供鲁棒性和灵敏度信息。类似地，微谐振器可以涂上适当的材料，用于了解墨水成分的吸附行为和定位[15]，从而验证功能传递的成功与否。该仪器用于监测质量微小变化所引起的振荡频率变化。随着这些物理/机械技术手段 (包括横向体声波谐振器) 已经接近工业规模的使用，对软物质或薄固体层进行表面功能化之后将获得一种可代替原位观察滴落过程的代表性表面。

2) 生物技术

通常，将生物材料输送到表面时，其目的是使这两者之间发生锁钥反应以达到检测的目的，如 14.3.5 节所述。实现表面功能的传递还需要对分子热力学过程有更深入的了解。为了了解表面功能和表面粗糙度等特性是如何影响目标分析物反应的，同时避免分析物与表面发生非特异性结合，需要对每个表面都进行测试。例如，当使用 96 孔板吸光度读取器时，可利用从孔板中相关表面提取出的小样本来测试上述情况。为了能在检测新表面和应用剂量技术时处理大量变量，最好使用多元化方法。如图 14.8 所示，这可以使用酶联免疫吸附测定 (enzyme-linked immunosorbent assay, ELISA) 进行，在其中捕获抗体成功沉积在表面上，从而能够捕获被标记的识别抗体和分析物。通过抗体在后续识别步骤中反应所产生的光信号，来观察抗体是否成功黏附到表面。在经过"双抗体夹心法"后，与捕获抗体反应的抗原已经与标记抗体相结合。图 14.8 中的标记是辣根过氧化物酶 (horseradish peroxidase, HRP)，当加入底物进行酶催化反应时会产生颜色反应，利用衬底显影技术可以读取成功结合所产生的光信号。该现象可以确认生物功能是否已成功传递到表面。

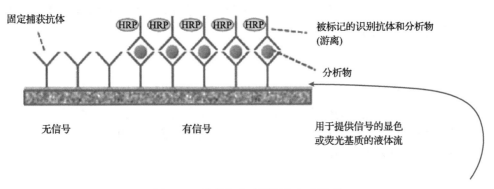

图 14.8　酶联免疫吸附测定实验原理

14.2.4　最终功能化表面

对最终的打印表面进行了解和表征，才能确保实现预期功能的传递。预期功能包括实现图文打印所需的分辨率和对比度、记录打印液晶的激光行为[16]、检测实验中的生物成分以及测量打印电路中所需的电学特性和打印柔性表面的机械特性等。对于 3D 打印，在打印一层之后获得的表面实际上是下一次打印的衬底，循环往复。这是我们需要注意的关键因素，因为与大多数材料的顶部扩散相比，材料在衬底的扩散行为截然不同。功能的最终验证技术完全取决于所考虑的应用，包括：

(1) 原子力显微镜(atomic force microscopy, AFM)，它是一种表面探针技术，用于提供纳米和微米级表面的 3D 结构。

(2) 扫描电子显微镜(scanning electron microscopy, SEM)，用于纳米级和微米级的二维成像，通常带有额外的 X 射线背散射光谱。

(3) 四点探针测量，通过电学测量以获得所需的薄层电阻或开关特性信息。

(4) 光谱学，通过光学测量确定材料的化学结构。

(5) 酶联免疫吸附测定，它是一种用于检测表面生物相互作用的技术。酶催化反应产生的光信号可以显示出目标材料的位置，并且可以量化其强度用来提供浓度信息。

(6) 纳米压痕，它是一种能够通过检测薄膜材料的力学性能来确定固化程度的验证技术。

14.3 节将更详细地讨论其中一些关键的表面表征技术。

14.2.5 长期表现

无论喷墨打印是应用于图文图案、生物材料还是导电线路，它们功能化表面的长期稳定性都是一个重要的考虑因素。稳定性测试通常通过确定表面可能面临的极端条件，并在实验室环境中人为地重建这些条件来进行，然后定期对表面进行表征以识别功能的变化。

1. 示例 1：纸张

喷墨着色剂暴露在光线下会发生光化学反应而褪色。紫外/可见光谱可用于识别着色剂降解时吸光度的变化。颜料暴露在液体中会发生再溶解，磨损会导致颜料脱落，两者都会导致颜料褪色。所以，可以通过改善表面电荷平衡或者加入聚合物增大附着力来改善颜色的持久性[17]。

2. 示例 2：蛋白质打印

生物传感应用中通常将蛋白质、酶和抗体打印在表面上。这些材料的自然环境通常是一个生物系统，虽然它们可以在盐缓冲溶液中暂时保持稳定或通过冷冻保存更长时间，但还是很难在室温下保持生物活性。此外，缓冲盐的浓度通常高于生物分子的浓度，因此喷墨打印会迅速在表面产生高浓度的结晶盐。如前文所述，进行酶联免疫吸附测定研究是为了测试黏附在表面上生物分子的稳定性。测定的环境条件为冷藏温度、室温、高温(如 40℃)、重复温度循环(如冻融循环)。

3. 示例 3：固化油墨的附着

交联固化油墨更持久且机械强度更高，但随着时间的推移，附着力仍可能会减小。这通常通过机械方法进行测试，如划痕测试、磨损测试、胶带测试和纳米压痕测试。例如，胶带测试通过粘贴和撕下胶带来检查油墨与表面的附着力。如标准 ASTM F1842-15 中所述，胶带测试是在待测试油墨或涂层中切割出格子图案，将压敏胶带粘贴到图案上并将其撕下。其他应用根据标准中的指南进行半定性评估即可。

14.3 表面表征技术

从前面的讨论和示例中可以看出，在表征表面的五个工艺步骤中，可以针对不同目的、不同长度尺度进行通用测试。本节将更详细地讨论一些关键技术，提供技术的基本原理和实践中的一些示例。本节也将更详细地介绍表面化学分析、表面机械测试、表面电学分析、光学分析和生物分析。

14.3.1　表面化学分析

本节首先考虑最重要的参数，即衬底材料的表面能，对固体、多孔固体和液体表面进行分析。

1. 表面张力和润湿性研究

表面张力 γ 通常表示为表面上单位长度所受的拉力。作用在内部分子上的力通常是各向同性的，而界面上分子的受力是不平衡的。若想扩展表面，则需要做功将分子从内部带到表面，此过程所需的力就是表面张力（N/m）。为了减少这一过程的做功，分子会趋向于保持在内部并使液体表面积最小化。做功的大小与系统内分子间作用力的平衡有关。

采用文献[18]中的方法，通过克服这些分子间作用力，将材料断裂形成两个相同截面，如式(14.2)所示：

$$W = \frac{\pi C \rho^2}{12 D_0^2} = \frac{A}{12 \pi D_0^2} = 2\gamma \tag{14.2}$$

式中，W 为相互作用函数；ρ 为分子数密度（m^{-3}）；C 为相互作用常数（$\text{J} \cdot \text{m}^6$）；$D_0$ 为初始距离，通常为原子间距；A 为 Hamaker 常数，用来衡量系统所涉及的相互作用力。

按照惯例，当仅克服单个物体内部的相互作用时，W 称为内聚功（又称自黏功）。内聚功描述了将材料分离形成两个不同的平面所需的功。在表面上打印墨滴会出现三相界面，这里引入一个更复杂的表面能平衡系统。近两个世纪以来，人们一直对液滴在表面上的行为、接触角以及在粗糙材料上的行为非常感兴趣。瑞利描述了它们在照相底板清洁度和平整度方面的重要性。溶液在基底上的扩散是一个三相表面张力问题，位于液-气界面的液滴行为也是如此。下面简要介绍三相平衡，特别是三相平衡发生在以下界面时：①固-液-气；②液-液-气。

2. 固体表面上的液滴

通过之前的解释，扩展界面所需的功等于将分子从内部移动到表面所需的功，因此可以将表面张力理解为与界面相切的作用力。图 14.9(a) 展示了一个固着液滴在三相系统中的受力情况。对于处于平衡状态的系统，切向力将达到平衡。通过计算这些力，可求解杨-杜普雷(Young-Dupré)方程(式(14.3))和特征接触角 θ（图 14.9(a)）。另一个更有用的方法，可以通过考虑如何减少系统的表面自由能来理解该式：该系统将以最低的能量最大化界面面积来实现表面自由能的最小化。假设液滴边界扩散距离为 dx，如图 14.9(c)所示，则需要：①将液体分子提升到液-气界面；②将液体分子提升到液-固界面。只有降低的固-气界面能等于这两种运动所需的能量时才能完成上述两种运动。

$$\gamma_{S/L} - \gamma_{S/V} + \gamma_{L/V}\cos\theta = 0 \tag{14.3}$$

式中，$\gamma_{S/L}$ 为固-液界面能；$\gamma_{S/V}$ 为固-气表面能；$\gamma_{L/V}$ 是液-气表面能。这通常可以表示为自由能最小化问题[19]，如式(14.4)所示：

$$dF = dx(\gamma_{S/L} - \gamma_{S/V}) + dx\gamma_{L/V}\cos\theta \tag{14.4}$$

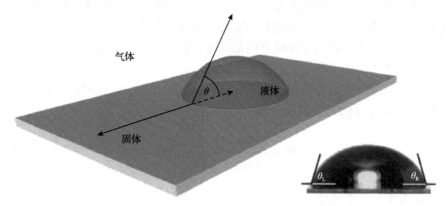

(a) 由于三相表面张力平衡，平面上的液滴达到其特征接触角θ　　　(b) PS表面上水滴的接触角测量示例

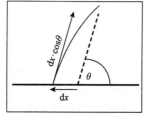 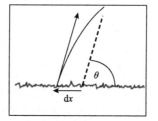 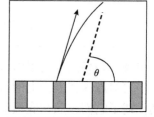

(c) 在三相边界考虑平坦均匀表面　　(d) 在三相边界考虑平坦粗糙表面　　(e) 在三相边界考虑平坦非均匀表面

图 14.9　固着液滴在三相系统中的受力分析

在平衡时，由于 dF/dx 趋于 0，就得到了 Young-Dupré 方程(式(14.3))。这种方法有助于理解为何表面粗糙度是一个关键因素。对于一个粗糙表面，液滴边界的变化会使液体与固体间形成一个更大的界面，从而使液滴在 x 轴上运动(图 14.9(d))。这个额外的界面可以通过缩放粗糙度因子 r 来引入上述公式中，它表示实际面积与投影面积的比值。将粗糙度引入上述公式之后可得式(14.5)，然后与式(14.4)进行比较，可得简化式(14.6)[19]。

$$dF = r \cdot dx(\gamma_{S/L} - \gamma_{S/V}) + dx\gamma_{L/V}\cos\theta_a \tag{14.5}$$

$$\cos\theta = r \cdot \cos\theta_a \tag{14.6}$$

式中，θ_a 为表观接触角。这表示如果液滴以小于 90° 的接触角在平面上扩散，它就是润湿的，因为表面粗糙度只会增强润湿性并降低接触角。相反，如果接触角大于 90°，表面粗糙度只会增加其非湿润性。

虽然在打印前了解表面粗糙度是必要的，但了解表面化学不均匀性也同样重要。如果表面具有简单的双材料非均匀性（图 14.9（e）），则根据每种材料的面积分数（f_1 和 f_2）和整体或表观接触角（θ_a，分别为 θ_1 与 θ_2），两种材料组分对润湿的贡献程度将如式（14.7）所示，与 Young-Dupré 方程相比之后可以进一步简化为式（14.8）：

$$\mathrm{d}F = f_1 \cdot \mathrm{d}x \left(\gamma_{S/L} - \gamma_{S/V}\right)_1 + f_2 \cdot \mathrm{d}x \left(\gamma_{S/L} - \gamma_{S/V}\right)_2 + \mathrm{d}x \cdot \gamma_{L/V} \cos\theta_a \tag{14.7}$$

$$\cos\theta_a = f_1 \cos\theta_1 + f_2 \cos\theta_2 \tag{14.8}$$

如果表面由一些距离足够近且非常细的柱子组成，那么液滴就可以骑跨柱子之间的空气桥接空隙，因此液滴与空气的接触角增加到 180°，而与固体接触的表面积分数减小到 0°。就像荷叶一样，微米和纳米层次结构恰好提供了这种条件，所以就可以观察到超疏水性和接近 180° 的接触角。

要了解表面上的液滴行为，需要对其进行监测（使用标准表面张力测量相对容易）并且需要对表面进行全面表征。如果采用一致的滴速、条件和控制材料，测量接触角的过程将变得容易控制。通常通过白光干涉测量法或原子力显微镜来量化粗糙度。当需要使用不同的墨滴时，估算材料表面能将有助于定义一个三相系统。Girifalco 和 Good[20]提出了界面张力之间的关系：

$$\gamma_{S/L} = \gamma_{S/V} + \gamma_{L/V} - 2\varphi\left(\gamma_{S/V} \cdot \gamma_{L/V}\right)^{1/2} \tag{14.9}$$

式中

$$\varphi \approx \frac{4\left(V_S V_L\right)^{1/3}}{\left(V_S^{1/3} \cdot V_L^{1/3}\right)^2}$$

式中，V_L 为液体摩尔体积；V_S 为固体摩尔体积。可以使用式（14.10）[19]对其进行简化，然后就可以基于接触角来估算固-气界面张力。这种估算方法有助于快速解释润湿性行为以及评估新表面材料对喷墨打印工艺的适用性。

$$\cos\theta = 2\varphi\left(\frac{\gamma_S}{\gamma_{L/V}}\right)^{1/2} - 1 \tag{14.10}$$

3. 接触角测量示例

目前正在测试一种新的透明聚合物薄膜是否适合取代当前的聚碳酸酯打印电子设备。墨滴黏度将保持不变，但新的墨滴配方预计会略微改变表面张力。从目前的工艺可知，保证线条稳定、连续的最佳接触角是 44°。

墨滴接触角的观测要求：

(1) 为确保聚合物表面清洁干燥，仅使用超纯溶剂、清洁空气和无绒材料进行制备，在测量前让样品恢复至室温。

(2) 使用干净的玻璃注射器和注射泵调节速度将规定的剂量输送到材料表面。

(3) 使用带准直光源的阴影成像技术记录墨滴的图像。

(4) 至少 10 滴为一组。

(5) 使用图像分析软件拟合墨滴表面曲线以计算接触角。

(6) 使用左右接触角 θ_L、θ_R（图 14.9(b)）的平均值和 10 个样品的平均值。

选项 1：直接观察接触角，并对配方进行反复微改动（试错）。

选项 2：通过表征沉积的液体以及使用式(14.10)来估算接触角，从而确定新旧聚合物薄膜的表面能。这能够计算出墨水所需的目标表面张力，以满足 44° 接触角的要求。

4. 液体表面上的液滴

活性喷墨打印和药物喷墨打印（如药物组合化学方面）依赖于沉积的墨滴与先前打印的墨滴或更大的液体储存器之间的相互作用。如图 14.7 所示，这些液-液界面情况可使墨滴发生一系列行为（如反弹、下沉或在界面处保持稳定）。虽然墨滴的反弹超出了本章的范围，但是其他两种情况则取决于对本章所述三相界面平衡的理解。如图 14.10(a) 所示，其中 $\gamma_{1/2}$、$\gamma_{1/3}$ 和 $\gamma_{2/3}$ 分别代表纸-液、纸-气和液-气的表面张力，墨滴可以在具有两个不同曲率半径的界面处形成。因为表面张力（在大多数喷墨墨滴的尺度上，重力是微不足道的），墨滴在界面上并不总是稳定的而可能沉入其他液体中。墨滴在液体表面的稳定性可以用一个力三角形解释，该三角形称为诺伊曼三角形[21]，通常用于预测墨滴在液体界面处的稳定性。如果任意两条边的总和（每条边代表一个系统界面张力的向量）大于第三个向量，则墨滴会不稳定并被液体排斥（但是大多情况下墨滴会沉入液体中）。图 14.10(b) 展示了诺伊曼三角形及其之间的关系。

5. 表面化学对吸收的作用

无论是在纸上喷墨打印还是用纸巾擦去溢出物，液体都会被多孔纤维素基材迅速吸收。我们可以在打印纸上打印出清晰易读的文字，但和打印纸不同的纸巾

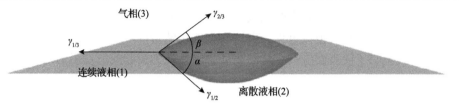

(a) 在液-气界面形成的液体透镜在液体界面的上方和下方形成特征接触角

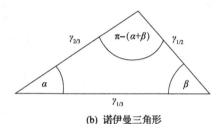

(b) 诺伊曼三角形

图 14.10　墨滴在液体表面保持稳定的原理

则具有很强的吸水性，从而无法精准控制。渗吸和扩散是由固体无孔表面的表面能最小化引起的。通过分析吸收行为可以了解纤维的表面化学性质及多孔结构。

如图 14.2 所示，纸张具有高度多孔性并且充满了纤维通道。虽然液体流经这些小孔的顺序涉及复杂的几何模型，但一旦考虑更大的尺寸并且对许多孔的行为进行平均，预测该流动过程就简单得多。在这种情况下，可以使用等效圆柱毛细管来分析通过孔的液体流动。毛细管内液体的接触角 θ 导致弯液面的产生。任何弯曲的液-气界面都会产生压差，凹侧的压力更高，这种压力差会驱动液体流动。式 (14.11) 描述了该压力差与毛细管半径之间的关系以及气体、固体纤维和液体之间表面张力的平衡：

$$\Delta P = \frac{2\left(\gamma_{1/3} - \gamma_{1/2}\right)}{r} \tag{14.11}$$

式中，r 为圆柱毛细管的半径；$\gamma_{1/3}$ 为纸-气表面能；$\gamma_{1/2}$ 为纸-液界面能；ΔP 为静态条件下弯曲界面上的压差。正压力差驱动液体渗入孔隙。通常可以通过润湿性或吸光度测试来快速了解纸张的表面化学性质。导致吸收和多孔流动的表面能平衡通常由沃什伯恩方程(式(14.12))确定。虽然式(14.11)强调的是基于正或负毛细管压力的开/关流动预测，但沃什伯恩方程有助于分析液体渗入微流体通道(如纸张通道)的速率，如图 14.11 所示：

$$h_{\mathrm{p}}(t) = \sqrt{\frac{\gamma_{2/3} l r}{2\eta}} \cdot \sqrt{t}, \quad l = \frac{\gamma_{1/3} - \gamma_{1/2}}{\gamma_{2/3}} \tag{14.12}$$

式中，$h_{\mathrm{p}}(t)$ 为 t 时间内液体渗透的深度；r 为毛细管半径；η 为渗透液体的黏度。

这些公式中包含了对表面张力驱动液滴渗入多孔材料的基本理解。虽然通常采用更复杂的数值方法来模拟该过程，但这些方法仍然是许多现代方法的基础[22-24]。这两个公式说明了使表面能最小化的驱动力与黏性力引起的流动阻力之间的关联关系。

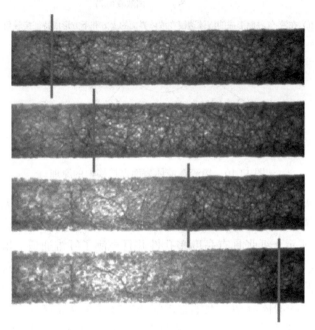

图 14.11　纸张纤维通道左侧吸水并逐步向右移动(竖线标定了一个固定位置)

14.3.2　表面机械测试

在 14.2 节中提到了一系列机械测试,其中原子力显微镜和纳米压痕两项测试越来越重要。

1. 原子力显微镜

14.2 节指出,表面材料的最终分布以及粗糙度是喷墨打印科学的重点,而原子力显微镜是快速三维表面测绘的重要工具。如图 14.12(a)和(b)所示,悬臂末端的尖锐探针靠近界面上方,在样品上进行光栅扫描,探针通常由氮化硅或硅制成。在"接触模式"下,悬臂由于表面形貌而偏离用户定义的设定点。如图 14.12(a)所示,使用激光束对准悬臂梁背面,上述偏离会导致激光反射到光电探测器上,从而实现偏离的测量。

将四个象限的信号数据进行整合,可以计算出垂直力和扭转力的信息并反馈到原子力显微镜探针以补偿衬底表面高度变化从而保持探针的高度,分析补偿信

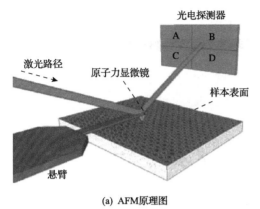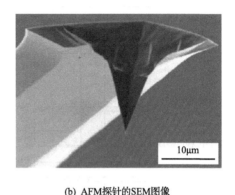

(a) AFM原理图　　　　　　　　　　　　　　(b) AFM探针的SEM图像

图 14.12　AFM 原理图及 AFM 探针的 SEM 图像

号可得到高分辨率的衬底表面三维图像。另一种"轻敲模式"使悬臂以其共振频率振荡，而入射到悬臂梁背面的激光也随之振荡。当遇到一个表面特征时，两者都会发生相应的改变。在此模式下通过调整高度进行反馈并保持共振频率振荡来绘制表面形貌。这种方法虽然对纳米尺度的粗糙度很敏感，但它不适用于更大的表面形貌特征，因为对于更大的表面形貌特征原子力显微镜会产生过度补偿，造成难以解释的重复伪影。因此，可以使用灵敏度较低的探针技术或光学干涉测量技术来获取大尺寸表面信息。

　　2. 纳米压痕

　　其他物理测量技术包括拉伸测试和压痕测试，其中纳米压痕技术特别适用于探测薄膜的力学性能。该技术通过对探针进行纳米级的移动确保探针的应力场不会与被测物相互作用，从而获得读数。纳米压痕技术通常以垂直加载力的形式，在固定好的接触几何体上施加应力，通过仔细调节和控制加载力，同时使用具有亚纳米级分辨率的高灵敏度电容位移传感器来测量压痕深度。

　　纳米压痕技术在测量压痕深度时会生成材料的一个力-位移曲线，用于计算材料的刚度、硬度和弹性值。图 14.13 (a) 显示了压头的关键部件，通过将电流通入线圈/磁铁组件来产生垂直运动，生成的垂直运动力的大小与电流大小成正比。样品必须安装在图 14.13 (b) 所示的刚性 (通常是金属) 工作台上，然后再将纳米压头插入并固定在样品上。在机械测试中，为了使样品黏附到工作台的操作不影响实验结果，黏合剂的刚度值必须显著高于被测材料的刚度值，因此通常使用晶体黏合剂连接样品和工作台。图 14.13 (c) 为压痕的响应示例，显示了在样品恢复形变之前从 C 到 D 加载了一个恒定负载，其中在 B 处可以看到弹塑性变形。

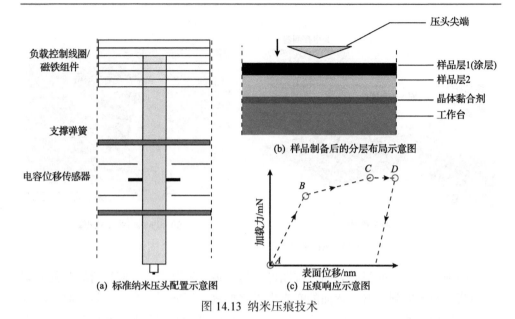

图 14.13　纳米压痕技术

14.3.3　表面电学分析

材料通常根据其电学性能分为三类，即导体、半导体和绝缘体。分类的标准取决于物质中电子占据价带和导带的能力。因为在绝缘体中电子从价带跃迁到导带需要很大的能量，所以绝缘体不导电。然而，一旦电子进入导带，其就具备足够的流动性来实现离域和"流动"。样品中的电阻（R）通常以施加的电压（V）和测量的电流（I）之比（式（14.13））来测量，单位为欧姆（Ω）：

$$R = \frac{V}{I} \tag{14.13}$$

还有一种更有用的测量方法，即电阻率（ρ），作为大部分材料的特征值，它与样品的尺寸（t 为厚度、W 为宽度、L 为长度）和电阻有关，如式（14.14）所示，测量单位为欧姆·厘米（$\Omega \cdot cm$）：

$$\rho = \frac{RtW}{L} \tag{14.14}$$

在喷墨打印应用中，通常利用二维等效薄层电阻来进行薄膜测量和样品测量。假设式（14.14）中 $W = L$，就可得到式（14.15），即薄层电阻 R_s 等于已知区域的电阻率与样品厚度之比：

$$R_S = \frac{\rho}{t} \tag{14.15}$$

薄层电阻单位为 Ω，但由于要扩展到所需的薄层尺寸，通常描述为 Ω/mm^2。目前主流的电阻测量技术是四点探针测量[25]，一般是使用探针台结构，如图 14.14(a)所示，四个金焊盘与用于电学测量的金属探针接触，每个金焊盘延伸出一个微电极，以实现四点探针测量。该结构在每个目标点手动放置一个尖锐探针(对于工业应用，更常用图 14.14(b)所示的线性探针设置)。在上述两种应用中，电流都会流过两个外部探针，然后测量内部两个探针上的电压压降。而在测量过程中，必须确保金属探针和相关表面之间的良好接触。

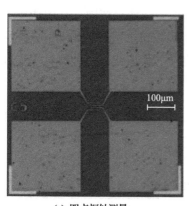

100μm

(a) 四点探针测量

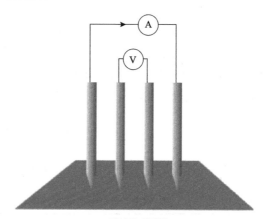

(b) 线性阵列测量

图 14.14　探针台结构

通常需要足够大的探针来确保足够低的接触电阻，在某些情况下探针又需要足够尖锐以穿透表面上形成的自然氧化层，同时等间距探针对薄层电阻的分析至关重要。电导率/电阻率以及薄层电阻是测量其电学特性的基础。目前学术界正在通过喷墨打印技术探索电化学生物传感器，并且后续将会进行更加复杂的测量，然而这不在本章的讨论范围之内。

14.3.4　光学分析

光学定量分析工具利用了电磁辐射与固体表面相互作用原理，其应用范围很广。与激光波长同数量级的微粒和缺陷所导致的光学散射，在由微粗糙度引起的背景噪声中尤为明显。所以在微观尺度上，半导体行业使用表面激光扫描作为识别微粒污染的一种手段。标准椭偏仪也可应用于纳米和微米尺度，其工作原理是从表面以一定角度反射被偏振的入射光束，偏振态变化是界面复折射率的一种量度。椭偏仪通常可以对几埃到几微米的薄层进行非常精确的厚度测量和光学常数的定义。虽然其数据的收集相对简单，但它是一种需要把测量结果与模型结果进行拟合的间接解决方案。与很多测量技术相比，椭偏测量是一种较为理想的方案，但对于喷墨打印行业，微粒污染或表面厚度变化几乎是不允许的，所以通过另一种光学技术（光谱学）在分子水平上观察微粒运动就显得尤为重要。有多种复杂和互补的工具可以使用光来探测材料的化学和电子结构，包括光学吸收和发射的测量以及电子发射光谱，其关键步骤在于光子能量（$h\nu$）可以在电子的量子态跃迁过程中被吸收，同时必须与跃迁能量 d 精确匹配（$d = h\nu$）。随后当激发态电子返回基态时，电子会被激发并释放出光子。我们已经对探测表面从具有较低频率（和能量）的长波长到具有较高频率（和能量）的极短波长的电磁辐射全谱进行了分析。

表 14.1 给出了光谱学中最常用电磁光谱的波长和能量范围，其中能量公式 $E = hc/\lambda$（h 为普朗克常数，c 为光速）。这表明可以测量出从红外范围内分子的振动激发到紫外和可见光范围内电子跃迁引起的电子状态变化。这种能量级也可以完全去除特定能量的电子：

$$E_{\text{K}} = h\nu - E_{\text{B}} \tag{14.16}$$

式中，E_{K} 为光发射电子的动能；E_{B} 为材料中电子的结合能。

表 14.1　光谱学中最常用电磁光谱的波长和能量范围

光谱	λ/nm	E/(kJ/mol)
红外线	1000000～700	0.12～171
可见光	700～400	171～299
紫外线	400～10	299～11963
X 射线	10～0.01	11963～11962673

此外除了吸收，样品还可以使入射辐射发生散射。虽然大部分散射为弹性瑞利散射，但也会发生少量非弹性散射（这种非弹性散射通常称为拉曼散射）。这里，入射能量由于与目标材料分子的相互作用而发生变化，从而引起振动的产生，因此散射光会损失一个固定的能量，导致波长较长的光子发生散射，而光谱有助于了解该振动的产生过程。在过去 20 年中，光谱分析方法已被详细记录和表征，并以极高的表面灵敏度进行化学分析。文献中常见的例子包括多晶型药物的检查、检测单层或多层石墨烯的存在、细胞表面蛋白质的识别以及对污染的鉴定[26-28]。制造业中一个越来越普遍的例子是利用该方法跟踪干净的单层石墨烯转移到衬底表面的过程。预期的频谱如图 14.15 所示。

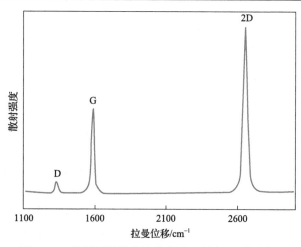

图 14.15　单层石墨烯的拉曼光谱 D 峰与 G 峰示意图

14.3.5　生物分析

生物打印正在成为传感器制造、生物材料功能涂层以及组织工程(如给支架添加细胞和生长因子)的一条极其重要的途径[29]。其中需要考虑两个关键步骤：首先是识别分子水平上的行为。蛋白质是高度复杂的物质，具有数百到数千个氨基酸的特定序列。其功能不仅与序列有关，而且与该序列的折叠几何结构有关。每种蛋白质都通过其电荷、几何结构和相关"配体"在锁钥机制中完成分子识别。要将喷墨打印应用于分子传感应用，材料表面就不能发生蛋白质的非特异性结合。这是因为即使不存在捕获蛋白，分子也可以通过物理吸附而黏附在衬底上。其次在打印后，必须确保抗体或蛋白质的功能在通过喷嘴、撞击和干燥的过程中保存下来。以上两步通常都需要使用 ELISA 检测技术。ELISA 有许多衍生实验方法，但这些方法的共同点都是一系列的锁钥识别反应和酶标记，以记录反应过程。代表性的夹心 ELISA 实验如图 14.8 所示。在该实验中，固相表面通过结合喷墨打印得到的捕获抗体实现功能化。通常通过洗涤步骤来去除未附着的游离抗体，然后将相关待检抗原与捕获抗体一起孵育，从而发生锁钥反应。完成后，未反应的抗原将被冲洗掉。夹心结构由捕获抗体、待检抗原和第二识别配体(与附着的酶(如 HRP)结合的抗体)组成，可以通过光谱仪之类的设备对其进行量化分析。喷墨打印的抗体层或者抗原样品的活性可以通过底物的颜色深浅来监测。ELISA 可以用于衬底表面功能测试，但为了确保表面低水平的非特异性结合，对初始衬底表面测试也很重要。

在细胞层面上，打印之前需要确定衬底表面对细胞生长的适宜性并参数化研究实验中的变量，其中细胞增殖可能受到存储环境、打印过程、表面培养等影响。

而一些标准化的生物相容性测试可用于评估其影响，如可使用 ISO 10993-5 进行医疗器械上的体外细胞毒性测试。在此情况下测试包括与表面材料直接接触、毒素从表面通过凝胶层的扩散，以及将细胞层与已暴露表面材料中的液体（"流体提取物"）接触。培养细胞并观察 3 天时间，观察它们的增殖行为和形态反应。

14.4　本 章 小 结

　　喷墨打印已成为过程工程师的工具和学术研究人员实验室的新资源。通过研究我们将找到一条清晰的工业过程转化途径。这也意味着，在油墨类型的探索中，如当采用生物分子和互连纳米材料的薄控制层时，还必须将更多类型的衬底表面纳入打印系统。研究喷墨打印的研发团队需要更深入地了解表面的作用并且需要众多的分析技术，因此一个成功的研究人员不一定只是精通某个单一方法的专家，他还必须建立多种技术库来探究表面特性。随着向这些复杂、高价值的油墨和表面材料（与图文油墨和纤维素表面相比）的转变，在整个制造系统中最终产品的价值将显著增加。对于可持续的商业模式，这也将有助于产量的提高以及促使我们最大限度地减少失误以提高材料的可重复利用性。从本章可以看出，该领域缺乏正向验证技术，因此这很可能需要去开发新领域，以跟上技术快速发展的步伐。

　　本章旨在为读者提供一个起点，让读者了解喷墨打印应用中所需要的表面条件，这是通过本章一系列的应用实例以及所推荐的表面表征技术来实现的。14.3 节介绍了一些关键技术来帮助我们建立起基本理论知识，确保在探索新的表面或应用时，读者能快速确定所需的分析方法。为了进一步更好地确定所需的表面条件，研究人员还必须了解目标制造系统并绘制影响表面的上下游技术路线图。凭借这些知识和分析技术库，工程师和科学家将大大拓宽喷墨打印技术的应用范围，最终实现商业化。

14.5　思 考 题

　　思考题 1　如何对喷墨打印应用的复杂性进行定义和分类?
　　思考题 2　如何解决打印油墨线条的稳定性问题?
　　思考题 3　与其考虑用什么材料去打印，不如考虑在什么材料上进行打印。这些表面的关键功能是什么，以及将如何在打印前后测量它们?

参 考 文 献

[1] Lappalainen T, Teerinen T, Vento P, et al. Cellulose as a novel substrate for lateral flow assay[J]. Nordic Pulp and Paper Research Journal, 2010, 25(4): 536-550.

[2] Alava M, Niskanen K. The physics of paper[J]. Reports on Progress in Physics, 2006, 69(3): 669.

[3] Carlsson J, Hellentin P, Malmqvist L, et al. Time-resolved studies of light propagation in paper[J]. Applied Optics, 1995, 34(9): 1528-1535.

[4] Roberts J C. The Chemistry of Paper[M]. London: Royal Society of Chemistry, 1996.

[5] Perelaer J, de Gans B J, Schubert U S. Ink-jet printing and microwave sintering of conductive silver tracks[J]. Advanced Materials, 2006, 18(16): 2101-2104.

[6] Hsiao W K, Martin G D, Hutchings I M. Printing stable liquid tracks on a surface with finite receding contact angle[J]. Langmuir, 2014, 30(41): 12447-12455.

[7] Johnson W, Yarling C. Sheet resistance and the four point probe[J]. Characterization in Silicon Processing, 1993, 23: 208-216.

[8] Lewis J A, Ahn B Y. Device fabrication: Three-dimensional printed electronics[J]. Nature, 2015, 518(7537): 42.

[9] Martin G D, Castrejón-Pita J R, Hutchings I M. Holographic measurement of drop-on-demand drops in flight[C]. The 27th International Conference on Digital Printing Technologies and Digital Fabrication, Minneapolis, 2011: 620-623.

[10] Brennan T M. Method and apparatus for conducting an array of chemical reactions on a support surface[P]: United States, US2005009092, 1995.

[11] Daly R, Harrington T, Martin G, et al. Inkjet printing for pharmaceutics—A review of research and manufacturing[J]. International Journal Pharmaceutics, 2015, 494(2): 554-567.

[12] Couder Y, Fort E, Gautier C H, et al. From bouncing to floating: Noncoalescence of drops on a fluid bath[J]. Physical Review Letters, 2005, 94(17): 177801.

[13] Verkouteren R M, Verkouteren J R. Inkjet metrology: High-accuracy mass measurements of microdroplets produced by a drop-on-demand dispenser[J]. Analytical Chemistry, 2009, 81(20): 8577-8584.

[14] Höök F, Rodahl M, Brzezinski P, et al. Energy dissipation kinetics for protein and antibody-antigen adsorption under shear oscillation on a quartz crystal microbalance[J]. Langmuir, 1998, 14(4): 729-734.

[15] Maloney N, Lukacs G, Jensen J, et al. Nanomechanical sensors for single microbial cell growth monitoring[J]. Nanoscale, 2014, 6(14): 8242-8249.

[16] Gardiner D J, Hsiao W K, Morris S M, et al. Printed photonic arrays from self-organized chiral nematic liquid crystals[J]. Soft Matter, 2012, 8(39): 9977-9980.

[17] Schmid C. Formulation and Properties of Waterborne Inkjet Inks[M]. Singapore: World Scientific Publishing, 2009.

[18] Israelachvili J N. Intermolecular and surface forces[J]. Quarterly Review of Biology, 2011, 2(3): 59-65.

[19] Berthier J. Microdrops and Digital Microfluidics[M]. Amsterdam: Elsevier, 2013: 75-160.

[20] Girifalco L A, Good R J. A theory for the estimation of surface and interfacial energies. I. Derivation and application to interfacial tension[J]. Journal of Physical Chemistry, 1957, 61(7): 904-909.

[21] Rowlinson J S, Widom B. Molecular Theory of Capillarity[M]. New York: Dover Publications, 1982.

[22] Hyväluoma J, Raiskinmäki P, Jäsberg A, et al. Simulation of liquid penetration in paper[J]. Physical Review E, 2006, 73(3): 036705.

[23] Mullins B J, Braddock R D, Kasper G. Capillarity in fibrous filter media: Relationship to filter properties[J]. Chemical Engineering Science, 2007, 62(22): 6191-6198.

[24] Jaganathan S, Tafreshi H V, Pourdeyhimi B. Modeling liquid porosimetry in modeled and imaged 3D fibrous microstructures[J]. Journal of Colloid and Interface Science, 2008, 326(1): 166-175.

[25] Czichos H, Saito T, Smith L. Springer Handbook of Materials Measurement Methods[M]. Berlin: Springer Verlag, 2006.

[26] Meléndez P A, Kane K M, Ashvar C S, et al. Thermal inkjet application in the preparation of oral dosage forms: Dispensing of prednisolone solutions and polymorphic characterization by solid-state spectroscopic techniques[J]. Journal of Pharmaceutical Sciences, 2008, 97(7): 2619-2636.

[27] Ferrari A C, Meyer J C, Scardaci V, et al. Raman spectrum of graphene and graphene layers[J]. Physical Review Letters, 2006, 97(18): 187401.

[28] Yun S H, Chung A J, Erickson D. Surface enhanced Raman spectroscopy and its application to molecular and cellular analysis[J]. Microfluidics & Nanofluidics, 2009, 6(3): 285-297.

[29] Derby B. Bioprinting: Inkjet printing proteins and hybrid cell-containing materials and structures[J]. Journal of Materials Chemistry, 2008, 18(47): 5717-5721.

第 15 章　喷墨打印的应用

Patrick J. Smith 和 Jonathan Stringer

15.1　引　言

简单来说，喷墨打印是一种墨滴沉积技术，即墨滴从喷头喷射出并精确落在打印前选定好的衬底上。喷墨打印机产生的墨滴一致且可重复获得，因此可以用它们来构造各种各样的结构。相互重叠或落点足够接近的墨滴按线性序列滴落时，肉眼观察其为一条连续线。墨滴在平面打印中滴落在 x 和 y 两个方向上，像照片这样复杂的二维图像通常就是喷墨打印出来的，这意味着喷墨打印已经成为常规方法，但打印过程中所涉及的科学和工程原理却被忽视。当前已经可以实现在 z 方向上对墨滴进行定位(这一过程有多种定义，如 3D 打印或增材制造)，这一事实激发了大众想象，但是他们的兴趣大多仍在于可以生产什么，而不是如何生产。本书的前几章集中讨论了喷射墨滴在科学和工程方面需要注意的事项，以确保它们最终精确滴落在所需位置。本章对"可以打印什么""为什么选择喷墨打印"这些问题提供各种答案，即本章致力于探索喷墨打印具有明显优势的应用领域。

15.2 节讨论喷墨打印在图文方面的应用，这是迄今为止应用最广泛的领域，目前有大量与之相关的著作，同时 15.3 节讨论喷墨打印的三维应用。本章其余部分重点讨论喷墨打印更奇特的应用，并将其以材料类别分为三个主要应用领域：无机、有机和生物。每个应用领域都将讨论用于该材料的墨水类型、墨水可打印性、材料如何影响终端设备的性能，还会讨论一些其他因素和问题，如改变打印和干燥参数如何影响打印最终性能。最后探讨可能影响墨水、墨水制造设备、墨水最佳衬底等问题，每一小节还讨论为达到预期性能需要进行的后处理以及由此产生的性能局限。

15.2　二维图文打印

毫无疑问，喷墨打印最广泛的应用领域是图文市场，2014 年喷墨墨水的销售额约为 62 亿美元[1]。与所有喷墨应用一样，图文应用的功能受衬底和墨滴相互作用的影响，但其对墨滴之间相互作用的依赖性较小，而在印刷型电子产品应用中，一定程度的墨滴重叠是必不可少的。图文打印所用的功能性成分主要是一种颜料，但染料也在该领域中有所运用[2]。

在衬底（通常是纸张）上打印彩色图像需要考虑一系列因素，其中包括染色牢固度、干燥时间、墨水可打印性、墨水（储存）寿命、安全性和成本。墨水寿命非常重要，例如，在经常使用小规模打印的小型办公室中，墨水每次都会在储藏处存放长达几个月，同样重要的是，墨水应随时准备用于打印。术语"延迟时间"用于描述在喷射之前墨水在喷嘴处保持闲置的时间[3]，同时制造的墨水需要满足打印头流变学要求，以确保其能长时间喷射。

典型墨水含有一种分散在载体溶剂（通常是水）中的颜料，以及许多提高可打印性和寿命的添加剂：表面活性剂，用来稳定分散的颜料颗粒以防止墨水结块；黏度调节剂，如乙二醇，用来可提高墨水喷射性能并减少墨水在衬底上的扩散作用；表面张力有助于墨滴的形成和扩散[4]，因此也可以添加改变墨水表面张力的成分，如向水中加入丙醇；通过添加消泡剂可以抑制气泡的形成，如磷酸三丁酯；通过添加保湿剂可以抑制墨水蒸发，如二甘醇，可将墨水延迟时间从几秒延长到几天甚至更久。

为了确保喷射墨水可以用来打印，其黏度通常在 2～20mPa·s 范围内，然而该黏度条件下的墨水在衬底上具有高度流动性从而导致打印质量较差，同时该问题又因纸张是图文打印首选衬底而变得更加复杂。因为纸张孔隙对墨水的吸收和扩散会导致颜色质量和清晰度均变差，所以研究者在开发适合喷墨打印的衬底方面付出了相当大的努力。

为了确保获得图文应用中高打印质量的衬底，采用的主要策略是在纸张上涂覆多微孔或可膨胀墨水接收层[5]。墨水接收层的功能是快速吸收墨水并固定其表面上的颜料或染料，其中微孔涂层通常使用二氧化硅、碳酸钙和氧化铝等多微孔颗粒，而可膨胀涂层采用天然聚合物如明胶，或者合成聚合物如聚乙烯醇（polyvinylalcohol, PVA）和聚乙烯吡咯烷酮（poly vinylpyrrolidone, PVP）。

另一种确保打印质量（提高黏附力和使用率）的方法是使用 UV 固化墨水，并通过聚合沉积单体或低聚物墨滴的方式将墨水固定到衬底表面。由于 UV 油墨墨滴在衬底上几乎是瞬间固化的，衬底吸收不是大问题，并且这种方法还有一个优点——固化灯相较于传统烘干机占用更少的空间和使用更少的能量。UV 固化墨水通常包含单体/低聚物的混合物，一般是丙烯酸酯，墨水中还含有可能是染料或颜料的着色剂，颜料因耐光性较好而更广泛使用，并且添加光引发剂促进聚合单体/低聚物聚合，同时还可添加提高可打印性、延迟性和保质期的添加剂[6]。

由于 UV 墨滴是在表面固化的，相比于与墨水接收层相互作用的传统油墨墨滴，UV 墨滴的黏附力更加关键。在增加单体及低聚物的功能性和确保黏附力不降低之间还需寻求平衡，因为前者会使聚合物交联密度增加（这会导致薄膜更加坚硬且更不易磨损和溶解）且功能性增加还会引发固化收缩现象[6]。

15.3 3D 打 印

所有喷墨打印应用都能在不同程度上制造出三维结构,然而对于大多数应用,沉积物的高度要么微不足道(如图文应用),要么比沉积物宽度至少小一个数量级(如印刷型电子产品)。虽然这些应用中沉积物高度(每单位面积固态材料沉积量)确实对最终产品效用有显著影响(如图文中的色彩饱和度和打印导体中的薄层电阻[4]),但它们更多地被视为二维技术。当需要考虑三维复杂度时,高度与宽度的差别会变得更小,如通过喷墨打印制造薄膜晶体管[7]。因此,在本节中使用喷墨打印技术制造三维部件时,只考虑制造部件高度与宽度数量级相似的应用。

使用喷墨打印制造有高度要求的部件并非一件易事,必须具备以下条件:

(1)打印墨水本身具有明显可见的固体成分;

(2)墨水在打印过程中经历液态到固态的相变;

(3)通过墨水和另一种预先存在的材料相互作用以制造三维结构(如粉末床打印)。

现将逐个讨论上述三个案例,以及相关应用实例和一些挑战。

为获得墨水中明显可见的固体成分,有必要将固体粒子悬浮在待打印溶液中,或者在溶液中溶解固体成分并随后使该成分在载体溶液中蒸发后析出。如前几章所示,成功的液体喷墨打印必须严格满足流体要求,特别是黏度方面的要求,这对墨水中可加入固体的成分和含量有重大影响。

对于固体颗粒悬浮液,单个粒子间发生相互作用的概率随着粒子数量的增加而增加,当颗粒负荷率超过某一个很小的体积浓度时,就呈现出显著的粒子间相互作用(详见第6章),因此任何用来打印三维结构的悬浮式墨水都表现出明显的粒子间相互作用。已有的经验关系可以预测具有显著粒子间相互作用的悬浮液牛顿流变行为[8,9],即当颗粒负荷率超过约40%时,粒子黏度会急剧上升。鉴于可打印液体黏度的限制,固体颗粒负荷率超过约40%是极具挑战性的。

喷墨打印在喷射过程中会产生高剪切力(详见第2章和第13章),因此考虑墨水牛顿流变行为非常重要。墨水表现出剪切稀化行为(即黏度随剪切速率的增加而下降)而不是膨胀行为(或剪切增稠)的特性是有益处的,因为这会增加墨滴成功喷射的概率,这样的现象通常发生在分散良好的固体颗粒悬浮液中[10],但喷头内任何结块现象都可能导致剪切增稠行为。为防止打印头直接机械堵塞,所使用墨水需要充分分散并包含尺寸合适的颗粒物(最大直径至少要小于喷嘴尺寸一个数量级),且任何结块在进入喷头前都要被预先过滤掉。

对于固相溶于溶液中的墨水,其可实现的最大固体负荷还有另外两个限制。对于相对小分子的溶液(如盐类),由于溶剂在饱和后无法溶解更多固态物质,固体负荷受浓度的限制，当固体负荷超过饱和浓度时，墨水中将含有体积不定的固相物质，这可能会导致喷头内部堵塞。由于喷嘴尺寸较小，喷嘴处任何局部蒸发都可能导致溶质浓度增加，当溶质浓度增加到大于饱和浓度时，喷嘴就会发生堵塞。对于尺寸较大的分子，如聚合物和其他大分子，在拉伸流的非牛顿流变学中还存在一些其他问题(详见第 5、7、13 章)。由于溶液和悬浮液对潜在固体负荷的限制，这种类型的 3D 打印多数集中在固体负荷相对较小的应用场景中，并经常和其他制造技术相结合以制造功能性部件。由于近净成形的优点和后续烧结步骤的需要，这种 3D 打印主要应用于陶瓷材料。打印材料类型的例子包括用于牙科假体的氧化锆基悬浮液[11]和用于结构化超声波传感器的锆钛酸铅(PZT)悬浮液[12]，而关于陶瓷 3D 打印的各种应用，15.4.2 节将给出更多细节，此外使用聚合物系统的例子包括在生物应用中打印再生丝结构[13]。

显然，增加墨水中固相物质含量是提高制造速度的必要条件。实现这一目的的第一种办法是使用一种在打印后能从液态快速转化为固态的墨水，最早使用这种 3D 打印的例子是将蜡加热熔化使其可用于打印并随后让蜡在衬底上凝固[14-16]。

由于每个墨滴所需的凝固时间较短(与第 8 章和第 9 章所讨论的墨滴扩散相比)，温度决定了热量在熔融墨水中耗散的速度和发生相变的速度，所以打印图案的分辨率主要由衬底和熔融液体的温度决定[15]。将后续产生的墨滴直接沉积在先前滴落的墨滴顶部，使得打印生成固化材料支柱成为可能，并且固化材料支柱可达最大高度仍然由各层间的温差和散热速度决定[14]。

虽然直接沉积熔融蜡和类似材料(如极低分子量的热塑性塑料)能制造相对简单的几何形状，如支柱和壁面，但此方法需要一个自支撑结构，所以难以制造更复杂的几何形态。沉积一种材料往往不足以达到所需的复杂度，因此至少需要两种材料：一种用来制造所需结构(或构造材料)，另一种用来制造可以移除的临时支撑结构(或支撑材料)。Solidscape 公司生产的一系列 3D 喷墨打印机就用到了这种双组分系统，他们使用的是热塑性构造材料和蜡基支撑材料。打印过程中，已打印好的材料以固定的量向下移动并被碾磨，以便为后续墨滴提供一个平坦的衬底，在打印结束后，通过将其溶解在合适的溶剂中去除支撑材料。这种 3D 打印方法能达到非常高的分辨率和精度，在 x-y 平面约 100μm，在 z 方向约 10μm。

然而，这项技术的局限在于需要较长制造时间(这是与 z 方向分辨率的折中，因为每层更薄就意味着需要更多层)，以及适用该技术的打印材料种类(如蜡)有限，因此制造出来的部件易碎且机械完整性差，但是这项技术确实可以用于三维部件的原型化和可视化[17]，并可制造纯装饰铸件(如珠宝)和更多技术应用(如组织支架[18])的模具。通过将固相材料(如陶瓷颗粒)添加到构造材料中，可以制造出绿色陶瓷部件[10,19,20]。类似的技术也有研究，使用墨水作为焊料并沉积墨滴以便在电路板上连接焊锡凸块[10]。

当试图获得固体特性时，冷却固化不是唯一一种可以利用的相变，也可以使用基于树脂的系统，通过化学反应[21]或外界能量(如光[22,23])聚合形成固态物体。通过在聚合前打印材料(单体或预聚物)，可以克服与打印体材料聚合物相关的非牛顿流变限制，然而需要注意的是，树脂仍需要满足其他典型的流体特性，因此要选择合适的树脂材料类型，并且通常需要在较高温度下才能成功打印。

UV 固化是打印树脂最常用的固化机制，Object Geometries 公司生产的商用打印机[23]与 3D Systems 公司生产的 ProJet™ 打印机，它们的工作原理和前述 Solidscape 公司的打印机基本相似，不同的是它们在每一层沉积后立即进行 UV 固化处理，这两种打印机通常使用丙烯酸酯预聚物以生产力学性能可控的最终部件，其优于前面描述的蜡基打印机。通过调整预聚物化学结构，可以获得各种力学性能，包括刚性和弹性等，也可以在每个组分中沉积多种丙烯酸酯基预聚物，使给定部件的力学性能发生预期变化。研究证明，使用多种材料可以生产形状记忆材料(一种随着环境条件变化而改变为预定形状的材料)，并可通过设计刚性和柔性阶段的结构以控制记忆形状[24]。

利用树脂材料并结合液滴可形成球冠的特性，可使用喷墨打印生产微透镜阵列[22]。透镜光学特性(特别是焦距)由透镜的大小和曲率决定，通过控制预聚物固化(并因此控制墨滴扩散距离)和沉积树脂体积(即在给定位置喷射多少墨滴)，可以在制造过程中较为容易地改变微透镜光学特性，因为这种制造方法是非接触式的，所以可以将透镜沉积到其他精细部件上[25]且不造成任何损伤，如 MEMS。

通过化学反应固化预聚物，也被研究用于 3D 打印。这些应用通常使用双墨水系统，聚合反应只发生在两种墨水接近的地方，因为需要两种墨水形成最终沉积物，所以这项技术通常称为活性喷墨或反应喷射[26]。该应用实例有熔融己内酰胺(一种尼龙的预聚物)的反应喷射，它需要两种墨水，其中一种由溶解在熔融己内酰胺中的活化剂组成，另一种由溶解在熔融己内酰胺中的催化剂组成，但是固相容易造成墨水不稳定从而导致打印头堵塞[21]，因此含催化剂墨水的可打印性不是很理想。另外一种有待研究的反应体系是多元醇基墨水和异氰酸酯基墨水合成聚氨酯[27]，这种方法能成功产生聚氨酯沉积物，但是沉积物高度非常有限。

到目前为止，业内讨论主要聚焦在墨水中含有固相的 3D 打印，以及在此打印过程中的限制条件。另一种替代方案是使用喷墨打印选择性地图案化补充材料，使其最终结合在一起形成三维部件，通常这种补充材料是粉末状的，粉末层的作用与典型图文打印中纸张的作用类似。与直接沉积固态材料相比，这种方法在制造方面展现了很多潜在优势，最为明显的是，它消除了墨水中需要固相的必要性，这也意味着打印速度主要由粉末层厚度控制，而不是由每个沉积层高度控制，但是这也可能导致 z 平面分辨率降低。最后粉末的选择性结合意味着制造物体周围存在未结合粉末，因此不需要同时沉积支撑材料。

目前最常用的粉末床喷墨打印工艺是由 Sachs 等[28]发明的，他们将该技术及其衍生品授权给 Z 公司。该工艺工作原理是将黏合墨水(作为胶水)打印在粉末床上，黏合墨水在粉末床上沉积后降低打印物件平台高度并重新涂上更多粉末，重复这个过程直到最终部件制造完成。由于使用在这些系统中的材料应用广泛，包括墨水和粉末，并且还带来大量潜在应用，如可使用不同颜色黏合墨水制造彩色部件。其他例子如使用弹性黏合剂生产柔性部件[29]，使用金属粉末(经渗透进一步处理后)制造固态金属部件[30]，以及使用陶瓷粉末铸造模具或进行近净成形制造[31]。

除了黏合粉末之外，喷墨打印还可以选择性地将外部辐射源作用在粉末床上，这已经在高速烧结[32]过程中得到了证实，即把红外吸收墨水打印在粉末床上，然后在需要打印的地方使用红外灯加热粉末。通过仔细选择粉末和加工条件，可以利用局部升温使颗粒物局部烧结在一起并形成三维形状。高速烧结最初被设计为一种低成本和更具扩展性的聚合物粉末激光烧结形式(另一种增材制造技术)，与其他喷墨粉末床方法相比具有许多优势，它不使用那些会限制制造部件力学性能的黏合材料，从而不需要后续巩固工艺。通过吸收作用在粉末床表面的红外能量来巩固材料,可大大降低部件性能对墨水和黏合剂作用的依赖性(即打印墨水存在即可，不必是完全湿润的粉末材料)。最后通过改变表面上红外吸收墨水的数量以改变吸收能量的多少，从而改变固结和熔化程度，这也意味着可以控制制造部件局部力学性能[33]。

15.4　无机材料打印

本节主要讨论用于生产导体的金属(如电极)、用于生产陶瓷的金属氧化物，以及用于磁性应用和量子点显示器的材料。

15.4.1　金属墨水

电极是所有电子电路中必不可少的元件[34]，虽然电极可以用聚合物墨水来制备，但含有金属的墨水因其较易获得并具有高导电性而更受青睐[35,36]。含金属的墨水有两种形式，第一种墨水是一种悬浮纳米颗粒[37]。纳米颗粒比起微米尺度及以上的粒子来说具有更大的表面积-体积比[38]，这意味着较低温度就可以将粒子融合在一起。然而，为了防止纳米颗粒在室温下融合，它们被涂上了稳定剂，这些稳定剂需通过热处理才能去除。纳米颗粒墨水的优点在于它们具有更高的载荷量，即每次通过喷头时纳米颗粒墨水能比其他种类的墨水沉积更多金属。

第二种墨水形式是将金属盐溶解在适当溶剂中，即金属盐自身会发生有机成分分解进而分离出所需金属组分[39,40]，所以通常称为金属-有机分解(metal-organic decomposition, MOD)墨水。MOD 墨水由于其溶液性质可减少喷嘴堵塞的概率，而且也具备更高的电导率[39]。有报道称 MOD 墨水比纳米颗粒墨水的接触电阻更高[41]，但是干燥形态下 MOD 墨水比纳米颗粒墨水更好[42]。两种墨水都可以通过热转换来生产导电金属线路，并且研究员目前已开发并将继续开发替代转换方法。由于该讨论逐渐转向材料科学方面，超出了本章的范围，感兴趣的读者可参考其他资料[36]。

从喷墨打印角度来看，通过打印附加层可以改善最终性能——电导率。Teng 和 Vest[40]观察到在喷墨打印四到五层后，他们打印的银制 MOD 线薄层电阻与薄膜蒸发银电阻相似，与之类似，Meier 等[37]发现喷墨打印纳米颗粒墨水电导率提高和可靠性提高(即数值分散性明显降低)的现象。如图 15.1(a)所示，当打印点间距保持 20μm 不变时，多层打印副作用之一是使线宽增加，这对于某些应用来说可能不太理想。如图 15.1(b)所示，打印三层时导电性更强，且其电阻值变动更小。通过减小打印点间距可增加电导率，虽然这会引起线宽增加，但增加的墨水会使得单位面积上沉积更多金属，因此综合来看电导率会增加。

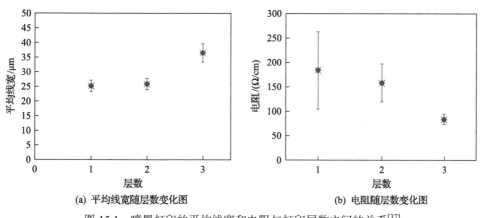

(a) 平均线宽随层数变化图   (b) 电阻随层数变化图

图 15.1　喷墨打印的平均线宽和电阻与打印层数之间的关系[37]

15.4.2　陶瓷墨水

陶瓷的喷墨打印是一个日益兴起的研究领域，特别是制造三维物体，其范围涉及艺术应用及牙科应用等，示例如图 15.2 所示。Huson[31]报道了一个制造陶瓷物件的新闻，该新闻描述了如何使用增材制造技术来加工各种几何结构的艺术品。

Derby 和 Reis[9]报道了热蜡模中氧化铝颗粒悬浮液的相变打印。每一个熔化的蜡墨滴在接触冷衬底后固化以控制产品成形，随后在低温炉(约 50℃)中利用脱脂步骤去除蜡，之后在高温炉(1600℃)内煅烧生胚。尽管观测到一定程度的几何各向异性，即打印物体在 z 方向上比在 x 和 y 方向上收缩更多[19]，但可打印几何形态的丰富程度大幅提高[9]。蜡基墨水在可打印性方面具有一个上限：至多可以打

印颗粒体积分数为 40%的墨水（某些情况下是 45%），但相对黏度在颗粒体积分数
为 30%～35%时就开始大幅增加，这意味着每个打印墨滴中的蜡含量要高于功能
性材料含量。

图 15.2　用 3D 打印制作的陶瓷制品

15.4.3　量子点

　　量子点是半导体纳米晶体，其由于光谱发射范围狭窄而备受关注，而量子点
制造设备的简易性使它们在许多应用中也备受关注，如激光和显示器[43]。一种
简易量子点发光二极管（quantum dot light-emitting diode, QDLED）包含一个量子
点层，它位于电子传输层和空穴传输层之间，这两层传输层都可由聚合物材料
组成。尽管这两个传输层都可用真空沉积和溶液处理沉积，但是量子点通常使
用液体处理工艺进行沉积，如旋转涂覆[44]。虽然旋转涂覆可以沉积一个薄均匀
层，但是它有一个副作用——对这种昂贵量子点的浪费高达 94%[45]。Haverinen
等[45]通过喷墨打印沉积量子点层来解决这种高程度损耗问题，该方法的优点在
于喷墨技术作为一种增材制造技术可使得浪费程度大大降低。特别有趣的是，
Haverinen 等发现公共阴极在 12V 的工作条件下，量子点发光二极管发射的电致
发光光谱纯度与单位像素打印墨滴密度相关（图 15.3），这表明可按需求获得令人
满意的调谐度。

　　Haverinen 等使用的量子点在打印前由墨水组成，所以可以将他们采用的方法
描述为一种纳米颗粒墨水法。研究者还使用一种类似于 MOD 墨水技术的方法，
其可用于一种称为活性喷墨打印的新兴领域[26]。化学反应要求对分配的等分试样
进行精确控制以获得准确的化学剂量，而活性喷墨打印正好建立在这一原则上，
其可以产生已知体积和浓度的均匀墨滴。

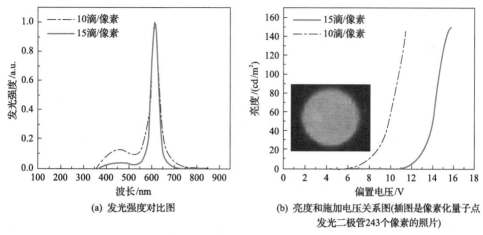

(a) 发光强度对比图

(b) 亮度和施加电压关系图(插图是像素化量子点
发光二极管243个像素的照片)

图 15.3　QDLED 发光强度和亮度与墨滴密度的关系[45]

Ramos 等[46]在 250℃下使用喷墨打印机沉积镉和硫的前驱体，前驱体经处理后形成硫化镉(CdS)薄膜并用作薄膜晶体管(thin-film transistor, TFT)。这种方法没有使用纳米颗粒墨水，不需要有机稳定剂来改善最终产品性能。Ramos 等使用方案体系如图 15.4 所示。

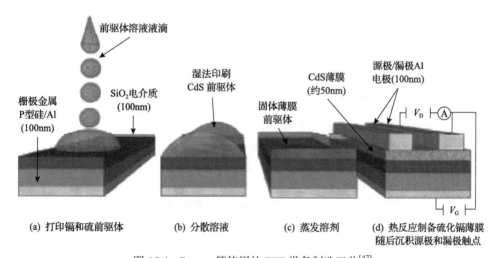

(a) 打印镉和硫前驱体

(b) 分散溶液

(c) 蒸发溶剂

(d) 热反应制备硫化镉薄膜
随后沉积源极和漏极触点

图 15.4　Ramos 等使用的 TFT 设备制造工艺[47]

15.5　有机材料打印

在过去十年里，因为使用打印技术可以在柔性衬底上制造出各种各样的产品，所以人们对印刷型电子产品提供的可能性产生了浓厚兴趣[36]。设想的一些例子包括早餐麦片包装上的电子小游戏、超市产品智能标签以及可弯曲电子书阅读器[48]。印刷型电子产品主要被视为低端应用，这些产品产量大且整体加工成本低，然而由于太阳能发电的优势，打印光伏设备也具有相当大的吸引力，因此印刷型电子产品为降低大规模光伏组件成本提供了可能性。

导电聚合物由于其可加工性和低成本性，经常被推荐作为上述应用的候选材料，此外聚合物薄膜可因其受压但不断裂的特性在柔性电子设备制造领域中展现明显优势，这种已经打印出来的产品包括场效应晶体管、薄膜晶体管、无源元件和射频识别(RFID)标签[49,50]。

喷墨打印已被视作一种印刷型电子产品的加工技术，然而考虑到许多应用需要大产量或大面积生产，如 RFID 标签，高产量技术如凹版印刷已成为主要选择。Leenen 等[48]对比了一系列图案化技术的电荷载流子迁移要求和打印分辨率，图 15.5 以图形形式展示了比较结果，Leenen 等认为在打印日益复杂的电路产品时，打印分辨率要求会随着半导体迁移率的增加而降低。由图 15.5 可以看出，当有机半导体用于低分辨率显示器时(100 像素，10Hz)，喷墨打印的分辨率受到了严峻考验，然而应当注意的是，自从 Leenen 等的文章发表以来，在将喷墨液滴尺寸从皮升减少到飞升方面已经进行了大量研究工作，并且这些系统现已实现商业化[51]。

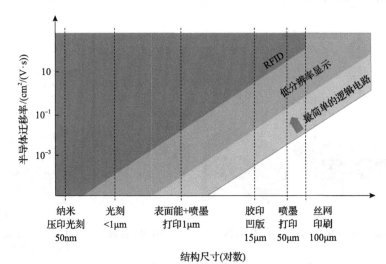

图 15.5　印刷型电子产品半导体载流子迁移率与打印技术分辨率要求的对比[48]

Wang 等[52]提出了一种简要制造方法，其通过控制喷墨打印中的墨滴扩散以制造尺寸为微米或亚微米级高性能印刷型电子产品，他们利用光刻技术产生表面能图案来消除衬底上特定区域沉积的墨水。他们通过采用光刻技术制造宽度从 250nm 到 20μm(电子束光刻)或者 2μm 到 20μm(光学光刻)的各种线路，喷墨打印可基于这种方法制备沟道长度窄至 500nm 的聚合物场效应晶体管。

Sele 等[53]在随后工作中去掉光刻步骤，成功实现 100nm 或更小的沟道长度。这个方法包括三个步骤，如图 15.6 所示，首先打印导电聚合物聚(3,4-二氧乙基噻吩):聚(苯乙烯磺酸)(PEDOT:PSS)；然后降低其表面能。表面能的降低可以通过使用等离子体处理来沉积四氟化碳，或简单地在第一批 PEDOT:PSS 墨水中添加表面活性剂来实现；最后，第二个聚合物以一定程度重叠的方式进行打印，但由于该聚合物表面能存在差异，新墨滴会从原始墨滴上滑落出来并且二者之间会形成沟道。

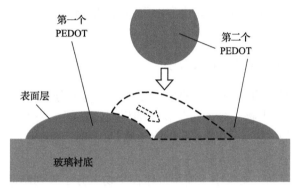

图 15.6　去湿方法步骤图[53]

Zhang 等[54,55]提出了一种截然不同的聚合物喷墨打印应用，他们将简单聚合物打印沉积到碳纤维复合材料中。碳纤维复合材料的制备包括片状"预浸料"堆叠，而"预浸料"是由碳纤维阵列或编织物形成的，其中这些碳纤维已被环氧基质包围并注入，将含有简单聚合物的墨水打印在每一片"预浸料"上形成图案。在打印加工出的合成碳纤维复合材料上进行各种力学测试，发现该航空航天级复合材料系统在强度、刚度和韧性方面性能显著提高，如图 15.7 所示，结果显示复合材料力学性能可在最小质量增量值为 0.015%的情况下获得提升[55]。

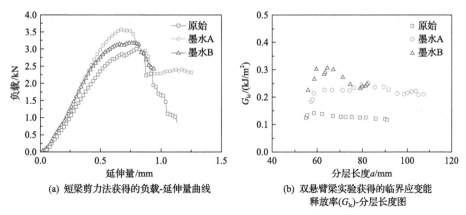

(a) 短梁剪力法获得的负载-延伸量曲线　　　(b) 双悬臂梁实验获得的临界应变能释放率(G_{Ic})-分层长度图

图 15.7　合成碳纤维复合材料力学测试结果图[54]

15.6　生物材料打印

喷墨打印能在指定位置沉积皮升级体积液体，且由于其具备材料高效利用性和沉积非接触性，已在生物应用领域引发人们的极大兴趣。除了前几章讨论的流体性质、液体-衬底相互作用和干燥现象对打印的限制，生物材料在喷墨打印方面的应用也面临严峻挑战。生物相关材料类型取决于应用场合，可大致分为两类：用于分析和传感的生物大分子及用于组织工程的生物大分子。接下来将更深入地分析这两种类型。

15.6.1　用于分析和传感的生物大分子

生物大分子是具有大分子量的生物分子，生物大分子包括蛋白质、DNA、RNA 和多糖。所有生物大分子对生物体的机能运作都至关重要，了解它们如何与生物体或其他物质相互作用，在细胞生物学、组织工程和医疗保健方面也具有重要意义。

当前研究的兴趣主要集中于喷墨打印在生物大分子阵列制造中的应用，这也有助于进行高通量实验的后续分析。在高通量实验中，一系列含不同组分的区域被图案化到衬底表面，以确定物质或生物体是如何与这些不同区域相互作用的[59]。这类通过喷墨打印制造的产品，包括用于研究基因表达的 DNA 微阵列[60]和蛋白质微阵列[61]。

另一个重要的发展领域是制造用于医疗保健监测和诊断的生物传感器[62]，它们通常采用电活性蛋白(如酶)的形式，这些蛋白与相关电子电路结合，在被检测的物质中产生电信号。这种传感器的一个典型且相对著名的例子是使用葡萄糖氧化酶来监测糖尿病患者的血糖水平，该应用主要成本与葡萄糖氧化酶相关。应用更广泛的丝网打印技术在加工过程中会消耗更多酶材料[63]，这是使用喷墨打印技术的重要动机。科研人员已经成功利用喷墨打印技术制造出基于葡萄糖氧化酶的生物传感器，表现出有效性能[64,65]。

在生物大分子的打印中，与喷墨打印相关的许多问题也很突出，但由于生物大分子的性质，解决这些问题通常面临严峻挑战，其中一个例子是在干燥后材料分离到打印墨滴边缘(即"咖啡环染色"，详见第 10 章)，由于材料的不均匀分布会影响后续分析，因此不能将其用于阵列和生物传感器中。控制材料分离的常用方法是在墨水中使用含有两种或者多种不同的挥发性溶剂，来抵消干燥墨滴内诱导的马兰戈尼流。对于蛋白质和其类似物，务必谨慎保证选择的任何溶剂都不会使蛋白质变性或空间结构被破坏(因为变性的酶将无法发挥作用)。由于大多数有机溶剂(如醇)会使蛋白质分子变性，通常最好使用相对温和的物质来充当溶剂，在这方面使用少量低分子量的聚乙二醇已取得了一些成功[66]。

因为墨水在通过喷嘴时会受到喷嘴施加的压力，所以打印过程也可能导致蛋白质变性。在热喷墨打印的情况下，局部加热产生的压力波使墨滴喷射出来。已有研究发现，在上述两种打印过程中，酶的活性已损失了 15%～30%，且在较高驱动电压下损失更大（因此应变更高[65]）。为了抵消这种损失，有必要添加更小的分子，这些分子能够暂时包围蛋白质并起到"缓冲"生物大分子所受机械应力的作用。一个例子是添加海藻糖，其与蛋白质形成氢键从而起到稳定蛋白质溶液的作用[67]。

15.6.2　用于组织工程的生物大分子

打印生物材料的主要优势之一是喷墨打印技术在构建生物相容性优异的支架材料、细胞和其他生物材料的复杂三维结构方面很有潜力，从而能够培养新组织以进行所需的医疗应用[58]，这就要求以任意模式精准地分配大量水基溶液和悬浮液，而喷墨打印很适合这项任务。为完成此任务，研究者已经做了大量工作，因为它可能对医疗保健有着显著益处，特别是为受体患者提供可用的移植新组织及提高新组织的有效性，从而降低新组织被免疫系统排斥的概率。这里简要概述该领域的一些工作，若需要对该领域进行更深层次的研究，读者可参考其他资料[56,68]。

在组织工程领域中，喷墨打印应用和其他增材制造技术都被称为生物打印[69]，其可大致分为三个领域：支架材料打印、细胞图案化、其他控制细胞生长的生物材料（通常是蛋白质和多糖）打印[56]。先前已讨论了与蛋白质和多糖打印相关的问题，因此这里不再详细描述，本节的重点是细胞图案化和支架材料打印。

首个细胞图案化应用间接使用了喷墨打印，其利用了标准台式打印机墨盒，墨盒中的替代墨水含有促进细胞黏附的纤维连接蛋白[70]。纤维连接蛋白按照指定图案来打印，经过细胞培养后，可以看到细胞优先附着在打印的图案区域上，与之类似的工作也已在层粘连蛋白[71]、胶原蛋白[72]和生长因子[73,74]图案打印中进行。生长因子的实验表明细胞增殖依赖于浓度[74]，这意味着可通过打印具备一定浓度梯度的相关材料以控制细胞生长。最近研究表明，使用类似技术可以控制干细胞分化，为多种类型细胞的图案化应用提供可能[75]。

除了通过打印生物大分子实现细胞图案化之外，还可以直接在衬底上打印细胞[76-78]。这种技术的潜在优势是能够同时定位多种类型细胞，这是除基本组织以外所有组织都需要的[79]。为了使这种技术发挥作用，细胞必须不受打印过程以及在系带形成、脱离、撞击时产生的巨大应变影响。为评估这一点，有必要长时间（通常是几周）培养细胞，并观察打印过程是否会导致细胞立即死亡，以及打印引起的细胞损伤是否会影响细胞增殖。

对几种不同细胞的研究表明，使用热敏式和压电式两种打印头时，细胞的存活率通常超过了 85%[80,81]。对于压电式打印头，研究者已经研究了打印参数（驱动电压和加压/降压时间）和细胞所受应力对细胞生存的影响。尽管增加驱动电压会导致细胞活性显著降低，但存活率仍然超过了 95%[77]。

支架材料是组织工程应用的另一个组成部分，必须充分满足一些功能要求。除了具有足够的结构完整性，支架材料还必须具有生物相容性和无毒性，并且它需具有合适的几何形状，并能营造有利于细胞生长和发育的环境，同时随时间推移，已存在细胞能够利用产生的细胞外基质取代支架，以便以一种良性的方式实现降解。最初尝试制造的支架不是直接使用喷墨打印技术实现的，而是用蜡状材料打印可移除的模具，然后在模具中铸造和冷冻干燥胶原蛋白结构，随后将模具移除[18]。这种方式十分有效，但也仍存在限制，因为必要的后续处理会使生物材料不能同时沉积，这限制了可用于支架内外图案化的细胞类型。

因此，研究工作主要集中在如何直接打印支架材料[79,82-85]，为了有效实现这个目的，有必要制备一种墨水，使其既有适合打印的流体性能，又能形成合适的完整机械结构。由于细胞存活条件范围有限，若要细胞存活则必须对其进行培养和水合，为满足该条件需要墨水发生相变，这种相变通常形成水基凝胶（或水凝胶）。除了用于制备水凝胶的材料有变化，实验中所用的凝胶化（或交联）方式也不同，其大致分为三类，分别是化学凝胶化、热凝胶化以及光聚合，或三者的结合。

化学胶凝化依赖于化学物质扩散到凝胶材料中反应生成交联凝胶，一个典型的例子是将氯化钙添加到海藻酸钠中，其中二价钙离子取代了一价钠离子，在海藻酸钠中交联形成凝胶。在化学凝胶化中需要两种组分，这意味着对于喷墨打印，两种组分中的任意一种都能用来打印，需要在第一滴墨滴蒸发之前对后续墨滴进行连续精准沉积，因此大多数研究工作只集中在打印其中一种组分。一种实现这个目标的典型方式是将其中一种组分选择性地打印在工作台上，该平台会逐层沉降到液槽中间，这样做的优点是在制造过程中让支架保持在适宜环境以便进行细胞培养和水合。由于钙离子会从墨滴扩散到周围的藻酸盐中，将氯化钙溶液打印到海藻酸钠液槽中会产生多孔支架（空隙尺寸大约为 25μm）[79,82]。与致密海藻酸钠支架相比，该结构相应的力学性能较差[82]，然而这种方法已经成功制造出含有三种不同类型细胞的可植入支架，并且这三种细胞在打印和植入后仍能保持活力[79]。也有实验证明由于钙离子扩散的方向不同[83,84]，反过来将海藻酸钠打印到氯化钙液槽中并没有获得多孔结构，这种将海藻酸钠打印到氯化钙液槽中的方法可成功打印被海藻酸包裹的细胞[84]。

热凝胶化依赖于温度变化，可通过迅速增加液体黏度使液体状物质转变为凝胶（如明胶的凝固），这种变化通常是可逆的，因此需要一个额外的交联阶段。其中一个例子是打印普朗尼克聚合物，其在较低的温度下具有较低的黏度[85]，这意味着可通过将冷藏的墨水打印在室温的衬底上产生合适的凝胶材料，同时为保持热凝胶化得到的结构，随后需进行光聚合处理。

使用串联热方案和化学凝胶可以成功将含有海藻酸钠和胶原蛋白的墨水 (经历缓慢热凝胶化) 打印在饱和氯化钙衬底上[86]。在进行热凝胶化时，使用快速化学凝胶固定胶原蛋白，然后通过螯合钙离子去除海藻酸盐以留下胶原水凝胶。

参 考 文 献

[1] Graphic Monthly Canada. Packaging and Labelling[EB/OL]. http://www.graphicmonthly.ca/?id= 68[2014-10-31].

[2] Magdussi S. The Chemistry of Inkjet Inks[M]. Singapore: World Scientific Publishing, 2010: 101-122.

[3] Pond S F. Inkjet Technology and Product Development Strategies[M]. New York: Torrey Pines Research, 2000.

[4] Magdassi S. The Chemistry of Inkjet Inks[M]. Singapore: World Scientific Publishing, 2010: 19-41.

[5] Diamond A S. Handbook of Imaging Materials[M]. Boca Raton: CRC Press, 2002.

[6] Magdassi S. The Chemistry of Inkjet Inks[M]. Singapore: World Scientific Publishing, 2010: 163-170.

[7] Hayes D J, Cox W R, Grove M E. Low-cost display assembly and interconnect using ink-jet printing technology[J]. Journal of the Society for Information Display, 2001, 9(1): 9-13.

[8] Bergström L. Rheological properties of Al_2O_3-SiC whisker composite suspensions[J]. Journal of Materials Science, 1996, 31(19): 5257-5270.

[9] Derby B, Reis N. Inkjet printing of highly loaded particulate suspensions[J]. MRS Bulletin, 2003, 28(11): 815-818.

[10] Kitty A M S, Nuno R, Julian R G E, et al. Ink-jet printing of wax-based alumina suspensions[J]. Journal of the American Ceramic Society, 2001, 84(11): 2514-2520.

[11] Ebert J, Özkol E, Zeichner A, et al. Direct inkjet printing of dental prostheses made of zirconia [J]. Journal of Dental Research, 2009, 88(7): 673-676.

[12] Noguera R, Lejeune M, Chartier T. 3D fine scale ceramic components formed by ink-jet prototyping process[J]. Journal of the European Ceramic Society, 2005, 25(12): 2055-2059.

[13] Suntivich R, Drachuk I, Calabrese R, et al. Inkjet printing of silk nest arrays for cell hosting[J]. Biomacromolecules, 2014, 15(4): 1428-1435.

[14] Gao F, Sonin A A. Precise deposition of molten microdrops: The physics of digital microfabrication[J]. Proceedings of the Royal Society of London. Series A: Mathematical and Physical Sciences, 1994, 444(1922): 533-554.

[15] Schiaffino S, Sonin A A. Molten droplet deposition and solidification at low Weber numbers[J].

Physics of Fluids, 1997, 9(11): 3172-3187.

[16] Schiaffino S, Sonin A A. Formation and stability of liquid and molten beads on a solid surface[J]. Journal of Fluid Mechanics, 1997, 343: 95-110.

[17] Kim M S, Hansgen A R, Wink O, et al. Rapid prototyping: A new tool in understanding and treating structural heart disease[J]. Circulation, 2008, 117(18): 2388-2394.

[18] Sachlos E, Reis N, Ainsley C, et al. Novel collagen scaffolds with predefined internal morphology made by solid freeform fabrication[J]. Biomaterials, 2003, 24(8): 1487-1497.

[19] Smith P, Derby B, Reis N, et al. Measured anisotropy of alumina components produced by direct ink-jet printing[J]. Key Engineering Materials, 2004, 264-268: 693-696.

[20] Reis N, Ainsley C, Derby B. Ink-jet delivery of particle suspensions by piezoelectric droplet ejectors[J]. Journal of Applied Physics, 2005, 97(9): 094903.

[21] Fathi S, Dickens P, Hague R. Jetting stability of molten caprolactam in an additive inkjet manufacturing process[J]. The International Journal of Advanced Manufacturing Technology, 2012, 59(1): 201-212.

[22] Pilipović A, Raos P, Šercer M. Experimental analysis of properties of materials for rapid prototyping[J]. The International Journal of Advanced Manufacturing Technology, 2009, 40(1): 105-115.

[23] Cox W R, Guan C, Hayes D J. Microjet printing of micro-optical interconnects and sensors[C]. International Society for Optics and Photonics, San Jose, 2000, 3952: 400-407.

[24] Ge Q, Qi H J, Dunn M L. Active materials by four-dimension printing[J]. Applied Physics Letters, 2013, 103(13): 131901.

[25] Cox W R, Chen T, Hayes D J. Micro-optics fabrication by ink-jet printers[J]. Optics and Photonics News, 2001, 12(6): 32-35.

[26] Smith P J, Morrin A. Reactive inkjet printing[J]. Journal of Materials Chemistry, 2012, 22(22): 10965-10970.

[27] Kröber P, Delaney J T, Perelaer J, et al. Reactive inkjet printing of polyurethanes[J]. Journal of Materials Chemistry, 2009, 19(29): 5234-5238.

[28] Sachs E, Cima M, Williams P, et al. Three-dimensional printing: Rapid tooling and prototypes directly from a CAD model[J]. Journal of Manufacturing Science and Engineering, 1992, 14(4): 481-488.

[29] Wang L, Lau J, Thomas E L, et al. Co-continuous composite materials for stiffness, strength, and energy dissipation[J]. Advanced Materials, 2011, 23(13): 1524-1529.

[30] Crane N B, Wilkes J, Sachs E, et al. Improving accuracy of powder-based SFF processes by metal deposition from a nanoparticle dispersion[J]. Rapid Prototyping Journal, 2006, 12(5): 266-274.

[31] Huson D. Proceedings of Digital Fabrication[EB/OL]. https://cfpr.uwe.ac.uk[2014-8-12].

[32] Hopkinson N, Erasenthiran P. High speed sintering-early research into a new rapid manufacturing process[C]. International Solid Freeform Fabrication Symposium, Loughborough, 2004: 312.

[33] Ellis A, Noble C J, Hopkinson N. High speed sintering: Assessing the influence of print density on microstructure and mechanical properties of nylon parts[J]. Additive Manufacturing, 2014, 1: 48-51.

[34] Singh M, Haverinen H M, Dhagat P, et al. Inkjet printing-process and its applications[J]. Advanced Materials, 2010, 22(6): 673-685.

[35] Tekin E, Smith P J, Schubert U S. Inkjet printing as a deposition and patterning tool for polymers and inorganic particles[J]. Soft Matter, 2008, 4(4): 703-713.

[36] Perelaer J, Smith P J, Mager D, et al. Printed electronics: The challenges involved in printing devices, interconnects, and contacts based on inorganic materials[J]. Journal of Materials Chemistry, 2010, 20: 8446-8453.

[37] Meier H, Löffelmann U, Mager D, et al. Inkjet printed, conductive, 25μm wide silver tracks on unstructured polyimide[J]. Physica Status Solidi A, 2009, 206(7): 1626-1630.

[38] Buffat P, Borel J P. Size effect on the melting temperature of gold particles[J]. Physical Review A, 1976, 13(6): 2287.

[39] Dearden A L, Smith P J, Shin D Y, et al. A low curing temperature silver ink for use in ink-jet printing and subsequent production of conductive tracks[J]. Macromolecular Rapid Communications, 2005, 26(4): 315-318.

[40] Teng K F, Vest R W. Metallization of solar cells with ink jet printing and silver metallo-organic inks[J]. IEEE Transactions on Components, Hybrids, and Manufacturing Technology, 1988, 11(3): 291-297.

[41] Gamerith S, Klug A, Scheiber H, et al. Direct ink-jet printing of Ag-Cu nanoparticle and Ag-precursor based electrodes for OFET applications[J]. Advanced Functional Materials, 2007, 17(16): 3111-3118.

[42] Choi H W, Zhou T, Singh M, et al. Recent developments and directions in printed nanomaterials[J]. Nanoscale, 2015, 7(8): 3338-3355.

[43] Guerreiro P T, Ten S, Borrelli N F, et al. PbS quantum-dot doped glasses as saturable absorbers for mode locking of a Cr: Forsterite laser[J]. Applied Physics Letters, 1997, 71(12): 1595-1597.

[44] Zhao J, Bardecker J A, Munro A M, et al. Efficient CdSe/CdS quantum dot light-emitting diodes using a thermally polymerized hole transport layer[J]. Nano Letters, 2006, 6(3): 463-467.

[45] Haverinen H M, Myllylae R A, Jabbour G E. Inkjet printing of light emitting quantum dots[J]. Applied Physics Letters, 2009, 94(7): 1595.

[46] Ramos J C, Kabir D L, Mejia I, et al. Inkjet printed thin film transistors using cadmium sulfide as active layer prepared by in-situ micro-reaction[J]. ECS Solid State Letters, 2013, 2(9): 67.

[47] Ramos J C, Mejia I, Martinez C A, et al. Direct on chip cadmium sulfide thin film transistors synthesized via modified chemical surface deposition[J]. Journal of Materials Chemistry C, 2013, 1(40): 6653-6660.

[48] Leenen M A M, Arning V, Thiem H, et al. Printable electronics: Flexibility for the future[J]. Physica Status Solidi A, 2009, 206(4): 588-597.

[49] Sirringhaus H, Kawase T, Friend R H, et al. High-resolution inkjet printing of all-polymer transistor circuits[J]. Science, 2000, 290(5499): 2123-2126.

[50] Zirkl M, Sawatdee A, Helbig U, et al. An all-printed ferroelectric active-matrix sensor network based on only five functional materials forming a touchless control interface[J]. Advanced Materials, 2011, 23(18): 2069-2074.

[51] SIJTechnology. On Demand Factory on Your Desk[EB/OL]. http://www.sijtechnology.com [2014-9-11].

[52] Wang J Z, Zheng Z H, Li H W, et al. Dewetting of conducting polymer inkjet droplets on patterned surfaces[J]. Nature Materials, 2004, 3(3): 171-176.

[53] Sele C W, von Werne T, Friend R H, et al. Lithography-free, self-aligned inkjet printing with sub-hundred-nanometer resolution[J]. Advanced Materials, 2005, 17(8): 997-1001.

[54] Zhang Y, Stringer J, Grainger R, et al. Improvements in carbon fibre reinforced composites by inkjet printing of thermoplastic polymer patterns[J]. Physica Status Solidi (RRL)—Rapid Research Letters, 2014, 8(1): 56-60.

[55] Zhang Y, Stringer J, Grainger R, et al. Fabrication of patterned thermoplastic microphases between composite plies by inkjet printing[J]. Journal of Composite Materials, 2015, 49(15): 1907-1913.

[56] Derby B. Printing and prototyping of tissues and scaffolds[J]. Science, 2012, 338(6109): 921-926.

[57] Mironov V, Reis N, Derby B. Bioprinting: A beginning[J]. Tissue Engineering, 2006, 12(4): 631-634.

[58] Saunders R E, Derby B. Inkjet printing biomaterials for tissue engineering: Bioprinting[J]. International Materials Reviews, 2014, 59(8): 430-448.

[59] Delaney J T, Smith P J, Schubert U S. Inkjet printing of proteins[J]. Soft Matter, 2009, 5(24): 4866-4877.

[60] Hughes T R, Mao M, Jones A R, et al. Expression profiling using microarrays fabricated by an ink-jet oligonucleotide synthesizer[J]. Nature Biotechnology, 2001, 19(4): 342-347.

[61] McWilliam I, Chong K M, Hall D. Inkjet printing for the production of protein microarrays[J].

Methods in Molecular Biology, 2011, 785: 345-361.

[62] Setti L, Fraleoni-Morgera A, Mencarelli I, et al. An HRP-based amperometric biosensor fabricated by thermal inkjet printing[J]. Sensors and Actuators B: Chemical, 2007, 126(1): 252-257.

[63] Chuang M C, Shen J, Dudik L, et al. Manufacturing of low-cost enzymatic biosensors using thick film processing[C]. Conference, Emerging Information Technology, New York, 2005: 4.

[64] Setti L, Fraleoni-Morgera A, Ballarin B, et al. An amperometric glucose biosensor prototype fabricated by thermal inkjet printing[J]. Biosensors and Bioelectronics, 2005, 20(10): 2019-2026.

[65] Cook C C, Wang T, Derby B. Inkjet delivery of glucose oxidase[J]. Chemical Communications, 2010, 46(30): 5452-5454.

[66] Setti L, Piana C, Bonazzi S, et al. Thermal inkjet technology for the microdeposition of biological molecules as a viable route for the realization of biosensors[J]. Analytical Letters, 2004, 37(8): 1559-1570.

[67] Nishioka G M, Markey A A, Holloway C K. Protein damage in drop-on-demand printers[J]. Journal of the American Chemical Society, 2004, 126(50): 16320-16321.

[68] Varghese D, Deshpande M, Xu T, et al. Advances in tissue engineering: Cell printing[J]. The Journal of Thoracic and Cardiovascular Surgery, 2005, 129(2): 470-472.

[69] Derby B. Bioprinting: Inkjet printing proteins and hybrid cell-containing materials and structures[J]. Journal of Materials Chemistry, 2008, 18(47): 5717-5721.

[70] Klebe R J. Cytoscribing: A method for micropositioning cells and the construction of two-and three-dimensional synthetic tissues[J]. Experimental Cell Research, 1988, 179(2): 362-373.

[71] Gustavsson P, Johansson F, Kanje M, et al. Neurite guidance on protein micropatterns generated by a piezoelectric microdispenser[J]. Biomaterials, 2007, 28(6): 1141-1151.

[72] Roth E A, Xu T, Das M, et al. Inkjet printing for high-throughput cell patterning[J]. Biomaterials, 2004, 25(17): 3707-3715.

[73] Watanabe K, Miyazaki T, Matsuda R. Growth factor array fabrication using a color ink jet printer[J]. Zoological Science, 2003, 20(4): 429-434.

[74] Miller E D, Fisher G W, Weiss L E, et al. Dose-dependent cell growth in response to concentration modulated patterns of FGF-2 printed on fibrin[J]. Biomaterials, 2006, 27(10): 2213-2221.

[75] Ker E D F, Chu B, Phillippi J A, et al. Engineering spatial control of multiple differentiation fates within a stem cell population[J]. Biomaterials, 2011, 32(13): 3413-3422.

[76] Xu T, Jin J, Gregory C, et al. Inkjet printing of viable mammalian cells[J]. Biomaterials, 2005, 26(1): 93-99.

[77] Saunders R E, Gough J E, Derby B. Delivery of human fibroblast cells by piezoelectric drop-on-demand inkjet printing[J]. Biomaterials, 2008, 29(2): 193-203.

[78] Lorber B, Hsiao W K, Hutchings I M, et al. Adult rat retinal ganglion cells and glia can be printed by piezoelectric inkjet printing[J]. Biofabrication, 2013, 6(1): 015001.

[79] Xu T, Zhao W, Zhu J M, et al. Complex heterogeneous tissue constructs containing multiple cell types prepared by inkjet printing technology[J]. Biomaterials, 2013, 34(1): 130-139.

[80] Cui X, Dean D, Ruggeri Z M, et al. Cell damage evaluation of thermal inkjet printed Chinese hamster ovary cells[J]. Biotechnology and Bioengineering, 2010, 106(6): 963-969.

[81] Saunders R, Gough J, Derby B. Ink jet printing of mammalian primary cells for tissue engineering applications[J]. Nanoscale Materials Science in Biology and Medicine, 2004, 845: 57-62.

[82] Xu T, Baicu C, Aho M, et al. Fabrication and characterization of bio-engineered cardiac pseudo tissues[J]. Biofabrication, 2009, 1(3): 035001.

[83] Nakamura M, Nishiyama Y, Henmi C, et al. Inkjet bioprinting as an effective tool for tissue fabrication[C]. NIP and Digital Fabrication Conference, Denver, 2006: 89-92.

[84] Nakamura M, Henmi C. 3D micro-fabrication by inkjet 3D biofabrication for 3D tissue engineering[C]. IEEE International Symposium on Micro-NanoMechatronics and Human Science, Nagoya, 2008: 451-456.

[85] Biase D M, Saunders R E, Tirelli N, et al. Inkjet printing and cell seeding thermoreversible photocurable gel structures[J]. Soft Matter, 2011, 7(6): 2639-2646.

[86] Pataky K, Braschler T, Negro A, et al. Microdrop printing of hydrogel bioinks into 3D tissue-like geometries[J]. Advanced Materials, 2012, 24(3): 391-396.

第16章 喷墨技术的发展方向

Graham D. Martin 和 Mike Willis

16.1 引 言

迄今为止，各种喷墨科学与技术已经发展了五十多年。20 世纪 70 年代，作为制造工艺流程的一部分，连续喷墨打印机已实现将各种信息打印到产品和纸张上。20 世纪 80 年代，家用和办公用的按需喷墨打印机也伴随着个人计算机(以及后来的数码摄像机)的兴起而开始应用。除了一些特例之外(后文详述)，喷墨打印的基础技术自初始发展阶段以来并未发生改变(连续喷墨技术：通过电流信号控制，以压电调制方法喷射连续墨滴。按需喷墨技术：通过热发泡技术(气泡喷射)或压电驱动技术依次喷射单个墨滴)。然而，这些技术对应的实现方式以及产品零部件(尤其是打印头)的制造方式已经发生了很大的变化。

近些年，一些新的喷墨打印方法已经被开发出来或正在开发中(后文详述)，有的采用了独特的机制，其中一些方法将会给喷墨打印带来显著的性能改善。

打印头的各个独立部件，如喷嘴和驱动器阵列，其制造必须使用当前称为 MEMS 的工艺，而早期喷墨技术开发者并不熟悉这种工艺。如今，各种 MEMS 技术已被用于制造打印头的关键部件，目前的趋势是将这些 MEMS 技术整合在一起，这样就可以流程化地使用 MEMS 技术来加工更多的打印头结构。这些 MEMS 技术往往需要在设备和材料开发方面进行大量投资，因此虽然通过集成 MEMS 技术制造大容量家用和办公用打印机打印头已有了一定程度的发展，但是直到近些年才制造出少量的工业用喷墨打印系统，而且往往采用的是传统的组装加工方式(虽然一些关键部件使用了 MEMS 技术)。现在，MEMS 技术正被广泛地用于制造适合商业印刷和工业应用的喷墨打印头，本章将讨论一些喷墨打印技术的最新进展。由于制造技术进步和材料改进，打印头上能够布置更小尺寸、更高密度、更高流量、更高可靠性的喷嘴阵列。这使得在一些商业印刷中，喷墨打印技术得以取代传统印刷技术，尤其是在那些喷墨打印技术具有利润优势的领域(如可变内容印刷及非接触印刷)。

16.2 作为输送装置的喷墨打印头

喷墨打印头可以看成一种液体输送装置，能够可控地产生精确尺寸的墨滴，其具体性能受墨滴性质的影响。如图 16.1 所示，Entua SX-3 喷墨打印头是一种紧凑、轻质量的喷射组件，由多个微压电泵紧密地组装在一起，专门用于沉积制造；具有排列成一条直线的 128 个喷嘴，相邻喷嘴间距 508μm。几乎目前所有类型的喷墨打印头都用来打印文本和图像，打印头所产生墨滴的大小决定了能否在设定距离上打印清晰图文。用于打印文件的标准墨滴体积为 2～20pL，用于打印户外图文和工业应用的标准墨滴体积为 5～50pL。

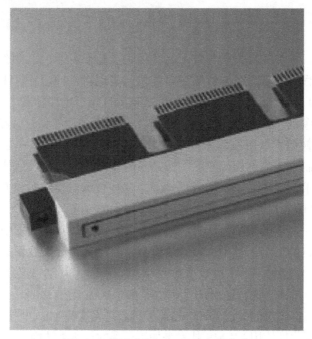

图 16.1   富士公司 Entua SX-3 打印头

目前，因为用于喷墨数字制造的打印头需求非常小，所以社会缺乏动力去开发专用的打印头。因此，在当前阶段，喷墨数字制造项目的开发人员可选择的专用打印头较少，并且这些打印头是基于图文打印头改进而来的。然而，预计随着数字制造市场的发展，打印头供应商将开发更多的定制打印头，这些定制打印头将具有一些特定功能，如体积更小的墨滴以及对墨滴速度、体积、驱动波形更好的控制方法。

16.3   喷墨打印技术的局限性

如第 1 章所述，喷墨打印技术具有一些显著的优点(如在数字化制造工艺中可以灵活调控)，并且作为一种非接触工艺，它可以直接在非平面、湿润表面和已打印表面上进行喷墨打印，而不会抹掉先前的打印物。然而，喷墨技术也有一些缺点，有的是技术基础层面的问题，有的则是由于当前的数字制造打印头是改进自图文打印头所带来的问题。

1. 对墨水的要求

通常对用于喷墨打印的墨水物理性质有特殊限制，如要求黏度相对较低，一般应低于 20mPa·s，还需要调控表面张力等其他参数，使其保持在一定范围内。通过将需要沉积的材料溶解或分散在载液中（如水或有机溶剂），可以制备低黏度墨水。如果溶剂的挥发性较强，导致喷嘴中的墨水过快干燥，可能引起按需喷墨打印头的运行故障。另外，由于沉积材料在墨水中的浓度较低，需要大量墨水来沉积少量材料，这可能会导致衬底表面难以干燥。

2. 墨滴体积的控制

许多应用需要控制沉积在每个像素的材料量，这可以通过在同一个位置上逐滴喷射不同数量墨滴的方法来实现。当前大多数喷墨打印技术都是二进制，即每次只能产生单一体积的墨滴，但有一些喷墨打印技术可以在一个较小的范围内改变墨滴的体积，而有一些新兴喷墨打印技术则可以产生体积无限变化的墨滴。

3. 墨滴体积的变化

在喷墨过程中，由于驱动器的电学性能、定位公差，压力腔和喷嘴的物理尺寸变化等原因，多喷嘴打印头的不同墨道会产生不同体积的墨滴，其喷射速度也可能不同。另外，喷墨过程也可能会发生末端效应，即打印头末端墨道与中心墨道的效能不同。要克服这一问题，一种方法是在打印头末端额外加工出冗余墨道，另一种方法是对不同墨道逐个调整喷墨驱动波形，从而减小打印头不同墨道所产生墨滴的属性差异。墨滴体积变化也与墨水成分相关，例如，如果墨水成分中包含颗粒或高分子量聚合物，墨滴在喷嘴处发生系带断裂时可能产生细微的体积变化。

4. 喷墨方向与墨滴落点误差

如图 16.2 所示，墨滴从打印头滴落到衬底上的运动轨迹由多个因素决定，包括喷嘴的制造公差和抛光工艺、喷嘴内部和外缘的污染、打印头运动引起的空气湍流、墨滴自身引起的空气流动、喷嘴的末端效应等，其中尤其重要的是喷嘴的形状和状态。受制造工艺影响，不同类型打印头的喷嘴质量不同，同一打印头上不同喷嘴的喷射角度也会有细微不同。此外，喷嘴边缘处的污染物累积是导致误差的更深层原因。

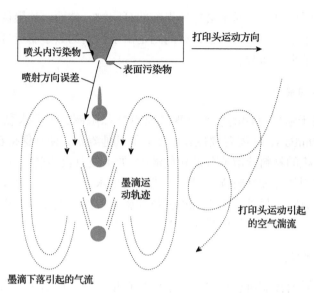

图 16.2　影响墨滴运动轨迹的部分因素示意图

墨滴从喷嘴喷出后，在滴落过程中会发生进一步变化。墨滴成形过程中会产生连接墨滴和喷嘴的系带，其大小和形状受墨水配方和喷墨驱动波形等因素的影响。如果墨滴尾部脱离喷嘴的位置发生变化，那么墨滴的运动轨迹和落点也可能随之改变。

当墨滴脱离打印头喷嘴后，开始受气动效应的影响。一些对落点精度要求较高的数字制造应用，如显示面板打印，已经使用了预图案化衬底技术。如图 16.3 所示，LG 公司拥有的美国专利 US2010/0055396，通过将衬底预图案化来实现高

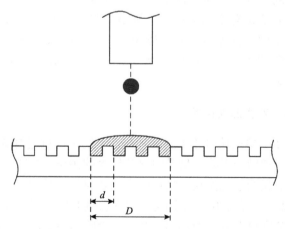

图 16.3　通过衬底预图案化来改善墨滴在衬底上的位置精度

分辨率喷墨打印。该专利采用激光干涉光刻法在衬底上进行预图案化，使打印在衬底上的导电墨水优先填充间隙区域，从而约束沉积线路的宽度 D。预图案化会改变局部衬底的润湿性，当墨滴滴落到衬底上后，会受表面张力作用聚合成团，并填充衬底上的预图案化区域。

5. 气动效应

墨滴通过空气滴落到衬底的过程会受到气动效应的影响。若单个墨滴的体积为 5pL 或更小，则空气阻力会极大地减弱其动能，以至于当打印头和衬底的间距较大时，墨滴甚至都不能滴落在衬底范围内。墨滴受气动效应影响的机理较为复杂，当一连串墨滴从同一喷嘴喷出时，第一个墨滴受气动效应影响而减速，但随后的墨滴能沿着其产生的滑流滴落，并可能实现更大的打印高度。此外，如果打印头同时喷出大量墨滴，空气会被扰动进而流向衬底，这将有助于墨滴滴落，但空气流动的影响越大，墨滴的落点误差就越大。由于打印头两端与中心的几何形状不同，所产生的气流也不相同。为了消除空气阻力的影响，一些喷墨打印系统采用了真空室封闭喷墨装置。如图 16.4 所示，Mimaki 公司拥有的美国专利 US2009/0256880，包含打印系统、喷墨打印机和打印方法，使用减压器降低喷嘴和衬底之间空间的气压，使其低于标准大气压。

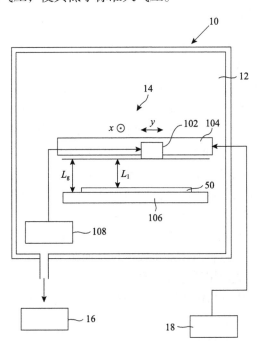

图 16.4　通过真空装置封闭喷墨系统减少或消除墨滴的气动效应

6. 墨滴冲击与衬底表面浸润效应

由于墨水黏度较低，墨滴滴落在衬底表面后发生扩散并浸润衬底。扩散程度受墨水配方与黏度、表面张力、墨滴冲击速度和衬底硬度、表面微断面、表面能等因素的影响。如果墨滴滴落在还未干燥的墨滴上，则可能发生飞溅。如果对图案化的衬底进行喷墨打印，那么原始衬底与图案化区域上的浸润效应是不同的。

如果墨滴在喷射过程中形成长系带，那么系带可能不会立刻与主墨滴融合，当打印头和衬底存在相对移动时，系带可能掉落在主墨滴外，从而导致打印错位。在喷射过程中产生的卫星墨滴也可能会掉落在主墨滴外，虽然对于大多数图文打印来说并无太大影响，但是在一些数字制造应用中，掉落在预期区域之外的墨滴会导致产品质量不合格。

16.4　当前的主流技术和局限性

按需喷墨打印头是目前最广泛使用的喷墨装置，这种打印头上的每个喷嘴都有独立的驱动器，仅在有需求时产生墨滴。如第 3 章所述，按需喷墨打印头主要有两种驱动器类型：热发泡式和压电式。

16.4.1　热发泡式按需喷墨打印

热发泡式驱动器内的加热器与墨水直接接触，当加热器接收到电脉冲后，其表面温度迅速上升至 350~400℃，先产生气泡核，然后聚合成一个大气泡。气泡快速增长的过程可以看成微爆炸，引起驱动器腔内压力迅速上升，使墨水从喷嘴喷出，从而大幅降低腔内压力，同时一些墨水会不可避免地回流到打印头中。此外，打印头结构会轻微弯曲。当电脉冲结束后，加热器快速冷却（因为所产生的热量很少），导致气泡碎裂，使得驱动器腔内压力迅速下降，从而阻断正在通过喷嘴的墨水，使其与已经喷出的墨水分离并滴向衬底。

当前的喷墨打印设备是为图文打印而设计的，喷嘴排布密度高，制造成本低。实现喷嘴高密度排布的关键在于优化打印头内的热管理。由于驱动循环期间所产生的大部分热量未被有效利用，要使打印头稳定运行，余热管理至关重要。在使用低黏度墨水时，喷墨过程所需能量较低，从而减少了热管理问题，因此热发泡式喷墨打印头被设计成使用低黏度墨水。

在图文打印应用中，使用含有少量颜料的墨水便能够打印出质量合格的图像。颜料墨水中含有一些树脂成分，这些成分必须处于低黏度状态。使用热发泡式喷墨技术进行非图文打印的理论要求如下：

(1)重新设计打印头结构以兼容高黏度墨水。

(2)提升打印头的鲁棒性和寿命。

(3)提升喷墨稳定性和可控性，因为热发泡式喷墨技术易形成长墨滴和卫星墨滴。

2003～2004 年，佳能公司和惠普公司开始使用新的打印头制造工艺：喷嘴板在硅衬底上直接成型，而不是用单独的部件组装成型。这使得不同打印头可以在同一个串行生产线中制造，而且各种打印头设计方案有了更大的修改空间。针对热喷墨微流体系统，惠普公司拥有一系列小型、可替换打印头和驱动模块的专利，如图 16.5 所示，美国专利 US2009/0047440 设计了一种墨水喷射系统。先将喷嘴 10 浸入墨水，在毛细力作用下少量墨水被吸入驱动腔中，然后喷射出墨滴，利用该工艺制造的打印头能够兼容多种墨水，如 PEDOT、导电聚合物和有机溶剂，可产生体积约为 1pL 的单个墨滴。一些报道表明，通过重新设计热发泡式喷墨打印头，可以喷射更高黏度的墨水。

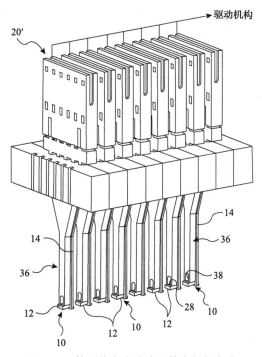

图 16.5　使用热发泡式喷墨技术的打印头

用于打印的材料需要适配打印头内的工作温度。虽然在热发泡式喷墨过程中只有极少量的墨水蒸发，但随着时间推移，沉积物会在喷头中逐渐累积。

虽然基于当前热发泡式喷墨技术有一些使用低黏度墨水的非图文应用，但除非出现大容量打印需求，否则不会开发出有特殊设计的打印头。热发泡式喷墨技术的优点是可以低成本批量制造，家庭或共享应用将会是其今后的发展方向。

16.4.2　压电式按需喷墨打印

压电式按需喷墨打印头与热发泡式相同，也是通过快速增大腔内墨水压力来产生墨滴，其压力来源于每个腔内的微压电驱动器。当在驱动器上施加电压时，压电材料变形将腔室侧壁或顶部压入腔内，从而产生喷墨所需的压力。受压电材料性能、实际驱动电压大小和其他因素的限制，产生墨滴所需的压电材料面积远大于热发泡加热器的面积。因此，压电式喷墨打印头的喷嘴间距和排布面积较大，导致打印分辨率较低。虽然不用热能生成墨滴，但压电驱动器工作时也会产生热量。为了实现高效连续喷墨打印，必须考虑去除这部分热量。

制造从中央歧管到驱动器腔室，直至喷嘴的复杂墨道是设计压电式喷墨打印头的主要挑战之一。传统工艺是将多层不锈钢或陶瓷材料单独进行图案化加工后组装在一起，而随着硅制造技术的发展，深反应离子刻蚀(deep reactive ion etching, DRIE)等新方法引导了 MEMS 技术制造这些复杂墨道结构的趋势。基于 MEMS 技术制造的打印头结构强度更大、墨道分辨率更高，可以实现更高的墨滴喷射频率。要减小墨道尺寸，则必须减小驱动器顶板和压电材料的厚度，以增大驱动腔的变形量，从而可以产生大小符合要求的墨滴。

在以前的工艺中，先将打印头使用的压电材料如陶瓷 PZT(锆钛酸铅)切成晶圆，然后切割成单个的驱动器。随着人们对更薄压电材料的需求日益增长，同时为了在大规模制造中节约成本，市面上已经有了制造压电材料的替代方法。20 世纪 90 年代中期厚膜沉积压电层已开始商业应用，如今薄膜沉积技术也用于了压电层制造。由于在被施加工作电压时薄膜压电层对湿度敏感，因此必须密封保护。

相比于热发泡驱动器，压电驱动器可以向墨水施加更多的动能，因此可以喷射较高黏度的墨水。此外，压电式喷墨技术不需要向墨水中添加挥发性物质来产生气泡，并且墨水也不会受到高温的影响。

当今的压电式喷墨打印头大多采用屋顶式结构，但工业用喷墨打印头供应商 Xaar 公司的产品采用了移动壁式结构，在施加工作电压后由压电材料制成的墨道侧壁向内弯曲，从而产生墨水压力。

16.5　当前其他技术

除了热发泡式和压电式按需喷墨技术，连续喷墨打印技术多年来一直被用于编码、标记、地址和表格印刷。此外，利用静电力产生墨滴的技术也在开发中，下面将讨论这些技术。

16.5.1　连续喷墨打印

如第 3 章所述，连续喷墨打印技术是指打印头产生连续墨滴，然后对墨滴充电并将打印墨滴与非打印墨滴分离，最后收集非打印墨滴并再循环。由于需要使用高电压对墨滴进行充电，该技术不适用于密集墨道。另外，该系统结构复杂且造价相对较高，供墨及再循环系统需要使用大量墨水，这对于一些使用昂贵材料的应用是一个额外的缺点。柯达公司开发了一种新型连续喷墨打印技术（称为 Stream 技术），尽管仍需要使用大量墨水，但与传统连续喷墨打印技术相比，这种技术有着更高喷嘴密度、更小墨滴体积和更快打印速度的潜力。

16.5.2　静电式按需喷墨打印

利用静电力产生墨滴的方法：首先对喷嘴处墨水凸起的弯月面施加静电场，当电场强度达到一定值时，静电力会削弱墨水的表面张力，使弯月面变成锥形，继续增加电场强度后，锥尖处将产生一条细小的墨滴线。墨滴尺寸由电场脉冲长度控制，并且具有较大的变化范围。

静电式按需喷墨打印技术的优点在于所产生的墨滴直径小于喷嘴直径，并且不受喷嘴质量和污染物的影响。该技术拥有产生极小尺寸（如飞升(fL, $1fL=10^{-15}L$)）墨滴的潜力，因此是当前喷墨打印技术研究的热点。然而，这种技术也有一些缺点：生成墨滴需要高压电场和喷嘴中隆起的弯月面会导致喷嘴排布密度较低，需要产生并控制高电压场使得该打印技术比压电式或热发泡式喷墨打印技术更昂贵。

当前有一些科研院所正在研究这种技术，例如，日本产业技术综合研究所[1]和英国伦敦玛丽女王大学[2]，他们开发这种技术用于直接打印电子器件和极小尺寸墨滴。如图 16.6 所示，伦敦玛丽女王大学和韦斯特菲尔德大学拥有的专利 WO2008/142393，设计了一种静电喷射装置和静电喷射方法。发射管 30 中充满了待喷射材料硅油，压电充电装置与电极尖端 32 相连，孔洞电极 34 产生高度不对称的磁场，由此产生的带电液体在发射器喷嘴处形成锥形面，并从锥尖喷出一个稳定的锥形流体。

16.5.3　声波喷墨技术

有一些喷墨打印系统利用高频声波换能器来产生墨滴，如施乐公司开发的一种无喷嘴喷墨打印技术，通过控制浸没在墨水中的声波换能器，使声波能量集中于墨水表面，在能量焦点处以细流形式喷射墨滴。

Picoliter 公司（即现在的 Labcyte 公司）的产品采用了类似的原理，能够以非接触方式喷射 2nL～10μL 体积范围的液体。应用结果表明，声波喷墨(acoustic drop ejection, ADE)是一种非常温和的技术，可以用来喷射蛋白质、高分子量 DNA 和活细胞等生物物质，而不会使其受损或丧失活力。如图 16.7 所示，Picoliter 公司拥有的欧洲专利 EP1337325，设计了一种多储墨槽声波喷墨。声波喷墨器 33 包括声波换能器 35 和声波聚焦组件 37，通过液体介质 41 实现与储墨槽 15 之间的声学耦合。将声波能量聚焦到墨水表面下方的点 48，使墨滴 53 从墨水表面 19 喷出。

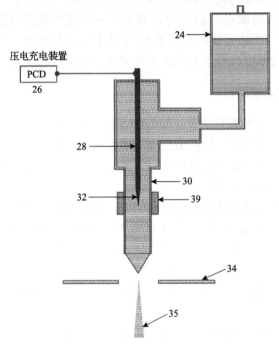

图 16.6　静电式喷墨打印装置

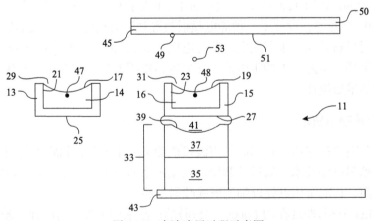

图 16.7　声波喷墨过程示意图

类似于电喷雾打印技术，声波喷墨技术能够生成非常小的墨滴，并可以通过调节驱动波形来控制喷墨量。

16.6　喷墨打印的新兴科学与技术

21 世纪的前十年，几乎没有开发出新的喷墨技术，用于办公及图文打印的压电喷墨技术和热发泡式喷墨技术是这一时期的技术发展焦点。但近些年随着图文打印领域对更高打印速度以及数字制造领域对微小墨滴的需求，一些能够克服当前喷墨设备局限性的新科学和新技术正在逐步应用。

16.6.1　Stream 喷墨技术

柯达公司这些年一直在开发一种新的连续喷墨技术，使用墨滴尺寸可变的着色墨水，以 600 像素/in 的打印分辨率在 3.3m/s 的衬底移动速度下进行喷墨打印。该技术在柯达公司的 PROSPER 系列大容量数字打印系统中得到应用，其打印头结构由硅喷嘴板和环绕喷嘴的加热器组成，与传统的二进制连续喷墨技术相比更加简单。

Stream 喷墨技术与其他连续喷墨技术的原理相同，通过在墨道中加压墨水，使墨滴从喷嘴处连续喷出。为了使每个喷嘴中的墨水都能破碎成规整尺寸的墨滴，围绕喷嘴口的加热器以脉冲形式工作，使墨水表面的温度略微升高几摄氏度。这足以改变墨流的表面张力，从而使墨流断裂成墨滴，进而产生墨滴流，并且可以通过将加热器单次脉冲调节至 3～4 个周期的长度来形成较大的墨滴。在当前的喷墨打印方案中，较大的墨滴会滴落到衬底上实现打印过程，而较小的墨滴则会受到横向气流影响发生方向偏转，并被收集起来循环利用。如图 16.8 所示，柯达公司拥有的美国专利 US2011/0242169，设计了一种通过驱动波形控制的连续喷墨打印机。加压墨水流过被加热器 51 包围的喷管 50 后，在喷嘴 52 处受到热脉冲作用，形成小墨滴 54。若单个脉冲时长达到了数个周期，则会形成大墨滴 56。然后在横向层状气流 62 的作用下，较小的墨滴会发生较大偏转被吹入排水道中，而较大的墨滴则会继续滴落到衬底上。这是一种高喷嘴密度的打印头技术，喷嘴加热器及其驱动装置一起加工在喷嘴正面上，而横向空气系统则直接作为喷嘴板的一部分结构进行制造。

这种技术的优点之一是可以兼容多种墨水。热脉冲破碎技术可以在不需要任何特殊墨水配方的情况下实现大多数墨水的连续喷射，并且可以通过调节泵压来适配不同的墨水黏度，通过改变加热器脉冲的幅值来调节墨流的断裂长度。因此，除了目前的图文打印，Stream 喷墨技术还具有应用于未来高速打印制造的潜力。

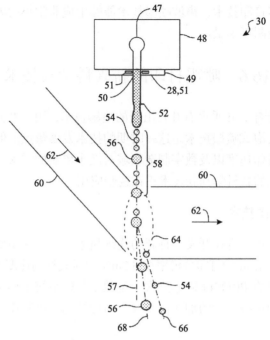

图 16.8　柯达公司的 Stream 喷墨技术示意图

16.6.2　打印头制造技术

过去十余年，MEMS 技术已经在许多领域开展了商业化应用。MEMS 加工技术通常由湿法刻蚀、干法刻蚀和电火花加工等半导体工艺改进而来，可用于制造产生墨流和墨滴的器件。

Silverbrook Research 公司（现隶属于 Zamtek 公司，专利归属于 Memjet 公司）于 1997 年 7 月 15 日一天内向美国专利及商标局申请了 372 项专利。截至 2010年 7 月底，他们已经申请了 5000 多项美国专利，其中大多数与 MEMS 喷墨打印设备相关，大约 1/4 与喷墨驱动器设计有关。

最初，Silverbrook Research 公司致力于进行一系列 MEMS 喷墨驱动器的设计，其第一个商业化设计是基于悬挂式加热器的热喷墨打印方案。该设计通过将加热器悬挂在驱动腔内，使喷墨打印设备的效率与在表面设置加热器的传统热发泡式设备相比高了约 1 个数量级。在这种高效率工作模式下，墨水会带走所有多余的热量，从而在驱动器高密度排布的情况下，也不会出现热管理问题。但是这种设计商业化后可能仅适用于相对简单的染料墨水。

由热弯曲驱动器控制的可动喷嘴是 Silverbrook Research 公司的另一种设计方案，如图 16.9 所示，Silverbrook Research 公司拥有的美国专利 US2009/0278876，其中加热器 117 使喷嘴板 115 产生向下方腔体的偏转（未显示），这使部分墨水通

过喷嘴 112 喷出形成墨滴。顶部由柔性的聚二甲基硅氧烷(PDMS)(未显示)覆盖
形成平面,同时也实现了疏水功能,通过喷嘴向下偏转来排出一定量的墨水,其
施加在墨水上的压力远小于传统驱动器。由于腔室内不需要加热,这种方案可能
适用于成分更复杂的墨水。但在这项技术商业化之前就评价它在数字制造中的应
用效果还为时过早。

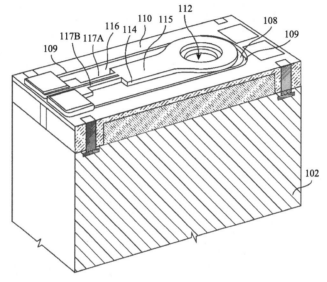

图 16.9　MEMS 打印头技术结构示意图

　　其他公司也在利用 MEMS 技术开展新型打印头的设计工作,特别是在硅制
造技术领域。例如,2008 年施乐公司申请了一系列美国专利,涵盖了一种采用
静电方法驱动膜片移动的顶式驱动器。如图 16.10 所示,施乐公司拥有的美国专
利 US7942508 通过限制膜片位移量而非使用导电底电极来降低 MEMS 器件的驱
动电压。膜片 140 受到与环形电极 130 之间静电场作用而向内移动,突起 145 限
制了膜片的移动量,并防止膜片与环形电极发生短路。移除静电场后膜片弹回,
墨滴 360 从喷嘴 358 中喷出。2012 年柯尼卡美能达公司获得了一项硅基打印头结
构(EP2716461)的专利权,该结构具有更好的电连接方式。事实上自 2001 年以来,
针对喷墨打印所申请的美国专利中,每年都有超过 100 项在标题、摘要或权利要求
中使用了"硅"这个字,而在 2007~2011 年这种情况达到顶峰,每年超过了 250 项。
　　施乐公司所申请的美国专利 US2013/0215197 描述了一种制造技术,该技术涉
及一种基于喷墨打印的增材制造工艺(即使用喷墨设备制造喷墨设备),使用蜡或
亚克力塑料来构建打印头内流体通道的牺牲模具,然后用合适的材料(如环氧树脂
或金属层)进行浇铸或涂覆,涂层完成后就可以通过熔化或使用溶剂溶解来去除牺
牲模具,便实现了流体通道与打印头其他组件的一体化制造。该技术可以在打印

头制造过程中省去多个成型和键合的步骤。

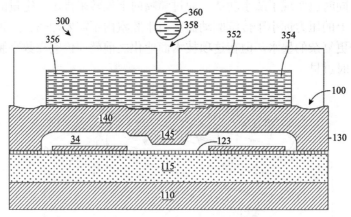

图 16.10　静电驱动膜片移动的顶式驱动器结构示意图

16.6.3　弯张式喷墨打印装置

弯张式(flextensional)喷墨打印装置由压电驱动器和柔性机械装置组成，可通过脉冲控制其弯张或舒张完成喷墨。Silverbrook 公司的一些 MEMS 喷墨打印装置是弯张式的，过去惠普公司也设计了一些类似装置。

Technology Partnership 公司拥有一系列涵盖弯张式喷墨打印装置设计的专利。将压电陶瓷材料键合在电铸喷嘴板上，压电材料两侧设有开槽，使喷嘴结构可以弯曲。如图 16.11 所示，Technology Partnership 公司拥有的专利 WO2008/044069，设计了一种液体喷射设备。压电驱动器(阴影部分)固定在喷嘴板上，喷嘴板可沿着狭缝 10 发生变形。驱动器使喷嘴板向下弯曲，使墨水通过喷嘴 13 喷出。当施加第一个脉冲时，喷嘴向下偏转，墨水从喷嘴中排出，后续施加第二个脉冲用于阻尼喷嘴的复位。该技术是在较低的压力下喷射墨滴，因此可以用于喷射更复杂的墨水类型(如含有重颜料的墨水)。

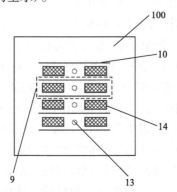

图 16.11　弯张式喷嘴打印头结构示意图

16.6.4　Tonejet 技术

　　Tonejet 技术所使用的墨水类似于液体墨粉，由悬浮在绝缘液体中的带电颜料和固体聚合物组成。如图 16.12 所示，Tonejet 公司拥有的专利 WO2011/154334，设计了一种图像和打印头的控制方法。带电颜料颗粒 6 受电场作用在电极尖端 21 处聚集，然后沿方向 9 喷射到衬底上。墨水依靠毛细力包裹电极并在电极处形成喷射点，当向这些电极施加电压时，带电颜料粒子就会在电极尖端处聚集。一旦积累的电荷足够多，粒子就会向衬底喷射，且只携带少量载液。

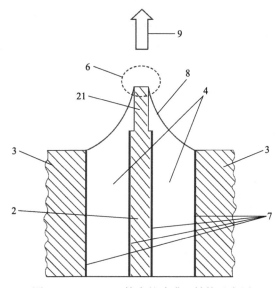

图 16.12　Tonejet 技术的喷嘴口结构示意图

　　虽然在绘图应用中，粒子由有色聚合物树脂组成，但也可以将功能材料制成颜料或者在其中加入更高密度的颜料。

16.6.5　墨水再循环

　　喷墨打印头中喷嘴板后部的墨水处于不断流动的状态，这有几个优点：墨水的流动减少了墨水成分沉淀或溢出的可能性；墨水中的污染颗粒不通过喷嘴，而是可能被喷嘴内的再循环系统过滤掉；喷嘴中的气泡及后续吸入的气泡可以被挤走消除。当然，这些优点是以额外成本和结构复杂性为代价的。目前有几家公司推出了再循环系统，Xaar1001 打印头是这类系统的首批产品之一，并在陶瓷打印等需要使用复杂油墨的应用上取得了成功。惠普公司拥有的专利 US2012/0007921 描述了一种使用片上气泡泵产生交叉流的打印头，其工作原理类似于喷嘴驱动机构，如图 16.13 所示，该专利设计了一种带循环泵的液体喷射装置。如灰色箭头

207 所示,墨水由液体循环泵 216 通过墨道 202 循环至每个墨滴生成通道(如 208),然后进入墨槽 200。Lexmark 公司也声称拥有类似系统的专利(US2013/0182022)。在三星公司申请的一个专利(US2014/0078224)中，每个喷嘴有两个(或三个)薄膜压电执行器，可以循环墨水或通过喷嘴喷射墨水，具体功能由驱动时序决定，如图 16.14 所示，该专利设计了一种喷墨打印头。通过按适当顺序驱动独立执行器 160 和 170，实现墨水通过腔室 102 和 104 进行再循环或通过喷嘴 150 进行喷射。

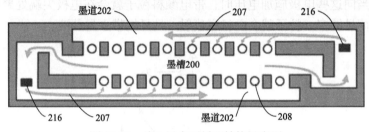

图 16.13　片上墨水再循环结构示意图

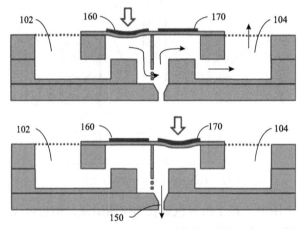

图 16.14　具备墨水再循环功能的薄膜打印头结构示意图

16.6.6　间接喷墨打印

　　间接喷墨打印是指将墨滴打印在中转衬底(转印带)上，然后通过某种方式转移到最终表面。虽然这不是一个新的想法(施乐公司已经在相变墨水中使用了该方法)，但 Landa 公司宣布已经重点关注了该领域，并推出了间接喷墨打印系统 Nanography。

　　Landa 公司声称该系统不存在之前间接喷墨打印所存在的缺点。其优点源自以下几个技术特征:

　　(1)在水基墨水中使用纳米颗粒(尽管许多传统喷墨墨水中含有此类颗粒);

　　(2)当油墨在转印带上时，通过加热可以基本除去墨水中的水分;

(3)在打印含有阴离子聚合物的墨水之前,通过滚筒将阳离子聚合物涂覆于橡胶布上,使墨水在疏水表面上扩散足够长的时间,从而去除载液并增加黏度,当墨水再转印到目标衬底时,可实现 100%的转移;

(4)墨水在衬底表面呈薄膜状。

除了数字打印的常规优势外,这些技术特征还带来了一些相比于直接喷墨打印系统的优势:

(1)使用价格低廉的水基墨水,无须浸泡基材或使用具有分散吸收性功能的基材;

(2)使用加热层实现高效干燥;

(3)扩展了打印色域(纳米颗粒集中在表面);

(4)高光泽度;

(5)对打印介质要求低。

然而,这些优势的代价是:由转印带和滚筒组成的系统较为复杂(也可能寿命有限),与预涂层、墨水和转印带相关的化学和材料组合非常特殊。其他公司也在开发间接喷墨打印技术,包括佳能、理光、惠普、精工爱普生和施乐等。

16.6.7　宽幅面印刷

由于技术上发生了重大转变,喷墨打印技术能够应用在传统印刷技术无法应用的领域。过去十余年,大多数喷墨打印是通过在衬底上来回移动一个或几个打印头来完成的,衬底通常也比打印头宽。而现在普遍的做法是采用阵列式打印头,从而实现沿着衬底宽度方向上的连续打印。这一转变得益于多项技术的进步,包括:

(1)功能增强,如墨水再循环;

(2)为方便阵列安装而专门设计的打印头;

(3)使用 UV 固化墨水或近些年开始应用的乳胶墨水,可以在无须去除大量水或其他载液的情况下实现干燥或固化;

(4)更好地处理打印头之间的衔接;

(5)具备打印头管理和维护功能,使打印头在出现故障后能继续运行或迅速更换;

(6)通过冗余设计使喷嘴具备容错能力,包括使用失效喷嘴附近的其他喷嘴或额外的打印头进行补偿打印;

(7)有足够的计算能力处理和运行成千上万个并行喷嘴的数据。

16.6.8　故障检测

对于有数千个喷嘴的喷墨打印机,需要借助故障检测手段进行自动或手动的校正或干预。随着喷墨打印机的体积越来越大并且需要进行连续生产,故障检测变得越来越重要。一种检测故障的方法是由操作人员观察打印测试过程或处理所拍摄的打印测试图像。在打印前通常使用这种方法用于粗略评估图像质量、触发打印头清洁循环或者更换打印头。也可以利用频闪灯来拍摄观察喷射中的墨滴，通过这些墨滴的捕获图像来调试打印头或评估多次打印之间的质量差异。此外，通过全息手段观察飞行中的墨滴[3]，可以在大视野范围内获得墨滴的精确位置和墨滴体积，并且能够评估打印头在不同时间、不同情况下的性能，在未来该手段可能演化成一种自动化检测方法。通过上述故障检测技术可以评估打印头的性能和获得一些故障模式中有价值的信息，然而现阶段还要求能够实现故障的即时检测。目前有以下两种技术可以实现：

(1)原位光学墨滴检测可以实现故障的即时检测。惠普公司最近推出了一种称为背反射墨滴检测的系统，通过表面发光二极管照射飞行中的墨滴，使墨滴的背反射光聚焦在探测器上，进而通过处理检测器信号来评估喷嘴的打印状态。若检测到故障，则可使用相邻喷嘴来进行补偿。

(2)Océ 公司开发的另一项技术使用了压电换能器来喷射墨滴，该压电换能器同时也可用作传感器[4]。当开始喷射墨滴时，通过压电换能器或其他传感器来检测喷嘴后面空腔显示的声学响应特征。如果墨滴的喷射状态不正常，喷嘴后面空腔的声学响应将发生变化，就可以据此采取调整措施。这种技术非常灵敏，可以检测出设备失效前的状态变化(如打印头腔内出现小气泡)。

16.7　打印头制造的未来发展趋势

在过去，打印头制造商都是斥巨资购置核心装备和建立生产线来自行设计和制造打印头。随着越来越多的喷墨打印机采用半导体制造技术，制造商可以将打印头的部分制造工艺外包。例如，惠普公司现在将其超过50%的热发泡式喷墨打印头中的半导体器件外包给了意法半导体公司(ST Microelectronics, STM)。

如今 MEMS 制造工艺可以融入硅加工和集成电路制造体系中，因此类似于无晶圆厂的芯片制造商，有可能会出现无晶圆厂的打印头制造商。Silverbrook Research 公司打印头中的半导体器件是与中国台湾半导体股份有限公司合作制造的，Silverbrook Research 公司负责设计打印头并对其进行建模，再由意法半导体公司进行生产。

由于客户群分散，并且市场规模未知，打印头制造商不愿意对数字制造专用设备的设计、开发、加工和制造进行投资，这导致目前非图文应用的专用打印头种类很少，如富士公司的 Dimatix D-128 DPN、柯达公司的 128SNG-MB 以及精工爱普生公司和夏普公司的一些内部专用型号。

打印头制造商目前正在解决图文打印的其他问题。例如，压电式打印头制造迫于监管和环保压力,需要改为使用无铅材料(而不是当前的标准 PZT),然而目前难以使用无铅材料来获得达标的压电属性。但预计未来几年内,可实用的无铅喷墨打印设备能够面世。

随着薄膜压电材料沉积技术的发展,更高的墨道密度是打印头制造的另一个发展趋势。当前已有一些打印头制造商在使用薄膜压电技术,如精工爱普生公司、松下公司和富士公司,其他制造商可能也会相继效仿。

16.8　未来对喷墨打印的要求和方向

图文喷墨打印所使用的墨水不仅适合在纸上打印(无论有无涂层),而且也适用于非多孔衬底,如木板、瓷砖、塑料和金属。通常需要在适当的距离上观察打印在衬底上的墨滴来确保其尺寸合适,墨滴的尺寸主要取决于墨水与衬底之间的相互作用。

数字制造使用的墨水种类和墨滴尺寸与图文应用相比范围更广。在打印精细导电线路等应用场景下,必须精准地控制墨滴尺寸。而对于一些其他应用如打印生物医学用途的微阵列,墨滴的体积则更为重要。

16.8.1　用于非图文的打印头定制

目前,按技术需求定制打印头不太可行,这是因为打印头制造商已经在提升产量和生产稳定性方面投入了巨大的开发成本,因此不愿意对技术再进行投资。其真正需要的是易于定制喷嘴数量和布局、墨滴尺寸、墨水处理能力等特性的打印头。

16.8.2　降低对墨水性质的要求

目前几乎所有的打印头都必须适配特定的墨水。在打印头被替换成不同型号时,可能同时还需要改变墨水配方才能实现符合要求的喷墨打印,这导致难以开发出新的应用。

当科学家开发一种新的应用时,他们所希望的是通过优化墨水来实现预期功能,所以当前他们需要跨领域去学习喷墨工艺的特殊要求。虽然打印头制造商可能会提供其产品对墨水性质要求的基本说明,如黏度和表面张力,但这也只是实现连续喷射(没有卫星墨滴)的第一步。

我们需要对打印头进行特殊设计和工艺参数的控制来降低对墨水配方的要求。目前有一些打印头可以通过控制温度来调整墨水黏度,使其保持在正常工作范围内。在其他案例中,也可以控制驱动电压或驱动波形来实现这一目的。目前还是需要结合经验和知识来确定最佳喷墨工艺参数,但这一过程有望在未来实现自动化,并且通过流体成分来预测喷墨工艺参数的技术正在开发中。

16.8.3　更高的墨水黏度

压电式按需喷墨打印头要求墨水的室温黏度为 5～15mPa·s，但一些图文应用的墨水无法配制成如此低的黏度，如 UV 固化墨水。为了克服此问题，一些打印头通过加热到 50～100℃来显著降低墨水黏度以实现成功喷射，然而这种方法可能不适合墨水配方中含有温度敏感材料的应用。此外，墨水在打印头及墨水供应系统中的长时间加热会导致墨水成分加速老化或变质。

通过重新设计打印头来提高泵压可以喷射更高黏度的墨水，但这将增加每个执行器的成本，增大喷嘴之间的距离，并对保持喷出墨流的流线型和喷墨连续性产生不利影响。热发泡式喷墨打印通常使用低黏度墨水，但几年前佳能公司开发了一款特殊的打印头，在墨道后部安装了一个阀门来提高喷射效率，据称可以喷射黏度为 100mPa·s 的墨水。由于阀门容易破裂会导致产品出现寿命问题，该技术尚未实现商业化，但它证明了新设计可以喷射更高黏度的墨水。

虽然目前用于连续喷墨打印的墨水黏度被限制在 1～3mPa·s，但连续喷墨打印具备喷射更高黏度墨水的潜力。在 16.5.1 节中讨论过的柯达公司 Stream 技术专利表明，通过采用合适的喷嘴设计和驱动压力，可以改善墨水流动并增加腔体收缩幅度，从而可能实现喷射 100mPa·s 黏度的墨水。但是目前通常认为墨水的黏度需要低于100mPa·s，才能满足使连续墨流断裂成墨滴的物理条件。

16.8.4　更高的稳定性和可靠性

若喷墨打印过程中产生了少数卫星墨滴或墨流断裂时不太稳定，则可能导致衬底上有少量墨水分散在主墨滴周围，但这对图文应用而言并没有太大影响。图文应用通常会忽略此类喷射问题，并依然能打印出质量合格的图像。但是其他的喷墨和点样(液滴加到薄层板上的过程)应用要求规定边界之外没有额外墨水，因为额外墨水会导致加工合格率很低。

当前的设备使用了各种特殊设计来提高喷射稳定性和性能，但同时也会导致喷墨效率显著降低(当打印头保持较低的喷射频率时，其喷射过程将更加稳定)。而为了使所有喷嘴都保持在工作状态，每次打印完成后会操作每个喷嘴喷射墨滴并擦拭喷嘴板。尽管这可以保证喷射稳定性和打印图像完整性，但也浪费了过多的墨水，而且频繁地擦拭喷嘴板可能会导致其过度磨损，进而缩短打印头寿命。

16.8.5　对墨滴体积的要求

未来的喷墨应用对墨滴体积的要求与当前有很大不同。目前的设备可以使用不同的打印头喷射出 1～100pL 甚至更大体积的墨滴。对于使用同一个喷嘴喷射的墨滴体积，其变化范围要小得多，墨滴体积增量被限定为 5pL(精工爱普生公司)或

8pL（Xaar 公司）。

某些应用需要使用亚皮升级的墨滴。目前的压电式喷墨打印技术可以产生小至 0.1pL 的墨滴，而 16.4.2 节中讨论的静电喷墨（电喷雾）技术，可以产生小至 0.01pL 的墨滴，还可以通过调整脉冲宽度来连续改变喷射的墨量。

墨滴产生工艺以及喷嘴之间切换的稳定性与精确的墨滴体积相比更为重要。单个喷嘴产生的墨滴体积也可能不尽相同，随着墨水配方的复杂程度增加，墨滴体积变化程度可能会随之增大。然而，大多数测量墨滴体积的方法，如喷射成千上万个墨滴后进行称重，这种方法只能测出墨滴的平均体积，而无法测量不同墨滴间的体积变化。

由于制造公差的影响，每个喷嘴和墨道尺寸会有细微差别，这可能导致各喷嘴产生的墨滴体积不同。此外，墨道之间的串扰效应会因打印图案类型的不同，不同程度地影响墨滴的体积，并且在打印头末端可能会发生末端效应，导致墨滴体积再次变化。

16.8.6　更低的成本

在大多数制造环境下，喷墨打印系统是整个工厂生产线中的一部分，打印头的使用方式类似于机床，因此打印头的成本取决于其使用时间。然而在某些应用中，喷墨打印系统的设计成本相对较低，并且由用户安装和维护，因此成本主要来源于打印头及其替换件。

目前就单个打印头而言，热发泡式打印头的成本最低。Silverbrook Research 公司的 Memjet 技术在这一点上发挥到了极致，通过尽可能地减小单元尺寸（单个执行器、驱动器和喷嘴占用的面积），使单个喷嘴的成本降至很低，其单元密度高达 48000 个/mm^2。假设打印头其余部分的成本也很低，当需要使用大批喷嘴来实现大量打印时，这项技术将会非常有价值。也有人提议使用比硅更便宜的材料来制作打印头，如柯达公司提出用聚合物薄片来制作连续喷墨打印头[5]。

压电式按需喷墨打印是家庭/小型办公室用途以外的主要应用技术，通过采用蚀刻硅槽板和压电薄膜将整个设备小型化是该技术降低成本的主要方法。对于低容量的工业打印头，在价格不变的前提下增加喷嘴数量才是降低成本的主要方法。

16.9　本 章 小 结

基于以上讨论可见，尽管存在一些局限性，但喷墨打印技术在许多应用中仍然有一些关键优势。一部分局限性是由喷墨打印的机理所决定，因此较难解决；而对于其他局限性，当有足够资金用于新喷墨打印设备的开发和制造时是可以解决的。当前喷墨图文打印的发展趋势是实现行业所注重的高图像质量和高可靠性。

在此，新兴技术可能带来的改进如下：

需要考虑喷墨打印技术的成本。如果可以降低打印头和相关技术的成本，那么喷墨技术将必然得到更加广泛的应用。有些人认为喷墨打印的成本与现有的生产系统相比较低，具有灵活制造和减少浪费的优势。然而，目前即使是具有打印头、驱动设备和墨水供应系统的成品设备，其成本也接近 10 万美元。

当喷墨技术的墨水种类足够多时，喷墨打印将在非图文打印领域拥有更大的市场占有率。而图文打印对墨水种类没有太多需求，甚至直到最近才开始倡议开展新的研究和发展方向。

当能进一步缩小墨滴体积时，某些领域将出现新的突破。使用更小的墨滴可以加工出更窄的导电线路和更精细的特征尺寸，并沉积更少量的功能材料。然而，形成更小的墨滴只是解决方案的第一步，必须增加单个打印头上的喷嘴数量以实现同时喷射更多的墨滴。当墨滴体积减小后，控制墨滴下落到衬底上的飞行轨迹将会变得更加困难。

因此，我们希望在不久的将来，开发新喷墨打印应用的科学家和工程师不必成为喷墨技术专家，而是可以像图文打印领域一样直接使用成品打印头、驱动设备、驱动软件以及墨水供应系统。行业现在需要的是适用于本领域的工具，从而使研究人员能够专注于应用开发而不是喷墨技术开发。

参 考 文 献

[1] Murata K, Matsumoto J, Tezuka A, et al. Super-fine ink-jet printing: Toward the minimal manufacturing system[J]. Microsystem Technologies, 2005, 12(1-2): 2-7.

[2] Paine M D, Alexander M S, Smith K L, et al. Controlled electrospray pulsation for deposition of femtoliter fluid droplets onto surfaces[J]. Journal of Aerosol Science, 2007, 38(3): 315-324.

[3] Martin G D, Castrejón-Pita J R, Hutchings I M. Holographic measurement of drop-on-demand drops in flight[C]. International Conference on Digital Printing Technologies and Digital Fabrication, Minneapolis, 2011: 620-623.

[4] Wijshoff H. The dynamics of the piezo inkjet printhead operation[J]. Physics Reports, 2010, 491(4-5): 77-177.

[5] Vaeth K M, DeMejo D, Dokyi E, et al. MEMS-based inkjet drop generators from plastic substrates[C]. NIP and Digital Fabrication Conference, Anchorage, 2007, 23: 297-301.